# YAŞAM NEDEN VAR?

I0044097

KOÇ ÜNİVERSİTESİ YAYINLARI: 87    BİYOLOJİ

Yaşam Neden Var?
Nick Lane

İngilizceden çeviren: Ebru Kılıç
Yayına hazırlayan: Hülya Hatipoğlu
Düzelti: Elvan Özkaya
İç tasarım: Kamuran Ok
Kapak tasarımı: James Jones

*The Vital Question*
© Nick Lane, 2015
© Koç Üniversitesi Yayınları, 2015
1. Baskı: İstanbul, Nisan 2016

Bu kitabın yazarı, eserin kendi orijinal yaratımı olduğunu ve eserde dile getirilen tüm görüşlerin kendisine ait olduğunu, bunlardan dolayı kendisinden başka kimsenin sorumlu tutulamayacağını; eserde üçüncü şahısların haklarını ihlal edebilecek kısımlar olmadığını kabul eder.

Baskı: 12.matbaa    Sertifika no: 33094
Nato Caddesi 14/1 Seyrantepe Kâğıthane/İstanbul    +90 212 284 0226

Koç Üniversitesi Yayınları
İstiklal Caddesi No:181 Merkez Han Beyoğlu/İstanbul    +90 212 393 6000
kup@ku.edu.tr • www.kocuniversitypress.com • www.kocuniversitesiyayinlari.com

Koç University Suna Kıraç Library Cataloging-in-Publication Data
Lane, Nick, 1967-
    Yaşam neden var? / Nick Lane ; İngilizceden çeviren Ebru Kılıç ; yayına hazırlayan Hülya Hatipoğlu.
    pages ; cm.
    Includes bibliographical references and index.
    ISBN 978-605-5250-94-2
    1. Life--Origin--Popular works. 2. Cells. I. Kılıç, Ebru. II. Hatipoğlu, Hülya. III. Title.
    QH325.L3520 2016

# Yaşam Neden Var?

### NICK LANE

İngilizceden Çeviren: Ebru Kılıç

KÜY

# İçindekiler

# Resim Listesi

Teşekkür


Bu kitap uzun bir kişisel yolculuğun sonunu, yeni bir yolculuğun başlangıcını imliyor. İlk yolculuk, Oxford University Press'in 2005'te yayımladığı *Power, Sex, Suicide: Mitochondria and the Meaning of Life* adlı daha önceki bir kitabımı yazarken başlamıştı. Burada ele aldığım sorularla, karmaşık yaşamın kökeniyle ilk kez o sıralarda uğraşmaya başlamıştım. Bill Martin'in ökaryot hücrenin kökeni hakkındaki olağanüstü çalışmalarından, öncü coğrafya kimyacısı Mike Russell'ın yaşamın kökeni ve arke ile bakterilerin çok erken tarihlerde farklılaşması konulu bir o kadar radikal çalışmalarından fazlasıyla etkilenmiştim. O (ve bu) kitaptaki her şey bu iki devasa evrim biyolojisinin hazırladığı zemine dayanır. Ama burada geliştirdiğim bazı fikirler özgündür. Kitap yazmak insana düşünme imkânı veriyor, bu da bana genel okur kitlesine yazmanın benzersiz hazzını tattırıyor: Kendimi en başta kendimin anlayabileceği biçimde ifade etmeye çalışmak için açık bir şekilde düşünmek zorundayım. Bu da beni anlamadığım şeylerle, bazılarının ürkütücü bir biçimde genel bir cehaleti yansıttığını düşündüğüm şeylerle karşı karşıya getiriyor. Bu nedenle *Power, Sex, Suicide*'ın ortaya birkaç özgün fikir koymak gibi bir yükümlülüğü vardı az çok, o zamandan beridir o fikirlerle yaşıyorum.

Bu fikirleri dünyanın dört bir yanında konferanslarda ve üniversitelerde sundum, sert eleştirilerle başa çıkmaya alıştım. Fikirlerim rafine bir hale geldi, enerjinin evrimdeki önemine ilişkin genel kavrayışım da; ve çok sevdiğim bir iki fikir de yanlış oldukları için bir kenara atıldı. Ama ne kadar iyi olursa olsun bir fikir ancak kuvvetli bir varsayım olarak bir çerçeveye oturtulup sınandığında gerçek bilim haline gelir. University College London'ın "iddialı düşünürler"e paradigma değiştiren fikirleri araştırmak üzere yeni bir ödül vereceğini açıkladığı 2008'e dek bir hayaldi bu. Dekanlık Girişim Araştırma Ödülü uzun yıllar "bilimsel özgürlük" mücadelesi vermiş, adeta bir dinamo olan Profesör Don Braben'in fikriydi. Braben bilimin temelde öngörülemez olduğunu, toplum vergi mükelleflerinin parasının önceliklere göre harcanmasını ne kadar istese de, düzene zorlanamayacağını savunur. Gerçekten dönüştürücü fikirler hemen her zaman en beklenmedik çevrelerden gelir; tek başına buna güvenilebilir. Bu tür fikirler sadece sundukları bilim açısından değil, bilimsel ilerlemelerle beslenen daha geniş çaplı ekonomi açısından da dönüştürücüdür. Bu nedenle, bilim insanlarını insanlığa sağlanan görünür faydaları hedeflemeye çalışmaktansa ne kadar anlaşılmaz görünse de sadece fikirlerinin gücüne bakarak finanse etmek toplumun yararınadır. İnsanlığa yararın hedeflenmesi nadiren işe yarar çünkü köklü bir şekilde yeni olan kavrayışlar genelde bir alanın bütünüyle dışından gelir, doğanın insanların çizdiği sınırlara saygısı yoktur.

Neyse ki University College London'ın programına başvurabilecek durumdaydım. Sınanmaya yana yakıla ihtiyaç duyan bir kitap dolusu fikrim vardı, ve şükürler olsun ki, Don Braben sonunda ikna oldu. Ödülün arkasındaki itici güç son derece borçlu olduğum Don olsa da, University College London'daki Araştırma Dekan Yardımcısı Profesör David Price ile o zamanlar Dekan Profesör Malcolm Grant'ın cömertlikleri ve bilimsel vizyonlarına da, hem programı hem şahsen beni destekledikleri için bir o kadar borçluyum. Profesör Steves Jones'a da desteği ve beni o dönem başkanı olduğu Genetik, Evrim ve Çevre Bölümü'ne, girişmekte olduğum araştırmanın doğal yuvasına kabul ettiği için son derece minnettarım.

Bütün bunlar altı yıl önceydi. O zamandan beri, olabildiğince çok sayıda problemle, yapabildiğim ölçüde, çok sayıda açıdan yaklaşarak uğraşıyorum. Girişim Araştırma finansmanı üç yıl devam ediyordu, bu da yönümü belirlememe, devam etmek için başka kaynaklardan finansman bulma şansı için mücadele etmeme yetecek kadar uzun bir süreydi. Bu noktada, yaşamın kökenine odaklanan çalışmamın son üç yılını finanse eden Leverhulme Vakfı'na son derece minnettarım. Beraberinde çetin sorunlar getiren gerçekten yeni bir deneysel yaklaşımı desteklemeye birçok kurum sıcak bakmak. Şükürler olsun ki bizim küçük tezgâhüstü yaşamın kökeni reaktörümüz artık heyecan verici sonuçlar vermeye başlıyor, bunların hiçbiri onların desteği olmaksızın mümkün olamazdı. Bu kitap bu çalışmaların ilk anlamının damıtılmasıdır, yeni bir yolculuğun başlangıcıdır.

Elbette ki bu çalışmaların hiçbirini tek başıma yapmadım. Düsseldorf Üniversitesi'nde Moleküler Evrim Profesörü olan, zamanını, enerjisini ve fikirlerini cömertçe paylaşan, kötü akıl yürütmeleri ya da cehaleti yerle yeksan etmekte hiç tereddüt etmeyen Bill Martin'le birlikte birçok fikrimi evirip çevirdim. Bu alana yapılmış değerli katkılar olduğunu düşünmek istediğim birkaç makalemi Bill'le birlikte kaleme almak benim için gerçekten bir ayrıcalıktı. Hiç kuşku yok ki, Bill'le birlikte makale yazmanın yoğunluğu ve zevkine hayatta pek az deneyim yaklaşabilir. Bill'den önemli bir ders daha aldım: Asla problemi hayal edilebilecek ama gerçek dünyada bilinmeyen olasılıklarla doldurma; her zaman gerçekte bildiğimiz biçimiyle yaşama odaklan, sonra da neden diye sor.

University College London'da Genetik Profesörü olan, sıklıkla POM olarak bilinen Andrew Pomiankowski'ye de bir o kadar minnettarım. POM alanın entelektüel geleneklerine bulanmış, John Maynard Smith ve Bill Hamilton gibi efsanevi figürlerle çalışmış bir evrim genetikçisidir. POM onların kuvvetini, biyolojinin çözülmemiş sorunlarıyla dikkatle birleştirir. Karmaşık hücrelerin kökeninin tam da böyle bir sorun olduğuna onu ikna edebilmişsem, o da beni nüfus genetiğinin soyut ama güçlü dünyasıyla tanıştırmıştır. Birbiriyle çelişen bu bakış açılarından yaşamın kökenine yaklaşmak, zorlu bir öğrenme süreciydi ve müthiş bir eğlenceliydi.

University College London'daki iyi arkadaşlarımdan biri de bu projeleri ileriye götüren sınırsız fikirleri, coşkusu ve uzmanlığıyla Profesör Finn Werner'di. Finn aynı soruları keskin bir karşıtlık sergileyen başka bir zeminde, yapısal biyoloji çerçevesinde, özellikle de en eski ve muhteşem makinelerden biri olan, yaşamın evriminin erken dönemlerine ilişkin fikirler veren RNA polimeraz enziminin moleküler yapısı çerçevesinde ele alıyordu. Onunla her sohbet, her öğle yemeği canlandırıcıdır, her seferinde yeni zorluklara hazır olarak dönerim.

Birkaç yetenekli doktora öğrencisi ve doktora sonrası öğrenciyle de çalışma ayrıcalığına sahip oldum, bu çalışmanın büyük bölümünü ileri taşıdılar. Bu öğrenciler iki gruba ayrılıyor; reaktörün gerçek pis kimyası üzerine çalışanlar ile ökaryat özelliklerin evrimine matematiksel becerilerini katanlar. Özellikle Dr. Barry Herschy, Alexandra Whicher ve Eloi Camprubi'ye zorlu kimyayı laboratuvar ortamında gerçekleştirme becerileri, ortak hayalleri için; Dr. Lewis Dartnell'e başta reaktörün prototipini yapmamıza ve bu deneylerin başlamasına yardımcı olduğu için teşekkür ederim. Bu girişimde Malzeme Kimyası Profesörü Julian Evans ile Mikrobiyoloji Profesörü John Ward'a da minnettarım; zamanlarını, becerilerini ve laboratuvar kaynaklarını cömertçe reaktör projesine ve öğrencilerin gözetimine verdiler. Bu macerada silah arkadaşım oldular.

Matematiksel modelleme üzerinde çalışan ikinci öğrenci grubu, University College London'da bir benzeri daha olmayan, kısa süre öncesine dek Mühendislik ve Fizik Bilimleri Araştırma Konseyi tarafından finanse edilen bir doktora eğitim programından seçildi. Bu programın adı zarif bir şekilde CoMPLEX olarak kısaltılır, aslı Yaşam Bilimleri ve Deneysel Biyolojide Matematik ve Fizik Merkezi'dir (Centre for Mathematics and Physics in the Life Sciences and Experimental Biology). POM ve benimle birlikte çalışan CoMPLEX öğrencileri arasında Dr. Zena Hadjivasiliou, Victor Sojo, Arunas Radzvilavicius, Jez Owen ve daha yakın dönemde Dr. Bram Kuijper ile Dr. Laurel Fogarty de yer alıyordu. Hepsi de biraz muğlak fikirlerle yola çıktılar ve bunları biyolojinin aslında nasıl çalıştığına ilişkin çarpıcı fikirler veren kuvvetli matematiksel modellere çevirdiler. Heyecan verici bir yolculuktu, sonucu tahmin etmeye çalışmaktan vazgeçtim. Bu çalışmalar, ilham verici bir kişilik olan, sağlam bir matematikçi olmasına rağmen çoğu biyologdan daha fazla biyoloji bilen

Profesör Rob Seymour sayesinde başladı. Trajik bir biçimde Rob 2012'de 67 yaşında kanserden öldü. Bir öğrenci kuşağının sevgilisiydi.

Bu kitap altı yıl boyunca, geniş bir yelpazeye yayılan bu araştırmacılarla birlikte yayımladığım çalışmalara dayansa da (toplam yirmi beş makale, bibliyografyaya bakınız) konferanslar ve seminerlerde, e-postalarla ve barlarda yürütülen, her seferinde görüşlerimi yontan daha uzun süreli bir düşünme ve tartışma sürecini yansıtır. Özellikle de yaşamın kökenine ilişkin devrimci fikirleriyle yükselen bir kuşağa ilham veren, karşıtlıkta sebatıyla hepimize örnek olan Profesör Mike Russell'a teşekkür etmem gerek. Aynı şekilde evrim biyokimyasına ilişkin varsayımlarıyla yolumuzu aydınlatan Profesör John Allen'a da teşekkür ederim. John akademik özgürlüğün de açık sözlü bir savunucusu olmuştur, kısa süre önce ona pahalıya patladı bu tutumu. Biyoenerji, hücre yapısı ve evrim senteziyle birkaç harika kitap kaleme alan, açık fikirli şüpheciliğiyle bana sürekli biraz daha ilerlemem için mey- dan okuyan Profesör Frank Harold'a, mitokondriyal enerji üretimini yaşlanma ve hastalıkların ana itici gücü olarak düşünerek çığır açıp ilham veren Profesör Doug Wallace'a, serbest radikaller ve yaşlanma hakkındaki yanlış anlaşılmaların yarattığı yoğun sise rağmen çok açık bir görüşü olan, o kadar ki her zaman önce kendisinin görüşüne başvurduğum Profesör Gustavo Barja'ya teşekkür ediyorum. Son olarak cesaret verici sözleri, açık sözlülüğüyle yıllar önce hayatımın akışını değiştiren Dr. Graham Goddard'a da teşekkür etmem gerekiyor.

Bu dost ve meslektaşlarım elbette buzdağının görünen kısmıdır. Düşüncemi şekillendiren herkese ayrıntılı olarak teşekkür edemem ama hepsine bir şeyler borç- luyum. Rastgele bir sıralamayla sayayım: Hepsi de University College London'dan Christophe Dessimoz, Peter Rich, Amandine Marechal, Sir Salvador Moncada, Mary Collins, Buzz Baum, Ursula Mittwoch, Michael Duchen, Gyuri Szabadkai, Graham Shields, Dominic Papineau, Jo Santini, Jürg Bahler, Dan Jaffares, Peter Coveney, Matt Powner, Ian Scott, Anjali Goswami, Astrid Wingler, Mark Thomas, Razan Jawdat ve Sioban Sen Gupta; Sir John Walker, Mike Murphy ve Guy Brown (Cambridge); Erich Gnaiger (Innsbruck); Paul Falkowski (Rutgers); Eugene Koonin (NIH); Filipa Sousa, Tal Dagan ve Fritz Boege (Düsseldorf); Dianne Newman ve John Doyle (Caltech); James McIrney (Maynooth); Ford Doolittle ve John Archibald (Dalhousie); Wolfgang Nitschke (Marseilles); Martin Embley (Newcastle); Mark van der Giezen ve Tom Richards (Exeter); Neil Blackstone (Kuzey Illinois); Ron Burton (Scripps); Rolf Thauer (Marburg); Dieter Braun (Münih); Tonio Enriques (Madrid); Terry Kee (Leeds); Masashi Tanaka (Tokyo); Geoff Hill (Auburn); Ken Nealson ve Jan Amend (Güney California); Tom McCollom (Colorado); Chris Leaver ve Lee Sweetlove (Oxford); Markus Schwarzlander (Bonn); John Ellis (Warwick);

Dan Mishmar (Ben Gurion); Matthew Cobb ve Brian Cox (Manchester); Roberto ve Roberta Motterlini (Paris) ve Steve Iscoe (Queens, Kingston). Hepinize çok teşekkür ederim.

Bu kitabın çeşitli bölümlerini okuyup yorumlarda bulunan bir avuç dostuma ve aileme de minnettarım. Tarih üzerine kendi kitaplarını yazdığı zamandan feda edip bu kitabın büyük bölümünü okuyarak kitap boyunca dil kullanımımı düzelten babam Thomas Lane'e, kendi yazım projeleriyle uğraşırken zamanını ve on ikiden vuran yorumlarını cömertçe sunan Jon Turney'e, coşkusuyla zor dönemleri atlatmamı sağlayan Markus Schwarzlander'a, bütün dostlarım arasında yazdığım her kitabın her bölümünü keskin kıvrak zekâsıyla okuyup yorumlarda bulunan hatta zaman zaman beni izlediğim yolu değiştirmeye ikna eden Mika Carter'a teşekkür ediyorum. Hiçbiri (henüz) bu kitabı okumamış olsalar da Ian Ackland-Snow, Adam Rutherford ve Kevin Fong'a da bardaki güzel sohbetler ve öğle yemekleri için teşekkür etmem gerek. Bunun sağlık için ne kadar önemli olduğunu gayet iyi biliyorlar.

Bu kitabın menajerime ve yayıncılarımın uzmanlığına çok şey borçlu olduğunu söylememe gerek yok. United Agents'tan Caroline Dawnay'e başından beri bu projeye inandığı için, Profile'dan Andrew Franklin'e editoryal yorumlarıyla doğruca meselenin özüne inip kitabı daha vurucu hale getirdiği için; Norton'dan Brendan Curry'ye açıklıktan yoksun bölümleri dirayetle işaret ettiği için; Eddie Mizzi'ye incelikli muhakeme biçimini ve eklektik bilgi birikimini yansıtan duyarlı editöryal çalışması için minnettarım. Onun müdahaleleri yüzümün kabul edebileceğimden fazla kızarmasını önledi. Penny Daniel, Sarah Hull, Valentina Zanca ve Profile'daki ekibe bu kitabı basına ve ötesine taşıdıkları için çok teşekkür ederim.

Son olarak aileme geliyorum. Karım Dr. Ana Hidalgo bu kitabı benimle yaşayıp soludu, her bölümü en az iki kere okudu, her zaman önümdeki yolu aydınlattı. Onun muhakemesine ve bilgilerine kendiminkinden daha fazla güveniyorum, yazımda iyi olan ne varsa onun doğal seçilimi çerçevesinde evrilmiştir. Yaşamımı sürdürmenin, yaşamı anlamaya çalışmaktan daha iyi bir yolu olduğunu düşünemiyorum ama hayatımdaki bütün anlam ve neşenin Ana'dan, muhteşem oğullarımız Eneko ve Hugo'dan, İspanya, İngiltere ve İtalya'daki geniş ailemizden kaynaklandığını biliyorum. Bu kitap en mutlu zamanlarda kaleme alındı.

# Yaşam Neden Olduğu Gibidir?

B iyolojinin kalbinde bir kara delik vardır. Açıkça söylersek, yaşam neden olduğu gibidir bilmiyoruz. Dünya üzerindeki bütün karmaşık yaşam ortak bir atadan, 4 milyar yıl içinde sadece bir kez basit bakteri atalardan doğmuş tek bir hücreden gelir. Bu tuhaf bir kaza mıydı, yoksa karmaşıklığın evrimindeki başka "denemeler" başarısız mı olmuştu? Bunu bilmiyoruz. Bu ortak atanın halihazırda çok karmaşık bir hücre olduğunu biliyoruz. Sizin hücrelerinizden biri kadar incelikliydi hemen hemen. Bu büyük karmaşıklığı da sadece size ve bana değil, ağaçlardan arılara kadar, soyundan gelen her şeye geçirdi. Bir mikroskopta hücrelerinizden birine baktığınızda, mantar hücresi ile kendi hücreniz arasındaki farkı göremeyeceğinize bahse girerim. Kesinlikle birbirlerine benzerler. Ben bir mantar gibi yaşamıyorum, peki ama hücrelerim mantar hücrelerine neden bu kadar çok benziyor? Sadece benzemekle de kalmıyorlar. Bütün karmaşık yaşam, seksten tutun hücrelerin intiharına, *senescence*'a varıncaya dek, hiçbiri bakterilerde benzer biçimde görülmeyen hayret verici bir dizi incelikli özelliği paylaşır. Bu kadar çok sayıda benzersiz özelliğin neden bir tek atada toplandığı ya da neden bu özelliklerden hiçbirinin bakterilerde bağımsızca evrilme emaresi göstermediği konusunda bir görüş birliği yoktur. Bu özelliklerin hepsi de her adımın küçük bir avantaj sunduğu doğal seçilimle doğmuşsa, neden eşdeğer özellikler başka örneklerde çeşitli bakteri gruplarında ortaya çıkmamıştır?

Bu sorular yeryüzünde yaşamın izlediği kendisine özgü evrim yolunu aydınlatır. Yaşam Yeryüzü'nün muhtemelen 4 milyar yıl önce oluşmasından yaklaşık yarım milyar yıl sonra ortaya çıkmış ama sonra 2 milyar yılı, gezegenimizin yarı ömrünü aşkın bir süre boyunca bakteri düzeyinde takılıp kalmıştır. Aslına bakılırsa, bakteriler 4 milyar yıl boyunca morfolojileri itibarıyla (ama biyokimyaları itibarıyla değil) basit kalmışlardır. Oysa bunun tam tersine, morfolojik olarak bütün karmaşık organizmalar (bütün bitkiler, hayvanlar, mantarlar, deniz yosunları ve amipler gibi tek hücreli "protist"ler) yaklaşık 1,5-2 milyar yıl önce bu tek atadan türemiştir. Bu ata "modern" diye tanınabilir bir hücreydi; incelikli bir iç yapısı, görülmemiş bir moleküler dinamizmi vardı. Bunların hepsinin de ardındaki itici güç, bakterilerde büyük ölçüde bilinmeyen binlerce yeni genin şifrelediği incelikli nanomakinelerdi. Bu karmaşık özelliklerin nasıl ve neden doğduğuna ilişkin bir işaret gösterebilecek, bugüne ulaşmış hiçbir evrimsel ara organizma, hiçbir "kayıp halka" yoktur; bakterilerin morfolojik yalınlığı ile başka her şeyin müthiş karmaşıklığı arasında açıklanmamış bir boşluk vardır, o kadar. Evrimsel bir kara delik.

Her yıl biyomedikal araştırmalara milyarlarca dolar harcar, neden hastalandığımızla ilgili akla hayale gelmeyecek karmaşık sorulara cevaplar buluruz. Genler ve proteinlerin birbirleriyle nasıl ilişkili olduklarını, düzenleyici ağların birbirlerini nasıl beslediklerini muazzam ayrıntılı bir biçimde biliyoruz. Tahminlerimizi ortaya serebilmek için ayrıntılı matematiksel modeller kuruyor, bilgisayar simülasyonları tasarlıyoruz. Ama parçaların nasıl evrildiklerini bilmiyoruz! Hücrelerin *neden* çalıştıkları biçimde çalıştıklarına ilişkin hiçbir fikrimiz olmazsa, hastalıkları anlamayı nasıl umabiliriz? Tarihi hakkında hiçbir şey bilmezsek toplumu anlayamayız, nasıl evrildiklerini bilmezsek hücrelerin de işleyiş biçimlerini anlayamayız. Bu sadece pratik açıdan önemli bir mesele değildir. Bunlar neden burada olduğumuza ilişkin insani sorulardır. Evreni, yıldızları, Güneş'i, Yeryüzü'nü, yaşamı hangi yasalar doğurmuştur? Aynı yasalar evrenin başka bir yerinde de yaşam doğuracak mı? Dünya dışı yaşam bize benzer bir şey olabilir mi? Bizi insan yapan şeyin kalbinde bu gibi metafizik sorular yatıyor işte. Hücrelerin keşfedilmesinden 350 yıl sonra, Yeryüzü'nde yaşamın neden olduğu gibi olduğunu hâlâ bilmiyoruz.

Bilmiyor olduğumuzu farketmemiş olabilirsiniz. Sizin hatanız değil. Ders kitapları ve gazeteler bilgiyle dolu ama sıklıkla bu "çocukça" soruları ele almıyorlar. İnternet farklı derecelerde saçmalıkla harmanlanmış envai çeşit olguyla dolu. Ama sadece aşırı bir bilgi yüklenmesi değil mesele. Araştırma konularının kalbinde yer alan kara delikle ilgili belli belirsiz farkındalığın çok ötesine çok az sayıda biyolog geçmiştir. Çoğu biyolog başka sorular üzerinde çalışır. Büyük çoğunluk büyük organizmaları, belli bitki ya da hayvan gruplarını inceler. Nispeten daha az sayıda biyolog germler (tohum, üreme hücreleri) üzerinde çalışır, çok daha azıysa hücrelerin erken dönemdeki evrimlerini inceler. Ayrıca yaradılışçılar ve akıllı tasarımcılarla ilgili bir kaygı da vardır; bütün cevapları bilmediğimizi kabul etmemiz, evrime ilişkin anlamlı bir bilgiye sahip olduğumuzu inkar eden hayırcılara kapıyı açma riski taşır. Elbette ki evrime ilişkin anlamlı bilgilere sahibiz. Çok fazla şey biliyoruz. Yaşamın kökenleri ve hücrelerin erken evrimiyle ilgili varsayımların bir ansiklopedi dolusu olguyu açıklaması, katı bilgi kıstaslarına uyması, ayrıca ampirik olarak sınanabilecek beklenmedik ilişkileri öngörmesi gerekir. Doğal seçilim ve genomları şekillendiren daha rastgele süreçler hakkında epeyce fazla şeyi anlıyoruz. Bütün bu olgular hücrelerin evrimiyle tutarlıdır. Ama aynı olgusal katı kıstaslar sorun yaratır. Yaşamın neden izlediği kendine özgü yoldan ilerlediğini bilmiyoruz.

Bilim insanları meraklı insanlardır, bu sorun benim ileri sürdüğüm kadar kesin olsaydı, gayet iyi bilinirdi. Ama gerçek şu ki, açık olmaktan çok uzak bir sorundur bu. Birbirine rakip çeşitli cevaplar ezoteriktir, sorunu gölgelere boğmaktan başka bir işe yaramazlar. Sonra bir de biyokimya, jeoloji, filogenetik, ekoloji, kimya ve kozmoloji gibi birbirinden ayrı birçok disiplinin ipuçları barındırması gibi bir sorun vardır. Pek az kişi bu alanların hepsinde birden gerçekten uzman olduğunu ileri sürebilir. Üstüne üstlük bugün genom çalışmalarında bir devrim yaşıyoruz. Binlerce tamamlanmış genom dizilimi, milyonlarca hatta milyarlarca basamağa yayılan, hepsi de sıklıkla derin geçmişimizden çelişkili sinyaller içeren şifreler var elimizde. Bu verileri yorumlamak kuvvetli mantıksal, bilgi işlemsel ve istatistiksel bir bilgi gerektiriyor; biyolojik bir kavrayışa sahip olmak artı bir puan tabii. Bu nedenle de argümanların üstünde bulutlar dolanıyor. Ne zaman bir açık ortaya çıksa, gerçeküstü bir manzara gözler önüne seriliveriyor. Eski rahatlıklar buharlaşıyor. Bugün tamamen yeni bir tabloyla karşı karşıyayız; hem gerçek hem sıkıntı verici bir tablo bu. Bir araştırmacının penceresinden bakıldığındaysa, çözülecek önemli bir yeni problem bulma umudu düpedüz heyecan verici! Biyolojinin en büyük soruları henüz çözülmedi. Bu kitap benim bu işe başlama girişimim.

Bakterilerin karmaşık yaşamla nasıl bir ilgisi vardır? Bu sorunun kökleri doğrudan Hollandalı mikroskop araştırmacısı Antony van Leeuwenhoek'in 1670'lerde mikropları keşfettiği tarihe uzanıyor. Van Leeuwenhoek'in mikroskop altındaki "küçük hayvanlar" çiftliğinin inandırıcı bulunması biraz zaman aldı ama çok geçmeden en az onun kadar dahi olan Robert Hooke tarafından doğrulandı. Leeuwenhoek bakterileri de keşfetmiş, 1677 tarihli ünlü bir makalesinde onlardan bahsetmişti: Bakteriler "inanılmaz derecede küçük; hayır, benim gözümde o kadar küçükler ki, bu çok minicik hayvanların 100 tanesi uzunlamasına yan yana dizilseler bir kum tanesinin büyüklüğüne bile ulaşamazlar; bu doğruyla, bu canlı yaratıkların yüzbinlercesi iri bir kum taneciği yanında küçük kalır." Birçokları Leeuwenhoek'in basit tek mercekli mikroskoplarını kullanarak bakterileri görmüş olabileceğinden kuşkuluydu, gerçi bunu yaptığı bugün yadsınamaz. İki nokta öne çıkar. Leeuwenhoek bakterilere her yerde rastlamıştı; sadece kendi dişlerinde değil, yağmur suyunda ve denizde de bulmuştu. Sezgisel olarak, bu "çok minicik hayvanlar" ile "küçük ayakları" (sil, kamçı) olan, büyüleyici davranışlar sergileyen "dev canavarlar" yani mikroskobik protistler (tek hücreli canlılar) arasında bir ayrıma gitmişti. Hatta daha büyük bazı hücrelerin bakteriye benzettiği birkaç küçük "kürecik"ten oluştuğunu fark etmişti (gerçi bu terimleri kullanmamıştı).

Leeuwenhoek'in bu küçük kürecikler arasında hücre çekirdeğini yani bütün karmaşık hücrelerdeki gen deposunu gördüğü neredeyse kesindi. Ünlü sınıflandırmacı Carl Linnaeus, Leeuwenhoek'in keşiflerinden 50 yıl sonra bütün mikropları *Vermes* (solucan) kolunda *Kaos* (biçimsiz) türü altında topladı. 19. yüzyılda Darwin'in çağdaşı büyük Alman evrimci Ernst Haeckel, bu derin ayrımı yine biçimselleştirerek bakterileri diğer mikroplardan ayırdı. Ama kavramsal açıdan 20. yüzyıl ortasına dek pek az ilerleme kaydedildi.

Biyoloji ve kimyanın birleşmesiyle biyokimyanın ortaya çıkması çıbanın başını kopardı. Bakterilerin eksiksiz metabolik ustalığı, onların sınıflandırılamazmış gibi görünmesine yol açıyordu. Bakteriler betondan tutun pil asidine, gazlara varıncaya dek her şeyle yaşayabilirler. Birbirinden hepten farklı bu yaşam biçimlerinin ortak bir noktası olmasaydı, bakteriler nasıl sınıflandırılabilirdi? Sınıflandırılmasalardı onları nasıl anlardık? Periyodik tablonun kimyaya tutarlık kazandırmasında olduğu gibi, biyokimya da hücrelerin evrimine bir düzen kazandırdı. Bir başka Hollandalı Albert Kluvyer, yaşamın olağanüstü çeşitliliğinin temelinde benzer biyokimyasal süreçlerin yattığını gösterdi. Nefes alma, mayalanma ve fotosentez gibi birbirinden farklı süreçlerin hepsinin de ortak bir temeli, bütün yaşamın ortak bir atadan geldiğini doğrulayan kavramsal bir bütünlüğü vardı. Kluvyer bakteriler için geçerli olan şeylerin filler için de geçerli olduğunu söylüyordu. Biyokimya düzeyinde, bakteriler ile karmaşık hücreler arasındaki duvar varla yok arasındadır. Bakteriler muazzam derecede çok yönlüdür ama onları hayatta tutan temel süreçler benzerdir. Kluvyer'in öğrencisi Cornelis van Niel, Roger Stanier'le birlikte bu farklılığı takdir etmeye herhalde en fazla yaklaşmış isimdi. Bu ikili, bakterilerin tıpkı atomlar gibi daha fazla bölünemeyeceğini söylüyordu; bakteriler en küçük işlevsellik birimiydi. Örneğin birçok bakteri bizimle aynı biçimde oksijen solur ama bu işi bakterinin tamamı yapar. Bizim hücrelerimizin tersine, bakterilerde solumaya ayrılmış bir iç organ yoktur. Bakteriler büyüdükçe ikiye bölünür ama işlevleri itibarıyla bölünemezler.

Bunların ardından, geçen yarım yüzyıl içinde yaşama bakışımızı yerle yeksan eden üç büyük devrimin ilki yaşandı. Bu ilk devrimi, 1967'nin aşk yazında Lynn Margulis başlattı. Margulis karmaşık hücrelerin "standart" doğal seçilimle evrilmediğini, hücrelerin birbirleriyle çok yakından haşır neşir olduğu, hatta birbirlerinin içine girdiği bir işbirliği orjisiyle evrildiğini savunuyordu. Ortakyaşarlık iki ya da daha fazla tür arasındaki uzun süreli bir etkileşimdir; genellikle bir tür donanım ya da hizmet takası şeklinde gerçekleşir. Mikroplar söz konusu olduğunda bu donanımlar yaşam maddesidir, hücrelerinin yaşamasını sağlayan metabolizmanın altyapısıdır. Margulis, endosembiyozdan bahsediyordu; aynı tipte bir takas söz konusuydu ama artık o kadar içli dışlı bir biçimde gerçekleştiriliyordu ki, işbirliği içindeki bazı hücreler fiziksel olarak evsahibi hücrenin içinde yaşıyorlardı, ibadethanenin içinde sergi açan bazı tüccarlar gibi. Bu fikirlerin kökleri 20. yüzyıl başlarına uzanır ve levha tektoniğini andırır. Sanki Afrika ile Güney Amerika bir zamanlar birleşikmiş ama sonradan ayrılmış gibi görünür ancak bu çocukça kavrayış uzun zamandır saçma bulunuyordu. Aynı şekilde, karmaşık hücrelerin içindeki bazı yapılar bakterileri andırır, hatta bağımsızca büyüyorlarmış ve bölünüyorlarmış izlenimi uyandırır. Herhalde işin açıklaması bu kadar basitti; bakteridirler!

Levha tektoniği gibi, bu fikirler de zamanlarının ötesinde fikirlerdi, güçlü bir sav ileri sürebilmek ancak 1960'larda moleküler biyoloji çağında mümkün oldu. Margulis bunu hücrelerin içindeki iki uzmanlaşmış yapı için gerçekleştirdi: solunumun gerçekleştiği, besinlerin yakılıp oksijene çevrildiği ve yaşamak için gerekli enerjinin sağlandığı mitokondriler ve bitkilerdeki fotosentez motorları, güneş enerjisini kimyasal enerjiye çeviren kloroplastlar. Bu "organeller"in (kelimenin tam anlamıyla minyatür organların) ikisi de kendilerine özgü küçük özel genomlara sahiptir; her birinde soluma ya da fotosentez mekanizmasıyla ilgili en fazla birkaç düzine proteini şifreleyen bir avuç gen bulunur. Bu genlerin eksiksiz dizilimi meseleyi günışığına çıkarmıştır; açıkçası mitokondriler ve kloroplastlar bakterilerden türemiştir. Ama dikkat edin, "türemiştir" diyorum. Artık bakteri değillerdir, gerçek bir bağımsızlığa sahip değillerdir çünkü varolmaları için gerekli genlerin büyük çoğunluğu (en azından 1500 tanesi) çekirdekte, hücrenin genetik "kontrol merkezi"nde bulunur.

Margulis mitokondriler ve kloroplastlar hakkında yanılmıyordu, 1980'lere gelindiğinde geride bundan kuşkusu olan pek az kişi kalmıştı. Ama Margulis'in giriştiği iş bundan çok daha büyüktü: Ona göre, bugün genel olarak (Yunanca "gerçek çekirdek"ten hareketle) ökaryot (*eukaryotic*) hücre olarak bilinen karmaşık hücrenin tamamı bir ortakyaşarlıklar (sembiyoz) kırkyamasıydı. Onun nazarında karmaşık hücrenin başka birçok kısmı, en başta da siller (Leeuwenhoek'in "küçük ayaklar" dediği şeyler) bakterilerden türemiştir (sil örneğinde spiroketler). Margulis'in bugün "seri endosembiyoz kuramı" olarak biçimleştirdiği uzun bir dizi birleşme olmuştu. Sadece tek tek hücreler değil, bütün dünya geniş işbirlikçi bir bakteriler ağıydı; Margulis'in James Lovelock'la birlikte öncülüğünü ettiği bir fikirdi "*Gaia.*" *Gaia* kavramı son yıllarda daha biçimsel bir kisveyle "dünya sistemleri bilimi"olarak (Lovelock'ın ilk baştaki teleolojisinden sıyrılarak) bir rönesans yaşamış olsa da, karmaşık "ökaryot" hücrenin bir bakteri topluluğu olduğu fikrini destekleyen şeylerin sayısı çok daha azdır. Hücredeki yapıların çoğu bakterilerden türemiş gibi görünmez, genlerde de böyle bir türeme olduğunu düşündüren bir şey yoktur. Dolayısıyla Margulis bazı şeylerde haklıydı ama bazılarında kesinlikle haksızdı. Ama seferberlikçi ruhu, güçlü kadınlığı, Darwinci rekabeti ve komplo kuramlarına inanma eğilimini reddetmesi, 2011'de felç geçirip erken yaşta göçüp gittiğinde ardında kesinlikle karma bir miras bıraktığı anlamına geliyordu. Kimilerine göre feminist bir kahraman, kimilerine göre serseri bir kurşun olan Margulis'in mirasının büyük bölümü ne yazık ki bilimden çok ayrılmıştır.

İkinci devrim, filogenetik devrimdi, genlerin atalarıyla ilgiliydi. Francis Crick 1958 gibi erken bir tarihte bu olasılığı gündeme getirmişti. Başlıca özelliği olan özgüvenle şunları yazmıştı: "Biyologlar, 'protein taksonomisi' denebilecek bir konuyla, bir organizmanın proteinlerinin aminoasit dizilimlerinin incelenmesi ve bunların türler arasında karşılaştırılmasıyla uğraşacağımızın bilincine varmalıdır. Bu dizilimlerin bir organizmanın fenotipinin olabilecek en hassas ifadesi olduğu, içlerinde evrimle ilgili çok fazla bilginin saklı olabileceği savunulabilir." İşte bakın, oldu bile. Biyoloji artık protein ve gen dizilimlerinde saklı bilgilerle ilgileniyor daha çok. Artık doğrudan aminoasit dizilimlerini değil, (proteinleri şifreleyen) DNA'daki harf dizilimlerini karşılaştırıyoruz, bu karşılaştırma çok daha önem kazanmış halde. Ne var ki bütün o öngörüsüne rağmen ne Crick ne de başka biri genlerin aslında ele verdiği sırları hayal edebilmişti.

İz bırakan devrimci Carl Woese'ydi. Woese 1960'larda sessiz sedasız başladığı, ancak on yıl sonra ilk meyvelerini veren çalışmalarında, türler arasında karşılaştırmak üzere tek bir gen seçmişti. Açıktır ki, bu genin bütün türlerde bulunması gerekiyordu. Dahası aynı amaca hizmet etmeliydi. Bu amaç o kadar temel, hücre için o kadar önemli olmalıydı ki, işlevindeki küçücük değişimler bile doğal seçilimle cezalandırılmalıydı. Çoğu değişiklik elenirse geriye nispeten değişmez olanın kalması gerekir; son derece yavaş evrilenin, çok geniş zaman aralıklarında çok az değişiklik geçirenin. Kelimenin tam anlamıyla milyarlarca yılda birikmiş farklılıkları türler arasında karşılaştırmak, başlangıca uzanan büyük bir yaşam ağacı ortaya çıkarmak istiyorsak böyle yapmamız gerekir. Woese'in iddiası işte bu boyuttaydı. Woese bütün bu zorunlulukları aklında tutarak, bütün hücrelerin temel özelliğine, protein üretme becerisine odaklandı.

Proteinler, bütün hücrelerde bulunan, ribozom denilen dikkat çekicinanomakinelerde bir araya getirilir. DNA'nın ikonlaşmış çifte sarmalını bir tarafa bırakırsak, enformasyonel biyoloji çağını hiçbir şey ribozom kadar iyi temsil edemez. Ribozomun yapısı da, ölçeği itibarıyla insan zihninin hayal edemeyeceği kadar zor bir çelişkinin örneğidir. Ribozom akla hayale sığmayacak kadar miniktir. Hücreler zaten mikroskobik boyuttadır. Hücrelerin varlığı insanlık tarihinin büyük bölümü boyunca aklımıza bile gelmemişti. Ribozomlar kat kat daha küçüktür. Karaciğerinizde tek bir hücrede 13 milyon ribozom bulunur. Ama ribozomlar akıl almayacak kadar küçük olmakla, atom ölçeğinde olmakla kalmaz, bir yandan da incelikli, muazzam süperyapılardır. Çok sayıda önemli alt birimden, otomatik bir fabrika üretim bandından daha büyük bir dakiklikle hareket eden makine parçalarından oluşurlar. Bu bir abartı değil. Bir proteini şifreleyen "şeride yazılı" şifreyi alırlar ve bu dizilimi harfi harfine proteinin kendisine çevirirler. Bunu yapabilmek için gerekli yapıtaşlarını (aminoasitleri) kullanır, onları şifrede belirtilen sırayla uzun bir zincir halinde birbirine bağlarlar. Ribozomların 10.000'de bir harf gibi bir hata payı vardır, bizim yüksek kaliteli imalat süreçlerimizdeki hata payından çok daha düşük bir orandır bu. Saniyede 10 aminoasit üretme hızıyla çalışırlar, yüzlerce aminoasit zincirinden oluşan proteinleri bir dakikadan kısa bir süre içinde üretirler. Woese ribozomun alt birimlerinden birini, deyim yerindeyse tek bir makine parçasını seçmiş, bu parçanın dizilimini *E.coli* gibi bakterilerden tutun, mayaya ve insanlara varıncaya dek farklı türler arasında karşılaştırmıştı.

Woese'nin bulguları ufuk açıcı oldu, dünyaya bakışımızı tamamen değiştirdi. Woese bakteriler ile karmaşık ökaryotları hiç zorluk çekmeden birbirinden ayırmayı, bu iki büyük grup içindeki ve arasındaki genetik akrabalık ağacını ortaya çıkarmayı başarabildi. Bu çalışmanın şaşkınlık yaratan tek yönü; bitkiler, hayvanlar ve mantarlar, çoğu biyoloğun ömürlerinin büyük bölümünü incelemeye ayırdığı gruplar arasında çok az farklılık olmasıydı. Hiç kimse üçüncü bir yaşam alanının ortaya çıkmasını beklemiyordu. Bu basit hücrelerin bazıları asırlardır biliniyordu ama yanlışlıkla bakteri sanılmıştı. Bakteriye benzerler. Aynı bakteri gibidirler; onun kadar minik, onun gibi belirgin bir yapıdan yoksundurlar. Ama ribozomlarındaki farklılık Cheshire kedisinin gülüşünü andırır, farklı türde bir yokluğun var olduğunu ele verir. Bu yeni grup ökaryotların karmaşıklığından yoksundu belki ama sahip oldukları genler ve proteinler bakterilerinkinden sarsıcı derecede farklıydı. Bu ikinci basit hücre grubu, bakterilerden de yaşlı olabilecekleri zannıyla *archaea* (arkeler) diye adlandırıldı; bu muhtemelen yanlış bir kanıdır, modern görüşler ikisinin aynı derecede yaşlı olduğunu benimser. Ama genleri ve biyokimyaları açısından ele alındığında, bakteriler ile arkeler arasındaki uçurum, bakteriler ile ökaryotlar (bizler) arasındaki uçurum kadar büyüktür. Abartısız. Woese'nin meşhur "üç âlemli" yaşam ağacında arkeler ve ökaryotlar "kardeş gruplar"dır, nispeten yakın tarihli bir ortak ataya sahiptirler.

Arkeler ve ökaryotlar bazı açılardan, özellikle de enformasyon akışı (genlerini okuma ve proteine çevirme biçimleri) açısından, gerçekten de çok fazla ortak noktaya sahiptir. Aslında arkeler ökaryotlarınkine benzeyen, belki biraz daha az parçası bulunan birkaç incelikli moleküler makine barındırır; ökaryot karmaşıklığının tohumlarıdır bunlar. Woese bakteriler ile ökaryotlar arasında derin bir morfolojik uçurum bulunduğu fikrine yüz vermeye yanaşmıyor, her biri evrimde geniş alanlar kat etmiş, hiçbirine öncelik tanınamayacak birbirine eşdeğer üç yaşam âlemi olduğunu öneriyordu. Ayrıca (hem arkeler hem bakteriler için kullanılabilecek, "çekirdek öncesi" anlamına gelen) eski "prokaryot" terimini kullanmaya kuvvetle karşı çıkıyordu çünkü yaşam ağacında böyle bir ayrımın genetik bir dayanağı olduğunu düşündürecek hiçbir şey yoktu. Woese tam tersine bu üç âlemin doğruca derin geçmişe uzandığı, gizemli bir ortak atadan bir şekilde "billurlaştıkları" bir tablo çiziyordu. Woese hayatının sonlarına doğru evrimin bu ilk aşamaları konusunda neredeyse mistik bir tavır benimseyerek yaşama ilişkin daha bütünsel bir görüşün benimsenmesi çağrısında bulunmaya başladı. Woese'nin başlattığı devrimin, tek bir genin tümüyle indirgemeci bir analizine dayandığı düşünülürse ironik bir durumdur bu. Bakteriler, arkeler ve ökaryotların sahiden de birbirlerinden ayrı gruplar olduğuna, Woese'nin devriminin gerçek olduğuna kuşku yoktur; ama onun bütüncülük reçetesi, organizmaların tamamının, genomların tamamının değerlendirmeye alınması tavsiyesi, şu sıralarda üçüncü hücresel devrimi başlatma aşamasında ve bu devrim Woese'ninkini baştan aşağı değiştiriyor.

Üçüncü devrim henüz tamamlanmamıştır. Akıl yürütme bakımından biraz daha inceliklidir ama en büyük balyayı toparlar. Kökleri ilk iki devrime, özellikle de "Bu ikisi birbiriyle nasıl ilişkilidir?" sorusuna uzanır. Woese'nin ağacı, yaşamın üç âleminde temel bir genin farklılaşmasını resmeder. Margulis ise, tersine, farklı türlerden genlerin endosembiyozun birleşme ve satın almalarıyla bir araya geldiğini göstermiştir. Bir ağaç olarak resmedilirse, bu kolların çatallanması değil, birleşmesidir; Woese'nin söylediğinin tam tersidir. İkisi birden haklı olamaz! Ama ikisinin birden tümüyle hatalı olması da gerekmez. Gerçek, bilimde sıklıkla olduğu gibi, ikisinin arasında bir yerde yatıyor. Ama sanmayın ki bu nedenle bu cevap bir taviz anlamına geliyor. Doğmakta olan cevap bu iki alternatiften daha heyecan vericidir.

Mitokondriler ve kloroplastların gerçekten de endosembiyoz yoluyla bakterilerden türediğini biliyoruz ama karmaşık hücrelerin diğer kısımları muhtemelen bildik yollarla evrilmiştir. Soru şudur: Tam olarak ne zaman? Kloroplastlar sadece algler ve bitkilerde bulunur, bu nedenle büyük ihtimalle, sadece bu grupların ortak bir atası tarafından alınmış olsa gerektir. Bu da, bu grupları bu özelliği nispeten geç edinmiş gruplar haline getirir. Mitokondrilerse, tersine, bütün ökaryotlarda bulunur (bunun arkaplanında Birinci Bölüm'de inceleyeceğimiz bir hikâye vardır); bu nedenle de, erken bir tarihte edinilmiş bir özellik olsa gerektir. İyi de ne kadar erken? Başka bir deyişle, ne tür bir hücre mitokondrileri almıştır? Standart ders kitabı bakış açısına göre, bu gayet incelikli bir hücredir, amip gibi bir şeydir; ortalıkta sürünebilen, şekil değiştirebilen, fagositoz denilen bir süreçle diğer hücreleri yutabilen yırtıcı bir hücredir. Başka bir deyişle mitokondriler, kartvizit sahibi tam bir ökaryot olmaktan pek de uzak olmayan bir hücre tarafından edinilmiştir. Bugün artık bunun yanlış olduğunu biliyoruz. Son birkaç yıl içinde, türleri daha iyi temsil etme özelliğine sahip örneklerden çok sayıda genin karşılaştırılması sonucu, evsahibi hücrenin aslında bir *archaeon* (arke) âleminden bir hücre olduğu yönünde görüş birliğine varılmış bulunuyor. Bütün arkeler prokaryottur. Tanım itibarıyla bir çekirdekleri yoktur, eşeyli üreme ya da fagositoz dahil, karmaşık yaşamın başka özelliklerine sahip değillerdir. Morfolojik karmaşıklık açısından ev sahibi hücrenin sahip oldukları hiçe yakın olsa gerektir. Sonra bir şekilde, mitokondri haline gelecek bakteriyi almıştır. Ancak bundan sonra bütün bu karmaşık özellikleri geliştirmiştir. Eğer böyleyse karmaşık yaşamın tek kökeni, mitokondrilerin edinilmesine dayanmış olabilir. Mitokondriler bir şekilde karmaşık yaşamı tetiklemiştir.

Bu radikal önerme, karmaşık yaşamın arkaeon bir ev sahibi hücreyle mitokondri haline gelen bakterinin tek endosembiyozundan doğduğu önermesi, parlak bir sezgiselliğe sahip, özgür düşünceli evrimci biyolog Bill Martin tarafından 1998'de bir tahmin olarak ileri sürüldü. Martin olağanüstü bir mozaiğe, ökaryot hücre genleri mozaiğine dayanarak geliştirmişti bu tahmini, büyük ölçüde kendisinin keşfettiği bir mozaikti bu. Tek bir biyokimyasal yolu, örneğin mayalanmayı ele alalım. Arkeler bunu bir biçimde gerçekleştirir, bakterilerse çok daha farklı bir biçimde; ikisinde de mayalanma işlemine dahil olan genler farklıdır. Ökaryotlar bakterilerden birkaç gen, arkelerden birkaç gen almış, bunları örüp sımsıkı, birleşik bir yol haline getirmiştir. Genlerin bu incelikli birleşmesi, sadece mayalanma açısından değil, karmaşık hücrelerdeki neredeyse bütün biyokimyasal süreçler açısından geçerlidir. Çizmeyi aşan bir durumdur bu!

Martin bütün bunları en ince ayrıntısına kadar düşünmüştü. Ev sahibi hücre neden kendi endosembiyoz ortağından bu kadar fazla gen almış, onları kendi dokusuyla bu kadar sıkı bir biçimde bütünleştirmiş, bu süreçte mevcut genlerinin birçoğunun yerini değiştirmişti? Martin'in Miklos Müller'le birlikte bu soruya verdiği cevaba hidrojen varsayımı denir. Martin ve Müller, ev sahibi hücrenin, iki basit gazdan, hidrojen ve karbondioksitten doğma becerisine sahip bir arke olduğunu savunuyordu. Endosembiyoz ortağı (geleceğin mitokondrisi) değişken bir bakteriydi (bakteriler için bu son derece normaldir), ev sahibi hücreye büyümesi için ihtiyaç duyduğu hidrojeni temin ediyordu. Mantıklı bir temele dayanarak adım adım incelenen bu ilişkinin ayrıntıları, basit gazlardan doğarak yaşamaya başlayan bir hücrenin, sonunda neden kendi endosembiyoz ortaklarını doyurmak için organikleri (besin) toplamaya vardığını açıklar. Ama burada bizim için önemli olan nokta bu değil. Öne çıkan mesele şudur: Martin karmaşık yaşamın sadece iki hücre arasında tek bir endosembiyozla doğduğu tahmininde bulunuyordu. Ev sahibi hücrenin, ökaryot hücrelerin barok karmaşıklığından yoksun bir *arke* olduğunu tahmin ediyordu. Mitokondrilerden yoksun, basit bir ara aşama ökaryot hücresinin hiçbir zaman olmadığını; mitokondrilerin edinilmesiyle karmaşık yaşamın kökeninin aynı olay olduğunu söylüyordu. Ayrıca karmaşık hücrelerin çekirdekten tutun, eşeyli üreme ve fagositoza varıncaya dek bütün ayrıntılı özelliklerinin mitokondrilerin edinilmesi sonrasında, bu benzersiz endosembiyoz bağlamında evrildiğini savunuyordu. Bu evrim biyolojisindeki en incelikli düşüncelerden biridir ve çok daha iyi bilinmesi gerekir. Seri endosembiyoz kuramıyla karıştırılması o kadar kolay olmasa, iyi bilinirdi (seri endosembiyoz kuramının aynı tahminlerde bulunmadığını göreceğiz birazdan). Bütün bu açık tahminler, son yirmi yıl içinde yapılmış genom araştırmalarıyla tam anlamıyla doğrulanmıştır. Biyokimyasal mantığın gücü adına dikilmiş bir anıttır bu çalışma. Biyoloji için bir Nobel Ödülü olsaydı, bu ödülü hiç kimse Bill Martin'den fazla hak edemezdi.

Böylece çemberi tamamlıyoruz. Çok fazla şey biliyoruz ama yaşamın neden olduğu gibi olduğunu hâlâ bilmiyoruz. Karmaşık hücrelerin, 4 milyar yıllık evrim tarihinde, bir *arke* ile bir bakteri arasındaki tek bir endosembiyozla sadece bir kez doğduğunu biliyoruz (RESİM 1). Karmaşık yaşamın özelliklerinin bu birleşme sonrasında doğduğunu biliyoruz; ama bu belli özelliklerin neden ökaryotlarda doğduğunu, bakterilerde ya da arkelerde evrilme emaresini neden hiç göstermediğini hâlâ bilmiyoruz. Bakteriler ve arkeleri hangi kuvvetlerin sınırladığını; biyokimyaları itibarıyla bu kadar farklı olsalar da, genleri itibarıyla bu kadar çeşitlilik gösterseler de, gazlardan ve kayalardan bir hayat çıkarma becerisiyle bu kadar değişken olsalar da, morfolojik olarak neden basit kaldıklarını bilmiyoruz. Elimizde sadece, bu sorunu ele alırken kullanabileceğimiz yepyeni bir çerçeve var.

Bill Martin'in 1998'de resmettiği üzere, üç âlemi, bakteriler, arkeler ve ökaryotları gösteren genomların tamamını yansıtan bileşik bir ağaç. Ökaryotların kimerik bir kökeni vardır; arke âleminden bir ev sahibi hücre ile endosembiyoz ortağı bir bakterinin genleri birleşmiş, arke ev sahibi hücre, nihayetinde morfolojik olarak karmaşık ökaryot hücreye, endosembiyoz ortağı da mitokondriye dönüşmüştür. Bir grup ökaryot daha sonra ikinci bir endosembiyoz ortağı bakteri almış, o da algler ve bitkilerdeki kloroplast haline gelmiştir.

Ben ipucunun, hücrelerdeki tuhaf biyolojik enerji üretme mekanizmasında yattığına inanıyorum. Bu tuhaf mekanizma hücreler üzerinde nüfuz edici ama değeri pek anlaşılmamış fiziksel kısıtlamalar uygular. Esasen bütün canlı hücreler kendi kendilerine, proton akışıyla (artı yüklü hidrojen atomlarıyla) enerji verir; bu da elektron yerine protonla elde edilmiş bir tür elektrik –protik– anlamına gelir.

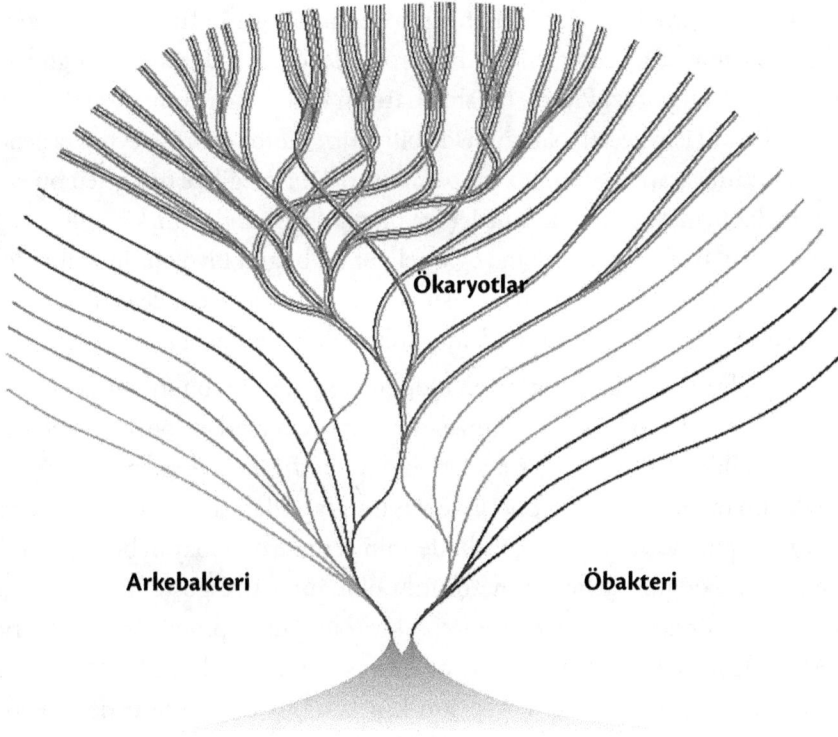

**RESİM 1** Karmaşık hücrelerin kimerik kökenlerini gösteren bir yaşam ağacı

Bill Martin'in 1998'de resmettiği üzere, üç âlemi, bakteriler, arkeler ve ökaryotları gösteren genomların tamamını yansıtan bileşik bir ağaç. Ökaryotların kimerik bir kökeni vardır; arke âleminden bir ev sahibi hücre ile endosembiyoz ortağı bir bakterinin genleri birleşmiş, arke ev sahibi hücre, nihayetinde morfolojik olarak karmaşık ökaryot hücreye, endosembiyoz ortağı da mitokondriye dönüşmüştür. Bir grup ökaryot daha sonra ikinci bir endosembiyoz ortağı bakteri almış, o da algler ve bitkilerdeki kloroplast haline gelmiştir.

Soluma sırasında yakılan besinlerden elde ettiğimiz enerji, protonları bir zarın ötesine pompalamak, zarın öbür yanında bir depo oluşturmak için kullanılır. Bu depodan geri proton akışı, bir hidroelektrik barajındaki bir türbin misali iş enerjisi sağlamakta kullanılır. Hücrelere enerji sağlanmasında zar aşan proton basamaklarının kullanılması hiç beklenmedik bir şeydi. İlk kez 1961'de ileri sürülen, sonraki otuz yıl içinde, 20. yüzyılın en özgün bilim insanlarından biri olan Peter Mitchell tarafından geliştirilen bu düşünce, Darwin'den bu yana biyoloji alanında sezgilere en ters düşen, fizikte Einstein, Heisenberg ve Schrödinger'in fikirlerine benzer bir fikir olarak anılmıştır. Proton enerjisinin proteinler düzeyinde nasıl işlediğini artık ayrıntılı olarak biliyoruz. Proton basamaklarının kullanılmasının, dünya üzerinde yaşamın tamamı için geçerli olduğunu da biliyoruz; proton enerjisi, evrensel genetik şifre gibi bütün yaşamın ayrılmaz bir parçasıdır. Ama sezgilere ters gelen bu enerji üretim mekanizmasının, ilk kez neden ya da nasıl evrildiğine ilişkin bilgimiz hiç denecek kadar az. Bu nedenle bana öyle geliyor ki, bugün biyolojinin kalbinde iki büyük bilinmeyen yatıyor: Yaşamın neden o kafa karıştırıcı biçimde evrildiği sorusu ile hücrelerin enerjisinin neden bu kadar tuhaf bir biçimde sağlandığı soruları.

Bu kitap, birbirine sıkı sıkıya bağlı olduğuna inandığım bu soruları cevaplama yönünde bir girişimdir. Sizi, enerjinin evrim açısından merkezi önemde olduğuna, yaşamın özelliklerini denkleme ancak enerjiyi kattığımızda anlayabileceğimize ikna edebilmeyi umuyorum. Enerji ve yaşam arasındaki ilişkinin ta başlangıca kadar uzandığını, yaşamın temel özelliklerinin yerinde duramayan bir gezegendeki dengesizlikten doğmuş olmasının zorunlu olduğunu size göstermek istiyorum. Yaşamın kökenindeki itici gücün enerji akışı olduğunu, proton basamaklarının hücrelerin doğuşu açısından merkezi önem taşıdığını, bunların kullanılmasının hem bakterilerin hem arkelerin yapısını kısıtladığını size göstermek istiyorum. Bu kısıtlamaların hücrelerin daha sonraki evrimine hükmettiğini, bakteriler ve arkelerin biyokimyasal hünerlerine rağmen morfolojileri itibarıyla ebediyen basit kalmalarına neden olduğunu ortaya koymak istiyorum. Ender gerçekleşen bir olayın, bir bakterinin bir arkenin içine girdiği bir endosembiyozun bu sınırlamaları kırdığını, çok daha karmaşık hücrelerin evrimini sağladığını kanıtlamak istiyorum. Bunun kolay olmadığını, birbirinin içinde yaşayan hücreler arasındaki yakın ilişkinin, morfolojik olarak karmaşık organizmaların ancak bir kez doğmuş olmasını açıkladığını göstermek istiyorum. Daha da fazlasını yapmak istiyorum, bu yakın ilişkinin aslında karmaşık hücrelerin bazı özelliklerini öngördüğüne sizi ikna etmek istiyorum. Bu özellikler arasında hücre çekirdeği, eşeyli üreme, iki cinsiyet hatta ölümsüz germ hattı ile ölümlü beden arasındaki ayrım, sonlu bir ömür ve genetik olarak önceden belirlenmiş ölümün kökenleri de vardır. Son olarak, enerji açısından düşünmenin, kendi biyolojimizin çeşitli veçhelerine, en başta da bir yanda gençlikte doğurganlık ve zindelik ile diğer yanda yaşlanma ve hastalık arasında derin bir evrimsel takas olduğuna ilişkin öngörülerde bulunmamızı mümkün kıldığına sizi ikna etmek istiyorum. Bu fikirlerin sağlığımızı iyileştirmemize, en azından onu daha iyi anlamamıza katkıda bulunabileceğini düşünmek istiyorum.

Bilimde bir savunucu olarak hareket etmek hoş karşılanmayabilir ama biyolojide tam da bunu yapmak, Darwin'e kadar uzanan ince bir gelenektir; Darwin *Türlerin Kökeni* için "uzun bir savunu" demişti. Koskoca bilim dokusunda olguların birbiriyle nasıl bir ilişki içinde olabileceğine ilişkin bir fikri, şeylerin halini anlamlandıran bir varsayımı ortaya sermenin en iyi yolu hâlâ bir kitap yazmaktır. Peter Medawar bir varsayımı, bilinmeyene doğru hayal gücüne dayalı bir sıçrama olarak tanımlamıştır. Sıçrama yapıldığında, bir varsayım insani bakımdan anlaşılabilir bir hikâye anlatma girişimi haline gelir. Bilim olabilmesi için varsayımın sınanabilir öngörülerde bulunması gerekir. Bilimde bir savın "yanlış bile olmadığını," kanıtlanamaz olmaya açık bile olmadığını söylemekten daha büyük bir hakaret yoktur. O halde ben de bu kitapta enerji ve evrimi birleştiren bir varsayım ortaya koyacağım, tutarlı bir hikâye anlatacağım. Yanlışlanabilir olmak için yeterince ayrıntılı bir biçimde yapacağım bunu, öte yandan, yapabildiğimce anlaşılabilir ve heyecan verici bir dille anlatacağım bu hikâyeyi. Bu hikâye kısmen kendi araştırmalarıma (asıl makaleleri Okuma Önerileri bölümünde bulabilirsiniz), kısmen de başkalarının araştırmalarına dayanıyor. Düsseldorf'ta bulunan, haklı çıkmak gibi tekinsiz bir hüneri olduğunu gördüğüm Bill Martin'le, University College London'daki meslektaşların en iyisi matematik kafalı evrim genetikçisi Andrew Pomiankowski ve son derece becerikli birkaç doktora öğrencisiyle çok verimli bir işbirliğim oldu. Bu bir ayrıcalık, muazzam bir zevkti, üstelik büyük bir yolculuğun daha başındayız.

Bu kitabı kısa ve amacına uygun tutmaya, konudan sapmaları, ilginç ama konuyla ilgisiz hikâyeleri kesmeye çalıştım. Elinizdeki kitap bir savdır, olması gerektiği kadar kısa ve ayrıntılıdır. Metaforlardan ve (umarım) eğlenceli ayrıntılardan yoksun değildir; biyokimyaya dayalı bir kitabı genel okurun yaşamına sokabilmek açısından yaşamsal önem taşır bu. Birbiriyle etkileşim kuran devasa moleküllerin bize çok yabancı olan, mikroskopla görülemeyecek kadar küçük coğrafyasını pek az kişi kolayca gözünde canlandırabilir. Ama asıl mesele bilimin kendisidir, yazım tarzımı da bu şekillendirmiştir. Dobra dobra konuşmak eski moda iyi bir erdemdir. Özlüdür, bizi doğruca asıl meseleye getirir; küreğin insanları gömmekte kullanılan bir kazı aleti olduğunu birkaç sayfada bir hatırlatıp dursaydım, çok geçmeden rahatsız olurdunuz. Mitokondriye mitokondri demenin pek o kadar faydası olmasa da, "Bizim hücrelerimiz gibi bütün büyük, karmaşık hücreler minyatür enerji santralleri içerir, bunlar çok uzun zaman önce özgür yaşayan bakterilerden türemiş olup, bugün esasen bütün enerji ihtiyacımızı karşılar" diye yazıp durmak da hantalca olur. Onun yerine, "Bütün ökaryotlarda mitokondri bulunur" diye yazdım. Bu daha açık, daha fazla şeyi toparlıyor. Birkaç terim açısından rahat olduğunuzda, bu terimler daha fazla bilgi aktarır, o kadar özlü bir biçimde yaparlar ki bunu, hemen bir soru doğururlar: İyi de bu nasıl ortaya çıktı? Bu da bizi doğruca bilinmeyenin, en ilginç bilimin yamacına getirir. Ben de gereksiz jargondan kaçınmaya çalıştım ve sadece zaman zaman terimlerin anlamlarını hatırlattım; ama bunun dışında tekrarlanan terimlere aşinalık kazanacağınızı umuyorum. Güvenlik sübabı olarak kitabın sonuna başlıca terimlerin sözlükçesini de ekledim. Zaman zaman çifte kontrolle ilerlenirse, bu kitabı konuyla ilgilenen herkesin anlayabileceğini umuyorum.

İlgilenmenizi de içtenlikle bekliyorum! Bütün tuhaflığına rağmen bu yeni dünya gerçekten heyecan vericidir: Fikirler, olasılıklar, bu geniş evrendeki yerimiz hakkında doğan anlayış. Yeni ve büyük ölçüde bilinmeyen bir coğrafyanın anahatlarını çizeceğim, yaşamın kökeninden sağlığımız ve ölümlülüğümüze uzanan bir bakış açısı sunacağım. Ne iyi ki, bu devasa yelpaze zarların ötesine geçen proton basamaklarıyla ilişkili birkaç basit fikirle birleştirilmiştir. Bana kalırsa, Darwin'den bu yana biyoloji alanındaki en iyi kitaplar savların sunulduğu kitaplardır. Bu kitap da bu geleneğin izinden gitmeye heves ediyor. Enerjinin dünya üzerinde yaşamın evrimini sınırladığını, aynı güçlerin evrenin başka yerlerinde de geçerli olması gerektiğini, bir enerji ve evrim sentezinin sadece dünyada değil, evrenin neresinde olursa olsun yaşamın neden olduğu gibi olduğunu anlamamızı sağlayacak daha öngörüde bulunabilir bir biyolojinin temeli olabileceğini savunuyorum.

# Yaşam Nedir?

R adyo teleskopları gece gündüz göz kırpmadan gökyüzünü tarıyor. Kuzey California'nın çalılarla dolu sıradağlarına gevşek bir biçimde dağılmış 42 tane radyo teleskopu var. Beyaz çanakları boş yüzleri andırıyor, hepsi de gözlerini umutla ufkun ötesinde bir noktaya dikmişler, sanki burası evlerine gitmeye çalışan uzaylı işgalciler için bir toplanma noktasıymış gibi. Yersizliğin de böylesi. Bu teleskoplar SETI'ye, dünya dışı zekâ arayışıyla gökyüzünü yarım asırdır yaşam işareti bulmak için beyhude yere tarayan kuruma ait. Bu işin kahramanları bile başarı şansı konusunda çok da iyimser değil ama birkaç yıl önce finansman kaynakları kuruduğunda kamuoyuna doğrudan başvurulması sayesinde Allen Teleskop Dizisi yeniden çalışmaya başladı. Benim kanıma göre, bu girişim insanlığın evrendeki yerimizle ilgili belirsiz kavrayışına, hatta bilimin kırılganlığına ilişkin güçlü bir sembol: Bilim kurgu teknolojisi o kadar anlaşılmaz ki, her şeyi bilmeyi ima ediyor, bilime dayalı olamayacak kadar naif bir hayalden, yalnız olmadığımız fikrinden hareket ediyor.

Bu teleskop dizisi hiçbir zaman yaşam tespit edemeyecek olsa da değerli. Bu teleskoplarla yanlış yöne bakmak mümkün olmayabilir ama asıl güçleri burada yatıyor. Orada tam olarak ne arıyoruz? Evrenin başka yerlerindeki yaşam bizimkine radyo dalgaları kullanacak kadar benziyor mu bakalım? Başka yerlerdeki yaşamın da karbona dayalı olması gerektiğini mi düşünüyoruz? Suya ihtiyacı var mı peki? Ya oksijene? Bunlar aslında evrenin başka yerlerindeki yaşamla ilgili sorular değildir: Dünya'daki yaşamla, yaşamın neden bildiğimiz biçimde olduğuyla ilgili sorulardır. Bu teleskoplar sordukları soruları Dünyalı biyologlara yansıtan aynalardır. Sorun şu ki, bilim tümüyle tahminlerle ilgilidir. Fiziğin en ağır sorusu, fizik yasalarının neden oldukları gibi olduğudur: Hangi temel ilkeler evrenin bilinen özelliklerini öngörür? Biyoloji o kadar öngörülü değildir, fiziğinkine benzer yasaları yoktur, hal böyleyken evrim biyolojisinin öngörüde bulunma gücü yüz kızartacak kadar kötü-dür. Evrimin moleküler mekanizmaları, gezegenimizde yaşamın tarihi hakkında epeyce şey biliyoruz ama bu tarihin hangi kısımlarının şans eseri olduğu (başka gezegenlerde hayli farklı sonuçlar doğurabilecek yollar olduğu), hangi kısımlarının fizik kanunları ya da kısıtlamalarının hükmüyle gerçekleştiğine dair çok daha az şey biliyoruz.

Bunun nedeni çaba eksikliği değildir. Bu alan emekli Nobel ödülü sahipleri ve biyolojinin diğer büyük isimlerinin oyun sahasıdır; ama bu insanlar bütün bilgilerine ve zekâlarına rağmen kendi aralarında anlaşma sağlamaya başlayama- mışlardır. Bundan kırk yıl önce, moleküler biyolojinin şafağında, Fransız biyolog Jacques Monod meşhur kitabı *Rastlantı ve Zorunluluk*'u kaleme almıştı. Bu kitap sevimsizce, dünya üzerindeki yaşamın kökeninin tuhaf bir kaza olduğunu, boş bir evrende yapayalnız olduğumuzu savunur. Monod'nun kitabının son satırları şiire yakındır, bir bilim ve metafizik harmanıdır:

> Kadim sözleşme paramparça oldu; insan içinden şans eseri doğduğu evrenin hissiz enginliğinde yapayalnız olduğunu artık biliyor. İnsanın kaderi hiçbir yerde dile getirilmemiştir, görevi de. Ya yukarıdaki krallık ya aşağıdaki karanlık; seçmek ona kalmıştır.

O zamandan beri, bazıları bunun tam tersini, yaşamın kozmik kimyanın kaçı- nılmaz bir sonucu olduğunu savunmuştur. Hemen her yerde çabucak doğacaktır. Yaşam bir gezegeni doldurmaya başladığında, sonrasında ne olur? Bu konuda da hiçbir fikir birliği yoktur. Mühendislik sınırlamaları yaşamı, başlangıç noktası neresi olursa olsun benzer yerlere yönelmiş, birbirine yaklaşan yollara girmeye zorlayabilir. Kütleçekim dikkate alındığında uçan hayvanlar hafif olma, kanada benzer birşeylere sahip olma eğilimindedir. Daha genel bir anlamda yaşamın hücresel olması, içlerini dış dünyadan farklı tutan küçük birimlerden oluşmuş ol- ması bir zorunluluk olabilir. Bu tür sınırlamalar baskınsa, başka yerlerdeki yaşam Dünya üzerindeki yaşama yakından benzerlik gösterebilir. Tam tersine herhalde rastlantısallık hüküm sürüyor; yaşamın oluşumu, dinozorların kökünü kazıyan göktaşı çarpması gibi küresel kazalardan rastgele sağ çıkanlara bağlıdır. Saatleri Kambriyen döneme, yarım milyar yıl öncesine, hayvanların fosil kayıtlarında ilk kez patlama gösterdiği devirlere alalım ve ileriye saralım. Bu paralel dünya bizim dünyamıza benzer miydi? Herhalde tepeler devasa kara ahtapotlarıyla dolu olurdu.

Teleskoplarımızı uzaya çevirmemizin nedenlerinden biri, burada yeryüzünde tek boyutlu bir örneklemle uğraşıyor olmamız. İstatistiksel bir bakış açısıyla yaklaşırsak, Dünya üzerinde yaşamın evrimini sınırlayan bir şey olmuşsa, bunun ne olduğunu söyleyemeyiz. Ama bu gerçekten doğru olsaydı bu kitabın ya da başka kitapların bir dayanağı olmazdı. Fizik kanunları bütün evrende geçerlidir, elementlerin özellikleri ve miktarları da öyle, bu yüzden kimya akla yatkındır. Dünya üzerindeki yaşam, eşeyli üreme ve yaşlanma gibi asırlardır en iyi biyologların zihinlerini yormuş birçok tuhaf özelliğe sahiptir. İlk ilkelerden, evrenin kimyasal yapısından hareketle neden bu özelliklerin doğduğunu, yaşamın neden olduğu gibi olduğunu tahmin edebil-seydik, o zaman yine istatistiksel olasılık dünyasına girebilirdik. Dünya üzerindeki yaşam aslında bir tek yaşamın örneklemi değildir, pratik amaçlar açısından sonsuz zaman içinde evrilmiş sonsuz çeşitlilikte organizma demektir. Gelgelelim evrim kuramı, ilk ilkelerden hareketle, dünya üzerindeki yaşamın neden tuttuğu yolu izlediğine ilişkin tahminlerde bulunmaz. Bu sözlerden kastım, evrim kuramının yanlış olduğu kanısında olduğumu söylemek değil, evrim kuramı yanlış değildir, sadece öngörüde bulunmaz. Bu kitaptaki savım şudur: Evrim üzerinde, onun ilk ilkelerden hareketle yaşamın temel özelliklerinin bazılarını tahmin etmesini müm-kün kılabilecek güçlü kısıtlamalar (enerji kısıtlamaları) vardır. Bu kısıtlamaları ele almadan önce, evrim biyolojisinin neden tahminlere dayalı olmadığını, bu enerji kısıtlamalarının neden büyük ölçüde fark edilmediğini, hatta bir sorun olduğunu neden fark etmediğimizi değerlendirmemiz gerekiyor. Bu sorun, ancak son birkaç yıl içinde büsbütün belirgin bir hal almıştır ve sadece evrim biyolojisiyle ilgilenen-lere göre, biyolojinin tam kalbinde derin ve rahatsız edici bir kesinti yatmaktadır.

İşlerin bu üzüntü verici halinden bir noktaya kadar DNA'yı sorumlu tutabiliriz. İroniktir, modern moleküler biyoloji çağı ve mümkün kıldığı bütün o olağanüstü DNA teknolojisi, muhtemelen bir fizikçiyle, Erwin Schrödinger'in *Yaşam Nedir?* başlıklı kitabının 1944'te yayımlanmasıyla başlamıştır. Schrödinger iki noktaya dikkat çekiyordu: Birincisi, yaşam genel çürüme eğilimine, termodinamiğin ikinci yasasıyla ifade edilen entropi (düzensizlik) artışına bir şekilde direnir; ikincisi, yaşamın entropiyi yerel olarak atlatma hilesinin sırrı genlerde yatar. Schrödinger genetik malzemenin, katı bir biçimde tekrarlanan bir yapısı olmayan, bu nedenle de bir "şifre yazılımı" olabilecek "düzensiz" bir kristal olduğunu ileri sürmüştü; "şifre yazılımı" teriminin biyolojik literatürde ilk meşhur kullanımıydı bu. Schrödinger dönemin çoğu biyoloğu gibi, söz konusu bu kristal benzerinin bir protein olması gerektiğini varsayıyordu; ama çılgınca akıp geçen bir on yıl içinde Crick ve Watson DNA'nın kristal yapısını ortaya koydular. İkili *Nature* dergisine yazdıkları, 1953 tarihli ikinci makalede şöyle diyordu: "Dolayısıyla bazların tam diziliminin ge-netik enformasyonu taşıyan şifre olması mümkün görünüyor." Bu cümle modern biyolojinin temelidir. Bugün biyoloji enformasyondur, genom dizileri bilgisayar ortamında ortaya konur, yaşam da enformasyon transferi olarak betimlenir.

Genomlar büyülü bir diyara açılan geçit kapılarıdır. Bir şifre silsilesi, 3 milyar harflik deneysel bir romanı andırır; tekrarlanan metinler, dizeler, boş sayfalar, bilinç akışı blokları ve tuhaf noktalama işaretleriyle kesintiye uğramış kısa bölümler halinde zaman zaman tutarlı bir hikâye anlatılır. Genomumuzun küçük bir bölümü, %2'den azı, proteinler için şifrelerdir; DNA'nın daha büyük bir bölümüyse düzenleyicidir, geri kalanın işleviyse aslında kibar insanlar olan bilim insanları arasında kıyameti kopartabilir.[1] Burada bu tartışmanın önemi yok. Açık olan şey şudur: Genomlar binlerce geni, bir tırtılı bir kelebeğe ya da bir çocuğu yetişkin bir insana dönüştürmek için gerekli her şeyi belirtme becerisine sahip düzenleyici karmaşıklığın epeyce bir bölümünü şifreleyebilir. Hayvanlar, bitkiler, mantarlar ve tek hücreli amiplerin genomları karşılaştırıldığında aynı süreçlerin söz konusu olduğu görülür. Çok farklı boyutlar ve tiplerdeki genomlarda aynı genlerin farklı versiyonlarını, aynı düzenleyici unsurları, aynı bencil kopyalayıcıları (örneğin virüsleri) ve tekrar edip duran aynı saçmalıkları görebiliriz. Soğanlar, buğday ve amipler bizden daha fazla gene, daha fazla DNA'ya sahiptir. Kurbağalar ve semenderler gibi amfibilerin genom boyutları iki büyüklük düzeni arasında değişir, bazı semenderlerin genomları bizimkinden 40 kat büyüktür, bazı kurbağa genomlarıysa bizim genomumuzun üçte biri büyüklüktedir. Genomlar üzerindeki mimari kısıtlamaları tek bir cümlede özetlememiz gerekseydi, "herhangi bir şey olur" diyebilirdik.

Bu nokta önemlidir. Genomlar bilgiyse, genom büyüklüğü ve yapısı konusunda hiçbir temel sınırlama yoksa, bilgi üzerinde de hiçbir kısıtlama yok demektir. Bu, genomlar üzerinde hiçbir kısıtlama olmadığı anlamına gelmez. Açıktır ki böyle kısıtlamalar vardır. Genomlar üzerinde etkili olan güçler arasında, doğal seçilimin yanı sıra daha rastgele etkenler; örneğin genlerin, kromozomların ya da genomların tamamının yanlışlıkla kopyalanması, tersine çevirmeler, atlamalar ve asalak DNA'nın istilası da yer alır. Bütün bunların nasıl meyve vereceği yaşam ortamı, türler arası rekabet ve nüfusun büyüklüğü gibi etkenlere dayanır. Bizim bakış açımıza göre, bütün bunlar öngörülemez etkenlerdir. Doğal ortamın parçasıdır. Doğal ortam kesin bir biçimde belirtilirse, belli bir türün genom büyüklüğünü tahmin edebiliriz. Ama sonsuz sayıda tür, başka hücrelerin içlerinden tutun, insanların yaşadığı şehirlere, okyanusların basınçlı derinliklerine varıncaya dek sonsuz bir çeşitlilik gösteren mikro doğal ortamlarda yaşar. Madem ki "her şey olur," "herhangi bir şey olur" " çok fazla değildir. Genomlarda, bu farklı ortamlarda onlar üzerinde etkili olan etkenler kadar büyük bir çeşitlilik görmeyi beklememiz gerekir. Genomlar geleceği öngöremez, geçmişi hatırlatır, tarihin zorunluluklarını yansıtırlar.

Diğer dünyaları değerlendirelim yine. Yaşam bilgiyle ilgiliyse, bilgi sınırlanmamışsa, başka bir gezegende yaşamın neye benzeyebileceğini tahmin edemeyiz, sadece fizik kanunlarına ters düşmeyeceğini tahmin edebiliriz. Kalıtsal bir malzemenin (DNA ya da başka bir şey) doğmasıyla birlikte, evrimin izlediği yol, enformasyonla sınırlanmayan, ilk ilkelere dayanarak öngörülemeyen bir hal alır. Aslında neyin evrildiği, tam olarak doğal ortama, tarihin rastlantılarına, seçilimin dehasına bağlı olacaktır. Ama şimdi dünyaya bakalım. Bu ifade, bugün var olduğu haliyle yaşamın muazzam çeşitliliği açısından akla yatkındır; ama dünyanın uzun tarihinin büyük bölümü açısından geçerli değildir. Öyle görünüyor ki, milyarlarca yıl boyunca yaşam; genomlar, tarih ya da doğal ortam açısından kolayca yorumlanamayacak biçimlerde kısıtlanmıştır. Gezegenimizde yaşamın tarihi kısa bir süre öncesine dek açık olmaktan çok uzaktı, şimdi bile ayrıntılar hakkında söylenebilecek çok şey vardır. İzninizle, belirmekte olan manzarayı kabaca çizip artık yanlış görünen eski versiyonlarla karşılaştırayım.

## Yaşamın İlk 2 Milyar Yılının Kısa Tarihi

Gezegenimiz yaklaşık 4,5 milyar yaşındadır (yani 4.500 milyon yaşındadır). Tarihinin ilk evrelerinde, doğmakta olan Güneş sisteminde işler yoluna girinceye dek, 700 milyon yıl boyunca ağır bir göktaşı bombardımanı altında kalmıştır. Muhtemelen Mars büyüklüğünde bir nesnenin erken tarihlerde Dünya'ya çarpmasıyla Ay oluşmuştur. Etkin jeolojik olayların Dünya'da yerkabuğunu sürekli değiştirmesinin tersine, Ay'ın el değmemiş yüzeyi bu ilk bombardımanın kanıtlarını kraterlerinde barındırır, *Apollo* astronotlarının Dünya'ya getirdiği taşlar sayesinde bu bombardımanın tarihi belirlenmiştir.

Dünya'da aynı yaşlarda benzer taşların bulunmamasına rağmen, erken tarihlerdeki yaşam koşullarına ilişkin birkaç ipucu mevcuttur. Özellikle de zirkonların (birçok kayada bulunan, kum taneciğinden daha küçük zirkonyum silikat kristallerinin) bileşimi, sandığımızdan çok erken tarihlerde okyanusların varolduğunu düşündürür. Uranyum tarihlendirmesine dayanarak bu inanılmaz derecede güçlü kristallerin bir bölümünün 4 ila 4,4 milyar yıl önce oluştuğunu, daha sonraki tarihlerde çökelti kayalarında kırıntılanmış tanecikler olarak biriktiklerini söyleyebiliriz. Zirkon kristalleri kimyasal bulaşıkları hapseden minik kafesler gibi davranır, içinde oluştukları doğal ortamın özelliklerini yansıtır. Erken zirkonların kimyası, bunların nispeten düşük sıcaklıkta, suyun bulunduğu bir ortamda oluştuğunu düşündürmektedir. Zirkon kristalleri, teknik olarak "Hadean" dönem denilen çağla ilgili olarak sanatçıların izlenimlerini canlı bir biçimde yansıtan kaynar lav okyanuslarıyla dolu, bir yanardağ cehennemi imgesinden çok çok uzakta, kara yüzeyinin sınırlı olduğu çok daha sakin bir su dünyasını işaret eder.

Aynı şekilde ilk atmosferin metan, hidrojen ve amonyak gibi birbirleriyle tepkimeye girerek organik moleküller oluşturan gazlarla dolu olduğunu söyleyen eski fikir de zirkonların incelenmesi karşısında ayakta duramaz. Seryum gibi iz elementleri, zirkon kristallerine çoğunlukla oksitlenmiş halde dahil olmuştur. En erken zirkonların yüksek düzeyde seryum içermesi, atmosfere, yanardağlardan çıkan oksitlenmiş gazların, en başta da karbondioksit, su buharı, azot ve sülfür dioksitin hâkim olduğunu düşündürür. Bu karışım, bileşimi itibarıyla, bugünkü havadan farklı değildir, içinde çok çok daha sonraları fotosentezin ilerlemesiyle bollaşan oksijen yoktur sadece. Uzun zaman önce yitip gitmiş bir dünyanın oluşumunu birkaç dağınık zirkon kristalinden okumaya çalışmak, nihayetinde kum taneciğinden ibaret şeylere büyük bir ağırlık yüklemek anlamına gelir ama elde hiçbir kanıt olmamasından daha iyidir. Bu kanıtlar tutarlı bir biçimde, bugün bildiğimiz gezegene şaşırtıcı derecede benzer bir gezegen ortaya koyar. Zaman zaman yaşanan göktaşı çarpmaları okyanusları kısmen buharlaştırmış olabilir ama okyanusların derinlerinde yaşayan, tabii evrilmişlerse, bakterilerin huzurunu kaçırmış olması ihtimal dışıdır.

Hayatın en erken kanıtı bir o kadar çürüktür ama bu kanıtın varlığı, Grönland'ın güneybatısında Isua ve Akilia'da bilinen, yaklaşık 3,8 milyar yaşındaki en erken kayaların bazılarına uzanabilir (bir zaman çizelgesi için bkz. RESİM 2). Bu kanıt fosiller ya da canlı hücrelerden türemiş karmaşık moleküller ("biyoişaretler") biçiminde karşımıza çıkmaz, grafit yani saf ve yumuşak karbondaki karbon atomlarının rastgele olmayan bir biçimde ayrılmasından ibarettir. Karbon iki kararlı biçimde yani izotop halinde görülür, bu izotopların kütleleri arasında çok az bir fark vardır.[2] Enzimlerin (canlı hücrelerdeki tepkimeleri hızlandıran proteinlerin) tercihi daha hafif karbondan, karbon-12'den yana biraz daha ağır basar, bu nedenle organik maddede karbon-12 birikme eğilimi gözlenir. Karbon atomlarını minik pinpon topları gibi düşünebilirsiniz: Biraz daha hafif olan toplar biraz daha hızlı zıplar, bu nedenle enzimlere çarpma, organik karbona dönüştürülme olasılıkları daha fazladır. Oysa tersine, toplam karbon miktarının sadece %1,1'ini oluşturan daha ağır karbon biçimi, karbon-13'ün okyanuslarda geride kalma olasılığı daha fazladır, kireçtaşı gibi çökelti kayalarında karbonat dışarı atıldığında birikir. Bu küçük farklılıklar sıklıkla yaşam belirtisi olarak görülebilecek kadar tutarlıdır. Sadece karbon değil, demir, sülfür ve azot gibi diğer elementler de canlı hücrelerde benzer bir biçimde parçalanır. Bu tür izotopik parçalanmalar, Isua ve Akilia'daki saf ve yumuşak karbonlarda belgelenmiştir.

Kayaların yaşından tutun yaşamı belirttiği sanılan küçük karbon taneciklerinin varlığına dek bu çalışmanın her yönüne karşı çıkılmıştır. Ayrıca, izotopik parçalanmanın yaşamın tamamı açısından benzersiz olmakla kalmadığı, daha zayıf bir biçimde de olsa hidrotermal oyuklardaki jeolojik süreçlerde taklit edilebileceği açıklık kazanmıştır. Grönland kayaları gerçekten göründükleri kadar eski olsalar, gerçekten de parçalanmış karbon içerseler de, bu bir yaşam kanıtı değildir. Heves kırıcı gibi görünebilir ama bir anlamda bundan fazlasını beklememiz gerekir.

İnsanlar — 0,0
Dinozorlar —

Okyanusların — 0,5
oksijenlenmesi? — ← Kambriyen patlaması

Kartopu Dünya — 1,0

1,5

← İlk fosilleşmiş ökaryotlar?

Büyük Oksitlenme — 2,0
Olayı

Kartopu Dünya — 2,5

Oksijenli
← fotosentez mi?
3,0
← Karbon zengini şistler

Fosilleşmiş — 3,5
stromatolitler,
mikrofosiller
Yaşamın varlığını
düşündüren
← izotopik işaretler
Yaşamın — 4,0
kökeni?

Dünyanın — 4,5 milyar yıl
oluşumu

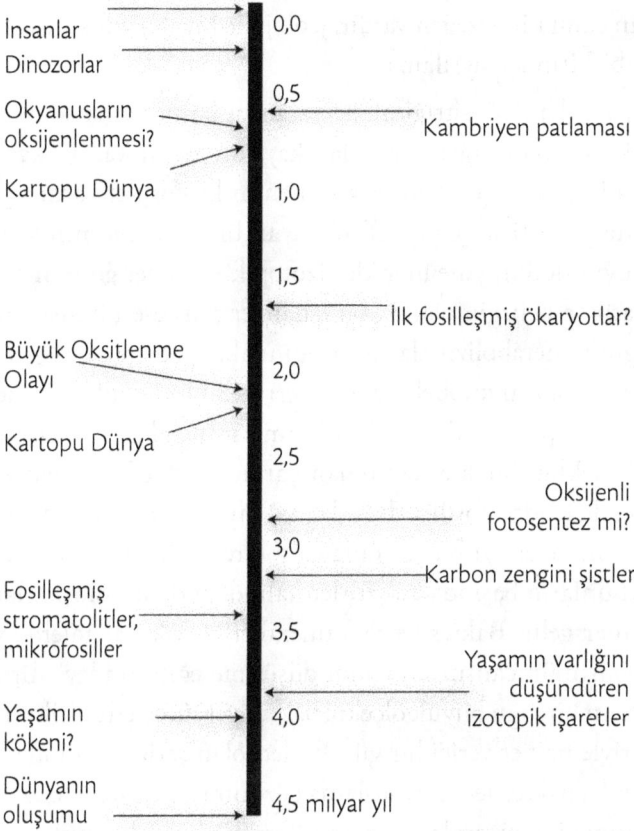

**RESİM 2** Yaşamın zaman çizelgesi

Bu zaman çizelgesinde evrimin erken dönemlerindeki bazı kilit olayların yaklaşık tarihleri görülüyor. Bu tarihlerin birçoğu belirsiz ve tartışmalıdır ama çoğu kanıt, bakteriler ve arkelerin ökaryotlardan 1,5 ila 2 milyar yıl önce ortaya çıktığını düşündürür.

"Canlı bir gezegen" (jeolojik olarak etkin) ile canlı bir hücre arasındaki farkın sadece bir tanım meselesi olduğunu savunacağım. Kesin bir ayrım çizgisi yoktur. Jeokimya kesintisiz bir biçimde biyokimyayı doğurur. Bu bakış açısına göre, bu eski kayalarda jeoloji ile biyolojiyi ayıramıyor olmamız duruma uygundur. Karşımızda yaşamı doğuran canlı bir gezegen vardır, jeoloji ile biyoloji bir sürekliliği kesintiye uğratmaksızın birbirinden ayrılamaz.

Birkaç yüzyıl daha ileri gittiğimizde yaşamın kanıtı daha somut, Avustralya ve Güney Afrika'nın eski çağlardan kalan kayaları kadar katı ve kavranabilir bir hal alır. Burada hücrelere çok benzer görünen mikrofosiller vardır; gerçi bunları modern gruplara yerleştirmek hiç affı olmayan bir iştir. Bu minik fosillerin birçoğu karbona uyumludur, yine manidar izotopik emareler gösterirler ama bu kez biraz daha tutarlı ve belirgin olarak, bu emareler şans eseri hidrotermal süreçlerden ziyade, örgütlü metabolizmaların varlığını akla getirir. Bir de stromatolitleri, bakteri yaşamıyla dolu şu kubbeli katedralleri andıran, içinde hücrelerin katman katman büyüdüğü yapılar vardır; üst üste binmiş mineral katmanları taşa dönüşür, nihayetinde yüksekliği bir metreyi bulan çarpıcı katlar halindeki kaya yapıları ortaya çıkar. Bu doğrudan fosiller dışında, 3,2 milyar yıl öncesinde, yüzölçümleri yüzbinlerce kilometrekareyi bulan, onlarca metre derinde büyük ölçekli jeolojik yapılar vardır; bunların başında da şeritler halindeki demir oluşumları ve karbon zengini katmanlar gelir. Bakteriler ve minerallerin farklı âlemlerde yer aldığını, birinin canlı öbürünün cansız olduğunu düşünme eğilimindeyizdir ama aslında çökelti kayalarının birçoğu büyük ölçekte bakteriyel süreçlerle birikmiştir. Kırmızı ve siyah şeritleriyle hayret verici bir güzellikleri olan şeritler halindeki demir oluşumları örneğinde, bakteriler okyanuslarda çözünmüş demirden elektronları ayırır (oksijenin bulunmadığı ortamlarda bu tür "ferröz" demir boldur), geride derinlere gömülen çözülemez bir atık, pas kalır. Demir zengini bu kayaların neden şeritli olduğu soru işaretleri uyandırır ama izotop imzaları yine bu işte biyolojinin parmağı olduğunu açığa vurur.

Bu engin birikimler sadece yaşamın değil, fotosentezin de emaresidir. Çevremizde, bitkiler ve alglerin yeşil yapraklarında gördüğümüz, aşina olduğumuz biçimdeki fotosentezin değil, daha basit bir öncünün. Fotosentezin bütün biçimlerinde ışık enerjisi kullanılarak gönülsüz bir vericiden elektronlar ayrılır. Elektronlar daha sonra karbondioksite zorlanarak organik moleküllere dönüştürülür. Fotosentezin çeşitli biçimleri, elektron kaynakları itibarıyla farklılık gösterebilir; elektronlar her tür farklı yerden gelebilir, en sık olarak da çözülmüş (ferröz) demir, hidrojen sülfür ya da sudan gelir. Her durumda elektronlar karbondioksite aktarılır, geride atıkları kalır: sırasıyla paslı demir birikimleri, saf sülfür (kükürt) ve oksijen... Şimdiye dek kırması en zor ceviz, su olmuştur. 3,2 milyar yıl önce, yaşam hemen her şeyden elektron alıyordu. Biyokimyager Albert Szent-Györgyi'nin gözlemlediği üzere, dinlenecek bir yer arayan bir elektrondan başka bir şey değildir. Sudan elektron çıkarmanın son adımının tam olarak ne zaman gerçekleştiği tartışmalıdır. Bazıları bunun evrim sürecinde erken tarihte gerçekleşmiş bir olay olduğunu ileri sürer ama kanıtların taşıdığı önem, "oksijenli" fotosentezin 2,9 ile 2,4 milyar yıl öncesi arasında doğduğunu düşündürmektedir; küresel bir huzursuzluğun yaşandığı, Dünya'nın orta yaş krizine girdiği sarsıntılı dönemden pek de uzun bir süre öncesi değildir bu tarih. "Kartopu Dünya" diye bilinen dünya çapındaki buzullaşmaların ardından, yaklaşık 2,2 milyar yıl önce karadaki kayalar yaygın biçimde oksitlendi; havadaki oksijenin kesin bir işareti olarak paslı "kızıl yataklar" bıraktılar; "Büyük Oksitlenme Olayı" denilen olay budur. Küresel buzullaşmalar bile atmosferdeki oksijende bir artış olduğunu işaret eder. Oksijen metanı oksitleyerek havadaki güçlü sera gazını ortadan kaldırarak küresel donmayı tetiklemiştir.[3]

Oksijenli fotosentezin evrilmesiyle birlikte yaşamın metabolik alet çantası esasen tamamlandı. Dünya'nın yaklaşık 2 milyarlık tarihinde (hayvanların varlık gösterdiği sürenin tamamından üç kat uzun bir süre boyunca) birçok uğrak noktası olan turumuzun bütün ayrıntıları itibarıyla doğru olması ihtimal dışıdır ama büyük tablonun dünyamız hakkında neler söylediğini değerlendirmek için bir an olsun mola vermeye değer. Öncelikle yaşam çok erken bir tarihte, muhtemelen 3,5 milyar ile 4 milyar yıl öncesi arasında, hatta belki de daha önce, bizimkinden farklı olmayan bir su dünyasında ortaya çıkmıştır. İkincisi, 3,5 milyar yıl ile 3,2 milyar yıl öncesi arasında bakteriler çok sayıda soluma ve fotosentez biçimi de dahil olmak üzere çoğu metabolizma biçimini çoktan icat etmiş bulunuyordu. Dünya 1 milyar yıl boyunca bir bakteri kazanı oldu ancak hayret gösterebileceğimiz bir biyokimya mucitliği sergiledi.[4] İzotopik parçalanma, başlıca bütün besin döngülerinin (karbon, azot, sülfür, demir vs.) 2,5 milyar yıl önce yerli yerinde olduğunu düşündürür. Ne var ki ancak 2,4 milyar yıl öncesinde oksijenin yükselişiyle birlikte, yaşam gezegenimizi, bu gelişmekte olan bakteri dünyasının uzaydan canlı bir gezegen olarak seçilebileceği noktaya varıncaya dek şekillendirmiştir. Atmosfer oksijen ve metan gibi tepkimeye giren bir gaz karışımını ancak bundan sonra biriktirmeye başlamıştır; bu gazların canlı hücrelerce sürekli tazelenmesi, bu işte biyolojinin gezegen ölçeğinde parmağı olduğunu ele verir.

## Genler ve Doğal Ortamla İlgili Sorun

Büyük Oksitlenme Olayı, yaşayan gezegenimizin tarihinde uzun bir süredir bir dönüm noktası olarak kabul ediliyor ama önemi son yıllarda kökten bir biçimde değişmiştir, bu yeni yorum da bu kitaptaki savım açısından kritik önemdedir. Eski yorum, oksijeni yaşamın kritik *çevresel* belirleyicisi olarak görür. Oksijen neyin evrileceğini belirlemez bu sava göre, çok daha büyük bir karmaşıklığın evrilmesini mümkün kılar, frenleri serbest bırakır. Örneğin hayvanlar yaşamlarını fiziksel olarak etrafta dolanarak, av peşinde koşarak ya da avlanmaktan kaçarak sürdürürler. Açıktır ki bu çok büyük bir miktarda enerji gerektirir, bu nedenle, diğer soluma biçimlerinden yaklaşık on kat daha fazla enerji sağlayan oksijenin olmaması halinde, hayvanların var olamayacağını tahayyül etmek kolaydır.[5] Bu ifade ilginçlikten o kadar uzaktır ki, karşı çıkmaya değmez bile. Sorunun bir parçası da budur zaten: Daha fazla değerlendirmeyi gerektirmez. Hayvanların oksijene ihtiyaç duyduğunu (bu her zaman doğru olmasa bile) ve oksijen aldığını, bu nedenle oksijenin ortak bir payda olduğunu baştan kabul edebiliriz. Evrim biyolojisindeki asıl sorunlar, bu durumda, hayvanlar ya da bitkilerin özellikleri ya da davranış biçimleriyle ilgili hale gelir. Yani böyleymiş gibi görünür.

Bu bakış açısı, örtük olarak Dünya'nın ders kitaplarına özgü tarihinin temelinde yatar. Oksijeni, sağlıklı ve iyi diye düşünmeye meylederiz ama ilksel biyokimyaya göre oksijen bunlar dışında her şeydir: Zehirlidir ve tepkimeye girmeye yatkındır. Ders kitabı hikâyesi, oksijen seviyesi yükseldikçe bu tehlikeli gazın bütün mikrobiyal dünya üzerinde ağır bir seçilim baskısı yarattığını söyler. Mikrobiyal dünyadaki bütün türlerin kitlesel olarak tükendiğine, Lynn Margulis'in oksijen "soykırımı" dediği şeye dair tatsız hikâyeler vardır. Bu felaketin izlerine fosil kayıtlarında rastlanmaması bizi fazla tedirgin etmemelidir (bu konuda temin ediliriz): Bu yaratıklar çok çok küçüktür, zaten her şey son derece uzun bir zaman önce olup bitmiştir. Oksijen hücreler arasında yeni ilişkiler, hücrelerin kendi içlerinde ve aralarında hayatta kalma araçlarını takas ettiği sembiyozlar ve endosembiyozlar kurulmasını zorunlu kılmıştır. Yüz milyonlarca yıl içinde hücreler sadece oksijenle başa çıkmayı değil, onun tepkimeye girmesinden yararlanmayı da öğrendikçe karmaşıklık yavaş yavaş artmıştır: Hücrelerde aerobik solunuma evrilmiş, onlara daha fazla enerji kazandırmıştır. Bu büyük, karmaşık, aerobik hücreler DNA'larını çekirdek denilen özel bir bölümde tutuyor, bu nedenle de onlara "gerçek çekirdek" anlamına gelen "ökaryotlar" deniyordu. Tekrarlıyorum, bu ders kitabı hikâyesidir: Ben bu hikâyenin yanlış olduğunu savunacağım.

Bugün, çevremizde gördüğümüz karmaşık yaşamın tamamı (bütün bitkiler, hayvanlar, algler, mantarlar ve protistler yani amipler gibi büyük hücreler) bu ökaryot hücrelerden oluşur. Ökaryotlar 1 milyar yıl içinde sürekli çoğalarak, ironik bir biçimde "sıkıcı milyar" diye bilinen bir dönemde fosil kayıtlarında baskınlık kazanmıştır, diye devam eder hikâye. Yine de 1,6 milyar yıl ile 1,2 milyar yıl öncesi arasında ökaryotlara çok benzer tek hücrelilerin fosillerini bulmaya başlarız, bunların bir bölümü, kırmızı algler ve mantarlar gibi modern gruplara rahatça girer.

Sonra başka bir küresel huzursuzluk dönemi gelmiş, yaklaşık 750-600 milyon yıl önce Kartopu Dünyalar silsilesi yaşanmıştır. Bundan kısa bir süre sonra oksijen seviyesi hızla bugünkü düzeye yaklaşmıştır; fosil kayıtlarında birden ilk hayvan fosilleri karşımıza çıkar. İlk büyük fosiller (çapları bir metreyi bulur) çoğu paleontologun filtreyle beslenen hayvanlar diye yorumladığı, bazılarının sadece liken olduğunda ısrar ettiği simetrik eğrelti benzeri biçimlerden oluşan gizemli bir gruptur: Ediacaranlar ya da daha dokunaklı bir tabirle vendobiyontlar. Sonra bu biçimlerin çoğu, ortaya çıktıkları kadar ani bir biçimde, sadece onları ortadan kaldıran kitlesel bir tükenmeyle silinip gitmiş, Kambriyen dönemin başlangıcında, 541 milyon yıl önce (biyologlar arasında 1066 ya da 1492 gibi ikonik bir tarihtir bu) yerlerini daha tanınabilir hayvanlara bırakmıştır. Büyük ve hareketli, karmaşık gözleri ve korkutucu uzantıları olan bu acımasız avcılar ve onların zırhlarla kaplı, korku dolu avları bir patlamayla, kıpkızıl dişleri ve pençeleriyle evrim sahnesinde belirir der, modern kılığıyla Darwin.

Bu senaryonun aslında ne kadarı yanlıştır? Yüzeysel olarak bakıldığında akla yatkın görünüyor. Ama bence altmetni yanlış; daha fazlasını öğrendikçe, daha fazla ayrıntı da öğreniyoruz. Altmetin genler ve doğal ortam arasındaki ilişkiyle ilgilidir. Bu senaryonun tamamı, doğal ortamın kilit değişkeni sayılan, yenilik frenlerini serbest bırakarak genetik değişimi mümkün kılan oksijen etrafında döner. Oksijen seviyesi iki kere yükselmiştir, bir kere 2,4 milyar yıl önce Büyük Oksitlenme Olayı'nda, ikinci kez ebedi Kambriyen Öncesi dönemin sonuna doğru, 600 milyon yıl önce (RESİM 2). Hikâyeye göre, her ikisinde de oksijenin artması yapı ve işlev üzerindeki sınırlamaları gevşetmiştir. Yeni tehditler ve fırsatlarla gelen Büyük Oksitlenme Olayı sonrasında, hücreler kendi aralarında bir dizi endosembiyozla takasa başladı, yavaş yavaş gerçek ökaryot hücrelerin karmaşıklığını biriktirdi. Oksijen seviyesi ikinci kez yükseldiğinde, Kambriyen patlaması öncesinde fiziksel sınırlamalar bir sihirbazın asası değmiş gibi tümüyle bir kenara itildi, hayvanların varolması ilk kez mümkün hale geldi. Oksijenin fiziksel olarak bu değişikliklerin itici gücü olduğunu kimse ileri sürmez, oksijen sadece seçilim ortamını dönüştürmüştür. Bu sınırsız yeni coğrafyanın muhteşem manzaralarında genomlar özgürce gelişmiş, enformasyon içerikleri sonunda dizginsiz bir hal almıştır.

Bu evrim manzarası diyalektik materyalizm açısından, 20. yüzyıl başı ile ortası arasındaki neo-Darwinci sentez sırasında bazı önde gelen biyologların ilkelerine sadık kalarak düşünülebilir. Birbirinin içine giren karşıtlar genler ve doğal ortamdır, doğa ve yetişme diye bilinen şeyler yani. Biyoloji genlerle ilgili her şeydir, genlerin davranışları da doğal ortamla ilgili her şeydir. Peki geriye ne kalıyor? Eh, biyoloji sadece genler ve doğal ortamla ilgili değildir, hücreler ve hücrelerin fiziksel yapılarının sınırlanmasıyla da ilgilidir; bunların genlerle ya da doğrudan doğal ortamla pek ilgisi olmadığını birazdan göreceğiz. Bu farklı dünya görüşlerinden doğan tahminler çarpıcı bir farklılık gösterir.

Birinci olasılığa bakalım, evrimi genler ve doğal ortama dayanarak yorumlayalım. Erken Dünya'da oksijenin bulunmaması doğal ortamdaki önemli kısıtlardan biridir. Oksijeni eklersiniz ve evrim serpilip gelişiverir. Oksijene maruz kalan bütün yaşam şu veya bu biçimde etkilenir ve uyum sağlamak zorunda kalır. Bazı hücreler aerobik koşullara daha iyi uyum sağlayabilecek durumdadır, yayılırlar; diğerleriyse ölür. Ama farklı birçok mikro-doğal ortam vardır. Oksijenin artması bir tür saplantılı küresel ekosistem içinde tüm dünyanın oksijene boğulması anlamına gelmez, karadaki minerallerin oksitlenmesi okyanuslardakilerin çözülmesini sağlar, bu da anaerobik (havasız) nişleri zenginleştirir. Nitrat, nitrit, sülfat, sülfür vs. miktarı da artar. Bunların hepsi hücrelerin solumasında oksijen yerine kullanılabilir, böylece aerobik bir dünyada anaerobik soluma serpilip gelişir. Bunların hepsi bu yeni dünyada yaşamı sürdürmenin farklı biçimleridir.

Bir doğal ortamda rastgele bir hücre karması düşünelim. Amipler gibi bazı hücreler yaşamlarını diğer hücreleri fiziksel olarak yutarak sürdürür, fagositoz denilen bir süreçtir bu. Bazılarıysa fotosentez yapar. Mantarlar gibi bazılarıysa, yiyeceklerini dışarıda sindirir; buna da ozmotrofi denir. Hücre yapısının aşılamaz kısıtlamalar dayattığını varsayarsak, bu farklı hücre tiplerinin çeşitli farklı bakteri atalardan türediği tahmininde bulunuruz. Ata hücrelerden biri ilkel bir fagositoz biçimini biraz daha iyi becermiş, biri basit bir ozmotropi biçiminde, bir diğeriyse fotosentezde başarılı olmuştur. Zaman içinde bunların soyları bu belli yaşam tarzında daha da uzmanlaşmış, ona daha iyi uyum sağlar hale gelmiştir.

Bunu daha biçimsel bir dille ifade edelim: Oksijen seviyesinin artması yeni yaşam biçimlerinin serpilip gelişmesini mümkün kılmışsa, birbiriyle ilişkisiz hücreler ya da (farklı kollardan) organizmaların hızla uyum sağlayacağı, yeni türlerin yayılıp boş yaşam ortamlarını dolduracağı bir *polifiletik* (çok kollu) *yayılma* görmeyi bekleyebiliriz. Kimi zaman kesinlikle bu tür bir örüntü görürüz. Örneğin Kambriyen patlaması sırasında, süngerlerden ve ekinodermlerden (derisi dikenliler) tutun artropodlar (eklembacaklılar) ve solucanlara varıncaya dek onlarca farklı hayvan kolu yayılmıştır. Bu büyük hayvan yayılmalarına algler ve mantarların yanı sıra, kamçılılar gibi protistler arasında da benzer yayılmalar eşlik etmiştir. Ekoloji muazzam derecede karmaşık bir hal almış, bu da başka değişiklikleri beraberinde getirmiştir. Kambriyen patlamasını tetikleyen şey özellikle oksijen seviyesindeki artış olsun ya da olmasın, doğal ortamdaki değişikliklerin gerçekten de seçilimi dönüştürdüğü yolunda genel bir fikir birliği mevcuttur. Bir şey olmuş ve Dünya ebediyen değişmiştir.

Bu örüntüyü, yapı kısıtlamaları hâkim olduğunda görmeyi bekleyebileceğimiz şeyle karşılaştıralım. Kısıtlamalar aşılıncaya dek, doğal ortamdaki herhangi bir değişikliğe cevaben sınırlı bir değişim görmemiz gerekir. Doğal ortamdaki değişikliklerden etkilenmeyen, zaman zaman *monofiletik* (tek kollu) *yayılma*ların gözlendiği uzun durgunluk dönemleri bekleyebiliriz. Demek oluyor ki, nadiren belli bir grup kendisine içkin yapısal sınırlamaları aşarsa, sadece bu grup yayılarak boş yaşam ortamlarını dolduracaktır (ancak bu yayılma, doğal ortamda bir değişiklik izin verinceye dek ertelenecektir). Elbette ki bunu da görüyoruz. Kambriyen patlaması sırasında farklı hayvan gruplarının yayıldığını görürüz ama birçok farklı hayvan kökeninin değil. Bütün hayvan gruplarının ortak bir atası vardır, bütün bitkilerin de. Ayrı bir germ soyu ve somanın (beden) dahil olduğu karmaşık çokhücreli gelişme zordur. Buradaki sınırlamalar kısmen, tek tek hücrelerin kaderini sıkı bir biçimde kontrol eden, kesin bir gelişme programının gerektirdiği koşullarla ilgilidir. Ama daha gevşek bir düzeyde, bir ölçüde çokhücreli gelişme yaygındır; algler (deniz yosunları), mantarlar ve balçık küflerinin de dahil olduğu gruplarda birbirinden ayrı otuz kadar çokhücrelilik kökeni gözlenir. Ama bir yer vardır ki, fiziksel yapı (hücre yapısı) üzerindeki kısıtlamalar, başka her şeyi boğacak ölçüde baskındır: Büyük Oksitlenme Olayı sonrasında ökaryot hücrenin (büyük karmaşık hücreler) bakterilerdeki kökeni.

## Biyolojinin Kalbindeki Kara Delik

Karmaşık ökaryot hücreler gerçekten de atmosferde oksijenin artmasına cevaben evrilmişse, çeşitli bakteri gruplarının daha karmaşık hücre tiplerini bağımsız olarak doğurduğu *polifiletik* bir yayılma olduğu tahmininde bulunabiliriz. Fotosentez yapan bakterilerden daha büyük ve karmaşık alglerin, ozmotrofi yapan bakterilerden mantarların, hareket edebilen avcı hücrelerden fagositlerin vs. ortaya çıktığını görmeyi bekleyebiliriz. Daha büyük bir karmaşıklığın bu şekilde evrilmesi standart genetik mutasyonlar, gen takası ve doğal seçilim yoluyla ya da Lynn Margulis'in iyi bilinen seri endosembiyoz kuramında tasavvur ettiği üzere, endosembiyoz çerçevesindeki birleşmeler ve edinmeler yoluyla gerçekleşmiş olabilir. Hangi biçimde olursa olsun, hücre yapısı üzerinde temel kısıtlamalar yoksa, oksijen seviyesinin yükselmesi tam olarak nasıl evrildiğinden bağımsız olarak daha büyük bir karmaşıklığı mümkün kılmış olsa gerektir. Oksijenin bütün hücreler üzerindeki kısıtlamaları kaldıracağı, bütün farklı bakteri türlerinin bağımsız olarak daha karmaşık hale geleceği polifiletik bir yayılmayı mümkün kılacağı tahmininde bulunabiliriz. Ama gördüğümüz şey bu değildir.

Bunu daha ayrıntılı bir biçimde dile getirmek istiyorum çünkü ardındaki akıl yürütme kritiktir. Karmaşık hücreler, genetik mutasyonların doğal seçilime tabi olan varyasyonlar ortaya çıkardığı "standart" doğal seçilimle ortaya çıkmışlarsa, hücrelerin dış görünümleri kadar iç yapılarının da çeşitlilik gösterdiği bir karma görmeyi bekleyebiliriz. Ökaryot hücreler yaprağı andıran dev alg hücrelerinden tutun uzun ince nöronlara, esneyebilen amiplere varıncaya dek, büyüklükleri ve şekilleri itibarıyla muhteşem bir çeşitlilik gösterir. Ökaryotlar, karmaşıklıklarının büyük bölümünü farklı popülasyonlarda farklı yaşam biçimlerine uyum sağlama yolunda evriltmişse, bu uzun tarihin ayrıksı iç yapılarına da yansımış olmalıdır. Ama içlerine baktığınızda (birazdan bakacağız), bütün ökaryotların temelde aynı bileşenlerden oluştuğunu görürsünüz. Çoğumuz bir elektron mikroskobuyla baktığımızda bir bitki hücresini, bir böbrek hücresini ve mahallenin spor salonundaki havuzdan alınmış bir protisti birbirinden ayıramayız: Hepsi de dikkat çekici derecede benzer görünür. Deneyin (RESİM 3). Oksijen seviyesinin yükselmesi karmaşıklık üzerindeki sınırlamaları kaldırmışsa, "standart" doğal seçilim çerçevesinde, farklı popülasyonlarda farklı yaşam biçimlerine uyum sağlamanın polifiletik yayılmaya yol açmasını bekleriz. Ama gördüğümüz şey bu değildir.

Lynn Margulis 1960'ların sonundan itibaren bu görünümün, her halûkârda yanıltıcı olduğunu savunmuştur; ökaryot hücrelerin standart doğal seçilimle değil, bazı bakterilerin çok yakından işbirliği yaptığı, öyle ki bazı hücrelerin fiziksel olarak birbirinin içine girdiği bir dizi endosembiyozla ortaya çıktığını ileri sürmüştür. Bu gibi fikirlerin kökleri 20. yüzyıl başlarında, bütün karmaşık hücrelerin daha basit hücreler arasındaki sembiyozlarla ortaya çıktığını savunan Richard Altmann, Konstantin Mereschowski, George Portier, Ivan Wallin ve diğerlerine uzanır. Bu isimlerin fikirleri unutulmamıştır ama "saygın biyoloji camiasında dile getirilemeyecek kadar fantastik" bulunarak alaya alınmıştır. 1960'larda moleküler biyoloji devrimi sırasındaysa Margulis, hâlâ tartışmalı olsa da, daha sağlam bir zeminde bulunuyordu. Bugün ökaryot hücrelerin en az iki bileşeninin endosembiyotik bakterilerden türediğini artık biliyoruz: alfa-proteobakterilerden türeyen mitokondri (karmaşık hücrelerdeki enerji dönüştürücüleri) ile siyanobakterilerden türeyen kloroplastlar (bitkilerin fotosentez mekanizmaları). Hücre çekirdeğinin kendisi, sil ve kamçı (ritmik darbeleriyle hücrelerin hareketini sağlayan kıvrımlı çıkıntılar) ve peroksizomlar (toksik metabolizma fabrikaları) da dahil, ökaryot hücrelerdeki diğer bütün uzmanlaşmış "organeller"in de endosembiyoz ortağı olduğu şu ya da bu tarihte ileri sürülmüştür. Seri endosembiyoz kuramı, ökaryot hücrelerin Büyük

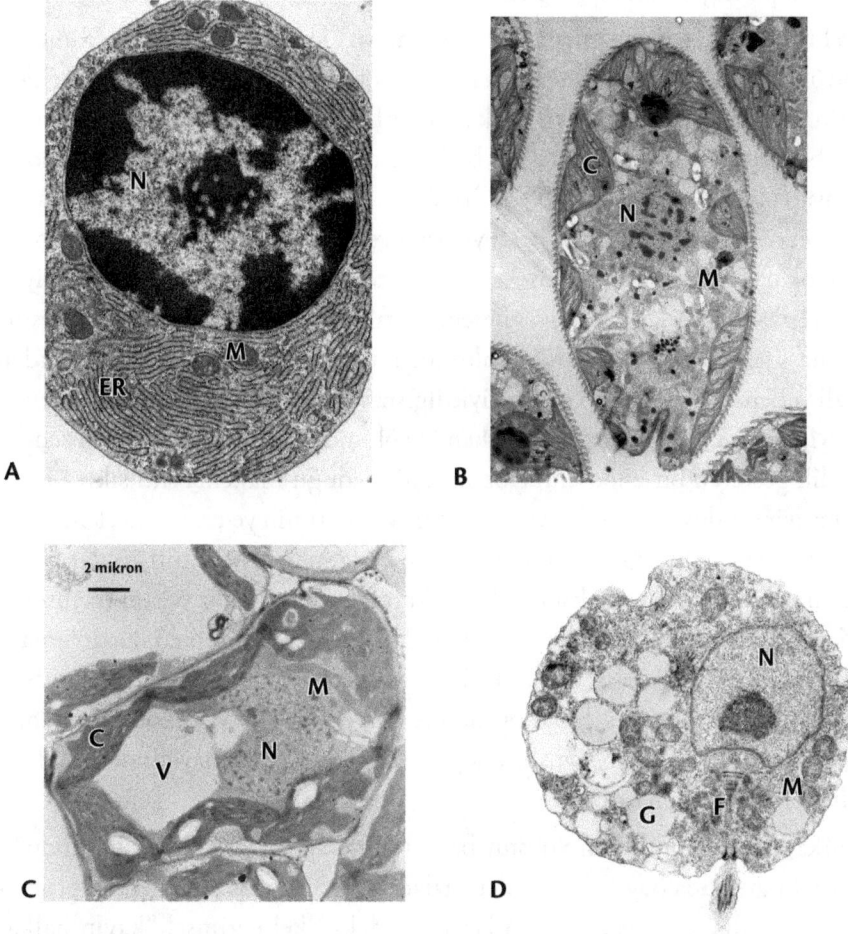

**RESİM 3** Ökaryotların karmaşıklığı

Eşdeğer düzeyde morfolojik karmaşıklık gösteren dört farklı ökaryot hücre. A'da büyük bir merkezi çekirdeği (N), ribozomlarla dolu kapsamlı iç zarları (endoplazmik retikulum, ER) ve mitokondrileri olan bir hayvan hücresi (bir plazma hücresi) görülüyor. B tek hücreli *Euglana* alglidir, birçok gölette bulunur; burada merkezi çekirdeği (N), kloroplastları (C) ve mitokondrileri görülüyor. C ise bir hücre duvarıyla sınırlanmış, bir vaküolü (V), kloroplastları, bir çekirdeği (N) ve mitokondrileri (M) olan bir bitki hücresidir. D'de 150 kurbağa türünün neslinin tükenmesinde etkili olan bir kitrit mantarı zoosporu görülür; (N) çekirdeği, (M) mitokondrileri, (F) kamçısı (*flagellum*) ve (G) işlevi bilinmeyen gama cisimlerdir.

Oksitlenme Olayı'nı izleyen milyonlarca yıl içinde toplu bir atılımla bir araya gelen bir bakteri topluluğundan oluştuğunu ileri sürer.

Şiirsel bir düşüncedir bu ama seri endosembiyoz kuramı, standart seçilime eşdeğer örtük bir tahminde bulunur. Bu kuram doğru olsaydı, polifiletik kökenleri hücrelerin dış görünümleri kadar büyük bir çeşitlilik gösteren bir iç yapılar karması görmeyi bekleyebilirdik. Sembiyozun belli bir doğal ortamda bir tür metabolik takasa dayalı olduğu her endosembiyoz dizisinde, farklı doğal ortamlarda ayrı hücre tiplerinin etkileşim kurduğunu görmeyi bekleyebilirdik. Bu hücreler daha sonra karmaşık ökaryot hücrelerin organelleri biçimine dönüşmüşse, seri endosembiyoz varsayımı, bazı ökaryotların bir dizi bileşene, bazılarının başka bir bileşen kümesine sahip olması gerektiği tahmininde bulunur. Durgun bataklıklar gibi gözlerden uzak gizli yerlerde, her tür ara ve birbiriyle ilgisiz varyasyonu bulmayı beklememiz gerekir. Margulis 2011'de felç geçirip erkenden ölümüne kadar ökaryotların zengin ve çeşitlilik gösteren bir endosembiyoz mozaiği olduğu inancına sıkı sıkıya bağlı kaldı. Ona göre endosembiyoz bir yaşam biçimiydi, evrimin yeterince incelenmemiş "kadınsı" yoluydu, işbirliğinin (onun deyişiyle "ağlar oluşturma"nın) avcılar ile avlananlar arasındaki tatsız erkeksi rekabeti ıskartaya çıkardığı bir yaşam biçimiydi. Ama Margulis "gerçek" canlı hücrelere derin bir hürmet gösterirken, hesaplamaya dayalı daha kuru bir disiplin olan, farklı ökaryotların birbirleriyle ilişkisini bize tam olarak söyleme gücüne sahip filogenetiğe, gen dizilimleri ve genomların tamamının incelenmesine sırtını çevirdi. Filogenetik çok farklı, nihayetinde çok daha ikna edici bir hikâye anlatır.

Bu hikâye, mitokondriden yoksun basit tek hücreli ökaryotların bulunduğu büyük bir tür grubuna (sayıları 1000'den fazladır) dayanır. Bir zamanlar bu grubun bakteriler ile daha karmaşık ökaryotlar arasındaki ilkel evrimsel "kayıp halka" olduğu düşünülüyor; tam da seri endosembiyoz kuramının öngördüğü türde bir ara versiyon olduğu sanılıyordu. Ed Yong'un deyişiyle, kötücül bir gözyaşı damlasına benzeyen sevimsiz bağırsak paraziti *giardia* da bu grupta yer alır (RESİM 4). Görünümünün hakkını veren bir parazittir, tatsız bir rahatsızlık olan diyareye yol açar. Bir değil, iki çekirdeği vardır yani ökaryot hücre olduğu sorgulanamaz ama diğer arketip özelliklerden, en başta da mitokondriden yoksundur. Yerleşmiş geleneklere karşı çıkan büyük biyolog Tom Cavalier-Smith 1980'lerin ortasında, *giardia* ile nispeten basit diğer ökaryotların, muhtemelen ökaryotların evriminin ilk döneminden, mitokondrinin edinilmesi öncesi süreçten hayatta kalanlar olduğunu ileri sürmüştü. Cavalier-Smith mitokondrinin gerçekten de bakteri endosembiyoz ortaklarından türediğini kabul etse de, Margulis'in seri endosembiyoz kuramına ayıracak vakti yoktu; onun yerine ilk ökaryotları bugünkü amiplere benzeyen,

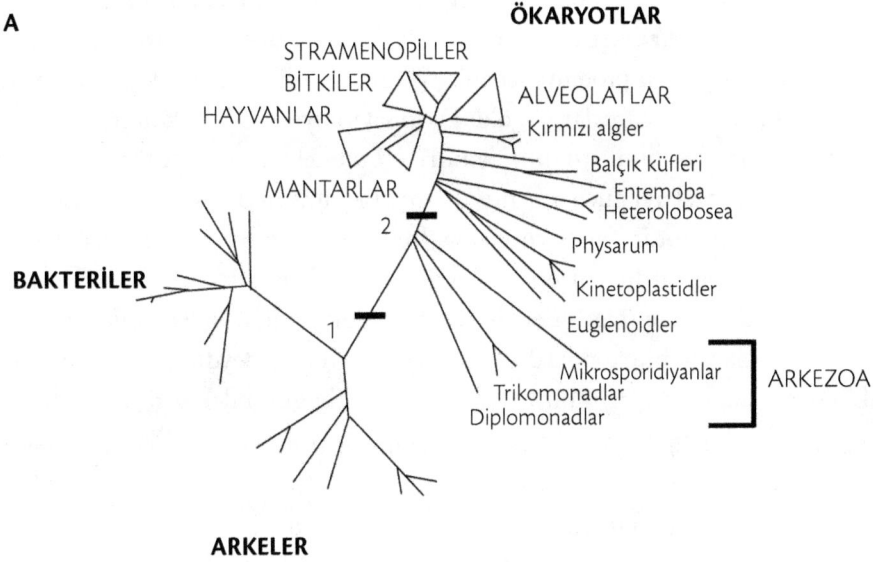

A

**ÖKARYOTLAR**

STRAMENOPİLLER

BİTKİLER

HAYVANLAR

ALVEOLATLAR

Kırmızı algler

Balçık küfleri

MANTARLAR

Entemoba

Heterolobosea

2

Physarum

**BAKTERİLER**

Kinetoplastidler

Euglenoidler

1

Mikrosporidiyanlar

Trikomonadlar

Diplomonadlar

ARKEZOA

**ARKELER**

B

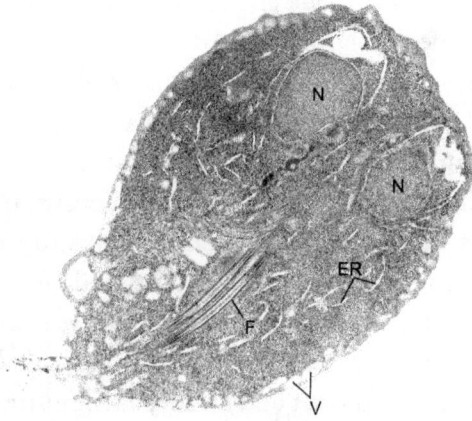

**RESİM 4** Arkezoa – meşhur (ama yanlış) kayıp halka

Ribozom RNA'sına dayanan, yaşamın üç âleminin, bakteriler, arke ve ökaryotların görüldüğü eski ve yanıltıcı bir yaşam ağacı. Çubuklar (1) hücre çekirdeğinin varsayılan erken evrimini, (2) daha sonra da varsayıldığı üzere mitokondrilerin edinilmesini gösterir. Çubuklar arasında dallanan üç grup arkezoayı, sanıldığı üzere, *giardia* (B) gibi henüz mitokondri edinmemiş ilkel ökaryotları oluşturur. Arkezoanın hiç de ilkel ökaryotlar olmadığını, halihazırda mitokondriye sahip daha karmaşık atalardan türediğini artık biliyoruz; aslında ökaryot ağacının ana gövdesinden dallanırlar. (N = çekirdek, ER = endoplazmik retikulum, V = vaküoller, F = flagella) yaşamlarını başka hücreleri yutarak sürdüren ilkel fagositler olarak resmediyordu (hâlâ da öyle resmeder). Mitokondri edinen hücrelerin zaten bir çekirdekleri, şekil değiştirmelerini ve hareket etmelerini sağlayan dinamik bir iç iskeletleri, kendi içlerinde yük taşıyan bir protein mekanizmaları ve besinleri içlerinde sindirmelerine yarayan uzmanlaşmış parçaları vs. olduğunu savunuyordu. Mitokondri edinmenin kesinlikle bir faydası olmuştu, mitokondriler bu ilkel hücrelere turbo enerji sağlamıştır. Ama bir arabayı güçlendirmek arabanın yapısını değiştirmez: Başlangıçta elinizde zaten bir motora, vites kutusuna, frenlere, bir arabayı araba yapan her şeye sahip bir otomobil vardır. Turboşarj enerji girdisinden başka bir şeyi değiştirmez. Cavalier-Smith'in ilkel fagositleri örneğinde olduğu gibi, sadece hücrelere daha fazla enerji sağlayan mitokondri dışında her şey yerli yerindeydi. Ökaryot kökenlere ilişkin ders kitaplarına özgü bir bakış açısı varsa (bugün bile), o görüş budur işte.

Cavalier-Smith bu ilk ökaryotlara, varsayılan kadimliklerini yansıtsın diye (çok eski bir zamandan kalma hayvanlar anlamına gelen) "arkezoa" adını takmıştı (RESİM 4). Bunların bazıları hastalıklara neden olan parazitlerdir, bu nedenle biyokimyaları ve genomları tıbbi araştırmaların, bu araştırmaların ardındaki finansmanın ilgisini çekmiştir. Bu da bugün onlar hakkında epeyce bilgi sahibi olduğumuz anlamına gelir. Geçen yirmi yıl içinde, bunların genom dizilimleri ve ayrıntılı biyokimyalarından arkezoaların hiçbirinin gerçek bir kayıp halka olmadığını öğrendik, bu demektir ki, arkezoalar evrim sürecinde gerçek ara varyasyonlar değildir. Tam tersine, hepsi de bir zamanlar özellikle mitokondri de dahil olmak üzere her şeye tam anlamıyla sahip daha karmaşık ökaryotlardan türemiştir. Daha basit yaşam ortamlarında yaşamakta uzmanlaşırken ilk karmaşıklıklarını kaybetmişlerdir. Hepsi de azaltıcı evrimle mitokondriden türediği artık bilinen yapıları korur, ya hidrogenozom ya mitozom biçiminde. Bunlar mitokondriye pek benzemeseler de ona eşdeğer bir çifte zar yapısı gösterirler ve arkezoaların hiç mitokondrileri olmadığı yönündeki hatalı varsayım da işte buradan kaynaklanmıştır. Ama moleküler ve filogenetik verilerin bileşimi, hidrogenozomlar ve mitozomların (Margulis'in tahmin ettiği üzere) endosembiyoz ortağı bir bakteriden değil, gerçekten de mitokondrilerden türediğini gösterir. Bill Martin'in 1998'de tahmin ettiği üzere (Giriş bölümüne bakınız), son ökaryot ortak atanın zaten bir mitokondrisi bulunduğu çıkarımında bulunabiliriz. Bütün ökaryotların mitokondriye sahip olması önemsiz bir nokta gibi görünebilir ama genom dizilimlerinin daha geniş çaplı mikrobiyal dünyadaki yayılmasıyla birlikte ele alındığında, bu bilgi ökaryotların evrimine ilişkin anlayışımızı baştan sona değiştirmiştir.

Bütün ökaryotların, tanımı itibarıyla Dünya'nın 4 milyarlık ömründe bir kez ortaya çıkmış ortak bir atası olduğunu biliyoruz. Bu noktayı tekrarlayayım çünkü önemli. Bütün bitkiler, hayvanlar, algler, mantarlar ve protistlerin ortak bir atası vardır; ökaryotlar *monofiletiktir*. Bu da, bitkilerin bir bakteri tipinden, hayvanlar ya da mantarların başka bakteri tiplerinden evrilmediği anlamına gelir. Tam tersine, morfolojik olarak karmaşık bir ökaryot hücre popülasyonu tek bir seferde ortaya çıkmıştır; bütün bitkiler, hayvanlar, algler ve mantarlar bu kurucu popülasyondan türemiştir. Herhangi bir ortak ata, tanımı ititabıyla tekil bir oluşumdur, tek bir hücre değil, esasen birbirine benzer hücrelerden oluşan tek bir popülasyondur. Bu kendi başına, karmaşık hücrelerin kökeninin ender bir olay olduğu anlamına gelmez. Prensip itibarıyla karmaşık hücreler birçok kez ortaya çıkmış olabilir ama sadece bir grup ısrarla varlığını sürdürmüş, geri kalanların hepsi bir nedenle ölüp gitmiştir. İşin böyle olmadığını savunacağım ama öncelikle ökaryotların özelliklerini biraz daha ayrıntılı olarak değerlendirmemiz gerekiyor.

Bütün ökaryotların ortak atası, çabucak, çoğu klasik eğitim almış biyologlarca bile bilinmeyen farklı hücre morfolojileri gösteren beş "süper grup" ortaya çıkardı. Bu süper grupların unikontlar (hayvanlar ve mantarlar), ekskavatlar, kromalveolatlar ve plantae (kara bitkileri ve algler) gibi isimleri vardı. İsimleri önemli değildir ama iki nokta önem taşır. Birincisi, bu süper grupların her birinin içinde, her grubun atalarıyla olan genetik farklılıktan daha büyük bir farklılık söz konusuydu (RESİM 5). Bu da çok hızlı bir erken yayılma olduğunu, özellikle de yapısal kısıtlamalardan kurtulmayı işaret eden *monofiletik* bir yayılma olduğunu ima eder. İkincisi, ortak ata çarpıcı derecede karmaşık bir hücreydi. Süper grupların her birinde gözlenen ortak özellikleri karşılaştırarak ortak atanın muhtemel özelliklerini yeniden kurgulayabiliriz. Bütün süper gruplarda bulunan türlerin hepsinde mevcut bir özellik muhtemelen bu ortak atadan alınmıştı, sadece bir ya da iki grupta gözlenen özelliklerse muhtemelen daha sonra, sadece o grup içinde edinilmiştir. Kloroplastlar bu ikinciye verilebilecek iyi örneklerdir: Kloroplastlar iyi bilinen endosembiyozlar sonucu sadece *plantae* (bitkiler) ve kromalveolatlarda bulunur. Ökaryot ortak atanın bir parçası değillerdir.

Peki, filogenetiğin bize anlattığı şeyler ortak atanın bir parçası mıydı? Sarsıcıdır ama bunun dışında hemen hemen her şey öyleydi. Birkaç özelliği gözden geçirelim. Ortak atanın bir hücre çekirdeği olduğunu, DNA'sının burada bulunduğunu biliyoruz. Çekirdek, yine bütün ökaryotlarda korunmuş epeyce karmaşık bir yapıya sahiptir. Çifte bir zarla çevrilidir, daha doğrusu çifte bir zar gibi görünen ama aslında diğer hücre zarlarıyla süreklilik taşıyan bir dizi düzleşmiş torbacıkla çevrilidir. Çekirdek zarı ayrıntılı protein gözenekleriyle doludur ve elastik bir matrisle sarılıdır; çekirdeğin içinde bulunan nükleolus gibi diğer yapılar da, yine bütün ökaryotlarda korunmuştur. DNA'yı saran histon proteinleri (aminoasit üreten pro-

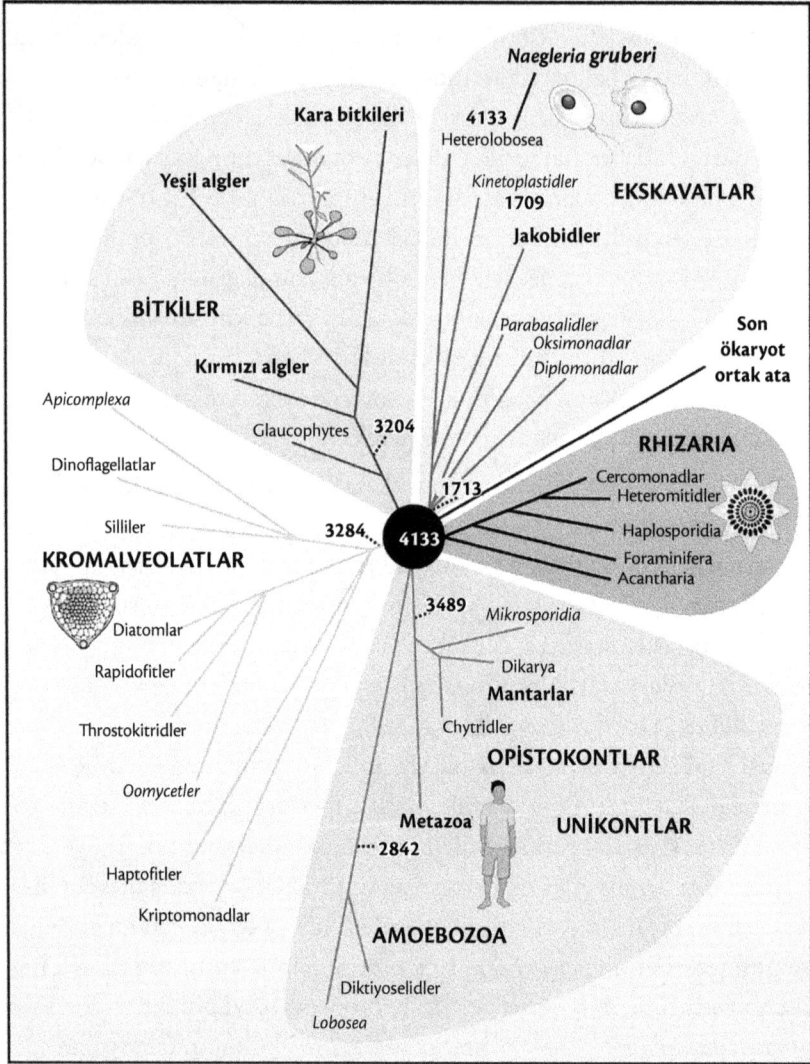

**RESİM 5** Ökaryot "süper grupları"

Eugene Koonin'in 2010'da resmettiği üzere, binlerce ortak gene dayanarak beş "süper grubu" gösteren bir ökaryotlar ağacı. Rakamlar süper gruplardan her birinin LECA (son ökaryot ortak ata / *last eucaryote common ancestor*) ile ortak genlerinin sayısını belirtir. Grupların her biri başka birçok gen kazanmış ya da kaybetmiştir. Burada çeşitliliğin büyük bölümü tek hücreli protistler, çok hücreliler grubunda (en alt kısma yakın) yer alan hayvanlar arasında görülür. Grupların her biri arasında, ataları ile aralarında olandan çok daha büyük bir farklılık gözlenmekte, bu da patlayıcı boyutlarda erken bir yayılma olduğunu düşündürmektedir. Merkezdeki sembolik kara deliği severim: LECA ökaryotlarda ortak olan özelliklerin hepsini geliştirmiştir ama filogenetik bunların herhangi birinin bakteriler ya da arkeden geldiğini açıklama konusunda çok az fikir verir; evrim sürecinde bir kara deliktir bu.

teinler) gibi bu karmaşık yapılardaki onlarca kilit proteinin bütün süper gruplarda korunduğunu vurgulayalım. Bütün ökaryotların kromozomları düzdür; uçlarında, ayakkabı bağcıklarının uçları gibi, açılmalarını önleyen "telomer" denilen başlıklar bulunur. Ökaryotların "genleri parçalıdır," DNA'da proteinleri şifreleyen küçük kesimleri, intron denilen, şifreleme içermeyen uzun kesimler izler. Bu intronlar, bütün ökaryotlarda ortak olan mekanizmalarca proteinlere dahil edilmeden önce kesilir. İntronların konumu bile sıklıkla korunmuştur, bütün ökaryotlarda aynı genin aynı yerinde yer aldıkları görülür.

Çekirdeğin dışında da hikâye aynı yönde akar. Basit arkeozolar hariç (beş süper gruba dağılmışlardır, bu da yine daha önceki karmaşıklıklarını bağımsız olarak yitirdiklerini gösterir) bütün ökaryotlarda esasen aynı hücre mekanizması bulunur. Bütün ökaryot hücreler, proteinleri paketleyip dışarı göndermekte uzmanlaşmış endoplazmik retikulum ve golgi cisimciği (*golgi apparatus*) gibi karmaşık iç zar yapılarına sahiptir. Hepsinde, kendisini bütün şekillere ve zorunluluklara uygun olarak yeniden şekillendirebilecek dinamik bir iç hücre iskeleti bulunur. Hepsinde hücre içinde hücre iskeleti üzerindeki yollarda nesneleri ileri geri taşıyan motor proteinler vardır. Hepsinde mitokondri, lizozomlar, peroksizomlar, hücreye alma ve hücreden çıkarma mekanizması ve ortak bir sinyal sistemi bulunur. Liste böyle uzar gider. Bütün ökaryotlar, kromozomların ortak bir enzim dizisi kullanarak mikrotübüler bir eksen üzerinde ayrıldığı mitoz bölünmeye uğrar. Hepsi de eşeyli ürer, ömürleri sperm ve yumurta gibi gametlerin oluştuğu mayozu (indirgeyici bölünme), ardından bu gametlerin birleştirilmesini içerir. Eşeyli üreme yetisini kaybetmiş az sayıda ökaryot, hızla tükenme eğilimi gösterir (bu örnekte hızlı, birkaç milyon yıl içinde anlamına gelir).

Bütün bunların çok büyük bir bölümünü hücrelerin mikroskobik yapısına dayanarak anladık ama yeni filogenomik çağ meselenin iki yönünü canlı bir biçimde aydınlatıyor. Birincisi, yapısal benzerlikler aldatıcı görünümler, yüzeysel benzerlikler değildir, ayrıntılı gen dizilimlerine milyonlarca, milyarlarca DNA harfiyle yazılmışlardır; bu da atalarını dallanan bir ağaç olarak görülmemiş bir kesinlikle hesaplamamızı mümkün kılar. İkincisi, yüksek bir verimliliğe sahip gen dizilemenin ilerlemesi, doğal dünyadan örneklem alınmasının artık hücre kültürleri geliştirmek ya da mikroskopik kesitler hazırlamak gibi incelikli girişimlere dayanmadığı, tüm genom saçma dizileyicisi kadar hızlı ve güvenilir olduğu anlamına gelir. Yüksek yoğunlukta zehirli metallerle ya da yüksek ısılarla baş edebilecek ökaryot ekstremofiller ile pikoökaryotlar diye bilinen, bakteriler kadar küçük olmakla birlikte, küçülmüş bir çekirdeğe ve mini mitokondrilere sahip minicik ama mükemmel biçimli hücreler de dahil olmak üzere beklenmedik birkaç yeni grup keşfettik. Bütün bunlar ökaryotların çeşitliliği hakkında artık daha açık fikirlere sahip olduğumuz anlamına geliyor. Bütün bu yeni ökaryotlar beş yerleşik gruba rahatça girer, yeni filogenetik manzaralar açmazlar. Bu muazzam çeşitlilikten doğan öldürücü gerçekse, benzer ökaryot hücrelerin çok fazla olmasıdır. Bütün ara türleri ve ilgisiz versiyonları bulamıyoruz. Seri endosembiyoz kuramının, bulmamız gerektiği yönündeki tahmini yanlıştır.

Bu da farklı bir sorun doğurur. Filogenetiğin ve biyolojiye enformasyonel yaklaşımın çarpıcı başarıları, sınırlılıklarını kolayca gözden kaçırmamıza neden olabilir. Buradaki sorun, ökaryotların kökeninde filogenetik bir "olay ufku" diyebileceğimiz şeydir. Bütün bu genomların kökeni, ökaryotların az çok her şeye sahip olan ortak atasına uzanır. Peki ama bütün bu parçalar nereden gelmiştir? Ökaryot ortak ata, Athena'nın Zeus'un başından çıkmış olması gibi, tam anlamıyla oluşmuş bir şekilde ortaya sıçramış olabilir. Ortak atadan önce doğmuş özelliklerle, esasen hepsiyle ilgili pek az fikir edinebiliyoruz. Hücre çekirdeği nasıl ve neden evrilmiştir? Eşeyli üreme hakkında ne söylenebilir? Neden neredeyse bütün ökaryotlarda iki cinsiyet vardır? Gösterişli iç zarlar nereden gelmektedir? Hücre iskeleti nasıl bu kadar dinamik ve esnek bir hal almıştır? Eşeyli hücre bölünmesinde ("mayoz") neden kromozom sayıları önce iki katına çıkıp sonra yarıya indirilir? Neden yaşlanıyoruz, kansere yakalanıyoruz ve ölüyoruz? Bütün dehasına rağmen filogenetik, biyolojianin bu ana soruları hakkında bize pek az şey söyleyebilir. Meseleye dahil olan genlerin neredeyse hepsi (ökaryot "imza proteinler" denilen şeyi şifreleyenler) prokaryotlarda bulunmaz. Tersine, bakteriler pratikte bu karmaşık ökaryot özelliklerinin hiçbirini geliştirme eğilimi göstermez. Bütün prokaryotların morfolojik olarak basit biçimi ile ökaryotların rahatsız edici derecede karmaşık ortak atası arasında bilinen hiçbir evrimsel ara biçim yoktur (RESİM 6). Karmaşık yaşamın bütün bu özellikleri filogenetik bir boşlukta, biyolojinin kalbindeki bir kara delikte doğmuştur.

## Karmaşıklık Yolunda Kayıp Adımlar

Evrim kuramı basit bir tahminde bulunur. Karmaşık özellikler bir dizi küçük adımla doğar, her yeni adım bir öncekinin üzerine küçük bir avantaj katar. En iyi uyum sağlamış özelliklerin seçilmesi, pek iyi uyum sağlamamış özelliklerin kaybedilmesi anlamına gelir, bu nedenle seçilim ara biçimleri sürekli eler. Zaman içinde bir uyum sağlama coğrafyasında zirvelerde birikme eğilimi gösterir, bu nedenle gözlerin apaçık mükemmelliğini görürüz ama evrimlerine giden yolda o kadar mükemmel olmayan ara adımları görmeyiz. Darwin *Türlerin Kökeni*'nde doğal seçilimin, aslında ara biçimlerin kaybolması gerektiği tahmininde bulunduğunu vurgulamıştı. Bu bağlamda, bakteriler ile ökaryotlar arasında hayatta kalan ara

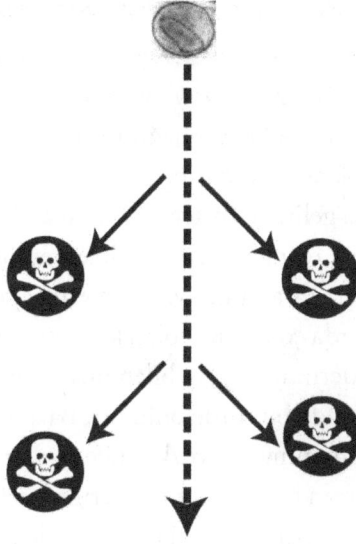

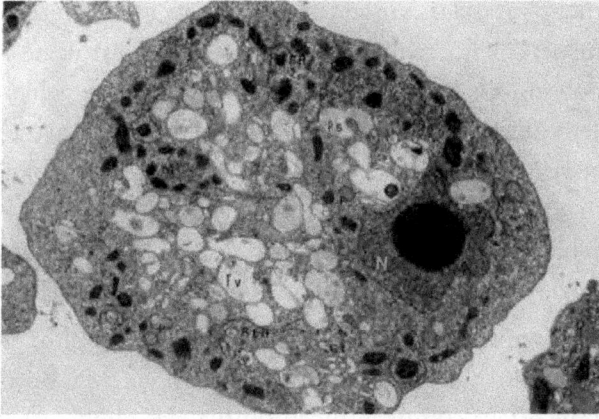

**RESİM 6** Biyolojinin kalbindeki kara delik

Aşağıdaki hücre *Naegleria*'dır, bütün ökaryotların ortak atasıyla aynı boyutta ve karmaşıklıkta olduğu varsayılmaktadır. Bir çekirdeği (N), endoplazmik retikulumu (ER), Golgi kompleksi (Gl), mitokondrisi (Mi), besin vakuolü (FV), fagozomları (Ps) ve peroksizomları (P) vardır. Üstte nispeten karmaşık bir bakteri olan *Planctomycetes*, kabaca ölçeğe uygun olarak gösteriliyor. Ökaryotların *Planctomycetes*'ten türediklerini ileri sörmüyorum (kesinlikle türememişlerdir), sadece nispeten karmaşık bir bakteri ile tek hücreli bir ökaryot arasındaki uçurumun boyutlarını göstermeye çalışıyorum. Evrim sürecinde ikisi arasındaki dönemde neler olup bittiğini anlatacak bir ara halka bugüne ulaşmamıştır.

biçimlerin bulunmaması çok da şaşırtıcı değildir. Ama ondan daha şaşırtıcısı, aynı özelliklerin, gözler gibi, sürekli doğmaya devam etmemesidir.

Gözlerin evrimindeki tarihsel adımları görmüyoruz ama ekolojik bir yelpaze görebiliyoruz. Solucan benzeri erken bir yaratığın üzerinde, ışığa duyarlı ilkel bir noktadan hareketle, gözler birçok kereler bağımsız olarak doğmuştur. Doğal seçilimin tahmin ettiği şey tam olarak budur işte. Her küçük adım belli bir doğal ortamda küçük bir avantaj anlamına gelir, kesin avantaj kesin doğal ortama bağlıdır. Farklı doğal ortamlarda morfolojik olarak farklı göz tipleri evrilmiştir; sineklerin bileşik gözlerinden tutun, bir deniz tarağının ayna gözlerine varıncaya dek birbirinden farklı, insanlar ve ahtapotlarda çok benzer olan kamera gözler kadar birbirine yakın tiplerdir bunlar. İğne deliklerinden değişebilen merceklere varıncaya dek düşünülebilecek her ara biçim şu ya da bu türde bulunur. Bazı tek hücreli protistlerde bir "mercek" ve bir "retina"sı olan minyatür gözlere bile rastlarız. Kısacası evrim kuramı, özelliklerin, her küçük adımın bir öncekinin üzerine küçük bir avantaj kattığı çok sayıda kökeni (polifiletik) olması gerektiği tahmininde bulunur. Kuramsal olarak bu durum, bütün özellikler açısından geçerlidir ve gördüğümüz de budur. Nitekim enerjiye dayalı uçuş yarasalar, kuşlar, pterozorlar ve çeşitli böceklerde en az altı kez ortaya çıkmıştır; çok hücrelilik daha önce belirttiğimiz üzere yaklaşık 30 kez doğmuştur; endoterminin (sıcakkanlılık) farklı biçimleri memeliler ve kuşlar, bazı balıklar, böcekler ve bitkiler dahil birkaç grupta gelişmiştir;[6] hatta bilinçli farkındalık bile kuşlar ve memelilerde az çok bağımsızca evrilmiş gibi görünmektedir. Gözlerde olduğu gibi, bu özelliklerin ortaya çıktığı farklı doğal ortamları yansıtan çok sayıda farklı biçim görürüz. Hiç kuşkusuz fiziksel sınırlamalar vardır ama çok sayıda kökeni gözden saklayacak kadar güçlü değildir bunlar.

Peki ya eşeyli üreme ya da hücre çekirdeği ya da fagositoz hakkında neler söyleyebiliriz? Aynı akıl yürütmenin geçerli olması gerekir. Bu özelliklerin her biri doğal seçilimle ortaya çıkmışsa (hiç kuşkusuz öyle olmuştur), uyum sağlayan adımların hepsi de küçük bir avantaj sunuyorsa (buna da hiç kuşku yoktur), bu durumda bakterilerde ökaryot özelliklerinin çok sayıda kökeni olduğunu görmemiz gerekir. Ama görmeyiz. Bu neredeyse bir evrim "skandalı"dır. Bakterilerde ökaryot özelliklerinin başlangıcından fazlasını görmeyiz. Örneğin eşeyli üremeyi ele alalım. Bazıları bakterilerin sekse eşdeğer bir birleşme biçimi uyguladığını, "yanal" gen transferiyle bir bakteriden başka bir bakteriye DNA aktarıldığını savunabilir. Bakteriler DNA'yı yeniden birleştirmek için gerekli, genellikle seksin avantajı olarak görüldüğü üzere yeni ve çeşitlilik gösteren kromozomlar oluşturmalarını sağlayacak bütün mekanizmaya sahiptir. Ama farklılıklar muazzamdır. Seks her biri normal gen kotasının yarısına sahip iki gametin birleşmesini gerektirir, bunu genomun tamamında karşılıklı bir yeniden birleşme izler. Yanal gen transferi ne bu biçimde sistematik ne de karşılıklıdır, parçalı bir transferdir. Aslına bakılırsa ökaryotlar "tam seks" yapar, bakterilerse yarı gönüllü sönük bir biçimde seks yapar. Açıktır ki, ökaryotların tam seks yapmalarının bir avantajı olsa gerektir ama eğer öyleyse, en azından bazı bakteri tiplerinin de, ayrıntılı mekanizmalar farklı olsa bile, benzer bir şey yaptığını görmemiz gerekir. Bildiğimiz kadarıyla hiçbir bakteri böyle bir şey yapmamıştır. Aynı şey hücre çekirdeği ve fagositoz, ayrıca aşağı yukarı bütün ökaryot özellikleri için de geçerlidir. İlk adımlar sorun değildir. Bazı bakterilerin katlanmış iç zarları olduğunu, bazılarında hiç hücre duvarı olmadığını, orta derecede dinamik bir hücre iskeleti bulunduğunu ama bazılarında düz kromozomlar ya da genomlarının çok sayıda kopyası bulunduğunu ya da hücre boyutlarının devasa olduğunu görürüz: Bunların hepsi de ökaryot karmaşıklığının başlangıcıdır. Ama bakteriler her zaman ökaryotların barok karmaşıklığının epeyce gerisinde kalır, çok sayıda karmaşık özelliği aynı hücrede nadiren birleştirir, hatta hiç birleştirmez.

Bakteriler ile ökaryotlar arasındaki derin farklılığa getirilebilecek en kolay açıklama rekabettir. Bu argümana göre, ilk gerçek ökaryotlar evrildiklerinde o kadar rekabetçiydiler ki, morfolojik karmaşıklık nişine hâkim oldular. Hiçbir şey onlarla rekabet edemiyordu. Bu ökaryot nişine girmeye "çalışan" bir bakteri, zaten burada yaşayan incelikli hücrelerce defediliyordu. Alanın jargonuyla söylersek, rekabette türlerinin yok olması noktasında geri kalmışlardı. Hepimiz dinozorların, büyük bitkiler ve büyük hayvanların kitlesel yok oluşlarına aşinayızdır, bu nedenle bu açıklama son derece akla yatkın görünüyor. Modern memelilerin kürklü küçük ataları milyonlarca yıl boyunca dinozorlarca denetim altında tutulmuştur, ancak dinozorların silinip gitmesi sonrasında modern gruplar halinde yayılmışlardır. Ne var ki, bu rahatlatıcı ama aldatıcı fikri sorgulamamızı gerektiren bazı gerekçeler bulunuyor. Mikroplar büyük hayvanlara eşdeğer değildir: Nüfuslarının boyutları muazzam derecede daha büyüktür, yanal gen transferiyle yararlı genleri (örneğin antibiyotiklere direnç sağlayanları) birbirlerine geçirirler, bu da onları soy tükenmesine daha açık hale getirir. Büyük Oksitlenme Olayı sonrasında bile mikrobiyal bir tükenmenin izlerine rastlanmaz. Anaerobik hücrelerin çoğunu silip geçtiği varsayılan "oksijen soykırımı"nın izi sürülemez: Filogenetik de jeokimya da böyle bir soy tükenmesinin gerçekleştiğini gösteren kanıtlar ortaya koyamaz. Tam tersine anaerobik hücreler çoğalmıştır.

Daha da önemlisi, ara biçimlerin daha gelişmiş ökaryotlarla rekabette aslında soyları tükenecek kadar geri kalmadığını gösteren güçlü kanıtlar vardır. Ara biçimler hâlâ var. Onlarla çoktan karşılaşmış bulunuyoruz: bir zamanlar kayıp bir halka sanılan büyük ilkel ökaryot grubu "arkezoa"… Arkezoalar gerçek *evrimsel* ara versiyonlar değil, gerçek *ekolojik* ara biçimlerdir. Aynı nişte bulunurlar. Evrimsel bir ara biçim kayıp bir halkadır; *Tiktaalik* gibi bacakları olan bir balık ya da *Archaepteryx* gibi tüyleri ve kanatları olan bir dinozordur. Ekolojik bir ara biçim gerçek bir kayıp halka değildir ama belli bir yaşam ortamının, bir yaşam biçiminin sürdürülebilir olduğunu kanıtlar. Uçan bir sincap, yarasalar ya da kuşlar gibi diğer uçan omurgalılarla yakından ilişkili değildir ama ağaçlar arasında süzülerek uçmanın tam gelişmiş kanatlar olmadan da mümkün olduğunu gösterir. Bu demek oluyor ki, enerjiye dayalı uçuşun bu biçimde başladığını ileri sürmek tam bir uydurmaca değildir. Arkezoanın asıl önemi de burada, belli bir yaşam biçiminin sürdürülebilir olduğunu kanıtlayan ekolojik arabiçimler olmalarında yatar.

Binden fazla arkezoa türü olduğunu daha önce söylemiştim. Bu hücreler, biraz daha karmaşık bir hal alan bakteriler değil, daha basitleşerek bu "ara" yaşam ortamına uyum sağlayan gerçek ökaryotlardır. Bu noktayı vurgulayayım. Bu yaşam ortamı sürdürülebilirdir. Birçok kez morfolojik olarak basit hücrelerce işgal edilmiş, onların burada çoğalmasına sahne olmuştur. Bu basit hücreler, aynı nişte daha önceden mevcut olup orayı dolduran daha gelişmiş ökaryotlarla rekabette geri kalıp yok olma noktasına sürüklenmemiştir. Tam tersine, tam da daha yalınlaştıkları için çoğalmışlardır. İstatistiksel açıdan, başka her şeyin eşit tutulması kaydıyla, (karmaşık bakteriler yerine) sadece basit ökaryotların 1000 ayrı seferde bu yaşam ortamını işgal olasılığı $10^{300}$'e karşı 1'dir; Zaphod Beeblebrox'ın *Sonsuz Olanaksızlık Sürücüsü*'nün verebileceği bir rakamdır bu. Arkezoalar çok daha tutucu 20 ayrı seferde bağımsız olarak ortaya çıkmış (her seferinde çoğalarak çok sayıda yavru türler ortaya çıkarmış) olsalar bile, bu olasılık yine 1 milyona karşı 1 olur. Bu ya ürkütücü boyutlarda bir şans eseriydi ya da başka her şey eşit değildi. En akla yatkın açıklama ökaryotların yapısında bir şeyin bu ara nişi işgal etmelerini kolaylaştırmış, tersine bakterilerin yapısındaki bir şeyin de daha büyük bir morfolojik karmaşıklık geliştirmelerini engellemiş olmasıdır.

Bu öyle çok radikal bir açıklama gibi görünmüyor. Aslına bakarsanız, bildiğimiz başka her şeye uyuyor. Bu bölüm boyunca bakterilerden bahsettim ama Giriş bölümünde belirttiğimiz üzere aslında bir çekirdekten yoksun olup bu nedenle ("çekirdek öncesi" anlamında) "prokaryot" denilen iki büyük grup, yani *âlem* vardır. Bunlar tartışmakta olduğumuz basit ökaryot hücreler olan arkezoayla karıştırılmaması gereken arkeler ile bakterilerdir. Zaman zaman anlaşılmamayı isteyen simyagerlerce yaratılmış gibi görünen bilimsel terminolojinin karmaşıklığı yüzünden ancak özür dileyebilirim ama unutmayalım, arkeler ve bakteriler prokaryottur, bir çekirdekleri yoktur, oysa arkezoalar bir çekirdeği olan ilkel ökaryotlardır. Aslında arkeye, "gerçek bakteri" anlamındaki öbakteriye karşılık hâlâ bazen arkebakteri yani "eski bakteri" dendiği olur, bu nedenle iki gruba da haklı olarak bakteri denebilir. Yalınlık adına, bu iki âlem arasındaki kritik farkları belirtmem gereken durumlar haricinde, iki grup için de gevşek bir biçimde bakteri sözcüğünü kullanmayı sürdüreceğim.[7]

Asıl önemli nokta, bu iki âlemin, bakteriler ile arkenin genetikleri ve biyokimyaları itibarıyla son derece farklı ama morfoloji itibarıyla neredeyse ayırt edilemez olmalarıdır. Her iki tip de bir çekirdekten ve karmaşıkyaşamı tanımlayan diğer bütün ökaryot özelliklerinden yoksun küçük basit hücrelerdir. Olağanüstü genetik çeşitliliklerine ve biyokimyasal dehalarına rağmen her iki grubun da, karmaşık bir morfoloji geliştirememiş olması, prokaryotlarda içkin bir fiziksel sınırlama karmaşıklığın evrimini engellemiş gibi bir manzara ortaya çıkarır; ökaryotların evriminde bir şekilde kalkan bir sınırlamadır bu. Beşinci Bölüm'de bu sınırlamanın ender bir olayla, Giriş bölümünde tartıştığımız iki prokaryotun tek bir endosembiyozuyla kalktığını savunacağım. Ama şimdilik, iki büyük prokaryot âleminde, bakteriler ve arke üzerinde bir tür yapısal kısıtlamanın etkili olmuş, bu iki grubu akıl almaz bir biçimde 4 milyar yıl boyunca morfoloji itibarıyla basit kalmaya zorlamış olması gerektiğini belirtelim sadece. Karmaşıklık diyarını sadece ökaryotlar keşfedebilmiştir, onlar da bunu olabilecek yapısal kısıtlamalar her neyse onlardan kurtulduklarını ima eden patlayıcı bir monofiletik yayılmayla gerçekleştirmişlerdir. Öyle görünüyor ki, bu sadece bir kez olmuştur, bütün ökaryotlar akrabadır.

## Yanlış Soru

O halde bu, yaşamın yeni gözlerle bakarak anlatılmış kısa tarihidir. Hızlıca bir özet geçelim. Erken Dünya bizim Dünya'mızdan çok farklı değildi: Bir su dünyasıydı, karbondioksit ve azot gibi volkanik gazların hâkim olduğu ılıman bir iklimi vardı. Erken gezegenimiz oksijenden yoksun olmasına rağmen organik kimya açısından gerekli olan gazlar, hidrojen, metan ve amonyak bakımından da zengin değildi. Bu da eskimiş ilksel çorba gibi fikirleri bir kenara atar; ama yaşam olabildiğince erken, muhtemelen 4 milyar yıl önce başlamıştır. Yüzeysel olarak bakıldığında, yaşamın ortaya çıkışının ardında başka bir itici güç vardı, bu konuya geleceğiz. Çok geçmeden bakteriler Dünya'yı ele geçirdi, her santimetrekarede, her metabolik yaşam ortamında koloniler kurdular, 2 milyar yıl boyunca Yerküre'yi yeniden şekillendirdiler: devasa ölçekte kaya ve mineral birikimleri oluşturdular; okyanusları, atmosferi ve kıtaları dönüştürdüler. İklimi alt üst edip kartopu dünyalar yarattılar, Dünya'yı oksitlediler, okyanusları ve havayı tepkimeye giren oksijenle doldurdular. Ama bu muazzam uzunluktaki süre zarfında, bakteriler de arke de başka bir şeye dönüşmedi: Yapıları ve yaşam biçimleri itibarıyla basitliklerini inatla korudular. Ebediymiş gibi görünen 4 milyar yıl boyunca, doğal ortam ve ekolojide aşırı uçlardaki değişiklikler yoluyla bakteriler genlerini ve biyokimyalarını değiştirdiler ama biçimlerini değiştirmediler. Başka bir gezegende tespit etmeyi umduğumuz türde daha karmaşık yaşam biçimleri asla doğurmadılar, bir sefer hariç.

Burada, Yeryüzü'nde bakteriler bir kere, ökaryotları ortaya çıkardı. Fosil kayıtlarında ya da filogenetikte karmaşık yaşamın aslında tekrar tekrar ortaya çıktığını, sadece bir grubun, aşina olduğumuz modern ökaryotların hayatta kaldığını düşündürecek hiçbir şey yoktur. Tam tersine, ökaryotların monofiletik yayılması biricik kökenlerinin, Büyük Oksitlenme Olayı gibi çevresel alt üst oluşlarla varsa bile pek az ilgisi olan için fiziksel kısıtlamaların hükmü altında olduğunu düşündürür. Bu kısıtlamaların neler olabileceğini üçüncü kısımda göreceğiz. Şimdilik, düzgün bir anlatının, karmaşık yaşamın evriminin neden sadece bir kez gerçekleştiğini açıklaması gerektiğini belirtmekle yetinelim: Açıklamamız, inandırıcı olabilecek kadar ikna edici olmalıdır ama sonunda neden birçok kez gerçekleşmediğini merak etmemizi sağlayacak kadar da ikna edicilikten uzak olmalıdır. Tekil bir olayı açıklamaya yönelik her girişim, her zaman işin içinde bir bit yeniği olduğu havası taşır. İşlerin şu ya da bu biçimde olduğunu nasıl kanıtlayabiliriz? Olayın kendisinde devam etmemizi sağlayacak fazla bir şey olmayabilir ama sonrasında geriye örtük bazı ipuçları kalmış olabilir, neler olduğunu haber veren dumanı üstünde bir silah gibi. Ökaryotlar bakteriyel zincirlerinden kurtulduklarında morfolojileri itibarıyla muazzam derecede karmaşık ve çeşitli bir hal aldılar. Ne var ki, bu karmaşıklığı açıkça öngörülebilir bir biçimde toplamadılar: Eşeyli üremeden yaşlanmaya ve türleşmeye varıncaya dek hiçbiri bakteriler ya da arkelerde görülmemiş bir dizi özellik kazandılar. İlk özellikler, bütün bu tekil özellikleri bir dengi olmayan ortak bir atada topladı. Bakterilerin morfolojik yalınlığı ile bu muazzam derecede karmaşık ökaryot ortak ata arasında, hikâyenin nasıl geliştiğini anlatacak bilinen evrimsel bir ara biçim yoktur. Bütün bunlar ürkütücü bir ihtimali gündeme getirir: Biyolojinin en büyük soruları henüz çözülmemiştir! Bu özelliklerde nasıl evrildiklerini gösterebilecek bir örüntü var mıdır acaba? Öyle olduğunu sanıyorum.

Bu bilmece, bu bölümün başında sorduğumuz soruyla ilgilidir. İlk ilkelere dayanarak, yaşamın tarihinin ve özelliklerinin ne kadarı tahmin edilebilir? Yaşamın genomlar, tarih ya da doğal ortamla kolayca yorumlanamayacak biçimlerde kısıtlandığını ileri sürmüştüm. Yaşamı tek başına enformasyon açısından değerlendirirsek, bu gizemli tarihten hiçbir şeyi tahmin edemeyeceğimizi ileri sürüyorum. Yaşam neden bu kadar erken başlamıştır? Neden milyarlarca yıl boyunca morfolojik yapıda takılıp kalmıştır? Bakteriler ve arke, doğal ortam ve ekolojide küresel ölçekteki değişikliklerden neden etkilenmemiştir? Karmaşık yaşamın tamamı neden monofiletiktir, 4 milyar yıl içinde neden sadece bir kez ortaya çıkmıştır? Prokaryotlar neden sürekli, hadi onu bırakalım, zaman zaman daha büyük bir karmaşıklığa sahip hücreler ve organizmalar ortaya çıkarmaz? Eşeyli üreme, hücre çekirdeği ve fagositoz gibi ökaryotlara özgü özelliklerin biri olsun bakteriler ya da arkede neden görülmez? Ökaryotlar neden bu özelliklerin hepsini kendilerinde toplamıştır?

Yaşam sadece enformasyon hakkındaysa bunlar derin gizemlerdir. Bu hikâyenin tek başına enformasyona dayanarak bilim olarak öngörülerek önceden anlatılabileceğine inanmıyorum. Yaşamın tuhaf özelliklerinin tarihin rastlantılarına, talihin olmayacak işlerine bağlanması gerekirdi. Başka gezegenlerde yaşamın özelliklerini tahmin etme imkanımız olmazdı. Gelgelelim DNA, her cevabı vaat edermiş gibi görünen aldatıcı şifre, Schrödinger'in diğer ana dayanağını, yaşamın entropiye, çürüme eğilimine direndiğini bize unutturmuştur. Schrödinger *Yaşam Nedir?* adlı kitabındaki bir dipnotta, bu kitabı bir fizikçiler topluluğu için yazmış olsa savını entropi değil, serbest enerji çerçevesinde sunmayı tercih edeceğini belirtiyordu. "Serbest" sözcüğünün bir sonraki bölümde değerlendireceğimiz özel bir anlamı vardır; bu bölümde, hatta Schrödinger'in kitabında, eksik olan şeyin enerji olduğunu söylememiz yeter. Kitabının ikon haline gelmiş başlığı hepten yanlış bir soru soruyordu. İşe enerjiyi de katarsanız soru daha anlamlı olur: Yaşamak Nedir? Ama Schrödinger'i affetmek gerekir. Bilemezdi. O kitabı yazdığı sırada, biyolojik enerji birimi hakkında hiç kimse fazla bir şey bilmiyordu. Şimdi biyolojik enerjinin nasıl işlediğini en ince ayrıntısına, atomlar düzeyine dek biliyoruz. Öyle anlaşılıyor ki, ayrıntılı enerji toplama mekanizmaları bütün yaşamda genetik şifrenin kendisi kadar evrensel biçimde korunmuştur ve mekanizmalar hücreler üzerinde temel yapısal kısıtlamalar yaratmıştır. Ama bu mekanizmaların nasıl evrildiğine ya da biyolojik enerjinin yaşamın hikâyesini nasıl kısıtladığına ilişkin hiçbir fikrimiz yok. Bu kitabın sorusu da işte bu.

# Yaşamak Nedir?

Serinkanlı bir katildir, milyonlarca nesildir ince ince bilediği hesaplı bir aldatıcılığı vardır. Bir organizmanın gelişmiş bağışıklık gözleme mekanizmasına sızıp, göze çarpmaksızın ikili bir ajan gibi arkaplanda bir köşeye sinebilir. Hücre yüzeyindeki proteinleri tanıyabilir ve sanki içlerinden biriymiş gibi onlara kilitlenip, içerdeki gizli kısımlara doğru ilerlemeyi başarabilir. Hiç hataya kapılmadan çekirdeğe yerleşip, kendisini evsahibi hücrenin DNA'sına dahil edebilir. Kimi zaman yıllarca burada saklı kalır, çevresindekilere görünmez. Kimi zamansa hiç ertelemeden hücreyi ele geçirir, ev sahibi hücrenin biyokimyasal mekanizmasını sabote eder, kendisinin binlerce kopyasını çıkarır. Bu kopyalara lipidler ve proteinlerden bir kamuflaj giysisi giydirir, onları yüzeye gönderip patlatır ve böylece bir başka aldatma ve yıkım döngüsü başlatır. Bir insanı hücre hücre öldürebilir, yıkıcı bir salgınla insanları birer birer alabilir ya da bir gecede yüzlerce kilometreye yayılan okyanus bitkilerinin tamamını ortadan kaldırabilirler. Gelgelelim çoğu biyolog onu canlı diye bile sınıflandırmaz. Virüsün umurunda bile değildir.

Virüsler neden canlı olmasın? Çünkü kendilerine ait etkin bir metabolizmaları yoktur, tamamen evsahibinin enerjisine dayanırlar. Bu da, metabolik etkinlik yaşamın gerekli bir özelliği midir, sorusunu doğurur. Buna hemen evet, elbette cevabı verilebilir, peki ama tam olarak neden? Virüsler kendilerinin kopyalarını çıkarmak için yakın çevrelerini kullanır. Ama biz de öyle yaparız: Diğer hayvanlar ve bitkileri yer, oksijen soluruz. Sözgelimi başımıza bir naylon torba geçirip doğal ortamımızdan koparın, birkaç dakikada ölüp gideriz. Doğal ortamımızda asalaklık ettiğimiz söylenebilir, virüsler gibi. Bitkiler de öyledir. Bizim bitkilere ne kadar ihtiyacımız varsa, onların da bize o kadar ihtiyacı vardır. Bitkilerin kendi organik maddelerini fotosentezlemek, büyümek için güneş ışığı, su ve karbondioksite ihtiyacı vardır. Kurak çöller ya da karanlık mağaralar büyümeyi engeller ama karbondioksit eksikliği de öyle. Bitkiler bu gazın eksikliğini çekmez çünkü hayvanlar (ayrıca mantarlar ve çeşitli bakteriler) organik maddeyi sürekli parçalar, sindirir, yakar, sonunda karbondioksit olarak atmosfere salar. Bütün fosil yakıtları yakmaya yönelik yoğun çabalarımızın gezegen için korkunç sonuçları olabilir ama bitkilerin bize minnettar olmak için iyi nedenleri vardır. Onlar için karbondioksit büyümek anlamına gelir. Yani bizim gibi bitkiler de doğal ortamın parazitleridir.

Bu bakış açısına göre bitkiler, hayvanlar ve virüsler arasındaki fark, bu doğal ortamın büyüklüğünden öteye geçmez pek. Hücrelerimizde virüsler hayal edilebilecek en zengin rahimle, en ufak isteklerini bile karşılayacak bir dünyayla sarmalanmıştır. Sırf yakın çevreleri bu kadar zengin olduğu için bu kadar küçük görülmeyi kaldırabilirler, Peter Medawar bir keresinde virüsler için, "protein kisvesine bürünmüş kötü bir haber kırıntısı" demişti. Diğer uçtaysa, bitkiler yakın çevrelerinden çok az talepte bulunur. Işık, su ve havanın olduğu hemen her yerde yetişebilirler. Bu kadar az dış gereklilikle kıt kanaat geçinmek, onları içeride gelişmiş olmak zorunda bırakmıştır. Biyokimyaları açısından bitkiler büyümeleri için gerekli her şeyi üretebilir.[1] Biz de ortada bir yerde duruyoruz. Genel bir yeme zorunluluğunun ötesinde beslenmemizde özel vitaminlere ihtiyacımız var, bunlar olmazsa iskorbüt gibi tatsız hastalıklara yakalanabiliriz. Vitaminler, basit öncülerden yola çıkarak kendi başımıza yapamayacağımız bileşiklerdir, çünkü atalarımızın bunları sıfırdan sentezlemeye yarayan biyokimyasal mekanizmasını kaybetmiş bulunuyoruz. Vitaminlerin sağladığı dış destek olmaksızın, ölüme bir ev sahibinden yoksun bir virüs kadar yazgılı oluruz.

Yani hepimizin doğal ortamın sunduğu desteklere ihtiyacı var, geriye bir tek soru kalıyor: Ne kadar? Virüsler aslında, retrotranspozonlar (sıçrayan genler) ve benzeri bazı DNA parazitlerine nazaran son derece inceliklidir. Bu parazitler evsahiplerinin sunduğu güvenli ortamdan asla ayrılmaz, kendilerini bütün genomda kopyalarlar. Plazmidler, bir avuç gen taşıyan bu bağımsız küçük DNA halkaları (bağlantı sağlayan ince bir tüple) dış dünyadan destek almalarına gerek kalmaksızın bir bakteriden diğerine doğrudan geçebilir. Retrotranspozonlar, plazmidler ve virüsler canlı mıdır? Hepsinin de bir "kasti" aldatıcılığı, yakın biyolojik çevrelerinden yararlanma, kendilerine kopyalama becerileri vardır. Açıktır ki, canlı olmayan ile canlı arasında bir süreklilik vardır, araya bir çizgi çekmeye çalışmak anlamsız bir iştir. Çoğu yaşam tanımı canlı organizmaya odaklanır, yaşamın içinde bulunduğu çevreye parazitlik yaptığını görme eğilimine girer. NASA'nın "işlerlik taşıyan" yaşam tanımına bakın örneğin: Yaşam, "Darwinci evrim geçirme yetisine sahip kendi kendisini sürdürebilen kimyasal sistemdir." Peki bu virüsleri de içerir mi? Muhtemelen hayır, içermez ama bu sorunun cevabı, şu muğlak "kendi kendini sürdürebilir" ifadesinden ne anladığımıza bağlıdır. Ne olursa olsun yaşamın çevresine bağlı olduğu tam olarak vurgulanmamıştır bu tanımda. Doğal çevre, niteliği itibarıyla yaşamın dışındaymış gibi görünür ama hiç de öyle olmadığını göreceğiz. Bu ikisi her zaman el eledir.

Yaşam tercih edilen doğal çevreden koparılırsa ne olur? Elbette ki ölürüz: Ya diriyizdir ya ölü. Ama bu her zaman doğru değildir. Bir ev sahibi hücrenin kaynaklarından yoksun bırakıldıklarında virüsler hemen çürüyüp "ölmezler": Dünyanın yıkımlarına epeyce kayıtsızdırlar. Deniz suyunun her mililitresinde vakitlerinin gelmesini bekleyen virüs sayısı bakteri sayısının on katı kadardır. Bir virüsün çürümeye direnmesi canlılığı askıya alınan, bu şekilde yıllarca kalabilecek bir bakteri sporunu andırır. Sporlar hiç metabolize olmadan permafrost koşullarında, hatta dış uzayda binlerce yıl kalabilir. Bu işte yalnız değillerdir: Tohumlar hatta tardigrad gibi hayvanlar, tamamen susuz kalabilir, bir insanı öldürecek miktarın bin katı dozda radyasyona, okyanusun dibinde yoğun basınç ya da uzay boşluğu gibi aşırı koşullara aç ya da susuz dayanabilir.

Virüsler, sporlar ve tardigradlar termodinamiğin ikinci kanununun buyurduğu evrensel çürümeye uygun olarak neden parçalanmaz? Nihayetinde, kozmik bir ışın ya da bir otobüsün doğruca gelip onlara çarpması sonucu yıpranırlarsa parçalanabilirler tabii ama bunun dışında, cansız hallerinde neredeyse tümüyle istikrarlıdırlar. Bu bize yaşam ve yaşamak arasındaki farka ilişkin önemli bir şey söyler. Sporlar teknik olarak canlı değildir, gerçi çoğu biyolog dirilme potansiyelini korudukları için onları canlı olarak sınıflandırır. Yaşamaya geri dönebilirler, bu nedenle ölü değildirler. Virüsleri neden farklı bir ışıkta görmemiz gerektiğini anlamıyorum: Onlar da doğru doğal ortamda bulunur bulunmaz kendilerini kopyalama yoluna başvururlar. Tardigradlar da aynı şeyi yapar. Yaşam, (kısmen genler ve evrimin buyurduğu üzere) kendi yapısıyla ilgilidir ama yaşamak (büyümek, yayılmak) doğal ortamla, yapı ve doğal ortam arasındaki ilişkiyle de bir o kadar ilgilidir. Genlerin hücrelerin fiziksel bileşenlerini nasıl şifrelediğine ilişkin muazzam bilgi sahibiyiz ama fiziksel kısıtlamaların hücrelerin yapısını ve evrimini nasıl yönlendirdiğine ilişkin çok daha az şey biliyoruz.

## Enerji, Entropi ve Yapı

Termodinamiğin ikinci kanunu entropinin (düzensizliğin) artması gerektiğini söyler. Bu nedenle bir spor ya da virüsün bu kadar istikrarlı olması ilk bakışta tuhaf görünür. Yaşamın tersine entropinin belli bir tanımı vardır ve ölçülmesi mümkündür (sorduğunuz için söylüyorum, jul bölü kelvin bölü mol diye hesaplanır birimleri). Bir sporu alıp küçük parçacıklara ayırın; moleküllerine ayırıncaya dek öğütün, sonra da entropi değişimini ölçün. Hiç kuşkusuz entropi artmış olmalıdır! Bir zamanlar uygun koşulları bulur bulmaz büyümeyi sürdürebilecek, güzelce düzenlenmiş bir sistem olan bu spor artık işlevsiz rastgele bir parçacıklar topluluğudur; tanımı itibarıyla yüksek bir entropisi vardır. Ama hayır! Biyoenerji araştırmacısı Ted Battley'nin titiz ölçümlerine göre, entropi pek değişmemiştir. Bunun da nedeni, entropiyle ilgili olarak spordan fazlasının söz konusu olmasıdır; sporun çevresindekileri de dikkate almamız gerekir, onlar da bir ölçüde düzensizdir.

Bir spor rahatça birbirine uyan, etkileşim içinde parçacıklardan oluşur. Yağlı (lipid) zarlar, moleküller arasında harekete geçmiş fiziksel kuvvetlerden ötürü kendilerini doğal olarak sudan ayırır. Suda çırpılmış bir yağlı lipidler karışımı kendiliğinden ince bir katman, bir su damlacığını çevreleyen biyolojik bir zar oluşturacaktır çünkü en istikrarlı hal budur (RESİM 7). Bununla ilgili sebeplerle bir yağ tabakası, okyanus yüzeyinde ince bir tabaka oluşturacak, yüzlerce kilometrekarelik bir alanda yaşamın yıkımına yol açacaktır. Yağ ve suyun birbirine karışmadığı söylenir, fiziksel çekme ve itme kuvvetleri, yağ ve suyun birbirleriyle değil, kendileriyle etkileşim kurmayı tercih ettikleri anlamına gelir. Proteinler de büyük ölçüde benzer bir davranış sergiler: Çok fazla elektrik yükü olanlar suda çözünür; yükü olmayanlar yağlarla daha iyi etkileşim kurar, hidrofobiktirler, kelimenin tam anlamıyla "sudan nefret ederler." Yağlı moleküller kıvrılıp birbirlerine sokulduklarında, elektrik yüklü proteinler suda çözüldüğünde elektrik salınır: Bu maddenin fiziksel olarak istikrarlı, düşük enerjili, "rahat" bir halidir. Sıcaklık olarak salınmış enerjidir. Sıcaklık moleküllerin hareket etmesi, itişip kakışması ve moleküler düzensizliğidir. Entropidir. Bu nedenle su ve yağ ayrıldığında sıcaklık salınması aslında entropiyi artırır. Genel entropi açısından bakıldığında, bütün bu fiziksel etkileşimler değerlendirmeye alındığında, bir hücrenin çevresindeki yağlı bir zar, daha düzenliymiş gibi görünse de birbirine karışmayan moleküllerin oluşturduğu rastgele bir karmadan daha yüksek bir entropi halidir.[2]

Bir sporu öğütün, genel entropisinin pek değişmediğini görürsünüz çünkü parçalanmış spor daha düzensiz hale gelmiş olsa da bileşenleri artık öncekinden daha yüksek enerjiye sahiptir: yağlar suyla karışmış, birbirine karışmayan proteinler sert bir çarpışma yaşamıştır. Fiziksel olarak "rahatsız" bu hal enerjiye mal olur. Fiziksel olarak rahat bir hal çevresinde sıcaklık biçiminde enerji salarsa, fiziksel olarak rahatsız bir hal tam tersini yapar. Enerjinin çevreden alınması, çevrenin entropisini azaltması, onları soğutması gerekir. Korku hikâyesi yazarları, neredeyse kelimenin tam anlamıyla tüyler ürpertici anlatılarında bu ana noktayı çok iyi yakalar. Hayaletler, umacılar ve ruh emiciler yakın çevrelerini serinletir hatta dondurur, doğal olmayan varlıklarının bedeli olarak enerji emerler.

Bir spor örneğinde bütün bunlar dikkate alındığında genel entropi pek değişmez. Moleküler düzeyde, polimerlerin yapısı enerjiyi yerel olarak en az seviyeye indirir,

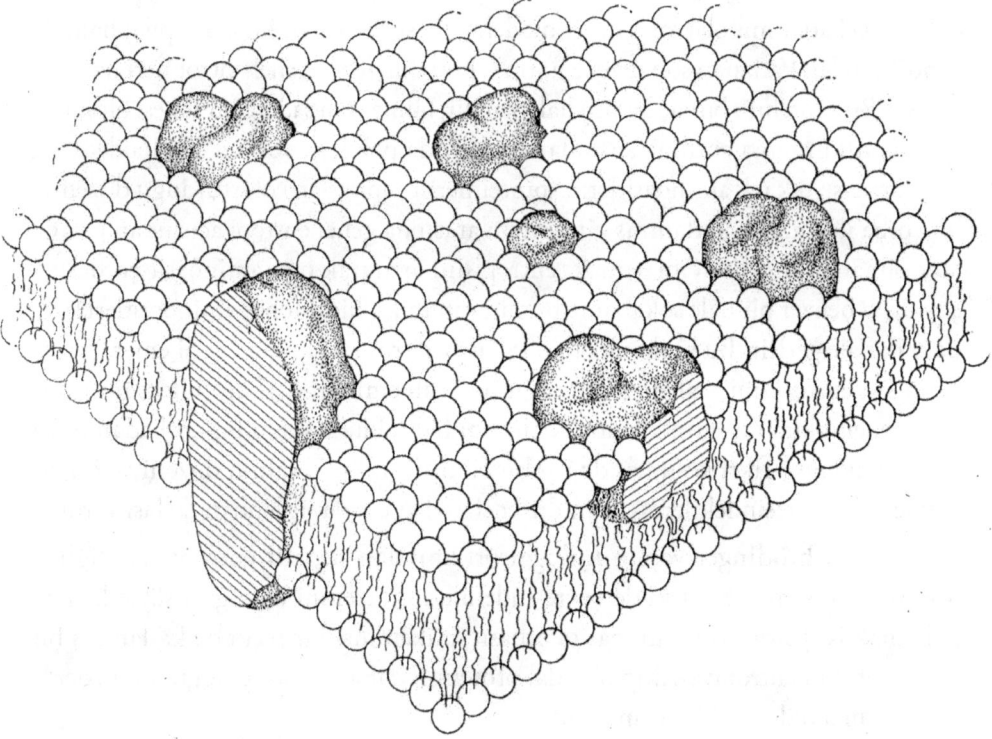

**RESİM 7** Bir lipid zarının yapısı

Singer ve Nicholson'ın 1972'de resmettiği üzere, lipid ikili katmanların orijinal akışkan mozaik modeli. Bir lipid denizine batmış proteinler, bazıları kısmen gömülerek, bazıları da zarın tamamını katederek yüzer. Lipidler hidrofil (suyu seven) baş grupları, genelde gliserol fosfat ile hidrofobik (sudan nefret eden) kuyruk kısımlarından, genelde bakteriler ve ökaryotlar da yağ asitlerinden oluşur. Zar iki katmanlı bir yapı olarak düzenlenmiştir: Hidrofil başlar sitoplazma ve çevresindeki sulu içerikle etkileşim içindedir, hidrofobik kuyruklarsa içe dönüktür ve birbirleriyle etkileşim içindedir. Bu düşük enerjili, fiziksel olarak "rahat" bir haldir. Düzenli görünümüne rağmen, lipid ikili katmanların oluşumu aslında çevreye ısı biçiminde enerji salarak genel entropiyi artırır.

fazladan enerji çevreye ısı olarak yayılır, çevrenin entropisini artırır. Proteinler olabildiğince az miktarda enerji kullanarak doğal olarak şekil alır. Hidrofobik kısımları yüzeydeki sudan çok uzakta derinlere gömülmüştür. Elektrik yükleri birbirini çeker ya da iter: Artı yükler eksi yüklere karşı denge oluşturarak yerlerinde sabit kalır, proteinin üç boyutlu yapısına istikrar kazandırır. Proteinler böylece kendiliğinden belli şekillere girer, gerçi bunu her zaman yararlı bir biçimde yapmazlar. Prionlar, daha fazla katlanmış olanlar için bir model vazifesi gören yarı kristal yapılar halinde kendiliğinden katlanan son derece normal proteinlerdir. Genel entropileri nadiren değişir. Bir proteinin birkaç kararlı hali olabilir, bunlardan sadece bir tanesi bir hücre için yararlıdır; ama entropi açısından aralarında pek fark yoktur. Herhalde daha da şaşırtıcısı, tek tek aminoasitlerin (proteinlerin yapıtaşları) oluşturduğu düzensiz bir çorba ile güzelce katlanmış bir protein arasında genel entropi açısından pek de fark olmamasıdır. Proteini açmak, entropisini artırarak onu aminoasit çorbasına çok daha benzer bir hale sokar ama bunun yapılması hidrofobik aminoasitleri suya da açık hale getirir. Bu fiziksel olarak rahatsız durum dışardan enerji emer, çevredekilerin entropisini azaltır, onları soğutur, "ruh emici etkisi" diyebileceğimiz bir şeye neden olur. Yaşamın bir düşük entropi hali olduğu (yani bir çorbadan daha düzenli olduğu) fikri kesinkes doğru bir fikir değildir. Yaşamın düzeni ve örgütlenmesi ile çevresindekilerin artan düzensizliği arasında uyumdan fazlası vardır.

Erwin Schrödinger yaşamın doğal ortamından negatif entropi "emdiğini" söylerken, yaşamın bir şekilde çevresindekilerin düzenini emdiğini söylerken ne anlatmak istiyordu. Bir aminoasit çorbası, mükemmel bir biçimde katlanmış bir proteinle aynı entropiye sahip olsa da, proteinin daha az olası olduğu, bu nedenle enerjiye mal olduğu iki durum vardır.

Birincisi aminoasit çorbası kendiliğinden birleşip bir zincir oluşturmaz. Proteinler birbirlerine bağlı aminoasit zincirleridir ama aminoasitler içkin olarak tepkimeye girme özelliğine sahip değildir. Aminoasitlerin birbirine bağlanmasını sağlamak için canlı hücrelerin önce onları harekete geçirmeleri gerekir. Aminoasitler ancak bundan sonra tepkimeye girerek bir zincir oluşturur. Bu da onları en başta harekete geçirmek için kullanılanla kabaca aynı miktarda enerji açığa çıkarır, bu nedenle genel olarak entropi hemen hemen aynı kalır. Proteinin kendisini katlarken saldığı enerji ısı olarak kaybolur, çevredekilerin entropisini artırır. Bu nedenle birbirine eşdeğer iki kararlı hal arasında bir *enerji bariyeri* vardır. Enerji bariyeri proteinleri oluşturmanın çetrefilli olduğu anlamına gelir ama proteinlerin bozulmalarının önünde de bir bariyer vardır. Proteinleri parçalayıp bileşenlerine ayırmak biraz çaba (ve sindirim enzimleri) gerektirir. Organik moleküllerin birbirleriyle etkileşim kurma, protein, DNA ya da zar olsun daha büyük yapılar oluşturma eğiliminin, soğuyan lavlarda büyük kristallerin oluşması eğiliminden daha gizemli olmadığını teslim etmemiz gerekir. *Tepkimeye girmeye hazır* yeterince yapıtaşı olursa, bu büyük yapılar en kararlı halde olurlar. Asıl soru şudur: Tepkimeye girmeye hazır bütün bu yapıtaşları nereden gelir?

Bu da bizi ikinci probleme getiriyor. Bir aminoasit çorbası, bırakın harekete geçmiş olmayı, bugünkü doğal çevrede kesinlikle olası değildir. Kendi haline bırakılırsa, nihayetinde oksijenle tepkimeye girecek ve daha basit bir gaz karışımına dönecektir: karbondioksit, azot, sülfür oksit ve su buharı. Başka bir deyişle, en başta bu aminoasitlerin oluşturulması enerji gerektirir, bu enerji yeniden parçalandıklarında açığa çıkar. Kaslarımızdaki proteini parçalayıp onu bir yakıt olarak kullanarak açlığa bir süre dayanabilmemizin nedeni budur. Bu enerji proteinin kendisinden değil, onu oluşturan aminoasitlerin yakılmasından gelir. Dolayısıyla tohumlar, sporlar ve virüsler bugün oksijen zengini doğal çevrede mükemmel bir kararlı halde değildir. Bileşenleri zaman içinde yavaş yavaş oksijenle tepkimeye girecek (oksitlenecek), bu da nihayetinde yapılarını ve işlevlerini bozacak, doğru koşullarda yaşama dönmelerini önleyecektir. Tohumlar ölür. Ama atmosferi değiştirin, oksijeni kenarda tutun, sonsuza dek kararlı bir halde kalırlar.[3] Organizmalar, küresel doğal ortamın oksijenli olması nedeniyle "dengesiz" olduklarından oksitlenme eğilimi göstereceklerdir, tabii bu süreç fiilen engellenmezse. (Bir sonraki bölümde her zaman böyle olmadığını göreceğiz.)

Demek oluyor ki, normal koşullarda (oksijenin varolması halinde) karbondioksit ve hidrojen gibi basit moleküllerden aminoasit ve nükleotid gibi diğer biyolojik yapıtaşlarının yapılması enerjiye malolur. Bunları birleştirip uzun zincirler, proteinler ve DNA gibi polimerler haline getirmek entropide küçük bir değişim olsa da enerjiye malolur. İşte yaşam bu demektir: yeni bileşenler yapmak, bunların hepsini birleştirmek, büyümek, üremek. Büyümek malzemelerin hücrenin içine ve dışına fiilen taşınması anlamına da gelir. Bütün bunlar sürekli bir enerji akışı, Schrödinger'in "serbest enerji" diye bahsettiği şeyi gerektirir. Schrödinger'in düşündüğü, enerjiyi serbest bırakmak için entropi ve ısıyı ilişkilendiren denklem ikonlaşmıştır. Gayet basittir:

$$DG = DH - TDS$$

Bu ne anlama gelir? Yunanca D (delta) sembolü değişim anlamına gelir. $DG$, 19. yüzyılın büyük fizikçilerinden Amerikalı münzevi bilim insanı J. Willard Gibbs'in adıyla anılan Gibbs serbest enerjisinde değişim anlamına gelir. Gibbs serbest enerjisi, kasların kasılması ya da hücrede olup bitenler gibi mekanik işleri yürütmek için "serbest" olan enerjidir. $DH$, çevredekilere salınan, onları ısıtan, dolayısıyla entropiyi artıran sıcaklıkta değişimdir. Çevredekilere sıcaklık veren bir tepkimenin, sistemin kendisini soğutması gerekir çünkü artık sistemde tepkime öncesinde olduğundan daha az enerji vardır. Bu nedenle sistemden çevredekilere enerji salınırsa, sisteme atıfta bulunan D$H$ eksi işaret alır. $T$ ısıdır. Sadece bağlam açısından önemlidir. Serin bir ortama sabit bir miktar sıcaklık vermenin, aynı miktarda sıcaklığı ılık bir ortama vermeye nazaran daha büyük bir etkisi olur; göreli girdi daha büyüktür. Son olarak D$S$ sistemin entropisindeki değişikliktir. Sistemin entropisi azalır, sistem daha düzenli bir hal alırsa eksi işaret alır, entropi artık, sistem daha kaotik bir hal alırsa artı işaret alır.

Genel olarak bakıldığında, herhangi bir tepkimenin kendiliğinden gerçekleşebilmesi için D$G$'nin eksi olması gerekir. Bu, yaşamı oluşturan tepkimelerin tamamı için geçerlidir. Bu demektir ki, bir tepkime, ancak D$G$ eksiyse kendi başına gerçekleşecektir. İşlerin böyle olabilmesi için ya sistemin entropisi artmalıdır (sistem daha düzensiz olmalıdır) ya da sistemden enerji sıcaklık olarak kaybolmalıdır ya da her iki koşul birden gerçekleşmelidir. Bu da D$H$ daha da eksiye geçtikçe, yani çevreye çok fazla sıcaklık salındığında yerel entropinin azalabileceği (sistemin daha düzenli hale gelebileceği) anlamına gelir. Uzun sözün kısası, büyüme ve üremeyi (yaşamayı!) sürdürmek için bir tepkimenin çevresine sürekli sıcaklık vermesi, onu daha düzensiz hale getirmesi gerekir. Yıldızları bir düşünün. Düzenli varoluşlarının bedelini evrene çok büyük miktarlarda enerji salarak öderler. Bizler, varoluşumuzu sürdürmenin bedelini soluma denen kesintisiz tepkimenin yarattığı sıcaklığı salarak öderiz. Besinleri sürekli oksijenle yakarız, doğal ortamımıza ısı veririz. Isı kaybı atık değildir, yaşamın varolması için kesinlikle zorunludur. Isı kaybı ne kadar büyük olursa karmaşıklık olasılığı o kadar büyük olur.[4]

Canlı bir hücrede gerçekleşen her şey kendiliğinden olur, doğru başlangıç noktası verilirse kendiliğinden gerçekleşecektir. D$G$ her zaman eksidir. Enerji açısından konuşursak, her zaman eksilir. Ama bu, başlangıç noktasının çok yüksek olması gerektiği anlamına gelir. Bir protein yapmak için başlangıç noktası, küçük bir mekânda *harekete geçirilmiş* yeterince aminoasitten oluşan ihtimal dışı bir topluluktur. Bu aminoasitler daha sonra birleşerek enerji salacak, katlanarak proteinleri oluşturacak, çevrelerindeki şeylerin entropisini artıracaklardır. Harekete geçirilmiş aminoasitler bile, tepkimeye girmeye hazır yeterince uygun öncüller verildiğinde kendiliğinden oluşacaktır. *Tepkimeye girmeye son derece hazır bir doğal ortam söz konusu olursa*, tepkimeye girmeye hazır bu öncüller de kendiliğinden oluşacaktır. Nihayetinde, büyümenin gücü doğal ortamın tepkimeye hazır olmasından ileri gelir; bu da canlı hücrelerde (bizim örneğimizde besin ve oksijen biçiminde, bitkiler örneğinde ışık fotonları olarak) sürekli akar. Canlı hücreler bu sürekli enerji akışını büyümeyle birleştirir, yeniden parçalanma eğilimlerini aşarlar. Kısmen genlerin belirlediği dahiyane yapılarla yaparlar bunu. Ama bu yapılar ne olursa olsun (bu noktaya geri döneceğiz), onlar da doğal ortamda bir yerden sürekli bir enerji akışı olmasa mümkün olmayacak büyüme ve kopyalamanın, doğal seçilim ve evrimin sonucudur.

## Tuhaf, Dar Biyolojik Enerji Yelpazesi

Organizmalar yaşamak için olağanüstü miktarda enerjiye gerek duyar. Bütün canlı hücrelerin kullandığı enerji "birimi", adenosin trifosfatın kısaltması olan (buna takılmayın) ATP'dir. ATP, otomata atılmış bir bozuk para gibi işler. Makinede bir tura yeter, sonrasında makine hemen kapanır. ATP örneğinde "makine" genellikle bir proteindir. ATP bir kararlı halden bir diğerine geçişi sağlar, bir elektrik düğmesini kapalıdan açık konuma getirmek gibi. Protein söz konusu olduğunda, bu düğmenin açılması bir kararlı uyumdan diğerine geçiş anlamına gelir. Kapatılması bir ATP daha gerektirir, tıpkı ikinci bir kez daha şansınızı denemek için otomata bir bozukluk daha atmak zorunda olmak gibi. Hücreyi, hepsi de ATP bozukluklarıyla bu şekilde çalışan protein makineleriyle dolu devasa bir oyun merkezi olarak düşünün. Tek bir hücre her saniye 10 milyon molekül ATP tüketir! Bu rakam nefes kesicidir. İnsan bedeninde yaklaşık 40 trilyon hücre vardır, bu da günde toplam 60-100 kg, kabaca vücudunuzun ağırlığı kadar ATP anlamına gelir. Aslında sadece 60 gram ATP içeriyoruz, bu nedenle her ATP molekülünün dakikada bir ya da iki kez yeniden şarj olduğunu biliyoruz.

Yeniden şarj olmak mı, o da nesi? ATP "bölündüğünde", uyumsal değişikliği sağlayan serbest enerji salmanın yanı sıra, D$G$'yi ekside tutmaya yetecek kadar ısı salar. ATP genellikle, birbirine eşit olmayan iki parçaya ayrılır: ADP (adenosin difosfat) ve organik olmayan fosfat ($PO_4^{-3}$). Bu gübrelerde kullandığımız malzemedir ve genellikle $P_i$ diye bilinir. Daha sonra ADP ve $P_i$'den ATP'yi yeniden elde etmek enerjiye mal olur. Nefes alma enerjisi (besinlerin oksijenle girdiği tepkime sonucu salınan enerji) ADP ve $P_i$'den ATP yapmakta kullanılır. Bu kadar. Sonu gelmez döngü bu kadar basittir işte:

$$ADP + P_i + enerji = ATP$$

Hiç öyle özel değiliz. *E.coli* gibi bakteriler her 20 dakikada bir bölünebiliyor. *E.coli* büyümesini sürdürmek için her hücre bölünmesinde yaklaşık 50 *milyar* ATP tüketiyor, yani her hücrenin kütlesinin 50-100 katı kadar. Bu bizim ATP sentezi oranımızın dört katı kadardır. Bu rakamları watt'la ölçülen enerjiye çevirdiğinizde sonuç inanılmaz olur. Gram başına 2 miliwatt enerji kullanıyoruz, yani 65 kg ağırlığındaki ortalama bir insan 130 watt civarında enerji kullanır, standart 100 watt'lık ampulden biraz daha fazla diyelim. Bu çok gibi görünmeyebilir ama gram bazında güneşten 10.000 kat daha fazladır (herhangi bir anda güneşin ancak küçücük bir bölümü nükleer füzyon geçirir). Yaşam bir mum gibi değildir pek, daha çok bir roket fırlatıcıya benzer.

O halde kuramsal bir bakış açısıyla yaklaşıldığında yaşam hiç de gizemli değildir. Doğanın hiçbir kanununa ters düşmez. Canlı hücrelerden an be an geçen enerji miktarı astronomik boyutlardadır ama Yeryüzü'ne günışığı olarak dökülen enerji miktarı da bundan kat be kat büyüktür (çünkü güneş gram başına daha az enerjiye sahip olsa da muazzam derecede daha büyüktür). Bu enerjinin bir bölümü biyokimyayı sürdürmek için kullanılabilir oldukça, yaşamın herhangi bir biçimde işlemeyi sürdüreceği düşünülebilir. Geçen bölümde genetik bilgiyle ilgili olarak gördüğümüz üzere, görünüşe bakılırsa enerjinin nasıl kullanılacağı konusunda temel bir kısıtlama yoktur, sadece bol miktarda enerji vardır. Bu da Yeryüzü'nde yaşamın enerji açısından son derece kısıtlı olmasını daha bir şaşırtıcı kılar.

Yaşam enerjisinin hiç beklenmedik iki yönü vardır. Birincisi, bütün hücreler enerjilerini, elektronların bir molekülden diğerine aktarıldığı, *redoks* tepkimesi diye bilinen özel bir kimyasal tepkime tipinden alır. Redoks "redüksiyon ve oksidasyon"un kısaltmasıdır. Bir ya da daha fazla elektronun bir vericiden bir alıcıya naklidir. Verici elektronları geçirirken oksitlendiği söylenir. Demir gibi maddeler oksijenle tepkimeye girdiklerinde olan şey budur; oksijene elektron geçirirler ve kendileri de oksitlenip paslanırlar. Elektronları alan maddenin, bu örnekte oksijenin indirgendiği söylenir. Nefes alırken ya da bir yangında oksijen ($O_2$) suya ($H_2O$) dönüşür çünkü her oksijen atomu iki elektron ($O^{2-}$ verir) artı iki proton alır, bu da yükleri dengeler. Tepkime devam eder çünkü ısı olarak enerji salar ve entropiyi artırır. Bütün kimya nihayetinde çevredekilerin ısısını artırıp sistemin kendisinin enerjisini düşürür; demir ya da besinin oksijenle tepkimeye girmesi bunu özellikle iyi yapar, çok büyük miktarda enerji açığa çıkarır (bir yangında olduğu gibi). Nefes alma, bu tepkimede salınan enerjinin bir bölümünü ATP olarak *korur*, en azından ATP yeniden bölününceye kadar kısa bir süreliğine. Bu da ATP'nin ADP-P$_i$ bağında bulunan kalan enerjiyi ısı olarak salar. Nihayetinde nefes alma ve yakma eşdeğerdir; aradaki hafif gecikme yaşam diye bildiğimiz şeydir.

Elektronlar ve protonlar sıklıkla (ama her zaman değil) bu şekilde eşleştikleri için, redüksiyonlar kimi zaman bir hidrojen atomunun transferi olarak tanımlanır. Ama aslen elektronlar üzerinden düşünülürse redüksiyonları kavramak daha kolay olur. Bir oksitlenme ve redüksiyon (redoks) tepkimeleri dizisi, bir elektronun birbirine bağlı bir taşıyıcılar zincirinde aktarılması anlamına gelir, bir telden geçen elektrik akımından çok da farklı değildir. Nefes alma sırasında olup biten budur işte. Besinlerden alınan elektronlar doğruca oksijene aktarılmaz (oksijen bir seferde bütün enerjiyi salar), önce bir "sıçrama taşı"na, genelde bir nefes alma proteinine, sıklıkla "demir-sülfür topluluğu" diye bilinen küçük bir inorganik kristalin bir parçası olarak gömülmüş elektrik yüklü birkaç demir atomundan ($Fe^{3+}$) birine aktarılır (bkz. RESİM 8). Elektron buradan, buna çok benzeyen ama elektrona biraz daha fazla "ihtiyaç" duyan bir topluluğa sıçrar. Elektron bir topluluktan diğerine çekilirken, toplulukların her biri önce indirgenir ($Fe^{3+}$ bir elektron aldığında $Fe^{2+}$ olur) ve sonra da oksitlenir (bir elektron kaybeder ve yine $Fe^{3+}$ olur). Böyle 15 sıçramanın ardından elektron nihayetinde oksijene ulaşır. İlk bakışta pek ortak noktası yokmuş gibi görünen büyüme biçimlerinin, (örneğin bitkilerde fotosentez ile hayvanlarda nefes alma) "nefes alma zincirleri"nde elektron aktarımını gerektirmeleri itibarıyla temelde aynı olduğu anlaşılmaktadır. Neden böyle olması gerekir? Yaşam, termal ya da mekanik enerjiyle, radyoaktivite ya da elektrik boşalmaları ya da UV radyasyonuyla da yürütülebilirdi, bu konuda hayalgücünüzle sınırlarımızı zorlayabiliriz; ama hayır, bütün yaşamın ardındaki itici güç, dikkat çekici benzerlikte nefes alma zincirleriyle gerçekleşen redoks kimyasıdır.

Yaşam enerjisinin ikinci beklenmedik yönü, enerjinin ATP bağlarında korunmasını sağlayan ayrıntılı mekanizmadır. Yaşam düz kimya kullanmaz, ATP oluşumunu ince zarlar arasında gerçekleşen proton basamaklama aracılığıyla yönlendirir. Bunun ne anlama geldiğini, nasıl gerçekleştiğini biraz sonra öğreneceğiz. Şimdilik bu tuhaf mekanizmanın kesinlikle beklenmedik bir şey olduğunu, moleküler biyolog Leslie Orgel'e göre, "Darwin'den bu yana biyoloji alanında sezgilere en aykırı düşen fikir olduğunu" hatırlayalım. Bugün proton basamaklarının üretilmesi ve kullanılmasının moleküler mekanizmalarını hayret verici derecede ayrıntılı olarak biliyoruz. Proton basamakları kullanımının Dünya üzerinde yaşamın tamamı açısından geçerli olduğunu da biliyoruz; proton enerjisi DNA, evrensel genetik şifre kadar yaşamın bir parçasıdır. Gelgelelim, sezgilere ters düşen bu biyolojik enerji üretme mekanizmasının nasıl evrildiğine ilişkin neredeyse hiçbir şey bilmiyoruz. Hangi sebeple olursa olsun, Dünya üzerindeki yaşam, şaşırtıcı derecede sınırlı ve tuhaf bir olası enerji mekanizmaları alt kümesi kullanıyormuş gibi görünüyor. Bu durum tarihin tuhaflıklarını yansıtır mı, yoksa bunlar diğer her şeyden iyi olup nihayetinde hâkimiyet kazanan şeyler mi olmuştur? Daha da ilginci, tek yol bu olabilir mi?

Şu anda içinizde olup bitenleri anlatayım. Hücrelerinizden birinde, örneğin bir kalp kası hücresinde baş döndürücü bir yolculuğa çıkalım. Bu hücrenin ritmik kasılmaları, hücrenin enerji santrali olan birçok büyük mitokondriden akan

**A**

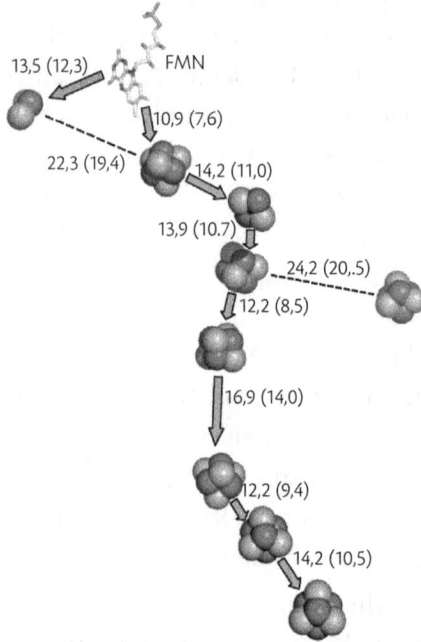

13,5 (12,3)

FMN

10,9 (7,6)

22,3 (19,4)

14,2 (11,0)

13,9 (10.7)

24,2 (20,.5)

12,2 (8,5)

16,9 (14,0)

12,2 (9,4)

14,2 (10,5)

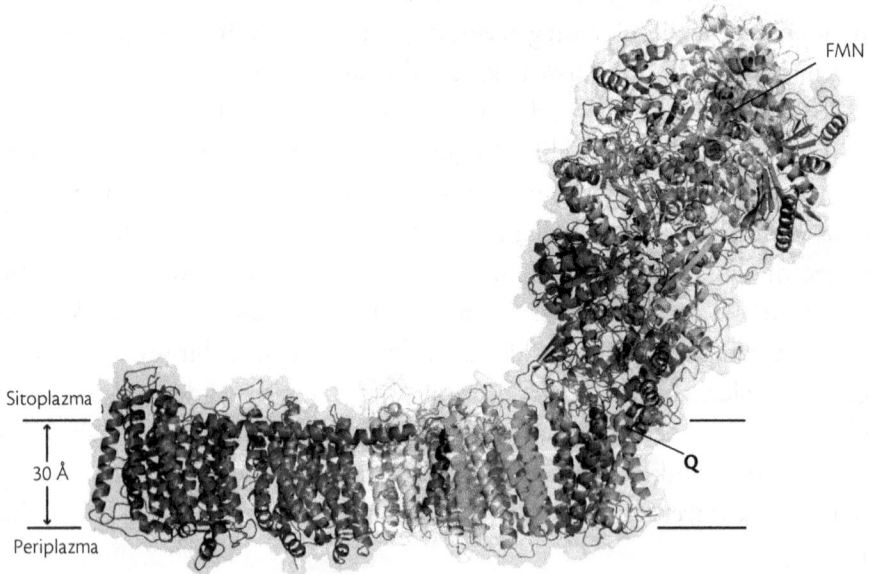

FMN

Sitoplazma

30 Å

Periplazma

Q

180 Å

**B**

C

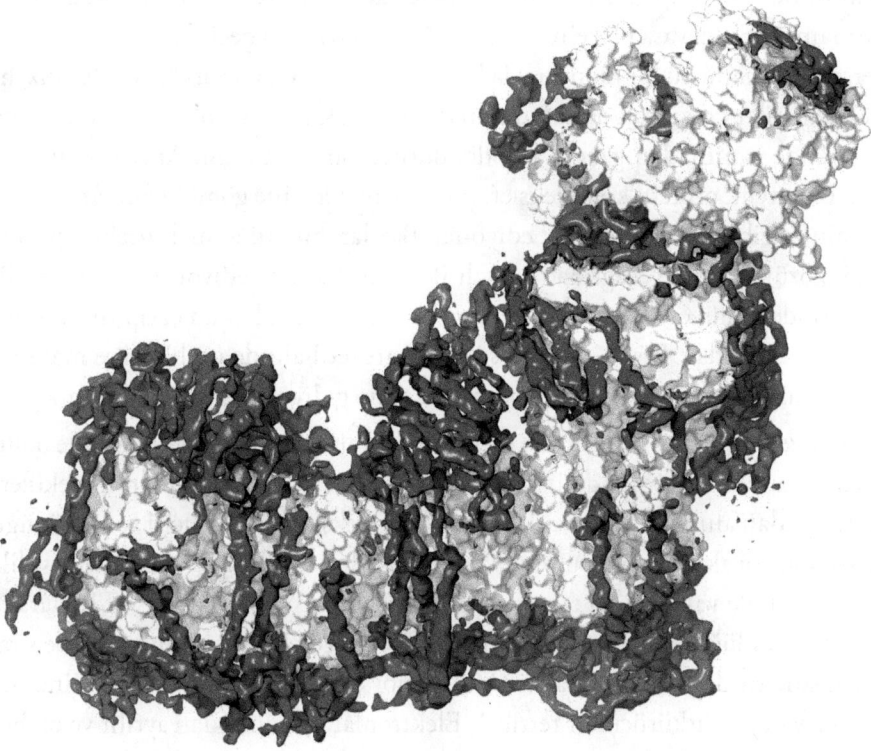

**RESİM 8** Solunum zincirinde I. kompleks

Demir sülfür toplulukları 14 angström ya da daha az bir mesafede düzenli aralıklarla yerleşmiştir (A); elektronlar "kuantum tüneliyle" bir topluluktan diğerine atlar, çoğu oklarla gösterilen yolu izler. Rakamlar merkezden her topluluğun merkezine olan mesafeyi angström olarak verir, parantez içindeki rakamlarsa kenarlar arasındaki mesafeyi gösterir. (B) Bakterilerde birinci kompleksin tamamı, Leo Sazanov'un güzel X-ışınımlı kristalografisi yapısında görülüyor; dikey matris kolu, FMN'den (elektronlar burada solunum zincirine girer) koenzim Q'ya (ubikinon da denir) elektron aktarır, koenzim Q elektronları bir sonraki devasa protein kompleksine geçirir. Proteinin içine gömülmüş (A)'da gösterilen demir-sülfür topluluklarından çıkan yolu görebilirsiniz. Memelilerde birinci kompleks (C), bakterilerde rastlanan aynı alt birimler burada da görülüyor; 30 tane, daha küçük ek altbirimin altına kısmen gizlendikleri seçiliyor; bunlar Judy Hirst'in aydınlatıcı elektron kriyo-mikroskopi yapısında karanlık gölgeler olarak resmedilmiş.

ATP'yle gerçekleşir. Kendinizi küçültüp bir ATP molekülü boyutlarına indirin ve bir mitokondrinin dış zarındaki büyük bir protein deliğinden neler olup bittiğine bakın. Kendimizi, bir geminin makine odası gibi sınırlı bir mekânda buluruz, göz alabildiğince uzayıp giden bu oda aşırı ısınmış protein makineleriyle doludur. Yerde küçük toplara benzeyen, makinelerden çıkan, milisaniye içinde belirip kaybolan baloncuklar vardır. Protonlar! Burası protonların, hidrojen atomlarının artı yüklü çekirdeklerinin gelip geçici görünümleriyle dans etmektedir. Onları göremediğinize şaşmamalı! Bu devasa protein makinelerinden birinden geçip iç kaleye, matrise geçerseniz olağanüstü bir manzarayla karşılaşırsınız. Mağaravari bir yerdesiniz, hepsi de tangırtılar çıkararak dönüp duran devasa makinelerle dolu akışkan duvarların her yönde yanınızdan geçtiği baş döndürücü bir yer burası. Aman başınıza dikkat! Bu büyük protein kompleksleri duvarların derinine gömülüyor, sanki denizde batmışlar gibi ağır ağır hareket ediyorlar. Bazıları bir buhar makinesinin pistonları gibi, gözün göremeyeceği kadar hızlı ileri geri hareket ediyor. Bazıları kendi eksenlerinde dönüyor, onları hareket ettiren ana milden her an çıkıp fırlayabilirmiş gibi görünüyorlar. Böyle çılgınca sürekli hareket halinde on binlerce makine her yöne uzanıyor, hepsi de gürültü patırtıyla geçip gidiyor, peki bu ne anlama geliyor?

Hücrenin termodinamik ana merkezinde, mitokondrinin derinlerinde bulunan hücre soluması bölümündesiniz. Burada hidrojen yiyeceklerinizin moleküler kalıntılarından alınıyor, bu devasa soluma komplekslerinin birincisi ve en büyüğüne, I. komplekse aktarılıyor. Bu büyük kompleks her biri birkaç yüz aminoasitlik bir zincir halinde yaklaşık 45 tane ayrı proteinden oluşuyor. Siz, bir ATP olarak, bir insan büyüklüğünde olsaydınız, I. kompleks bir gökdelen olurdu ama öyle sıradan bir gökdelen değil; bir buhar makinesi gibi çalışan dinamik bir makine, kendi başına yaşayan ürkütücü bir tertibat. Elektronlar protonlardan ayrılır ve bu büyük komplekse aktarılır, bir uçtan emilip ta ötede zarın derinlerdeki öbür uçtan çıkarılır. Elektronlar daha sonra birlikte soluma zincirini oluşturan, dev büyüklükte iki protein kompleksinden daha geçer. Bu komplekslerin her birinde, geçici olarak bir elektron tutan çok sayıda "redoks merkezi" bulunur (I. komplekste yaklaşık 9 tane redoks merkezi vardır) (**RESİM 8**). Elektronlar bir merkezden diğerine atlar. Aslına bakılırsa bu merkezler arasında düzenli mesafeler bulunması, bir tür kuantum büyüsüyle "tünelledikleri"ni, kuantum olasılık kurallarına göre bir görünüp bir kaybolduklarını düşündürür. Elektronların görebildiği yegane şey, çok uzakta olmamak kaydıyla, bir sonraki redoks merkezidir. Burada mesafeler, kabaca bir atomun büyüklüğüne eşit olan angströmlerle ölçülür.[5] Her redoks merkezi arasında yaklaşık 14 A bulunduğu, her biri elektrona bir öncekinden daha güçlü bir yakınlık duyduğu sürece, elektronlar düzenli aralıklarla güzelce dizilmiş taşlara basararak bir nehri aşarmış gibi bu redoks merkezleri yolunda sıçraya sıçraya ilerleyecektir. Üç tane devasa soluma kompleksinden geçecek ama taşların üstüne basarak geçerken nehri ne kadar fark ederseniz, onların da farkına o kadar varacaklardır. Oksijenin güçlü çekimiyle, elektronlara duyduğu tükenmek bilmez kimyasal iştahla ilerilere sürüklenirler. Bu bir mesafeden gerçekleştirilen bir eylem değildir, bir elektronun başka bir yerde olmak yerine oksijen üzerinde bulunması olasılığıyla ilgilidir. Oksijenin üzerindeki bir elektron proteinler ve lipidler tarafından izole edilmiş, elektron akımını "besinler"den oksijene aktaran bir kabloya dönüşür. Soluma zincirine hoşgeldiniz!

Elektrik akımı buradaki her şeyi canlandırır. Elektronlar yollarında sıçrayarak ilerler, sadece oksijene giden yolla ilgilenirler, at başını andıran petrol kuyuları gibi manzaraya asılı, patırtılı makineler kayıtsızdırlar. Ama devasa protein kompleksleri yolculuğun seyrini değiştiren anahtarlarla doludur. Bir elektron bir redoks merkezine yerleşirse, bitişiğindeki proteinin belli bir yapısı olur. Bu elektron hareket ettiğinde, yapı bir miktar hareket eder, eksi bir yük yerini değiştirir, onu artı bir yük izler, zayıf bağlardan oluşan bütün ağlar kendilerini yeniden ayarlar ve bu büyük yapı, bir saniyenin minicik bir kesitinde yeni bir uygun noktaya taşınır. Bir yerdeki küçük değişiklikler proteinin başka bir yerinde kocaman kanallar açar. Sonra başka bir elektron gelir ve bütün makine eski haline geri döner. Bu süreç bir saniyede onlarca kez tekrarlanır. Bu soluma komplekslerinin yapısı hakkında, neredeyse atomlar düzeyinde, sadece bir-iki angströmlük çözünürlükte bugün epeyce bilgi sahibiyiz. Protonların, proteinin üzerindeki yüklerle yerlerine sabitlenmiş hareketsiz su moleküllerine nasıl bağlandıklarını biliyoruz. Bu su moleküllerinin, kanallar kendilerini yeniden şekillendirdiğinde nasıl hareket ettiklerini biliyoruz. Protonların bir su molekülünden diğerine, peş peşe hızla açılıp kapanan dinamik çatlaklardan, sanki Kıyamet Proteinleri adlı bir Indiana Jones macerasındaymış gibi protonun geçişi sonrasında aniden kapanıveren, onun geri dönüşünü engelleyen tehlikeli bir yoldan nasıl geçtiklerini biliyoruz. Bu büyük, ayrıntılı, hareketli makine bir tek şey yapıyor: Proteinleri zarın bir tarafından öbür tarafına aktarıyor.

Soluma zincirinin I. kompleksinden geçen her bir çift elektron için, zarı dört proton aşıyor. Elektron çifti daha sonra doğruca II. komplekse geçiyor (teknik olarak III. kompleks aslında, II. kompleks alternatif bir giriş noktasıdır); bu kompleks zarın öbür yanına dört proton daha aktarıyor. Son olarak, son büyük solunum kompleksinde, elektronlar Nirvana'ya (oksijene) kavuşuyor ama bunun öncesinde zarın ötesine iki proton aktarılıyor. Besinden alınan her elektron çifti için, zarın öbür yanına on proton taşınıyor. İşte bu kadar (RESİM 9). Oksijene elektron akışıyla salınan enerjinin yarısından biraz azı proton basamağında korunuyor. Bütün bu

A

B

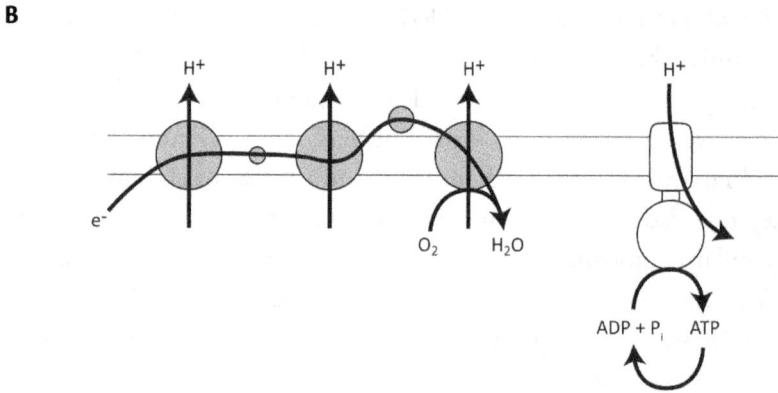

**RESİM 9** Mitokondriler nasıl çalışır

Mitokondrilerin elektron mikrografı (A), solunumun gerçekleştiği kıvrımlı iç zarlar görülüyor. Solunum zincirinin bir çizimi (B), iç zara yerleşmiş başlıca üç protein kompleksi görülüyor. Elektronlar (e) soldan giriyor, üç büyük protein kompleksinden geçerek oksijene ulaşıyor. Bunların ilki I. komplekstir (daha gerçekçi bir betimleme için bkz. **RESİM 8**); elektronlar daha sonra III. ve IV. komplekslerden geçerler. II. kompleks (burada gösterilmiyor) solunum zincirinde ayrı bir giriş noktasıdır, elektronları doğruca III. komplekse geçirir. Zarın içindeki küçük daire, elektronları birinci, ikinci ve üçüncü kompleksler arasında taşıyan ubikinondur; zar yüzeyine gevşekçe bağlı olan protein, elektronları üçüncü ve dördüncü kompleks arasında taşıyan sitokrom c'dir. Oksijene elektron akışı okla resmedilmiştir. Bu akış üç solunum kompleksinden (ikinci kompleks elektron geçirir ama proton pompalamaz) protonların ($H^+$) atılmasına enerji sağlar. Zincirden geçen her bir elektron çifti için birinci komplekste dört, üçüncü komplekste dört, dördüncü komplekste iki proton pompalanır. ATP sentazıyla geri proton akışı (sağda gösterilmiştir) ADP ve $P_{i+}$'den ATP sentezini yürütür.

enerji, bütün bu deha, bütün bu büyük protein yapıları, bütün bunlar iç kısımdaki mitokondri zarından proton pompalamaya vakfedilmiş. Bir mitokondride her solunum kompleksinin onbinlerce kopyası bulunuyor. Tek bir hücrede yüzlerce, binlerce mitokondri var. 40 trilyon hücrenizde en az 1 katrilyon mitokondri bulunuyor; kıvrımlı yüzeyleri açıldığında toplam yüzölçümleri 14.000 *metre*kareye eşit; yani yaklaşık dört futbol sahası büyüklüğünde. İşleri protein pompalamak, birlikte $10^{21}$'den fazla proton pompalıyorlar; neredeyse evrendeki yıldızlar kadar fazla proton, hem de her saniye.

Eh, işlerinin yarısı bu. Diğer yarısıysa, ATP yapmak için gerekli enerjiyi salmak.[6] Mitokondri zarı protonlar karşısında hemen hemen hiç geçirgen değildir, o dinamik kanalların proton geçer geçmez aniden kapanıvermesinin nedeni budur. Protonlar miniciktir, en küçük atomun, hidrojen atomunun çekirdeği kadar; bu nedenle onları uzak tutmak büyük bir başarıdır. Protonlar sudan neredeyse anında geçer, bu nedenle zarın her yerde su da geçirmemesi gerekir. Protonlar da yüklüdür, tek bir artı yükleri vardır. Protonların kapalı bir zardan pompalanmasıyla iki şey başarılır: Birincisi, iki taraf arasındaki proton yoğunluğunda bir fark yaratılır; ikincisi, elektrik yükünde bir fark ortaya çıkar, dışarısı içeriye göre artı konumda olur. Bu da zarda, 150 ila 200 milivolt düzeyinde elektrokimyasal bir potansiyel farkı olduğu anlamına gelir. Zar çok ince olduğunda (yaklaşık 6 nanometre kalınlığındadır) bu yüz kısa bir mesafede son derece yoğundur. Şimdi yine bir ATP molekülü boyutlarına inin, zarın yakınlarında deneyimleyeceğiniz elektrik alanının yoğunluğu (alanın kuvveti) metre başı 30 milyon volttur, bu da bir yıldırım çarpmasının kuvvetindedir, yani evlerdeki normal elektrik kablolarının kapasitesinden bin kat güçlüdür.

Proton-yönlendirme kuvveti diye bilinen bu büyük elektrik potansiyeli, en etkileyici protein nanomakinesinin, ATP sentazının itici gücüdür (RESİM 10). Yönlendirme hareketi ima eder, ATP sentazı da gerçekten döner bir motordur, proton akışı bir krank milini indirir, o da katalitik bir başı döndürür. Bu mekanik kuvvetler ATP sentazının itici gücüdür. Protein bir hidroelektrik türbini gibi işler, zarın oluşturduğu engelin ardındaki rezervuarda biriken protonlarsa tepeden aşağı akan bir şelale gibi türbinden geçer, motoru döndürür. Pek şiirsel olmamakla birlikte doğru bir tanımdır bu ama bu protein motorunun hayret verici karmaşıklığını aktarmak zordur. Bu motorun tam olarak nasıl çalıştığını, protonların her birinin zarın içinde C-halkasına nasıl bağlandığını, elektrostatik etkileşimlerin bu halkayı nasıl tek bir yönde döndürdüğünü, dönen halkanın krank milini nasıl hareket ettirdiğini, katalitik başta uyum gerektiren değişiklikler yarattığını, bu başta açılıp kapanan yarıkların ADP ve $P_i$'yi nasıl tuttuğunu ve onları yeni bir ATP basmak için mekanik bir birleşmeye nasıl zorladığını bilmiyoruz. Bu en üst

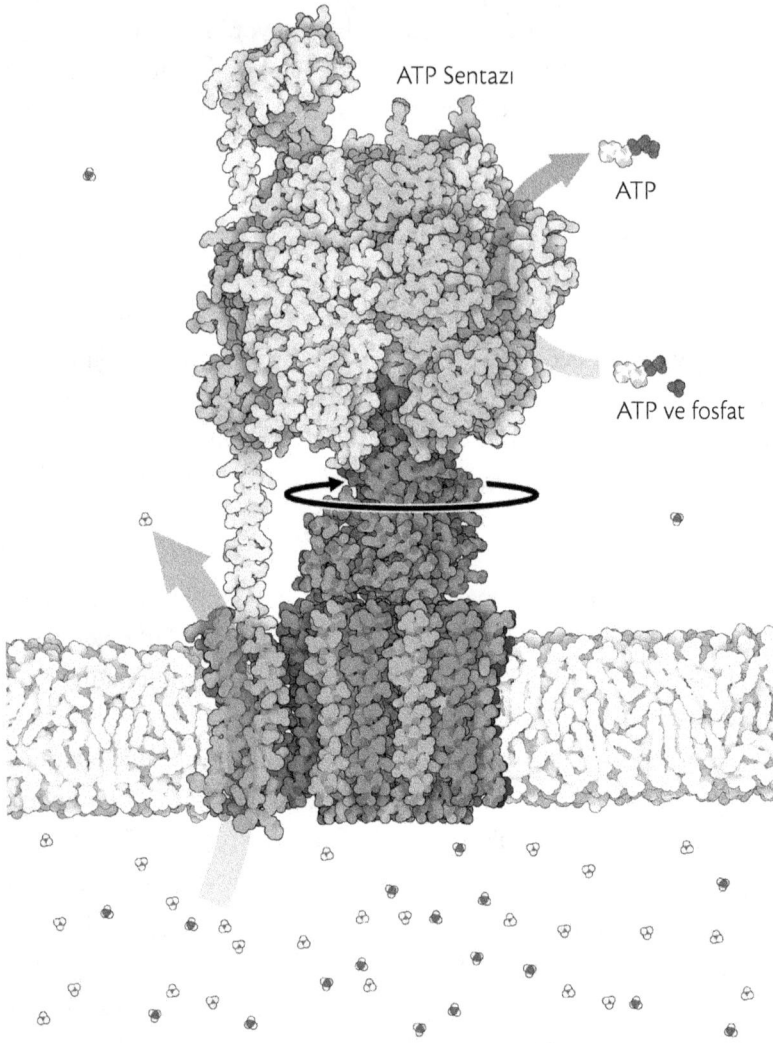

**RESİM 10** ATP sentazının yapısı

ATP sentazı, zarın içine yerleşmiş dikkat çekici bir döner motordur (altta). David Goodsell'in elinden çıkmış bu güzel sanatsal çizimde gerçek oranlara sadık kalınmıştır, ATP'nin, hatta protonların zara ve proteinin kendisine göre büyüklükleri görülür. Zardaki altbirimlerin birinden proton akışı (açık ok) zardaki şeritli $F_o$ motorunun dönüşünü, bunun yanı sıra yukarıya ilişik (dönen siyah ok) şaftın (sap) dönüşünü yürütür. Şaftın dönüşü katalitik başta ($F_1$ altbirimi) üç boyutlu yapı değişiklikleri yaratır, ADP ve fosfattan ATP sentezini yürütür. Katalitik başı olduğu yerde tutan "statör" (soldaki sert çubuk) başın dönüşünü engeller. Protonların, zarın altında hidronyum iyonları ($H_3O^+$) olarak suya bağlandıkları görülür.

seviyede incelikli bir nanomühendisliktir, mucizevi bir aygıttır, hakkında daha fazla şey öğrendikçe daha da muhteşem bir hal almaktadır. Bazıları bu makinede Tanrı'nın varlığının kanıtını görür. Ben doğal seçilim harikasını görüyorum. Ama hiç kuşku yok ki müthiş bir makinedir.

ATP sentazından geçen her 10 proton için döner başlık tam bir tur atar ve matrise yeni basılmış 3 tane ATP molekülü girer. Başlık, saniyede 100'den fazla kez dönebilir. ATP'ye yaşamın evrensel enerji "birimi" dendiğini söylemiştim. ATP sentazı ve proton-yönlendirme kuvveti de yaşamın tamamında korunur. Tamamı derken geneli kast ediyorum. ATP sentazı temelde bütün bakterilerde, bütün arkelerde, bütün ökaryotlarda (önceki bölümde tartıştığımız üzere yaşamın üç âleminde) bulunur, sadece fermentasyona dayanan bir avuç böcekte bulunmaz. Genetik şifre kadar evrenseldir. Kitabımda ATP sentazı, DNA'nın çifte sarmalı kadar yaşamın sembolü olacak. Sizin de dediğiniz gibi, bu benim kitabım ve ATP sentazı da yaşamın sembolü.

## Biyolojinin Başlıca Bilmecelerinden Biri

Proton yönlendirme kuvveti kavramı, 20. yüzyılın en sessiz sedasız devrimci bilim insanlarından biri olan Peter Mitchell'ın başının altından çıkmıştır. Sessiz sedasız olmasının yegane sebebi, çalıştığı disiplin olan biyoenerjinin DNA'yla büyülenmiş bir araştırma dünyasında biraz geri planda kalmış olmasıydı (hâlâ da öyledir). Bu büyülenme 1950'lerin başında Cambridge'te çalışan Crick ve Watson'la birlikte başlamıştı, o tarihlerde Mitchell da Cambridge'teydi. O da 1978'de Nobel Ödülü kazanacaktı ama onun fikirlerinin oluşumu çok daha travmatik bir süreçten geçmişti. Watson'ın "o kadar güzel ki gerçek olması gerek" sözleriyle varlığını hemen duyurduğu (ve haklı çıktığı) çifte sarmalın tersine, Mitchell'ın fikirleri sezgilere son derece ters düşüyordu. Mitchell'ın da münakaşacı ve keskin zekâlı olmak arasında gidip gelen çabucak parlayıveren yapısı vardı. 1961'de "kemiozmotik varsayımı"nı ileri sürdükten kısa bir süre sonra, 1960'ların başında Edinburgh Üniversitesi'nden mide ülseri nedeniyle emekli olmak zorunda kaldı (bu varsayım, Crick ve Watson'ın daha önce yazdığı daha meşhur makaleleri gibi *Nature*'da yayımlanmıştı)."Kemiozmotik" Mitchell'ın bir zardan protonların geçişini ifade etmek için kullandığı terimdi. Mitchell "ozmotik" sözcüğünü (ozmosun daha aşina olunan anlamıyla, suyun yarı geçirgen bir zardan geçişini ifade etmek üzere değil) Yunanca asıl anlamıyla, yani "itme"yi ifade etmek için kullanmıştı. Solunum protonları ince bir zardan, bir yoğunlaşma basamağına doğru iter, bu nedenle de kemiozmotiktir.

Mitchell özel imkanları ve elinin işe yatkınlığı sayesinde iki yılını Cornwall'da, Bodmin yakınlarında bir çiftlik evini bir ev ve laboratuvar olarak düzenlemeye harcadı, 1965'te burada Glynn Enstitüsü'nü açtı. Sonraki yirmi yıl içinde o ve biyoenerji alanında önde gelen az sayıda araştırmacı, kemiozmotik varsayımı yıkasıya test etmekle uğraştılar. Aralarındaki ilişki de benzer şekilde hırpalayıcı darbeler aldı. Bu dönem biyokimya yıllıklarına "oks-fos savaşları" olarak geçti; "oks-fos", "oksidatif fosforilasyon"un, oksijene elektron akışının ATP sentezine eşlik ettiği mekanizmanın kısaltmasıdır. Son birkaç sayfada verdiğim ayrıntıların hiçbirinin 1970'ler gibi yakın bir tarihte bilinmediğini kabul etmek zordur. Bu ayrıntıların birçoğu hâlâ fiili araştırmaların konusudur.[7]

Mitchell'ın fikirlerini kabul etmek neden bu kadar zordu? Bunun nedeni kısmen sahiden de beklenmedik olmalarıydı. DNA'nın yapısı gayet anlaşılırdı, iki şerit birbirleri için şablon görevi görür ve harflerin sıralaması bir proteindeki aminoasitlerin dizilimini şifreler. Oysa kemiozmotik varsayım son derece tuhaf görünüyordu, Mitchell da Marsça konuşuyor olabilirdi pekâlâ. Yaşam kimyayla ilgilidir, bunu hepimiz biliyoruz. ADP ve fosfatın tepkimeye girmesiyle ATP oluşur, dolayısıyla gereken tek şey tepkimeye girmeye hazır bir aracıdan ADP'ye bir fosfat aktarılmasıdır. Hücreler tepkimeye girmeye hazır aracılarla doludur, bu nedenle iş sadece doğru aracının bulunmasına bakar. Yani yıllarca böyleymiş gibi göründü. Sonra gözlerinde çılgınca bir pırıltıyla Mitchell çıkageldi, takıntılının biri olduğu açıktı, hiç kimsenin anlayamayacağı denklemler yazdı ve solunumun kimyayla bir ilgisi olmadığını, herkesin aradığı tepkimeye girmeye hazır aracının aslında hiç varolmadığını, ATP sentezine elektron akışına eşlik eden mekanizmanın aslında, protonların geçirgen olmayan bir zardan basamaklanarak geçmesi, yani *proton-motiv* (proton-yönlendirme) kuvveti olduğunu açıkladı. İnsanların tepesini attırmış olmasına şaşmamak lazım.

Bunlar artık efsane olmuştur: Bilimin beklenmedik biçimlerde nasıl işlediğinin güzel bir örneğidir; biyoloji alanında, Thomas Kuhn'un bilimsel devrimlerle ilgili görüşlerini destekleyen bir "paradigma değişikliği" olarak nitelenmiş ama artık güvenle tarih kitaplarına hapsedilmiştir. Ayrıntılar, atomik çözünürlükte incelenmiş, nihayetinde John Walker'a ATP sentazının yapısıyla ilgili çalışmalarından ötürü 1997'de Nobel Ödülü kazandırmıştır. I. solunum kompleksinin yapısının çözülmesi çok daha büyük bir iştir ama dışarlıklılar bunları ayrıntı olarak gördükleri, biyoenerjinin artık saklayacak Mitchell'ınkine benzer bir devrimci keşfi olmadığını düşündükleri için affedilebilir. Bu ironiktir çünkü Mitchell radikal biyoenerji görüşüne ayrıntılı solunum mekanizması üzerine düşünerek değil, daha basit ve derin bir soru üzerine düşünerek varmıştır: Hücreler (bakterileri düşünüyordu) iç kısımlarını nasıl olur da dışardan farklı tutar? Mitchell en başından beri organizmalar ile doğal ortamlarının zarlarla yakından ve içinden çıkılamazca bağlantılı olduğu kanısındaydı, kitabının ana fikri de buydu. Bu süreçlerin yaşamın kökeni ve varlığı açısından önemini onun kadar takdir eden çok az kişi çıkmıştır. Kemiozmotik varsayımını yayımlamadan önce, 1957'de Moskova'da düzenlenen bir toplantıda yaşamın kökeni üzerine verdiği bir konferansta geçen şu paragrafa bir bakın:

> Organizmayı doğal ortamı olmaksızın düşünemiyorum… Biçimsel bir bakış açısına göre, bu ikisi, onları ayıran ve birbirine bağlayan zarlarla aralarında dinamik bir temas sağlanan eşdeğer evreler olarak görülebilir.

Mitchell'ın düşüncelerinden alınmış bu cümle, ondan doğan kemiozmotik varsayımın önemli ayrıntılarından daha felsefidir ama sanırım bir o kadar ileri görüşlüdür. Bugün moleküler biyolojiye odaklanmış olmamız, Mitchell'ın içerisi ile dışarısı arasında zorunlu bir bağlantı olarak zarlarla, kendisinin "vektörel kimya" dediği şeyle, konum ve yapının önemli olduğu uzayda bir yönü olan kimyayla uğraştığını hepten unutmuş olmamız anlamına geliyor. Her şeyin karıştırılıp bir çözelti haline getirildiği deney tüpü kimyası değildir bu. Esasında bütün yaşam, bir zarın ötesine geçen proton basamakları yaratmak için redoks kimyası kullanır. İyi de neden yapıyoruz bunu? Bu fikirler bugün 1960'larda olduğu kadar tuhaf görünmüyorsa, bunun yegane nedeni 50 yıl boyunca onlarla yaşamış olmamızdır, aşinalık horgörü değilse de ilginin azalmasını besler. Tozlanmışlar, bir daha sorgulanmamak üzere ders kitaplarına yerleşmişlerdir. Artık bu fikirlerin doğru olduğunu biliyoruz, neden doğru olduklarını bilmeye de yaklaşmış durumda mıyız peki? Soru iki kısma ayrılır: Neden bütün canlı hücreler bir serbest enerji kaynağı olarak redoks kimyası kullanır? Neden bütün hücreler bu enerjiyi zarlarda proton basamakları halinde korur? Daha temel bir düzeyde bu sorular şuraya gelir: Neden elektronlar ve neden protonlar?

## Yaşam Tümüyle Elektronlarla İlgilidir

Peki Dünya'daki yaşam neden redoks kimyası kullanıyor? Herhalde cevaplaması en kolay kısım budur. Bildiğimiz biçimiyle yaşam karbona, özellikle de karbonun kısmen indirgenmiş biçimlerine dayanır. Absürt denebilecek bir ilk yaklaşıklığa göre (nispeten küçük miktarlarda azot, fosfor ve başka elementler gerektiğini bir kenara bırakırsak) yaşamın formülü $CH_2O$'dur. Karbondioksitin başlangıç noktası olduğu dikkate alınırsa (bu bölümde bu konuda daha fazla şey söyleyeceğiz), yaşam hidrojen ($H_2$) gibi bir şeyden karbondioksite ($CO_2$) elektron ve proton aktarımını gerektirmelidir. Prensipte bu elektronların nereden geldiği önemli değildir, sudan ($H_2O$) ya da hidrojen sülfattan ($H_2S$), hatta ferröz demirden ($Fe^{2+}$) bile alınabilirler. Önemli olan $CO_2$'ye aktarılmalarıdır, bu tür bütün aktarımlar redoks kimyasıdır.

"Kısmen indirgenmiş" $CO_2$'nin tamamen indirgenip metana ($CO_4$) dönüşmediği anlamına gelir.

Yaşam karbondan başka bir şey kullanabilir miydi? Bunun düşünülebilir olduğuna kuşku yoktur. Metal ya da silikondan yapılmış robotlara aşinayız, karbonun nesi özel peki? Her karbon atomu, kimyasal komşusu silikonun oluşturduğundan çok daha kuvvetli dört bağ oluşturabilir. Bu bağlar, olağanüstü bir uzun molekül zincirleri çeşitliliğini mümkün kılar; bunların başında da proteinler, lipidler, şekerler ve DNA gelir. Silikon bu zenginlikte bir kimyayı idare edemez. Dahası, karbondioksite benzer, gaz halinde bir silikon oksit yoktur. $CO_2$'yi bir lego parçası gibi düşünürüm. Havadan çekilip her seferinde bir karbon olarak diğer moleküllere eklenebilir. Silikon oksitlerse tersine... eh işte, kumdan yapmaya çalışırsınız. Silikon ve diğer elementler bizim gibi yüksek bir zekâyla kullanıma uygun kılınabilir ama yaşamın silikon kullanarak kendisini aşağıdan yukarıya nasıl yükselteceğini düşünmek zordur. Bu demek değildir ki silikona dayalı yaşamın sonsuz bir evrenden evrilmesi muhtemel değildir, kim böyle bir şey söyleyebilir? Ama bir olasılık ve öngörülebilirlik meselesi olarak alındığında, kaldı ki bu kitabın konusu da budur, bu, ezici ağırlıkla ihtimal dışı görünmektedir. Karbon çok daha iyi olmanın yanı sıra evrende de daha bol bulunur. O halde bir ilk yaklaşıklık olarak, yaşamın karbona dayanması gerektiğini söyleyelim.

Ama kısmen indirgenmiş karbon gerekliliği cevabın sadece küçük bir bölümüdür. Çoğu modern organizmada karbon metabolizması enerji metabolizmasından hayli ayrıdır. Bu ikisi thioesterler (en başta da asetil CoA) gibi tepkimeye girmeye hazır diğer aracılar ve ATP'yle birbirine bağlanır ama tepkimeye girmeye hazır bu aracıların redoks kimyasıyla üretilmesi gibi temel bir zorunluluk yoktur. Az sayıda organizma fermentasyonla hayatta kalır, gerçi bu çok eski olmadığı gibi, sonucu açısından etkileyici de değildir. Ama yaşamın olası kimyasal başlangıç noktalarına ilişkin dahiyane iddialar konusunda bir kıtlık yoktur; bu olası başlangıç noktalarının en popüler (ve aykırı) olanlarından biri de, UV ışınlarının azot ve metan gibi gazlar üzerindeki eylemiyle oluşmuş olabilecek siyanürdür. Bu akla yatkın mıdır? Geçen bölümde, zirkonlarda erken atmosferin fazla metan içerdiğine ilişkin bir emare bulunmadığını aktarmıştım. Ama bu, prensipte başka bir gezegende böyle olamayacağı anlamına gelmiyor. Peki mümkünse, bugün yaşamın enerjisini neden sağlamıyor? Bu soruya gelecek bölümde döneceğiz. Başka nedenlerle bunun olasılık dışı olduğu kanısındayım.

Problemi tersinden düşünelim: Solunumda redoks kimyası kullanılmasının iyi tarafı nedir? Öyle görünüyor ki çoktur. Solunum dediğimde kendimizden öteye bakmamız gerek. Besinlerden elektron ayırır, bunları solunum zincirlerimizle oksijene göndeririz ama burada kritik önemdeki mesele elektronların kaynağının da, gittiği yerin de değişebileceğidir. Besinleri oksijenle yakmak enerji üretimi açısından olabildiğince iyi sonuç verir ama bunun temelindeki ilke, muazzam derecede daha geniş kapsamlı ve daha değişkendir. Örneğin organik madde yemeye gerek yoktur. Hidrojen gazı, hidrojen sülfat ve ferröz demir, yukarıda belirttiğimiz üzere hepsi de elektron vericilerdir. Bir solunum zincirinden elektronlarını geçirebilirler, zincirin öbür ucundaki alıcı onları çekecek kadar güçlü bir oksidansa tabii. Bu demektir ki, bakteriler bizim solunumda kullandığımız protein mekanizmasını kullanarak, kayalar ya da mineraller ya da gazları "yiyebilirler." Bir dahaki sefere beton bir duvarda bir bakteri kolonisinin serpilip geliştiğini haber veren bir renk atmasıyla karşılaştığınızda, bir anlığına olsun, ne kadar yabancı görünürlerse görünsünler, sizinle aynı temel aygıtı kullanarak yaşadıklarını düşünün.

Oksijenin varlığı da zorunlu değildir. Nitrat ya da nitrit, sülfat ya da sülfür gibi başka birçok oksidan bu işi onun kadar iyi yapabilir. Liste uzadıkça uzar. Bütün bu oksidanlar (biraz oksijene benzer davrandıklarından bu ismi taşırlar) besinlerden ya da başka kaynaklardan elektron çekebilirler. Her durumda bir elektron vericisinden bir elektron alıcısına elektron aktarımı, ATP bağlarında depolanan enerjiyi salıverir. Bakteriler ve arkelerin kullandığı bilinen bütün elektron vericileri ve elektron alıcılarının (yaygın tabirle "redoks çiftleri"nin) envanteri birkaç sayfa tutabilir. Bakteriler kayaları "yemekle" kalmaz, onları "soluyabilirler" de. Bakterilerle karşılaştırıldığında ökaryot hücrelerin durumu içler acısıdır. Tek bir bakteri hücresinde görülen metabolik değişkenlik ökaryot âleminin tamamında (bütün bitkiler, hayvanlar, algler, mantarlar ve protistler) ancak görülür.

Elektron vericileri ve alıcılarının yararlandığı bu değişkenliğe, birçoğunun tepkimeye girmekte ağırkanlı olması katkıda bulunur. Bütün biyokimyanın kendiliğinden ortaya çıktığını, her zaman tepkimeye son derece hazır bir ortamın güdümünde olması gerektiğini daha önce belirtmiştik; ama ortam tepkimeye girmeye çok hazırsa, doğruca tepkimeye girecek, biyolojiye enerji verecek serbest enerji kalmayacaktır. Örneğin bir atmosfer asla flor gazıyla dolu olamaz çünkü hemen her şeyle tepkimeye girip ortadan kaybolacaktır. Ama birçok madde, doğal termodinamik dengelerini çok fazla aşan düzeylerde birikir çünkü çok yavaş tepkimeye girerler. Bir şans verilse oksijen organik maddeyle kuvvetle tepkimeye girer, gezegendeki her şeyi yakar ama onun şiddete bu yatkınlığı çağlar boyunca kararlı kalmasını sağlayan, şans eseri kimyasal bir tuhaflıkla yatışmıştır. Metan ve hidrojen gibi gazlar oksijenden daha kuvvetli bir biçimde tepkimeye girerler (Hindenburg zeplinini bir düşünün) ama yine de tepkimeye girmelerinin önündeki kinetik engel, bütün bu gazların havada yıllar boyunca dinamik bir dengesizlik içinde bir arada varolabileceği anlamına gelir. Aynı şey, hidrojen sülfattan nitrata kadar başka birçok madde için de geçerlidir. Bu maddeler tepkimeye girmeye zorlanabilir, tepkimeye girdiklerinde de canlı hücrelerin yararlanabileceği büyük miktarda enerji salarlar; ama doğru katalizörler olmaksızın fazla bir şey olmaz. Yaşam bu kinetik bariyerlerden yararlanır, bunu yaparken de entropiyi aksi takdirde olabileceğinden çok daha hızlı artırır. Hatta bazıları yaşamı bu biçimde, entropi üreticisi olarak tanımlar. Bunu bir yana bırakırsak; yaşam tam da kinetik bariyer varolduğu için vardır, bu bariyerleri devirmekte uzmanlaşmıştır. Tepkimeye hazırlık kinetik bariyerlerin ardında büyük bir birikim yapmış olmasa yaşam var olur muydu, orası kuşkuludur.

Birçok elektron vericisinin ve alıcısının hem çözülebilir hem kararlı olması, fazla bir şey yapmadan hücrelere girmesi ve çıkması termodinamiğin gerektirdiği tepkimeye hazır ortamın içeriye, bu kritik zarların doğruca içine güvenle taşınabileceği anlamına gelir. Bu da redoks kimyasını, biyolojik olarak yararlı bir enerji akışı olarak ısı ya da mekanik enerjiden, UV ışınımı ya da yıldırımdan daha kolay ele alınabilir bir hale getirir. Sağlık ve güvenlik damgası alacak türden bir işlemdir.

Herhalde hiç beklenmedik bir şey ama, solunum fotosentezin de temelidir. Fotosentezin birkaç biçimi olduğunu hatırlayalım. Her durumda, güneş enerjisi (foton olarak) bir pigment (genellikle klorofil) tarafından emilir, bu pigment bir elektronu hareketlendirir ve onu bir redoks merkezleri zincirinden doğruca bir alıcıya, bu örnekte karbondioksitin kendisine gönderir. Bir elektrondan yoksun kalan pigment, en yakın vericiden minnettarlıkla bir elektron kabul eder, o verici de su olabilir, hidrojen sülfür olabilir, ferröz demir olabilir. Solunumda olduğu gibi, elektron vericisinin kimliği prensipte önemli değildir. Fotosentezin "anoksijenik" biçimlerinde, elektron vericisi olarak hidrojen sülfür ya da demir kullanılır, geride atık olarak kükürt ya da paslı demir birikimleri kalır.[8] Oksijenli fotosentezde daha sert bir verici, su kullanılır ve atık olarak oksijen salınır. Ama mesele şudur, fotosentezin bütün bu farklı biçimleri açıktır ki solunumdan türemiştir. Aynı solunum proteinlerini, aynı tipte redoks merkezlerini, zarlarda aynı proton basamaklarını, aynı ATP sentazını, tümüyle aynı alet takımını kullanırlar.[9] Aradaki tek gerçek fark, bir pigmentin, klorofilin icat edilmesidir ama o da zaten birçok çok eskiden kalma solunum proteininde kullanılan hem pigmentiyle (*haem pigment*) yakından ilişkilidir. Güneşin enerjisinden yararlanmak dünyayı değiştirmiştir ama moleküler açıdan yaptığı tek şey elektronların solunum zincirlerinden daha hızlı akmasını sağlamak olmuştur.

O halde solunumun büyük avantajı, muazzam bir değişkenlik sergilemesidir. Esasen, solunum zincirlerinden elektron akışı sağlamakta herhangi bir redoks çifti (herhangi bir elektron vericisi ve elektron alıcısı çifti) kullanılabilir. Amonyumdan elektron alan özel proteinler, hidrojen sülfattan elektron alanlardan biraz farklıdır ama bir tema üzerine birbiriyle yakından ilişkili varyasyonlardır. Aynı şekilde solunum zincirinin öbür ucunda, nitrata ya da nitrite elektron geçiren proteinler de oksijene elektron geçirenlerden farklıdır ama hepsi de birbiriyle ilişkilidir. Birinin diğerinin yerine kullanılabileceği ölçüde birbirlerine benzerler. Bu proteinler ortak bir işletim sistemine bağlı olduklarından herhangi bir ortama uyacak şekilde karıştırılıp eşleştirilebilirler. Prensipte yer değiştirebilir olmakla kalmazlar, pratikte de kaygısızca aktarılırlar. Son yirmi-otuz yıl içinde, bakteriler ve arkelerde bol miktarda yanal gen transferi (yedek parça değiştirir gibi bir hücreden diğerine küçük gen kasetleri geçirme) gerçekleştiğini fark ettik. Solunum proteinlerini şifreleyen genler, yanal aktarımda en sık değiş tokuş edilenler arasında yer alır. Hep birlikte biyokimyager Wolfgang Nitschke'nin "redoks protein inşa kiti" dediği şeyi oluştururlar. Bir derin deniz menfezi gibi, hem hidrojen sülfürün hem oksijenin bol olduğu bir ortama mı taşındınız? Hiç sorun değil, gerekli genlerden alın biraz, çok işinize yararlar bayım. Oksijensiz mi kaldınız? Nitriti deneyin hanımefendi! Kaygılanmayın. Bir nitrit indirgeyici enzim kopyası alıp takın, her şey yoluna girecektir!

Bütün etkenler, redoks kimyasının evrenin başka yerlerinde de yaşam açısından önemli olması gerektiği anlamına gelir. Başka enerji biçimlerini hayal edebilsek de, karbonu indirgemek için redoks kimyasına gerek duyulması, bunun yanı sıra solunumun birçok yararı, Dünya'da yaşam enerjisinin redoksla sağlanmasının pek o kadar şaşırtıcı olmadığı anlamına gelir. Ama asıl solunum mekanizması, zarlar üzerindeki proton basamakları tümüyle ayrı bir meseledir. Solunum proteinlerinin yanal gen aktarımıyla geçirilebilecek, her ortamda iş görecek şekilde karıştırılıp eşleştirilebilecek olması, büyük ölçüde ortak bir işletim sisteminin, kemiozmotik eşleşmenin varlığından kaynaklanır. Gelgelelim redoks kimyasının neden proton basamakları içermesi gerektiği sorusunun açık bir cevabı yoktur. Mantıklı bir bağlantının bulunmaması, yıllarca önce Mitchell'ın fikirlerine karşı konulmasını, oks-fos savaşlarını kısmen açıklar. Geçen 50 yıl içinde, yaşamın protonları nasıl kullandığına ilişkin çok şey öğrendik ama yaşamın neden proton kullandığını öğreninceye dek burada ya da evrenin başka bir yerinde yaşamın nitelikleri hakkında fazla tahminde bulunamayacağız.

## Yaşam Protonlarla İlgilidir

Kemiozmotik eşleşmenin evrimi bir gizemdir. Bütün yaşamın kemiozmotik olması, kemiozmotik eşleşmenin aslında evrimde çok erken bir tarihte doğduğunu düşündürür. Daha sonraları doğmuş olsaydı, nasıl ve neden genel bir hal aldığını, proton basamaklarının neden başka her şeyin yerini tamamen aldığını açıklamak çok zorlaşırdı. Böyle bir genellik şaşırtıcı derecede enderdir. Yaşamın tamamında (yine kuralı kanıtlayan birkaç istisnayla) genetik şifre vardır. Bazı temel enformasyonel süreçler de genel olarak korunmuştur. Örneğin DNA RNA'ya çevrilir, RNA ise bütün canlı hücrelerde bulunan ribozom denilen nanomakinelerce proteine dönüştürülür. Ama arkeler ve bakteriler arasında gözlenen farklar gerçekten de sarsıcıdır. Bakteriler ve arkelerin prokaryotların, bir çekirdekleri olmayan hücrelerin ve karmaşık hücre (ökaryot) yelpazesinin büyük bölümünün iki büyük âlemi olduğunu hatırlayalım. Fiziksel görünümleri itibarıyla bakteriler ve arkeler neredeyse birbirinden ayrılamaz ama biyokimyaları ve genetikleri itibarıyla bu iki âlem kökten farklıdır.

Yaşamın genetik şifre kadar temel bir özelliği olduğunu tahmin edebileceğimiz DNA kopyalanmasına bakalım örneğin. Anlaşıldığı üzere, gerekli enzimlerin hemen hepsi dahil, DNA kopyalamanın ayrıntılı mekanizmaları, bakteriler ve arkelerde tümüyle farklıdır. Başka bir deyişle, hücrelerin içleri ile dışları arasındaki bariyerler ve kalıtsal malzemenin kopyalanması derinden korunmuş değildir. Hücrelerin yaşamı açısından bunlardan daha önemli ne olabilir ki! Bütün bu farklılıklar karşısında kemiosmotik eşleşme geneldir.

Bunlar derinlere işlemiş farklılıklardır, her iki grubun da ortak ataları hakkında insanın aklını başına getiren sorular doğururlar. Bu özelliklerin ortak bir atadan alındığını ama farklı özelliklerin iki grupta bağımsız olarak ortaya çıktığını varsaydığımızda, bu ortak ata hücrenin hangi haliydi acaba? Mantığa ters düşer. Yüzeysel olarak bakıldığında bir hücre hayaletidir; bazı bakımlardan modern hücrelere benziyordu, bazı bakımlardansa... eh, tam olarak neye benziyordu acaba? DNA çözümü, ribozom çevirisi, ATP sentazı, aminoasit biyosentezinin bazı parçaları, bunlar vardı bu ortak atada ama bunun ötesinde her iki grupta birden korunmuş çok az şey vardır.

Zar problemini ele alalım. Zar biyoenerjisi geneldir ama zarlar genel değildir. Son ortak atada bakteri tarzı bir zar olduğu, arkelere uyarlanmaya yönelik birtakım gerekçelerle, muhtemelen arkelerin zarları yüksek ısılarda daha iyi olduğundan bu zarın değiştirildiğini tahayyül edebiliriz. Yüzeysel olarak bakıldığında akla yatkındır bu ama iki büyük sorun vardır. Birincisi, arkelerin çoğu hipertermofildir, birçoğu arke lipidlerinin açık bir avantaj sağlamadığı ılıman koşullarda yaşar; oysa bunun tersine birçok bakteri sıcak kaynaklarda yaşar. Bakteriler ve arkeler hemen hemen bütün ortamlarda birlikte, sıklıkla da çok yakın sembiyoz içinde yaşar. Bu gruplardan biri, neden sadece bir seferliğine bütün zar lipidlerini değiştirmek gibi ciddi bir sıkıntıya girmiştir ki? Zarları değiştirmek mümkünse, hücreler yeni ortamlara uyum sağlarken, başka örneklerde zar lipidlerinin tümden yenilendiğine niye tanık olmuyoruz? Böyle bir şey, sıfırdan yeni zar lipidlerinin icat edilmesinden daha kolay olurdu. Neden sıcak kaynaklarda yaşayan bazı bakteriler arke lipidleri edinirler?

İkincisi ve daha manidarı, bakteri ve arke zarları arasında görünüşe bakılırsa tümüyle rastgele bir fark vardır: Bakteriler gliserinin bir steroizomerini (aynı biçimini) kullanırken, arkeler diğerini kullanır.[10] Arke yüksek ısılara daha iyi uyum sağladığı için bütün lipidlerini gerçekten değiştirmiş olsa da, gliserin yerine gliserin geçirmenin seçilim açısından akla yatkın bir gerekçesi yoktur. Bu hepten aykırıdır. Ne var ki gliserinin solak biçimini yapan enzim, sağlak biçimini yapan enzimle uzaktan yakından ilişkili bile değildir. Bir izomerden diğerine geçiş (yeni izomeri yapmak için) yeni bir enzimin "icat edilmesini," ardından yeni enzim evrimsel olarak bir avantaj sunuyor olmasa dahi bütün hücrelerdeki eski (ama tam anlamıyla işlevsel) enzimin sistematik olarak ortadan kaldırılmasını gerektirir. Ben buna ikna olmuyorum işte. Peki ama bir lipid tipinin yerini fiziksel olarak bir diğeri almadıysa, son ortak ata aslında ne tür bir zara sahipti? Bütün modern zarlardan çok farklı olmalıydı. Neden?

Kemiosmotik eşleşmenin evrimin ilk evrelerinde doğduğu fikrinde de zorlayıcı sorunlar vardır. Bunlardan biri bu mekanizmanın düpedüz ince ve ayrıntılı olmasıdır. Devasa solunum komplekslerine ve ATP sentazına, pistonları ve dönen motorları olan inanılmaz moleküler mekanizmalara borcumuzu ödemiştik. Bunlar gerçekten de evrimin ilk günlerinin, DNA kopyalaması öncesindeki dönemlerin ürünü olabilir mi? Kesinlikle hayır! Ama bu tümüyle duygusal bir tepkidir. ATP sentazı bir ribozomdan daha kompleks değildir, ribozomların erken tarihlerde evrilmesi gerektiğinde de herkes hemfikirdir. İkinci sorun zarın kendisidir. Ne tip bir zar olduğu sorusunu bir kenara bıraksak bile, erken tarihlerde incelikli olma meselesi, şu rahatsız edici mesele karşımıza çıkar yine. Modern hücrelerde kemiosmotik eşleşme ancak ve ancak zar protonlara karşı neredeyse hiç geçirgen değilse işe yarar. Ama akla yatkın erken zarlarla yapılan bütün deneyler, protonlara karşı son derece geçirgen olduklarını düşündürür. Protonları zarlardan uzak tutmak son derece zordur. Sorun şudur ki, kemiosmotik eşleşme, birkaç incelikli protein protona karşı sıkı bir zara gömülünceye dek yararsız olmuş, ancak bundan sonra bir amaca hizmet etmiş gibi görünmektedir. Peki o zaman nasıl olmuş da bütün parçalar önceden evrilmiştir? Klasik bir tavuk ve yumurta meselesidir bu. Basamaklandırmayı açmanın yolunu bilmiyorsanız, proton pompalamayı öğrenmenin ne faydası vardır ki? Basamaklandırmayı yaratmanın yolunu bilmiyorsanız, basamaklandırmayı açmayı öğrenmenin faydası nedir? Dördüncü Bölüm'de bu sorulara ilişkin olası bir çözüm sunacağım.

Birinci Bölüm'ü Yeryüzü'nde yaşamın evrimine ilişkin büyük bir soruyla bitirmiştim. Yaşam neden bu kadar erken bir tarihte doğmuştur? Neden birkaç milyar yıl boyunca morfolojik karmaşıklık halinde takılıp kalmıştır? Karmaşık, ökaryot hücreler neden 4 milyar yıl önce sadece bir kez ortaya çıkmıştır? Eşeyli üreme ve iki cinsiyetten tutun yaşlanmaya varıncaya değin bakteriler ve arkelerde rastlanmayan birkaç kafa karıştırıcı özellik neden bütün ökaryotlarda ortaktır? Bu noktada aynı derecede rahatsız edici iki soru daha ekliyorum: Bütün yaşam neden enerjiyi zarlar üzerinde proton basamakları biçiminde korur? Bu tuhaf ama temel süreç nasıl (ve ne zaman) evrilmiştir?

Bu iki soru dizisinin birbiriyle bağlantılı olduğu kanısındayım. Bu kitapta doğal proton basamaklarının Yeryüzü'nde yaşamın kökenini çok özel bir doğal ortama yönlendirdiğini ama bu ortamın kozmosta kesinlikle her yerde bulunan bir ortam olduğunu savunacağım: Alışveriş listemizde sadece kaya, su ve $CO_2$ vardır. Kemiosmotik eşleşmenin Yeryüzü'nde yaşamın evrimini milyarlarca yıl boyunca bakteriler ve arkelerin karmaşıklığıyla sınırlı tuttuğunu savunacağım. Bir bakterinin bir şekilde başka bir bakterinin içine girdiği tekil bir olay, bakteriler üzerindeki bu sonu gelmez enerji kısıtlamasını aşmıştır. Bu endosembiyoz morfolojik karmaşıklığın hammaddesi olan çok büyük genomlara sahip ökaryotlar ortaya çıkarmıştır. Evsahibi hücre ile (mitokondri haline gelen) endosembiyoz ortakları arasında kurulan yakın ilişkinin, ökaryotların paylaştığı birçok tuhaf özelliğin nedeni olduğunu savunacağım. Evrim evrenin başka yerlerinde de benzer hatlar doğrultusunda, benzer kısıtlamalar rehberliğinde ilerleme eğilimi gösterir. Haklıysam (ayrıntılarda haklı çıkacağımı bir an olsun düşünmem ama büyük tablonun doğru olduğunu umuyorum), bu durumda bütün bunlar tahminlere daha açık bir biyolojinin başlangıcıdır. Bir gün, evrenin kimyasal bileşimine dayanarak herhangi bir yerinde yaşamın özelliklerini tahmin etmek mümkün olabilir.

# Yaşamın Kökeni

# ÜÇÜNCÜ BÖLÜM

# Yaşamın Kökeninde Enerji

Ortaçağın su değirmenleri ve bugünün hidroelektrik enerji santralleri suyun kanalize edilmesiyle çalışır. Suyun akışını sınırlı bir kanala soktuğunuzda gücü artar. Bir su değirmenini çevirmek gibi bir işi yapabilir hale gelmiştir artık. Tersine, akarsuyu daha geniş bir havzaya yayarsanız gücü azalır. Bir nehirken bir göl ya da sığlık halini alır. Akıntının gücüyle sürüklenme ihtimali olmadığına güvenerek buradan geçmeye kalkabilirsiniz.

Canlı hücreler de benzer şekilde çalışır. Metabolik bir yol bir su kanalına benzer, tek fark akan şeyin organik karbon olmasıdır. Metabolik bir yolda, her biri bir önceki enzimin ürünü üzerinde iş gören bir dizi enzim, çizgisel bir tepkimeler dizisini hızlandırır. Bu da organik karbon akışını kısıtlar. Bir molekül bir yola girer, bir dizi kimyasal değişiklik geçirir ve burayı farklı bir molekül olarak terk eder. Tepkimeler silsilesi güvenilir bir biçimde tekrarlanabilir, her seferinde aynı madde girerse aynı ürün çıkabilir. Çeşitli metabolik yolların bulunduğu hücreler su değirmeni ağlarına benzer, bu değirmenlerde suyun akışı her zaman birbirine bağlı kanallara hapsolmuştur, her zaman en üst seviyeye çıkar. Böyle dahiyane bir biçimde kanalize etme, hücrelerin, akışın sınırlanmamış olması halinde büyümek için ihtiyaç duyacaklarından çok daha az karbon ve enerjiye ihtiyaç duyması anlamına gelir. Gücün her adımda dağılması (moleküllerin başka bir şeyle tepkimeye girmek için "kaçması") yerine, enzimler biyokimyayı düz ve dar bir hatta tutar. Hücrelerin denize ulaşan büyük bir nehre değil, daha küçük kanalları kullanarak değirmenlerini döndürmeye ihtiyacı vardır. Enerjiyi dikkate alan bir bakış açısıyla yaklaştığımızda, enzimler tepkimeleri hızlandıracak kadar fazla değildir ama güçlerini kanalize edip, çıktıyı en üst seviyeye taşıyacak kadar fazladır.

Peki o halde, ortada hiç enzim yokken, yaşamın kökeninde ne olmuştur? Akış mutlaka, daha az sınırlıydı. Büyümek (daha fazla organik molekül yaratmak, iki katına çıkmak, nihayetinde kopyalamak) daha fazla enerjiye, daha fazla karbona mal oluyordu mutlaka, daha azına değil. Modern hücreler enerji gereksinimlerini en aza indirmişlerdir ama yine de devasa miktarlarda ATP, standart enerji "para birimi" geçirdiklerini gördük. Hidrojenin karbondioksitle tepkimeye girmesi sonucunda oluşan en basit hücreler bile, solunumdan yeni biyokütlenin 40 katı kadar atık üretir. Başka bir deyişle, üretilen yeni biyokütlenin her 1 gramı için, enerji açığa çıkararak bu üretimi destekleyen tepkimelerin en az 40 gram atık üretmesi gerekir. Yaşam, enerji açığa çıkaran başlıca tepkimenin bir yan tepkimesidir. 4 milyar yıldır devam eden evrimsel iyileşmeden sonra, bugün de durum böyledir. Modern hücreler organik maddeden 40 kat daha fazla atık üretiyorsa, hiçbir enzimi olmayan ilk ilkel hücrelerin ne kadar üretmesi gerektiğini bir düşünün! Enzimler kimyasal tepkimeleri sınırlanmamış hızın milyonlarca katı kadar artırır. Bu enzimleri alırsanız, aynı işi gerçekleştirmek için harcanan çaba o kadar fazla, söz gelimi 1 milyon kat artacaktır. İlk hücrelerin 1 gram hücre üretmek için belki de 40 ton atık (kelimenin tam anlamıyla bir kamyon dolusu) üretmeleri gerekmişti! Enerji akışı açısından düşündüğümüzde bu oran taşmış bir nehri bile solda sıfır bırakır; daha çok tsunamiye benzer.

Bu enerji talebi ölçeğinin, yaşamın kökeninin bütün yönleri açısından yan anlamları vardır, ne var ki nadiren açıkça dikkate alınır. Deneysel bir disiplin olarak yaşamın kökeni alanının tarihi 1953'e, Watson ve Crick'in çifte sarmal makalesiyle aynı yıl yayımlanan meşhur Miller-Urey deneyine uzanır. İki makale de o tarihten beri, kanatlarını açmış iki dev yarasa misali, bazı bakımlardan haklı olarak, bazı bakımlardan maalesef dedirterek bu alanın üzerinde gezinip durmuş, onu gölgelemişlerdir. Parlak bir çalışma olan Miller-Urey deneyi, benim bakış açıma göre iki kuşak boyunca bu alanda yanıp sönen bir ilksel çorba düşüncesini desteklemiştir. Crick ve Watson ise yaşamın kökeni açısından büyük önem taşıdığı aşikar olan DNA ve enformasyonun egemenliğini başlatmıştır; ama doğal seçilimin kökenleri ve kopyalamanın neredeyse yalıtılmış bir biçimde değerlendirilmesi, en başta enerji olmak üzere başka etkenlerin önemine dikkat edilmemesine yol açmıştır.

Stanley Miller 1953'te Nobel ödülü sahibi Harold Urey'nin laboratuvarında ağırbaşlı genç bir doktora öğrencisiydi. Miller ikonik deneyinde, Jüpiter'in atmosferini hatırlatan su ve bir indirgenmiş (elektron bakımından zengin) gaz karışımı içeren şişelerden, yıldırımı simüle ederek elektrik akımı geçirmişti. O tarihlerde Jüpiter'in atmosferinin, Dünya'nın ilk atmosferini yansıttığı sanılıyordu; her ikisinin de hidrojen, metan ve amonyak bakımından zengin olduğu varsayılıyordu.[1] Hayret vericidir, Miller hücrelerin emektar atları proteinlerin yapıtaşı olan birkaç aminoasiti sentezlemeyi başarmıştı. Birden yaşamın kökeni sorusu kolay görünmüştü! 1950'lerin başında bu deneye, Watson ve Crick'in ilk başta pek heyecan yaratmayan yapısından daha fazla ilgi duyulmuştu. Miller 1953'te *Time* dergisinin kapağına çıkmıştı. Çalışması çığır açıcıydı, hâlâ tekrarlamaya değerdi çünkü yaşamın kökeniyle ilgili açık bir varsayımı, indirgenmiş gazlarla dolu bir atmosferden geçen yıldırımların hücrelerin yapıtaşlarını yaratmış olabileceği fikrini sınayan ilk deneydi. Yaşamın mevcut olmadığı bir ortamda bu öncü hücrelerin okyanuslarda biriktiği, okyanusların zaman içinde zengin bir organik molekül çorbasına, ilksel çorbaya dönüştüğü varsayılıyordu.

Watson ve Crick 1953'te pek heyecan yaratamamış olsalar da DNA'nın büyüsü o zamandan beri biyologların aklını başından almıştır. Birçok kişiye göre, yaşam DNA'ya kopyalanmış enformasyon demekti. Onlara göre yaşamın kökeni enformasyonun kökenidir, doğal seçilim ve evrimin enformasyon olmadan mümkün olmadığında hemfikirdirler. Enformasyonun kökeni de gelip kopyalamanın kökenine dayanır: Kendilerinin kopyalarını çıkaran ilk moleküllerin (kopyalayıcıların) nasıl ortaya çıktığına. DNA, ilk kopyalayıcı olduğuna inanılamayacak kadar karmaşıktır ama daha basit, tepkimelere daha hazır öncüsü RNA aranan tanıma uyar. RNA (ribonükleik asit) bugün bile DNA ile proteinler arasındaki kilit aracıdır, hem bir model olarak iş görür hem de protein sentezinde katalizörlük yapar. RNA hem (DNA gibi) bir model hem de (proteinler gibi) bir katalizör olarak davranabildiğinden, ilksel bir "RNA dünyasında" hem proteinlerin hem DNA'nın basit bir öncüsü olarak iş görmüş olabilir. Peki ama birleşip zincirler halinde RNA'yı oluşturan bütün o nükleotid yapıtaşları nereden gelmiştir? Elbette ki ilksel çorbadan! RNA'nın oluşumu ile bir çorba arasında hiçbir zorunlu ilişki yoktur ama çorba yine de en basit varsayımdır, termodinamik ya da jeokimya gibi karmaşık ayrıntılar hakkında kaygılanmayı önler. Bunların hepsi bir kenara bırakıldığında, genler önemli meselelerle uyum gösterebilir. Bu nedenle son 60 yılda yaşamın kökeniyle ilgili araştırmalara hâkim olan bir tema varolmuşsa, o da ilksel bir çorbanın bir RNA dünyası doğurduğu, bu dünyada bu basit kopyalayıcıların tedricen evrilip daha karmaşık bir hal aldığı, metabolizma için kopyalamaya başladığı, nihayetinde bugün bildiğimiz DNA, proteinler ve hücreler dünyasını ortaya çıkardığıdır. Bu bakış açısına göre, yaşam aşağıdan yukarıya doğru enformasyondur.

Burada eksik olan şey enerjidir. Elbette ki enerji ilksel çorbada yer alır; çakan bütün o yıldırımlar şeklinde. Bir keresinde, fotosentezin evrimi öncesindekine eşdeğer, küçük bir ilksel biyosferi sırf yıldırımlarla ayakta tutabilmenin, okyanusun her kilometrekaresine saniyede dört kez yıldırım düşmesini gerektirdiğini hesaplamıştım. Bunun modern bir büyüme oranı varsayımına dayandığını da ekleyeyim. Çakan her yıldırımda o kadar fazla elektron yoktur. Daha iyi bir alternatif enerji kaynağıysa UV ışınımıdır;, metan ve azot dahi bir atmosferik gaz karışımından siyanür (ve siyanamid gibi türevleri) benzeri tepkimeye hazır öncüler yaratabilir. UV ışınımı Yeryüzü'nde ve diğer gezegenlerde sonu gelmez bir biçimde dolanır.

UV akışı, ozon tabakasının bulunmaması halinde, genç Güneş'in de daha saldırgan bir elektromanyetik tayfı olduğu düşünülürse, daha güçlü olsa gerektir. Hatta dahi organik kimyager John Sutherland UV ışınımı ve siyanür kullanarak, "akla yatkın ilksel koşullar" denen ortamda etkin hale getirilmiş nükleotidler sentezlemeyi başarmıştır.[2] Ama burada da ciddi problemler vardır. Yeryüzünde hiçbir canlı siyanürü karbon kaynağı olarak kullanmaz, bilinen hiçbir yaşamı da UV ışınlarının enerji kaynağı olarak kullanmaz. Tam tersine ikisi de tehlikeli katiller olarak görülür. UV ışınları, bugün en gelişmiş yaşam biçimleri için dahi çok yıkıcıdır çünkü organik moleküllerin oluşumunu teşvik etmekten çok onları parçalar. Okyanusları yaşamla doldurmak yerine yakıp kavurmuş olması çok daha muhtemeldir. UV bir hava saldırısıdır. Burada ya da başka bir yerde, doğrudan bir enerji kaynağı olabileceğinden yana kuşkularım var.

UV ışınlarının savunucuları doğrudan bir enerji kaynağı olarak iş göreceği iddiasında bulunmaz, siyanür gibi zaman içinde biriken küçük kararlı organik moleküllerin oluşumunu destekleyeceğini ileri sürerler sadece. Kimya açısından siyanür aslında iyi bir organik öncüdür. Bizim için zehirlidir çünkü hücrelerin solunum yapmasını önler ama bu daha derin bir ilke yerine Yeryüzü'ndeki yaşamın bir tuhaflığı olabilir. Siyanürdeki asıl sorun yoğunluğudur, bu da ilksel çorba fikrini sarsar. Burada ya da başka bir gezegende uygun bir biçimde indirgeyici bir atmosferin varolduğunu varsaysak bile, okyanuslar siyanür ya da benzer başka bir organik öncünün oluşum hızı bakımından son derece büyüktür. Akla yatkın bir oluşum hızıyla, siyanürün 25°C'de okyanuslarda gösterdiği düzenli yoğunluk bir litrede bir gramın 2 milyonda biri civarında olurdu; bu miktar biyokimyanın kökenlerini harekete geçirmeye yeterli bir miktar değildir. Bu çıkmazdan tek çıkış yolu, bir şekilde deniz suyunu yoğunlaştırmaktır, bu da bir kuşak boyunca prebiyotik kimyanın başlıca dayanağı olmuştur. Dondurmak ya da kurutacak kadar buharlaştırmak organik maddelerin yoğunluğunu artırma potansiyeline sahiptir ama bunlar, bütün canlı hücrelerin tanımlayıcı özelliği olan fiziksel olarak kararlı halle pek uyuşmayan şiddetli yöntemlerdir. Siyanürlü organik kökenlerin savunucularından biri, gözlerini 4 milyar yıl önceki büyük göktaşı bombardımanına çevirmiştir: Göktaşı bombardımanının okyanusları buharlaştırarak siyanür (ferrisiyanür olarak) yoğunlaştırmış olması mümkündür! Bence bu, işe yaramaz bir fikri savunma çaresizliği kokuyor.[3] Burada sorun, bu ortamların çok değişken ve kararsız olmasıdır. Yaşam adımlarının ortaya çıkması için, koşullarda peş peşe ciddi değişiklikler olması gerekir. Oysa tersine, canlı hücreler kararlı varlıklardır, dokuları sürekli yer değiştirir ama genel yapıları değişmez.

Heraklitos "insan aynı nehre iki kere giremez" demişti ama bunu söylerken, arada nehrin buharlaşmış ya da donmuş olmasını (ya da patlayıp uzaya göçmesini) kast etmemişti. Değişmeyen kıyılar arasında, değişmeyen bir yatakta akan su gibi, en azından bizim insani boyutlardaki zaman cetvelimize göre, yaşam da kendisini biçimini değiştirmeden sürekli yenilemiştir. Canlı hücreler, onları oluşturan bütün hücreler kesintisiz bir biçimde değişse bile hücre olarak kalır. Başka türlü olabilir miydi? Bundan şüpheliyim. Enformasyonu belirleyen bir yapının yokluğunda (yaşamın kökeninde, kopyalayıcıların gelişmesi öncesinde mantıken durumun böyle olması gerekirdi) yapı yok değildi ama sürekli bir enerji akışı gerektirmiyordu. Enerji akışı maddenin kendi kendisine örgütlenmesini teşvik eder. Hepimiz Rusya doğumlu Belçikalı büyük fizikçi İlya Prigogine'in "dağıtıcı yapılar" dediği şeye aşinayız: Isıtıcıda kaynayan suyun içindeki konveksiyon akımlarını ya da bir rezervuardan aşağı akıp giden suyu düşünün. Hiçbir enformasyona gerek yoktur, ısıtıcı örneğinde ısı, rezervuar örneğinde açısal momentum yeterlidir. Dağıtıcı yapılar enerji ve madde akışıyla oluşur. Fırtınalar, tayfunlar ve girdaplar, hepsi de doğada bulunan çarpıcı dağıtıcı yapı örnekleridir. Okyanuslarda ve atmosferde, kutuplara nazaran ekvatorda Güneş'in enerji akışındaki farklılıklar nedeniyle ortaya çıkan çok büyük ölçekte dağıtıcı yapıya rastlarız. Golfstrim gibi güvenilir okyanus akıntıları ve Kükreyen Kırklar ya da Kuzey Atlantik jet akımı gibi rüzgarlar enformasyonla belirlenmemişlerdir; onları devam ettiren enerji akışı kadar istikrarlı ve süreklidirler. Jüpiter'deki Büyük Kırmızı Benek devasa bir fırtınadır; Dünya'nın birkaç katı büyüklüğünde, en az birkaç yüzyıldır varlığını sürdürmüş bir yüksek basınç bölgesidir. Bir ısıtıcıdaki konveksiyon hücrelerinin elektrik akımının suyu kaynar, buharlaşır halde tuttuğu sürece varlığını koruması gibi, bütün bu dağıtıcı yapılar sürekli bir enerji akışı gerektirir. Daha genel terimlerle ifade edersek, dengeden çok uzak sürdürülebilir koşulların görülebilir ürünleridir; enerji akışı bir yapıyı belirsiz bir süre boyunca, sonunda (yıldızlar örneğinde milyarlarca yıl sonra) denge sağlanıp da yapı çöküncceye dek ayakta tutar. Burada asıl önemli nokta, enerji akışıyla sürdürülebilir ve öngörülebilir fiziksel yapılar üretilebileceğidir. Bunun enformasyonla hiçbir ilgisi yoktur ama biyolojik enformasyonun kökeninin (kopyalama ve seçilim) desteklendiği ortamlar yaratabileceğini göreceğiz.

Bütün canlı organizmalar kendi doğal ortamlarında dengeden çok uzak koşullarca ayakta tutulur: Bizler de dağıtıcı yapılarız. Sürekli bir tepkime olan solunum, hücrelerin karbon ayarlamak, büyümek, tepkimeye hazır aracılar oluşturmak, bu yapıtaşlarını birleştirip karbonhidratlar, RNA, DNA ve proteinler gibi uzun polimer zincirleri oluşturmak, çevrelerinin entropisini artırarak kendilerinin düşük entropili durumlarını korumak için gereksinim duyduğu serbest enerjiyi sağlar. Genler ve enformasyonun olmadığı durumlarda, zarlar ve polipeptidler gibi bazı hücre yapıları, tepkimeye hazır öncüler, yani etkinleştirilmiş aminoasitler, nükleotidler, yağ asitleri sürekli temin edildikçe, gerekli yapıtaşlarını sağlayan sürekli bir enerji akışı oldukça kendiliğinden oluşacaktır. Enerji ve madde akışı hücre yapılarını varolmaya zorlar. Parçaların yeri değişebilir ama yapı kararlıdır ve akış varlığını sürdürdükçe o da varolacaktır. İşte ilksel çorbada eksik olan şey, bu sürekli enerji ve madde akışıdır. İlksel çorbada hücre dediğimiz dağıtıcı yapılar oluşmasının itici gücü olacak, bu hücrelerin büyümesini, bölünmesini ve canlanmasını sağlayacak, bütün bunları metabolizmayı kanalize edip yönlendiren enzimlerin yokluğunda gerçekleştirecek hiçbir şey yoktur. Bütün bunlar kulağa olmayacak işler gibi geliyor. İlk ilksel hücrelerin oluşumunun itici gücü olmuş bir doğal ortam var mıdır gerçekten? Kesinlikle olmalıydı. Ama bu doğal ortamı araştırmadan önce, tam olarak nelere ihtiyaç olduğunu bir değerlendirelim.

## Bir Hücre Nasıl Yapılır

Bir hücre yapmak için ne gerekir? Yeryüzü'ndeki bütün canlı hücrelerin altı temel ortak özelliği vardır. Ders kitabı gibi konuşuyor olmak istemem ama bunları bir sıralayalım. Bütün hücrelerin şunlara ihtiyacı vardır:

(i) Yeni organik maddeler sentezlemek için tepkimeye girmeye hazır sürekli bir karbon kaynağı,

(ii) Metabolik biyokimyanın, yeni proteinler, DNA vs. oluşumunun itici gücü olacak bir serbest enerji kaynağı,

(iii) Bu metabolik tepkimeleri hızlandıracak ve kanalize edecek katalizörler,

(iv) Termodinamiğin ikinci kanununa olan borcu ödemek, kimyasal tepkimeleri doğru yönde sürdürmek için atık boşaltımı,

(v) Bölümlenme; içeriyi dışarıdan ayıran hücre benzeri bir yapı,

(vi) Kalıtsal malzeme; ayrıntılı biçim ve işlevi belirlemek için RNA, DNA veya bir eşdeğeri.

Bunların dışında her şey (yaşamın özellikleri sayılırken adı geçen standart kalemler, sözgelimi hareket ya da duyarlılık), bakterilerin bakış açısına göre, sahip olması hoş ekstralar olmaktan ibarettir.

Bu altı etkenin hepsinin de birbirine derinden bağlı olduğunu, ta en başından beri neredeyse kesinlikle hepsine ihtiyaç olduğunu takdir etmek için fazla düşünmeye gerek yoktur. Sürekli bir karbon kaynağı büyüme, kopyalama... her şey açısından temel önemdedir, burası gayet açıktır. Basit bir düzeyde, bir "RNA dünyası" bile, RNA moleküllerinin kopyalanmasını gerektirir. RNA nükleotid bir yapıtaşları zinciridir, bu yapıtaşlarının her biri başka bir yerden gelmiş olması gereken organik bir moleküldür. Yaşamın kökeniyle ilgili araştırmalar yapanlar arasında, metabolizmanın mı kopyalamanın mı önce ortaya çıktığına ilişkin eski bir tartışma vardır. Verimsiz bir tartışmadır. Kopyalama ikileşme anlamına gelir, bu da yapıtaşlarını katlanarak tüketir. Bu yapıtaşları benzer bir hızla yerine konmazsa kopyalama hızla son bulur.

Düşünülebilecek bir kaçış noktası, Graham Cairns-Smith'in uzun süre dahiyane bir biçimde savunduğu üzere, ilk kopyalayıcıların organik olmadığını, kil mineralleri ya da benzer maddeler olduğunu varsaymaktır. Ama bu pek az şeyi çözüme kavuşturur çünkü mineraller de değerli katalizörler olsalar da, fiziksel olarak, bir RNA dünyası düzeyinde karmaşıklığa yaklaşan bir şeyi şifreleyemeyecek kadar hantaldırlar. Ama minerallerin kopyalayıcı olarak hiçbir yararı yoksa, organik olmayan maddelerden RNA gibi kopyalayıcı olarak iş gören organik moleküllere en kısa ve en hızlı geçiş yolunu bulmamız gerekir. Nükleotidlerin siyanamitten sentezlendiği dikkate alınırsa, bilinmeyen ve gereksiz aracılar varsaymanın bir anlamı yoktur; işi kısa kesip Yeryüzü'ndeki bazı erken doğal ortamların, kopyalamanın başlangıcı için gerekli organik yapıtaşlarını (etkinleştirilmiş nükleotidleri) temin ettiğini varsaymak çok daha iyi olur.[4] Siyanamit zayıf bir başlangıç noktası olsa bile, indirgeyici bir atmosferdeki elektrik boşalmasından tutun göktaşlarındaki kozmik kimyaya, yüksek basınçlı bomba reaktörlerine varıncaya dek, farklı koşullarda çarpıcı derecede benzer bir organik malzeme yelpazesi üretme eğilimi, termodinamiğin bazı nükleotidler de dahil bazı molekülleri kayırdığını düşündürür. O halde ilk yaklaşıklık olarak organik kopyalayıcıların oluşumunun, aynı ortamda süremli bir organik karbon tedariki gerektirdiğini söyleyebiliriz. Bu durum, dondurucu ortamları dışarda bırakır; donma buz kristalleri arasındaki organik maddeleri yoğunlaştırsa da, bu süreci devam ettirmek için gerekli yapıtaşlarını yerine koyacak bir mekanizma yoktur.

Peki ya enerji hakkında neler söyleyebiliriz? Aynı ortamda enerjiye de ihtiyaç vardır. Tek tek yapıtaşlarını (aminoasitler ya da nükleotidler) birleştirerek uzun polimer zincirleri (proteinler ya da RNA) oluşturmak, öncelikle yapıtaşlarının etkinleştirilmesini gerektirir. Bu da bir enerji kaynağı gerektirir; ATP ya da benzer bir şey. Muhtemelen çok benzer. Yeryüzü'nün 4 milyar yıl önceki haline benzer bir su dünyasında enerji kaynağının biraz özel olması gerekir: Uzun zincir moleküllerinin polimerleşmesini sağlamalıdır. Bu da oluşturulan her yeni bağ için bir su molekülünün alınması demektir, bir dehidrasyon (susuz bırakma) tepkimesidir. Çözeltideki molekülleri susuz bırakma problemi, biraz suyun altında ıslak bir bezi sıkmaya benzer. Bazı önde gelen araştırmacılar bu probleme o kadar takılmışlardır ki, yaşamın daha az suyun bulunduğu Mars'ta başlamış olması gerektiği sonucuna varmışlardır. Yaşam daha sonra bir göktaşının sırtında Dünya'ya taşınmış, sonra da bizi, asıl Marslıları ortaya çıkarmıştır. Ama elbette ki burada, Yeryüzü'ndeki yaşam suyun içinde gayet iyi idare eder. Her canlı hücre dehidrasyon (susuz kalma) numarasını bir saniyede binlerce kez kıvırır. Bunu dehidrasyon tepkimesini, ATP'nin bölünmesiyle eşleştirerek yaparız; ATP her bölündüğünde bir su molekülü alır. Bir dehidrasyon tepkimesini bir "rehidrasyon" tepkimesi (teknik terimle "hidroliz") ile eşleştirmek aslında sadece suyu aktarır, bir yandan da ATP bağlarında birikmiş enerjinin bir bölümünü açığa çıkarır. Bu da problemi epeyce basitleştirir; sadece sürekli bir ATP kaynağına ya da asetil fosfat gibi daha basit bir eşdeğerine gerek vardır. Bunun nereden gelebileceğini bir sonraki bölümde ele alacağız. Şimdilik asıl önemli nokta, suda kopyalamanın, aynı ortamda hem organik karbon hem de ATP'ye çok benzer bir şeyin sürekli ve bol bol bulunmasını gerektirdiğidir.

Altı etkenden üçünü gördük: Kopyalama, karbon ve enerji. Peki ya hücrelerin bölümlenmesi? Bu da yine bir yoğunlaşma meselesidir. Biyolojik zarlar (önceki bölümde belirttiğimiz üzere gliserol bir baş grubuna bağlanmış) yağ asitleri ya da izoprenlerden oluşan lipidlerden yapılmıştır. Yağ asitlerinin yoğunluğu bir eşik seviyesini aştığında, sürekli yeni yağ asitleriyle "beslenirse" büyüyüp bölünebilecek hücre benzeri kesecikler oluştururlar kendiliğinden. Burada yine, yeni yağ asitlerinin oluşumunu sağlayacak sürekli bir organik karbon ve enerji kaynağına ihtiyaç vardır. Yağ asitlerinin, aynı gerekçeyle nükleotidlerin dağıldıklarından daha hızlı birikmeleri için, bir tür odaklanma olması gerekir: Yerel olarak yoğunlaşmalarını artıran, daha büyük ölçekli yapılar oluşturmalarını sağlayan fiziksel bir huni ya da doğal bir bölümlenme gibi. Bu koşullar sağlandığında, keseciklerin oluşumu sihir işi olmaktan çıkar: Fiziksel olarak bu en istikrarlı haldir, sonuçta önceki bölümde gördüğümüz üzere genel entropi artar.

Tepkimeye hazır yapıtaşları gerçekten sürekli temin edilirse, bu durumda basit kesecikler de yüzey alanının hacme oranı sonucu kendiliğinden büyür ve bölünür. Çeşitli organik molekülleri içeren küresel bir kesecik (basit bir "hücre") düşünün. Bu kesecik yeni malzemeler alarak büyür: zarda lipidler, hücrenin içindeki diğer organik maddeler... Sonra da büyüklüğü iki katına çıkarın: Zar yüzey alanı iki katına çıksın, organik içerikler iki katına çıksın. Neler olur? Yüzey alanının iki katına çıkarılması, hacmi iki katından fazla artırır çünkü yüzey alanı yarıçapın karesi kadar artar, hacimse yarıçapın küpü kadar. Ama içerik yalnızca iki katına çıkmıştır. İçerik zarın yüzey alanından daha hızlı bir biçimde artmadığı sürece, kesecik aptala dönüşmeye başlayacaktır, zaten iki yeni kesecik üretme işinin yarısına kadar gelmiştir. Başka bir deyişle, aritmetik büyüme, sadece büyümek yerine bölünme ve ikileşmeye yol açan bir istikrarsızlık katar işin içine. Büyüyen bir küreciğin daha küçük baloncuklara bölünmesi sadece an meselesidir. Bu nedenle tepkimeye hazır karbon öncülerinin sürekli akışı, sadece ilkel hücre oluşumunu değil, ilkel bir hücre bölünmesi biçimini de destekler. Tesadüfe bakın ki, bir hücre duvarı olmayan L biçimli bakteriler de işte böyle tomurcuklanır.

Yüzey alanının hacme oranı problemi, hücrelerin büyüklüğüne bir sınırlama getiriyor olsa gerektir. Bu sadece kimyasal tepkimeye giren maddelerin temini ve atığın ortadan kaldırılması meselesidir. Nietzsche bir keresinde, insanların dışkılamak zorunda oldukları sürece kendilerini tanrı zannetmeyecekleri gözleminde bulunmuştu. Ama aslında dışkılamak termodinamik bir zorunluluktur, en tanrısal olan için bile zorunludur. Herhangi bir tepkimenin ileri doğru devam edebilmesi için nihai ürünün ortadan kaldırılması gerekir. Bir tren istasyonunda bir kalabalığın birikmesinden daha gizemli bir yanı yoktur bu durumun. Yolcular trene, yeni yolcuların istasyonu doldurmasından daha hızlı bir biçimde binemezse, kısa süre sonra bir blokaj ortaya çıkacaktır. Hücreler örneğinde, yeni proteinlerin oluşma hızı tepkimeye hazır öncülerin (etkinleşmiş aminoaistler) dağıtılması ve atığın (metan, su, karbondioksit, etanol; enerji açığa çıkaran tepkime her neyse ona göre) ortadan kaldırılması hızına bağlıdır. Bu atık ürünler hücreden fiziksel olarak çıkarılmazsa, ileri doğru tepkimenin devam etmesini engeller.

Atık çıkarımı problemi, ilksel bir çorba fikrinin çıkardığı temel zorluklardan bir diğeridir; tepkimeye giren maddeler ve atıkların böyle bir çorbada birbiriyle harmanlandığını düşünmemiz gerekir. Hiç ileri doğru bir hareket yoktur, yeni kimyanın itici gücü olacak bir şey yoktur.[5] Benzer şekilde bir hücre ne kadar büyürse bir çorbaya o kadar yaklaşır. Bir hücrenin hacmi, yüzey alanından daha hızlı büyüdüğü için sınırlayıcı zarı üzerinden yeni karbonu teslim alma ve atığı çıkarma hızının hücre büyüdükçe azalması gerekir. Atlantik Okyanusu, hatta bir futbol topu büyüklüğünde bir hücre asla işleyemez, bir çorbadan ibarettir çünkü. (Bir devekuşu yumurtasının futbol topu büyüklüğünde olduğunu düşünebilirsiniz ama yumurtanın sarısı genellikle atık yiyecektir, gelişmekte olan embriyo daha küçüktür.) Yaşamın kökeninde doğal karbon dağıtım ve atık çıkartım hızı, hücre hacminin küçük olmasını buyurmuş olsa gerektir. Öyle görünüyor ki, bir tür fiziksel kanala da ihtiyaç olmuştur, öncüleri hücreye getirecek, atığı alıp götürecek sürekli bir doğal akışa.

Bu da bizi katalizörlere getirir. Yaşam bugün proteinler (enzimler) kullanır ama RNA'nın da bazı katalitik becerileri vardır. Burada mesele, RNA'nın daha önce görmüş olduğumuz üzere zaten incelikli bir polimer olmasıdır. RNA birleşip uzun bir zincir oluşturabilmeleri için sentezlenmesi ve etkinleştirilmesi gereken çok sayıda nükleotid yapıtaşından oluşur. Bu olmadan önce RNA'nın katalizör olması zordur. RNA'yı ortaya çıkaran süreç, başta aminoasitler ve yağ asitleri olmak üzere, oluşturması daha kolay organik moleküllerin oluşumunun da itici gücü olmuş olsa gerektir. Dolayısıyla erken bir "RNA dünyası" "kirli", başka birçok tipte küçük organik molekülle kirlenmiş olmalıydı. Kopyalamanın ve protein sentezlemenin kökenlerinde kilit bir rol oynamış olsa da, RNA'nın metabolizmayı bir biçimde kendi başına icat ettiği fikri saçmadır. O halde biyokimyanın başlangıcını hızlandıran şey ne olmuştur? Bu sorunun cevabı, metal sülfürler gibi organik olmayan kompleksler (özellikle de demir, nikel ve molibden) olabilir. Bunlar hâlâ eşetkenler olarak birkaç çok eski, genel olarak korunmuş proteinde bulunur. Proteini katalizör olarak düşünmeye meyletsek de, protein aslında her halûkârda gerçekleşen tepkimeleri hızlandırır, eşetkense tepkimenin niteliğini belirler. Eşetkenler protein içeriğinden yoksun kaldıklarında çok etkili ya da özel katalizörler olmaktan çıkarlar, yine de bir hiç oldukları söylenemez, bir hiçten çok daha iyidirler. Ama ne kadar etkili oldukları üretime bağlıdır. Organik olmayan ilk katalizörler organik olanlara doğru karbon ve enerji kanalize etmeye yeni başlamıştır ama bir tsunamiye duyulan ihtiyacı sırf bir nehirle karşılamışlardır.

Bu basit organik maddelerin (en başta da aminoasitler ve nükleotidlerin) de kendi başlarına gördükleri bir hızlandırma faaliyeti vardır. Asetil fosfatın var olduğu ortamlarda aminoasitler bir araya gelip kısa "polipeptidler," küçük aminoasit zincirleri oluşturabilirler. Bu tür polipeptidlerin istikrarı kısmen başka moleküllerle etkileşimlerine dayanır. Hidrofobik aminoasitler ya da yağ asitleriyle ilişki kuran polipeptidler daha uzun süre dayanacaktır; FeS mineralleri gibi organik olmayan topluluklara bağlanan elektrik yüklü polipeptidler de daha istikrarlı olabilir. Kısa polipeptidler ve mineral toplulukları arasındaki doğal birliktelikler minerallerin hızlandırıcı özelliklerini güçlendirebilir, bunlar basitçe fiziksel olarak hayatta kalmak için "seçilmiş" olabilirler. Organik sentezi teşvik eden mineral bir katalizör düşünelim. Ürünlerin bazıları mineral katalizöre bağlanır, onun hayatta kalma süresini uzatır, bir yandan da mineralin hızlandırıcı özelliklerini iyileştirir (ya da en azından çeşitlendirir). Böyle bir sistem prensipte daha zengin ve daha karmaşık bir organik kimya doğurur.

Peki bir hücre sıfırdan nasıl inşa edilebilir? Bunun için, yüksek düzeyde, sürekli bir tepkimeye hazır karbon ve kullanılabilir kimyasal enerji akışı olması gerekir; bu akışın ortalama bir bölümünü yeni organik maddelere çeviren ilkel katalizörlerden geçen bir akış. Bu sürekli akış yağ asitleri, aminoasitler ve nükleotidler dahil organik maddelerin, atığın dışarı atılmasını tehlikeye atmayacak şekilde yüksek miktarda yoğunlaşmasını sağlayacak şekilde sınırlanmalıdır. Akışın bu biçimde daraltılması, bir su değirmenindeki akışın kanalize edilmesiyle aynı etkiyi gösteren doğal bir kanalize etme ya da bölümlendirmeyle sağlanabilir; böyle bir bölümleme enzimlerin yokluğunda belli bir akışın gücünü artırır, yani gerekli toplam karbon ve enerji miktarını azaltır. Yeni organik maddelerin sentezi ancak ve ancak dış dünyadaki kayıplarının hızını aşar, yoğunlaşmalarını mümkün kılarsa bu maddeler bir araya toplanarak hücre benzeri kesecikler, RNA ve proteinler gibi yapılar oluşturur.[6]

Açıktır ki bu anlattıklarımız bir hücrenin başlangıcından öteye geçmez; gereklidir ama yeterli olmaktan uzaktır. Ama ayrıntıları şimdilik bir kenara bırakalım ve sadece bu noktaya yoğunlaşalım. Fiziksel olarak organik olmayan katalizörler üzerinden kanalize edilen yüksek bir karbon ve enerji akışı yoksa, hücrelerin evrilmesi olasılığı söz konusu değildir. Ben bunu evrenin her yerinde gerekli bir zorunluluk olarak görüyorum: Geçen bölümde tartıştığımız karbon kimyası koşulu dikkate alındığında, termodinamik doğal katalizörlere doğru sürekli bir karbon ve enerji akışı buyurur. Özel durumlar sayılmazsa, bu durum yaşamın kökeni açısından olası ortam olarak düşünülmüş neredeyse bütün doğal ortamları geçersiz kılar: ıcak göletler (ne yazık ki Darwin bu konuda yanılmıştı), ilksel çorba, mikrodelikli ponza taşları, sahiller, panspermi... Adını siz koyun. Ama hidrotermal menfezleri dışlamaz, tam tersine onları kapsar. Hidrotermal menfezler tam da aradığımız türde dağıtıcı yapılardır; sürekli bir akışın olduğu, dengeden çok uzak elektrokimyasal tepkime ortamlarıdır.

## Akış Reaktörleri Olarak Hidrotermal Menfezler

Yellowstone Ulusal Parkı'ndaki Büyük Prizmatik Kaynak bana kötücül yeşilleri, turuncuları ve sarılarıyla Sauron'un Gözü'nü hatırlatıyor. Bu dikkat çekici canlı renkler, volkanik kaynaklardan çıkan hidrojeni (ya da hidrojen sülfürü) elektron vericisi olarak kullanan, fotosentez yapan bakteri pigmentleridir. Yellowstone bakterileri fotosentez yaptıkları için yaşamın kökenine ilişkin pek de derin fikirler sunmaz ama volkanik kaynakların ilk baştaki gücüne ilişkin bir fikir verir. Buralar, normalde orta halli doğal çevrelerde bakterilerin kaynadığı yerlerdir. 4 milyar yıl öncesine gidin, çevredeki yeşillikleri sıyırıp atın, geriye çıplak kayalar kalsın, ilk baştaki böyle bir gücü işte o zaman hayalinizde canlandırmanız kolay olur.

Ama öyle bir yer yoktu. O zamanlar Dünya bir su dünyasıydı. Herhalde fırtınalı küresel okyanusların üzerine çıkmış küçük volkanik adalarda, karada bir-iki sıcak kaynak bulunuyordu ama çoğu menfez derin denizlerdeki hidrotermal sistemlerde dalgaların altına gömülmüştü. 1970'lerin sonunda denizaltı menfezlerinin keşfedilmesi bir sarsıntı yaratmıştır, bunun nedeni varlıklarından şüphelenilmemiş olması değil (sıcak su çıkışları varlıklarını ele vermişti), hiç kimsenin "siyah bacalar"ın yabani dinamizmini, yani kenarlarına tehlikeli biçimde asılmış yaşam bolluğunu öngörmemiş olmasıydı. Derin deniz tabanı çoğunlukla bir çölden ibarettir, yaşamdan neredeyse yoksundur. Ne var ki, sanki yaşamları ona bağlıymış gibi simsiyah dumanlar püskürten bu sarsak bacalar, tuhaf, o zamana dek bilinmeyen hayvanların, bir ağızları ve anüsleri olmayan dev tüp solucanların, yemek tabağı kadar büyük deniz taraklarının, gözsüz karideslerin yuvasıydı; hepsi de tropikal yağmur ormanlarındakine benzer bir yoğunlukta buralarda yaşıyordu. Sadece biyologlar ve oşinograflar için değil, herhalde onlardan çok, yaşamın kökeniyle ilgilenenler açısından çığır açıcı bir andı; mikrobiyolog John Baross, böyle olduğunu çabucak anlamıştı. Baross o tarihten itibaren, okyanusların zifiri karanlık derinliklerinde, güneşten çok çok uzaklardaki menfezlerde yaşanan kimyasal dengesizliğin olağanüstü kuvvetine herkesten çok dikkat kesilmiştir.

Gelgelelim bu menfezler de yanıltıcıdır. Güneş'ten aslında kopuk değillerdir. Burada yaşayan hayvanlar bacalardan çıkan hidrojen sülfür gazını oksitleyen bakterilerle sembiyotik bir ilişki içinde yaşar. Dengesizliğin başlıca kaynağı budur: Hidrojen sülfür ($H_2S$) oksijenle tepkimeye girdikten sonra enerji açığa çıkaran indirgenmiş bir gazdır. Önceki bölümde anlattığımız solunum mekanizmasını hatırlıyorsunuzdur. Bakteriler solunum için $H_2S$'i elektron vericisi, oksijeni ise ATP sentezinin sürdürülmesinde elektron kabul edicisi olarak kullanırlar. Ama oksijen fotosentezin bir yan ürünüdür, oksijenli fotosentizin evrimi öncesinde, Dünya'nın ilk zamanlarında mevcut değildi. Dolayısıyla bu siyah baca menfezlerin çevresinde yaşamın çarpıcı bir biçimde patlak vermesi, dolaylı bir biçimde de olsa Güneş'e dayanır. Bu da bu menfezlerin 4 milyar yıl önce çok farklı olması gerektiği anlamına gelir.

Oksijeni çıkarırsanız geriye ne kalır? Siyah bacalar, okyanus ortası dağ sıraları ya da volkanik bakımdan etkin başka yerler gibi tektonik yayılma merkezlerinde deniz suyunun mağmayla doğrudan etkileşimiyle ortaya çıkmıştır. Buralarda su, deniz tabanından çok da aşağılarında olmayan mağma odalarına sızar, burada aniden ısınarak yüzlerce derecelik sıcaklığa ulaşır, çözünmüş metaller ve sülfürler yüklenir; bu maddeler suya güçlü bir asitlik özelliği kazandırır. Son derece ısınmış su, yukarıdaki okyanusun içine patlayıcı bir güçle püskürürken aniden soğur. Piritler (budala altını) gibi minik demir sülfür parçacıkları derhal yoğunlaşır, bu öfkeli volkanik menfezler isimlerini buradan alır. Bu menfezlerin çoğu 4 milyar yıl önce de bugünkü gibi olmalı ama bu volkanik faaliyet hiçbir şekilde yaşama elverişli değildir. Sadece kimyasal basamaklar önemlidir, asıl mesele de burada yatar. Oksijenin sağladığı kimyasal güç buralarda bulunamazdı. Hidrojen sülfürün $CO_2$

ile tepkimeye girip organik madde oluşturmasını sağlamak, özellikle de yüksek ısılarda çok daha zordur. Çabucak öfkelenmesiyle adı çıkmış devrimci Alman kimyager ve patent avukatı Günter Wachtershauser, 1980'lerin sonundan itibaren yazdığı bir dizi çığır açıcı makalede bu coğrafyayı yeniden çizdi.[7] Bu makalelerde, $CO_2$'yi mineral demir piritlerin yüzeyindeki organik moleküllere indirgemenin bir yolunu ayrıntılı bir biçimde ileri sürüyordu; buna "pirit çekme" diyordu. Daha geniş kapsamlı bir yaklaşımla değerlendirirsek, Wachtershauser demir sülfür (FeS) minerallerinin organik moleküllerin oluşumunu hızlandırdığı bir "demir-sülfür" dünyasından bahsediyordu. Bu mineraller genelde tekrarlanan ferröz demir ($Fe^{2+}$) ve sülfür ($S^{2-}$) kafeslerinden oluşur. Ferröz demir ve sülfürün oluşturduğu, FeS toplulukları diye bilinen küçük mineral toplulukları, solunumda yer alanlar da dahil olmak üzere bugün hâlâ birçok enzimin kalbinde yatar. Yapıları esasen, mackinawite ve greigite'e benzer (RESİM 11, ayrıca bkz. RESİM 8), bu minerallerin yaşamın ilk adımlarında katalizör olarak iş görmüş olabileceği fikrine inandırıcılık katar. Yine de FeS mineralleri iyi katalizörler olsa da Wachtershauser'in deneyleri, ilk başta düşündüğü biçimiyle "pirit çekme"nin işe yaramadığını göstermiştir. Wachtershauser ancak tepkimeye girmeye daha hazır karbonmonoksit (CO) gazını kullandığında organik molekül üretebilmiştir. "Pirit çekme"yle hiçbir yaşamın gelişmemesi, bu işi laboratuvarda gerçekleştirememenin bir tesadüf olmadığını, gerçekten de işlemediğini düşündürür.

Siyah baca menfezlerde CO bulunsa da yoğunluğu yok denecek kadar azdır, ciddi bir organik kimyanın itici gücü olamayacak kadar azdır (CO yoğunlukları $CO_2$'den 1.000-1.000.000 kat daha azdır). Başka büyük sorunlar da vardır. Siyah baca menfezler son derece sıcaktır; menfez sıvıları 250-400°C'de ortaya çıkar ama okyanusun dibindeki aşırı basınç bu sıvıların kaynamasını engeller. Bu ısılarda en kararlı karbon bileşiği $CO_2$'dir. Bu da organik sentezin gerçekleşemeyeceği anlamına gelir, tam tersine, oluşan organik maddeler hızla $CO_2$'ye dönüşecektir. Mineralli yüzeyin organik kimyayı hızlandırdığı fikri de sorunludur. Organik maddeler ya yüzeye bağlı kalır, ki bu durumda her şey nihayetinde bozulur, ya da birbirinden ayrılır, bu durumda da menfezlerin tüten bacalarından yakışıksız bir hızla açık okyanusa fışkırtılırlar. Siyah bacalar da çok kararsızdır, gelişip büyür, en fazla elli-altmış yıl içinde çökerler. Yaşamın "icadı" için uzun bir süre değildir bu. Siyah bacalar gerçekten de dengeden çok uzak dağıtıcı yapılar olmalarına, çorbanın bazı sorunlarını kesinlikle çözseler de bu volkanik sistemler de yaşamın kökeni için gerekli olan nazik karbon kimyasını besleyemeyecek kadar uç ve istikrarsız ortamlardır. Yaptıkları vazgeçilmez şey erken okyanusları mağmadan gelen

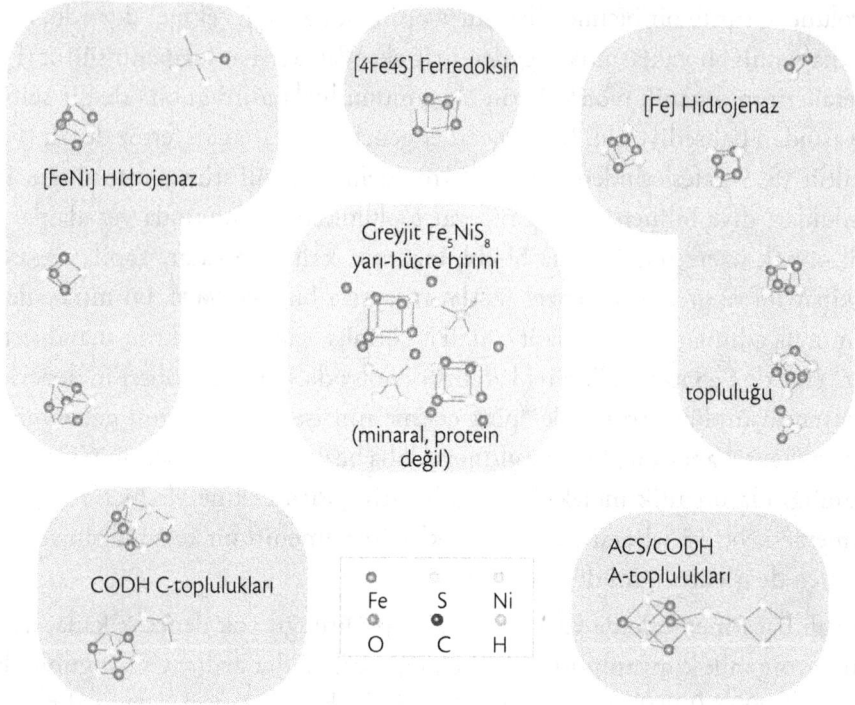

**RESİM 11** Demir sülfür mineralleri ve demir sülfür toplulukları

Bill Martin ve Mike Russell'ın 2004'te resmettiği üzere, modern enzimlere yerleşik demir-sülfür mineralleri ile demir-sülfür toplulukları arasındaki yakın benzerlik. Orta panelde greyjit mineralinden tekrarlanan bir kristal birimi görülüyor, bu yapı tekrarlanarak çok sayıda birimden bir kafes oluşturmuştur. Kenarlardaki panellerde proteinlere gömülmüş, greyjit ve makinavit gibi ilgili minerallere benzer yapıların bulunduğu demir-sülfür toplulukları görülür. Gölgeli alanlar örneklerin her birinde belirtilen proteinin kaba şeklini ve büyüklüğünü gösterir. Proteinlerin her biri genellikle, nikelli ya da nikelsiz birkaç demir-sülfür topluluğu içerir.

ferröz demir ($Fe^{+2}$) ve iki değerlikli nikel ($Ni^{+2}$) gibi tepkime hızlandırıcı metallerle doldurmak olmuştur.

Okyanusta çözülen bütün bu metallerden yararlanansa alkalin hidrotermal menfezler diye bilinen başka tip bir menfez olmuştur (RESİM 12). Benim bakış açıma göre bunlar siyah bacaların bütün sorunlarını çözer. Alkalin hidrotermal menfezler volkanik değildir, siyah bacaların ciddiyeti ve heyecanından yoksundur; ama onları elektrokimyasal akış reaktörleri olarak daha iyi kılan başka özelliklere sahiptirler. Yaşamın kökeniyle ilgilerini, ilk olarak devrimci jeokimyager Mike Russell 1988'de *Nature*'a yazdığı kısa bir mektupla haber vermiş, 1990'lar boyunca kendisine has bir dizi kuramsal makaleyle geliştirmiştir. Daha sonraları da Bill Martin benzersiz mikrobiyolojik bakış açısını menfez dünyasına çevirmiştir. Russell-Martin ikilisi menfezler ve canlı hücreler arasında beklenmedik birçok paralelliği işaret etmiştir. Onlar da Wachtershauser gibi, yaşamın "aşağıdan yukarıya" doğru, $H_2$ ve $CO_2$ gibi basit moleküllerin tepkimeleriyle, (bütün organik moleküllerini organik olmayan basit öncülerden sentezleyen) ototropik bakterilerin yaptığına çok benzer şekilde başladığını savunuyordu. Keza erken hızlandırıcılar olarak demir-sülfür (FeS) minerallerinin önemini de her zaman vurgulamışlardı. Russell, Martin ve Wachtershauser'in hidrotermal menfezler, FeS mineralleri ve ototropik kökenlerden bahsetmesi, fikirlerinin kolayca birbirine yaklaştığı anlamına gelir. Aslında siyahla beyaz kadar birbirinden farklıydılar.

Alkalin menfezleri suyun mağmayla etkileşimi sonucu değil, çok daha hassas bir süreçle, sert kayalar ile su arasındaki kimyasal bir tepkime sonucu ortaya çıkar. Olivin gibi mineraller açısından zengin olan mantodan gelen kayalar suyla tepkimeye girerek, hidratlatmış mineral serpantinit oluşturur. Bu mineralin bir yılanın pullarını andıran, ebruli yeşil güzel bir görünümü vardır. Cilalanmış serpantinit sıklıkla, yeşil mermer gibi kamu binalarında bir süs taşı olarak kullanılır; Birleşmiş Milletler'in New York'taki merkezi de bu binalar arasındadır. Bu kayayı oluşturan kimyasal tepkime itici bir biçimde "serpantinitleşme" diye adlandırılmıştır ama bunun bütün anlamı olivinin suyla tepkimeye girip serpantinit oluşturmasıdır. Bu tepkimenin atık ürünleri yaşamın kökeninin anahtarıdır.

Olivin ferröz demir ve magnezyum bakımından zengindir. Ferröz demir suyla oksitlenerek paslı ferrik oksit biçimini alır. Bu tepkime egzotermiktir (ısı verir) ve magnezyum hidroksitler içeren sıcak alkalin sıvılarda çözünmüş halde bulunan çok büyük miktarda hidrojen gazı çıkarır. Olivin Yeryüzü'nün mantosunda sık rastlanan bir mineral olduğundan, bu tepkime büyük ölçüde deniz tabanında, tektonik yayılma merkezlerinin yakınlarında, yeni manto kayalarının okyanus sularına maruz kaldığı yerlerde gerçekleşir. Manto kayaları nadiren suya doğrudan maruz

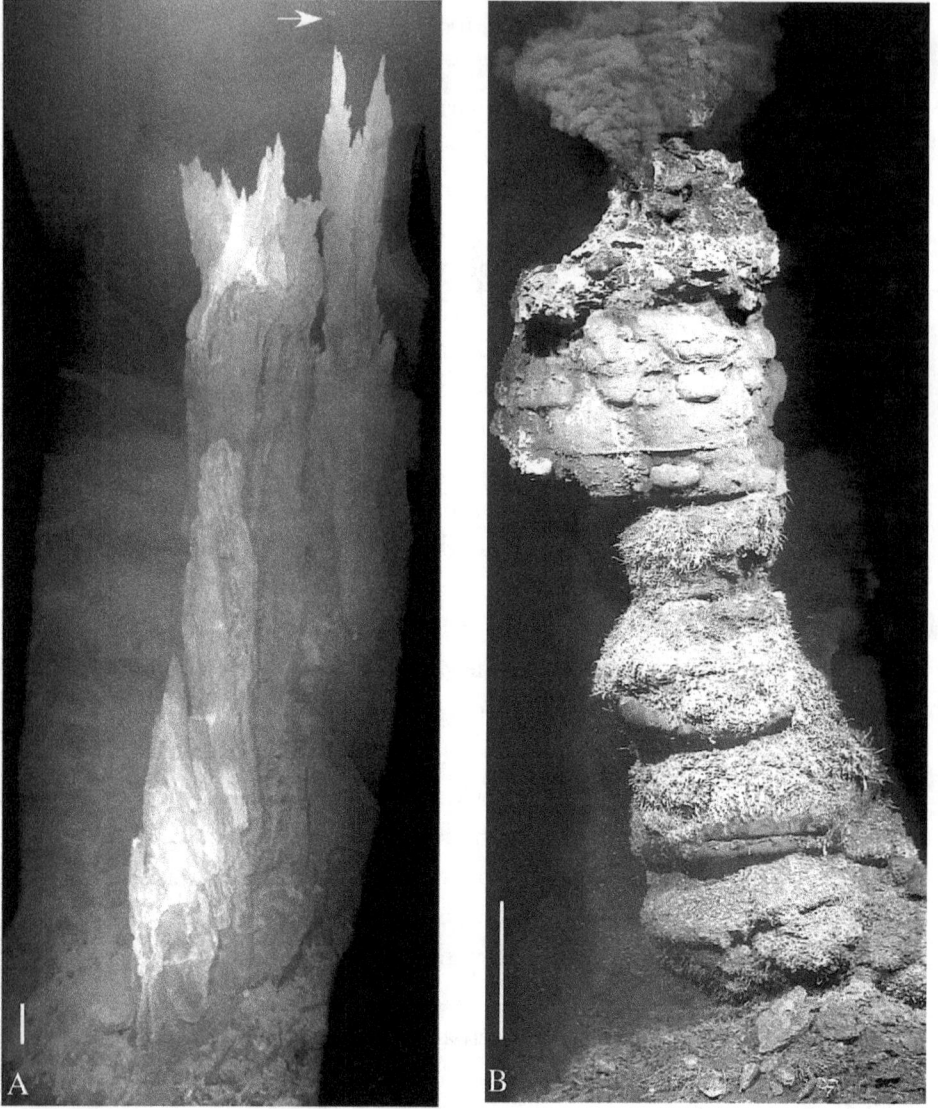

**RESİM 12** Derin denizlerdeki hidrotermal menfezler

Kayıp Kent'teki (solda) faal bir alkalin hidrotermal menfezinin bir siyah bacayla (sağda) karşılaştırılması. Ölçek 1 metredir: Alkalin menfezleri 20 katlı bir binanın yüksekliğine, 60 metreye kadar ulaşabilir. Yukarıdaki beyaz ok alkalin menfezinin üstüne sabitlenmiş bir araştırma aracıdır. Alkalin menfezlerinde daha beyaz olan bölgeler en faal bölgelerdir ama siyah bacaların tersine bu hidrotermal sıvılar "duman" olarak çökelmez. Terk edilmişlik hissi, yanıltıcı olsa da Kayıp Kent isminin seçilmesinde etkili olmuştur.

kalır; su deniz tabanının altına sızar, kimi zaman birkaç kilometre derine inerek olivinle tepkimeye girer. Bunun sonucunda ortaya çıkan sıcak, alkalin, hidrojen bakımından zengin sıvılar aşağı inen soğuk okyanus suyuna göre daha hareketlidir, tekrar deniz tabanına geri dönerler. Burada soğurlar ve okyanusta çözünmüş tuzlarla tepkimeye girerek deniz tabanında büyük menfezlerin başlangıcını oluştururlar.

Siyah bacaların tersine, alkalin menfezlerinin mağmayla hiçbir ilgisi yoktur, bu nedenle yayılma merkezlerindeki mağma odalarının üstünde değil, genellikle onlardan birkaç kilometre uzakta bulunurlar. Süper sıcak değil, sıcaktırlar, sıcaklıkları 60 ila 90°C arasında değişir. Doğrudan denizle buluşan açık bacalar değillerdir, birbirine bağlı gözeneklerden oluşan bir labirentle doludurlar. Asidik değillerdir güçlü bir alkalin özellikleri vardır. En azından Russell'ın 1990'ların başında kendi kuramına dayanarak tahmin ettiği özellikler bunlardı. Russell konferansların yalnız, tutkulu seslerinden biriydi; bilim insanlarının siyah bacaların dramatik gücü karşısında büyülendiğini, alkalin menfezlerinin daha sessiz meziyetlerini görmezden geldiğini savunurdu. Araştırmacılar ancak 2000'de, bilinen ilk denizaltı alkalin menfezinin keşfedilmesi sonrasında gerçekten de onu dinlemeye başladı. Kayıp Kent adı verilen bu menfez dikkat çekicidir, Russell'ın bütün tahminlerine uyuyordu, yerine varıncaya kadar; Orta Atlantik sıradağlarından 10 mil kadar uzaktaydı. Şu işe bakın ki, ben de o tarihlerde biyoenerjinin yaşamın kökeniyle ilgisi üzerine düşünmeye ve yazmaya başlamıştım (*Oxygen* adlı kitabım 2002'de yayımlanmıştı). Bu fikirler gayet cazipti; bence Russell'ın varsayımının varabileceği muhteşem nokta, benzersiz bir biçimde doğal proton basamaklarını yaşamın kökenine bağlamasıydı. Ama asıl soru bunu tam olarak nasıl yaptığında yatıyordu.

## Alkalin Olmanın Önemi

Alkalin hidrotermal menfezler, yaşamın kökeni için gerekli koşulları sağlar: organik olmayan katalizörlere fiziksel olarak kanalize edilen, yoğun organik madde birikimlerini mümkün kılacak şekilde sınırlanmış yoğun bir karbon ve enerji akışı… Hidrotermal sıvılar çözünmüş hidrojen bakımından zengindir; metan, amonyak ve sülfür gibi diğer indirgenmiş gazları daha az miktarlarda içerir. Kayıp Kent ve bilinen diğer alkalin menfezleri gözeneklidir, merkezi bir baca yoktur, kayanın kendisi mineralleşmiş bir sünger gibidir, ince duvarlar büyüklükleri mikrometre ile milimetre arasında değişen gözenekleri birbirinden ayırır, böylece içinde alkalin hidrotermal sıvılarının gezindiği büyük bir labirent ortaya çıkar (RESİM 13). Bu sıvılar mağmayla süper ısınmış olmadığından, sıcaklıkları organik molekül sentezini desteklemekle kalmaz (birazdan daha fazla açacağım bu konuyu), akış hızını da yavaşlatır. Bu sıvılar çılgınca bir hızla püskürtülmek yerine, katalitik yüzeyde yavaşça yol alır. Ayrıca bu menfezler binlerce yıl boyunca varlıklarını sürdürür, en azından Kayıp Kent örneğinde 100.000 yıldır ayaktadırlar. Mike Russell'ın işaret ettiği üzere, kimya ölçümünde daha anlamlı bir zaman birimi kullanırsak, bu $10^{17}$ mikrosaniye demektir. Bol bol zaman vardır.

Mikrogözenekli labirentlerden geçen termal akımlar, (aminoasitler, yağ asitleri ve nükleotidler dahil olmak üzere) organik molekülleri aşırı düzeylerde yoğunlaştırma konusunda dikkat çekici bir yetiye sahiptir; termoforez diye bilinen bir süreçle başlangıç yoğunluğunu binlerce, hatta milyonlarca katına çıkarabilirler. Bu biraz, çamaşır makinesine atılan ufak tefek giysilerin bir yorgan kılıfının içinde toplanmasına benzer. Her şey kinetik enerjiye bağlıdır. Yüksek ısılarda küçük moleküller (ve küçük giysiler) etrafta dans eder, her yöne hareket etmek gibi bir özgürlükleri olur. Hidrotermal sıvılar karışıp soğurken, organik moleküllerin kinetik enerjisi düşer, etrafta dans etme özgürlükleri azalır (yorgan kılıfının içine girmiş çorapların başına gelen de budur). Bu da ayrılma olasılıklarının azaldığı anlamına gelir, böylece kinetik enerjinin daha az olduğu bu bölgelerde toplanırlar (RESİM 13). Termoforezin gücü kısmen moleküler büyüklüğe dayanır: Nükleotidler gibi büyük moleküller daha küçük moleküllere göre daha iyi korunur. Metan gibi küçük ürünler menfezde kolayca kaybolur. Neresinden bakılırsa bakılsın, mikrogözenekli menfezlerde gerçekleşen sürekli hidrotermal akış, (donma ya da buharlaşmanın tersine) kararlı hal koşullarını bozmayan, aslında kararlı halin ta kendisi *olan* dinamik bir süreçle organik maddeleri etkin bir biçimde yoğunlaştırır. Dahası termoforez organik maddeler arasında etkileşimleri teşvik ederek menfez gözenekleri içinde dağıtıcı yapıların oluşumunu destekler. Bu yapılar yağ asitlerini küçük keseciklere, muhtemelen de polimerize aminoasitler ve nükleotidleri de proteinler ve RNA'ya kendiliğinden çevirebilir. Bu gibi etkileşimler bir yoğunlaşma meselesidir: Yoğunlaşmayı artıran bir süreç, moleküller arasında kimyasal etkileşimleri teşvik eder.

Bütün bunlar kulağa doğru olamayacak kadar güzelmiş gibi gelebilir, bir anlamda da öyledir. Kayıp Kent'teki alkalin hidrotermal menfezler bugün çok sayıda yaşamın yuvasıdır ama bunlar çoğunlukla çok önemli olmayan bakteriler ve arkelerdir. Bunlar da düşük yoğunlukta organik madde üretir, metan ve başka hidrokarbonlar eser miktarda görülür. Ama bu menfezlerin bugün yeni yaşam biçimleri doğurmadığı, termoforez sayesinde organik maddelerin bulunduğu zengin bir ortam da oluşturmadığı kesindir. Bunun nedeni kısmen, burada zaten yaşayan bakterilerin kaynakları etkili bir biçimde silip süpürmesidir; ama daha temel sebepler de mevcuttur.

Siyah baca menfezler 4 milyar yıl önce bugünkü hallerinde değildi, aynı şekilde alkalin menfezleri de kimyaları itibarıyla farklı olsa gerektir. Bazı yönleri açısından

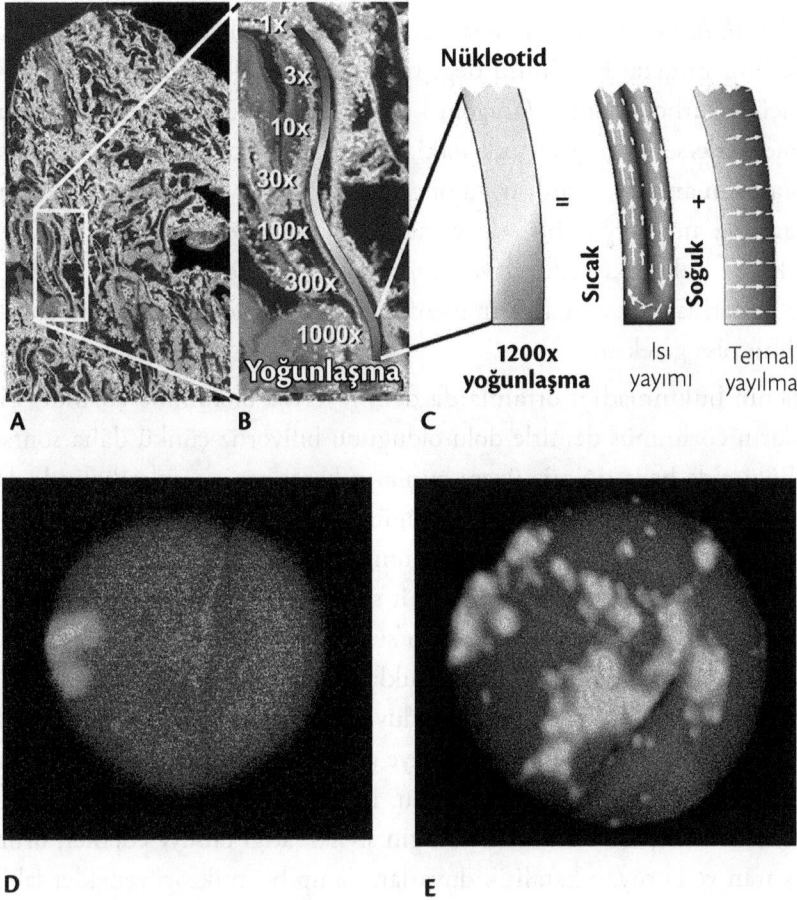

**RESİM 13** Organik maddelerin termoforezle aşırı derecede yoğunlaşması

(a) Kayıp Kent'ten bir alkalin hidrotermal menfez kesiti, duvarların gözenekli yapısı görülüyor; merkezi bir baca bulunmaz, çapları mikrometre ile milimetre arasında değişen, birbirleriyle bağlantılı gözeneklerin oluşturduğu bir labirent vardır. (b) Nükleotidler gibi organik maddeler, (c)'de resmedilen konveksiyon akımları ve termal yayılmanın yürüttüğü termoforez yoluyla başlangıçtaki yoğunluklarının 1000 katını aşkın bir yoğunluğa ulaşabilir. (d) University College London'daki reaktörümüzde deneysel bir termoforez örneği, mikrogözenekli (çapı 9 cm olan) bir seramik köpüğü içinde florasanlı bir organik boyanın (floresin) 5.000 kat daha yoğunlaştığı görülüyor. (e) Bu örnekte florasanlı molekül kininin çok daha fazla, en az 30.000 kat yoğunlaştığı görülüyor.

çok benzer olmaları mümkündü. Serpantinitleşme sürecinin başka türlü olması gerekmez: Hidrojen açısından zengin, aynı sıcak alkalin sıvılar deniz tabanına çıkmış olmalı. Ama o zamanlar okyanusların kimyası çok farklıydı, bu da alkalin menfezlerinin mineral bileşimini değiştirmiş olsa gerektir. Bugün Kayıp Kent büyük ölçüde karbonatlardan (aragonit) oluşur, kısa süre önce keşfedilmiş başka benzer menfezlerse (Kuzey İzlanda'daki Strytan gibi) killerden oluşur. Hadean okyanusları zamanında, 4 milyar yıl önce ne tür yapılar ortaya çıkmıştı bundan emin olamayız ama büyük bir etki yaratmış olması gereken başlıca iki farklılık vardı: Oksijen bulunmuyordu, hava ve okyanustaki $CO_2$ yoğunlaşması da daha fazlaydı. Bu farklar çok eski alkalin menfezlerini akış reaktörleri olarak çok daha etkili kılmış olsa gerektir.

Oksijenin bulunmadığı ortamlarda demir, ferröz biçiminde çözülür. Erken okyanusların çözünmüş demirle dolu olduğunu biliyoruz çünkü daha sonraları, Birinci Bölüm'de belirttiğimiz üzere bunların hepsi geniş şeritler halinde demir oluşumlarıyla dışarı vurmuştur; biz gördüğümüz için değil, kimya kuralları bunu buyurduğu için, aynı şeyi laboratuvar ortamında da gerçekleştirebiliriz. Laboratuvar ortamında demir demir hidroksit ve demir sülfür olarak açığa çıkardı, bunlar da bugün karbon ve enerji metabolizmasını sürdüren enzimlerde, ferredoksin gibi proteinlerde hâlâ bulunan katalitik topluluklardır. O halde oksijenin bulunmadığı ortamda, alkalin menfezlerinin mineral duvarları, muhtemelen (alkalin sıvılarda çözülen) nikel ve molibden gibi, tepkimeye girmeye hazır başka metallerle karışmış katalizör demir mineralleri içeriyordu. İşte şimdi gerçek bir akış reaktörüne yaklaşıyoruz: Hidrojen bakımından zengin sıvılar, atığı tahliye ederken ürünleri yoğunlaştıran ve koruyan katalitik duvarlara sahip bir mikrogözenekler labirentinde dolaşır.

Peki ama tepkimeye giren tam olarak nedir? İşte bu noktada meselenin özüne yaklaşırız. Bu noktada $CO_2$ seviyesinin yüksek olması denkleme dahil olur. Bugünkü alkalin hidrotermal menfezler nispeten karbondan yoksundur çünkü mevcut organik olmayan karbonun büyük bölümü menfez duvarlarında karbonat (aragonit) olarak dışarı atılmıştır. Hadean okyanusu döneminde, 4 milyar yıl öncesinde, tahminlerimize göre $CO_2$ seviyesi ciddi biçimde daha yüksekti, muhtemelen bugünkünün 100 ila 1000 katı kadardı. Yüksek $CO_2$ seviyesi, ilksel menfezlerdeki karbon sınırlanmasını rahatlatmanın ötesinde, okyanusları da daha asidik hale getirmiş, sonuçta kalsiyum karbonat atmayı zorlaştırmış olsa gerektir. Bu, bugün mercan resiflerini tehdit etmektedir, $CO_2$ seviyesinin yükselmesi bugün okyanusları asitlendirmeye başlamıştır. Bugün okyanusların pH'ı 8 civarındadır, hafif alkalindir. Hadean döneminde okyanuslar muhtemelen nötr ya da orta düzeyde asidikti, pH'ları muhtemelen 5 ila 7'ydi, gerçi asıl değer pratikte jeokimyasal muadillerle sınırsız kılınmıştır. $CO_2$ seviyesi yüksek, orta asidik okyanuslar, alkalin sıvılar ve FeS taşıyan ince duvarların bir araya gelmesi önemlidir, çünkü bu durum aksi takdirde kolayca ortaya çıkmayacak bir kimyayı teşvik eder.

Kimyaya iki kapsamlı ilke hükmeder: Termodinamik ve kinetik. Termodinamik maddenin hangi hallerinin daha kararlı olduğunu, sınırsız bir süre zarfında hangi moleküllerin oluşacağını belirler. Kinetik hızla ilgilidir, sınırlı bir sürede hangi ürünlerin oluşacağını belirler. Termodinamik açısından $CO_2$ hidrojenle ($H_2$) tepkimeye girerek metan ($CH_4$) oluşturur. Bu egzotermik bir tepkimedir, yani ısı verir. Bu da en azından belli koşullarda, çevredekilerin entropisini artırır, tepkimeyi destekler. Fırsat verilirse tepkime kendiliğinden gerçekleşebilir. Gerekli koşullar arasında ılıman ısılar ve oksijenin bulunmaması yer alır. Isı çok yükselirse, $CO_2$ daha önce belirttiğimiz üzere metandan daha kararlıdır. Benzer şekilde ortamda oksijen varsa, tercihen hidrojenle tepkimeye girerek su oluşturacaktır. 4 milyar yıl önce alkalin menfezlerindeki ılıman ısılar ve anoksik koşullar $CO_2$'nin $H_2$ ile tepkimeye girerek $CH_4$ oluşturmasını desteklemiş olsa gerektir. Bugün bile, biraz oksijenin bulunduğu Kayıp Kent az miktarda metan üretmektedir. Jeokimyagerler Jan Amend ve Tom McCollom daha da ileri gitmiş, $H_2$ ve $CO_2$'den organik madde oluşumunun, oksijen dışarda bırakıldığı sürece alkalin hidrotermal koşullarında termodinamik olarak desteklendiğini hesaplamışlardır. Bu dikkat çekicidir. Bu koşullar altında 25 ile 125 derece arasında, $H_2$ ve $CO_2$'den toplam hücre biyo-kütlesinin (aminoasitler, yağ asitleri, karbonhidratlar, nükleotidler vs.) oluşumu aslında eksergoniktir. Bu da bu koşullar altında organik maddenin $H_2$ ve $CO_2$'den kendiliğinden oluşması gerektiği anlamına gelir. Hücrelerin oluşumu enerji açığa çıkarır ve genel entropiyi artırır!

Ama (bu büyük bir "ama"dır) $H_2$ aslında $CO_2$ ile tepkimeye girmez. Bunun önünde kinetik bir engel vardır, bu da termodinamik kendiliğinden tepkimeye girmeleri gerektiğini söylese de, başka bir engelin bu tepkimenin gerçekleşmesini durdurduğu anlamına gelir. $H_2$ ile $CO_2$ pratikte birbirleriyle alakasızdır. Onları birbirleriyle tepkimeye girmeye zorlamak bir enerji girdisi gerektirir, buzu kırmak için bir havai fişeğe ihtiyaç duyulur. Bu enerji girdisinden sonra tepkimeye girecekler, başta kısmen indirgenmiş bileşikler oluşturacaklardır. $CO_2$ sadece elektron çiftleri kabul eder. 2 elektron eklenmesiyle format ($HCOO^+$); 2 elektron daha eklenmesiyle formaldehit ($CH_2O$); 2 elektron daha eklenmesiyle metanol ($CH_3OH$); son çiftin de eklenmesiyle tam anlamıyla indirgenmiş metan ($CH_4$) oluşur. Yaşam elbette ki metandan oluşmaz ama metan sadece kısmen indirgenmiş karbondur, redoks halinde kabaca bir formaldehit ve metanol karışımına eşdeğerdir. Bu da yaşamın kökeninin $CO_2$ ve $H_2$'den gelmesiyle ilişkili iki önemli kinetik engel bulunduğu anlamına gelir. Formaldehit ve metanolün ortaya çıkması için birinci engelin aşılması gerekir. Ama ikinci engelin aşılmaması gerekir! $H_2$ ve $CO_2$'yi sıcak bir kucaklaşmaya zorladıktan sonra bir hücrenin ihtiyacı olan son şey tepkimenin doğruca metan üretmesidir. Her şey gaz olup yayılacak ve dağılacak, iş orada son bulacaktır. Öyle görünüyor ki yaşam birinci bariyerin nasıl alçaltılacağını, ikinci bariyerinse nasıl yüksekte tutulacağını kesinlikle bilir (sadece enerjiye ihtiyacı olduğunda bu bariyeri kaldırır). Peki ama başta ne olmuştur?

Bocaladığımız nokta işte budur. $CO_2$'nin $H_2$ ile tepkimeye girmesini sağlamak ekonomik olarak (aldığımızdan daha fazla enerji koymaksızın) kolay olsaydı, şimdiye kadar yapmış olurduk. Bu, dünyanın enerji sorunlarının çözümü yolunda atılmış dev bir adım olurdu. Bir düşünün: fotosentezi taklit ederek suyu ayrıştırıyor, $H_2$ ve $O_2$'yi serbest bırakıyorsunuz. Bu yapıldı, bir hidrojen ekonomisinin itici gücü olma potansiyeline sahip bir iştir. Bir de $H_2$ havadaki $CO_2$ ile tepkimeye girse, böylece doğal gaz, hatta sentetik elde edilse kimbilir ne iyi olurdu! Benzin istasyonlarımızda gaz yakmaya başlardık. Böylece $CO_2$ tutumuyla $CO_2$ salımı dengelenir, atmosferde $CO_2$ seviyesinin artması önlenir, fosil yakıtlara bağımlılığımız konusunda rahatlama sağlanırdı. Enerji güvenliği. Ne kadar büyük getirileri olacağı düşünülemez bile ama bu basit tepkimeyi ekonomik olarak yürütmeyi hâlâ başaramadık. Eh... en basit canlı hücrelerin hep yaptığı bir iş ama. Örneğin metanojenler büyümek için ihtiyaç duydukları bütün enerjiyi ve karbonu $H_2$'nin $CO_2$ ile tepkimeye girmesinden elde ediyor. Ama daha zor bir soru var: Canlı hücreler yokken, onlar ortaya çıkmadan önce bu iş nasıl yapılmış olabilir? Wachtershauser bunun imkansız olduğunu söyleyerek bu olasılığı bir kenara bırakmıştı, yaşam $CO_2$ ile $H_2$'nin tepkimeye girmesiyle başlamış olamaz demişti, tepkimeye girmezlerdi çünkü.[8] Basıncı artırıp birkaç kilometre aşağıda, okyanusların dibinde hidrotermal menfezlerdeki yoğun basınç seviyesine getirmek bile $H_2$'nin $CO_2$ ile tepkimeye girmesini sağlamaz. Wachtershauser'in en başta "pirit çekme" fikrini ortaya atmasının nedeni buydu işte.

Ancak bunun bir yolu vardır.

## Proton Gücü

Redoks tepkimeleri elektronların bir vericiden (bu örnekte $H_2$) bir alıcıya ($CO_2$) aktarılmasını gerektirir. Bir molekülün elektronlarını aktarmaya istekli olması "indirgenme potansiyeli" terimiyle ifade edilir. Bu kullanım yararlı değildir ama anlaşılabilecek kadar kolaydır. Bir molekül elektronlarından kurtulmak "isterse" ona negatif bir değer verilir; molekül elektronlarından ne kadar fazla kurtulmak isterse, indirgenme potansiyeli o kadar eksi olacaktır. Oysa tersine, bir atom ya da molekül elektron almak ister ve hemen her yerden elektron toplarsa ona da artı bir değer verilir (bunu eksi yüklü elektronlar için çekim gücü olarak düşünebilirsiniz). Oksijen elektron almak "ister" (elektron aldığı her şeyi oksitler), bu da onun indirgenme potansiyelini çok pozitif yapar. Bütün bu terimler aslında standart hidrojen elektrotuna göre düzenlenmiştir ama buna burada girmemize gerek yok.[9] Önemli olan negatif indirgenme potansiyeline sahip bir molekülün elektronlarından kurtulma eğilimi göstermesi, onları daha pozitif indirgenme potansiyeline sahip bir moleküle aktarması ama aynı işin ters yönde gerçekleşmemesidir.

$H_2$ ve $CO_2$ ile ilgili sorun budur. pH değerinin nötr (7.0) olması halinde, $H_2$'nin indirgenme potansiyeli teknik olarak -414 mV'dir. $H_2$ 2 elektron verirse, geride 2 proton kalır: 2 $H^+$. Hidrojenin indirgenme potansiyeli bu dinamik dengeyi yansıtır, $H_2$ elektronlarını kaybetme, $H^+$ haline gelme eğilimi gösterir, 2H+ ise elektron toplayarak $H_2$ oluşturma eğilimindedir. $CO_2$ bu elektronları toplarsa format olur. Ama formatın indirgenme potansiyeli -430mV'dir. Bu da $H^+$'ya elektron aktarıp $CO_2$ ve $H_2$ oluşturma eğiliminde olduğunu gösterir. Formaldehit daha da beterdir. İndirgenme potansiyeli yaklaşık -580 MV'dir. Elektronlarına asılmaya son derece gönülsüzdür, bunları kolayca protonlara aktarıp $H_2$ oluşturabilir. Dolayısıyla pH değerinin 7 olduğu ortamı değerlendirirken Wachtershauser haklıydı: $H_2$'nin $CO_2$'ye indirgenmesinin bir yolu yoktur. Ama elbette ki bazı bakteriler ve arkeler bu tepkimeyle yaşarlar, bu nedenle mümkün olması gerekir. Bunu nasıl becerdiklerinin ayrıntılarına gelecek bölümde bakacağız, çünkü bu ayrıntılar hikâyemizin bir sonraki aşamasıyla daha ilgilidir. Şimdilik bilmemiz gereken tek şey, $H_2$ ve $CO_2$ ile büyüyen bakterilerin ancak, bir zar üzerinde bir proton basamağıyla enerji sağlandığı sürece büyüyebileceğidir. İşte bu müthiş bir ipucudur.

Bir molekülün indirgenme potansiyeli sıklıkla pH değerine, yani proton yoğunluğuna bağlıdır. Bunun nedeni yeterince basittir. Bir elektron aktarıldığında, negatif bir yük aktarılmış olur. İndirgenen molekül bir proton da kabul edebiliyorsa ürün kararlı hale gelir, çünkü protonun pozitif yükü, elektronun negatif yükünü dengeler. Yükler ne kadar fazla protonla dengelenirse bir elektron aktarımı o kadar kolay ilerler. Bu da indirgenme potansiyelini daha pozitif bir değer hale getirir, çünkü bir elektron çifti kabul etmek daha kolaylaşır. Aslında her pH asitlik biriminde indirgenme potansiyeli yaklaşık 59 mV artar. Bir çözelti ne kadar asitli olursa $CO_2$'ye elektron aktararak format ya da formaldehit oluşturması da o kadar kolay olur. Maalesef aynı şey hidrojen için de geçerlidir. Bir çözelti ne kadar asitli olursa protonlara elektron aktararak $H_2$ gazı oluşturması da o kadar kolay olur. Bu nedenle basitçe pH değerini değiştirmenin hiçbir etkisi yoktur. $CO_2$'yi $H_2$ ile indirgemek yine imkansızdır.

Bir de bir zar üzerindeki bir proton basamaklandırmasını düşünelim. Proton yoğunluğu (asitlik) zarın iki yanında farklıdır. Alkalin menfezlerinde de aynı farklılık bulunur. Alkalin hidrotermal sıvıları mikrogözenekler labirentinde ilerler. Orta düzeyde asitli okyanus suları da. Bazı yerlerde sıvılar yan yana gelir; $CO_2$'ye doymuş asitli okyanus suları, $H_2$ bakımından zengin alkalin sıvılardan, yarı-iletken FeS mineralleri içeren, organik olmayan ince bir duvarla ayrılır. $H_2$'nin indirgenme potansiyeli alkalin koşullarında daha düşüktür: $H_2$ çaresizce elektronlarından kurtulmak "ister", böylece geri kalan $H^+$ alkalin sıvılardaki $OH^-$ ile eşleşip su oluşturabilir, ah ne kararlı. pH değerinin 10 olduğu ortamda $H_2$'nin indirgenme potansiyeli -584 mV'dir: güçlü bir indirgeyicidir. Oysa tersine, pH 6 olduğunda formatın indirgenme potansiyeli -360 mV, formaldehitin indirgenme potansiyeliyse -520 mV'dir. Başka bir deyişle, pH'teki bu farklılık dikkate alındığında, $H_2$'nin $CO_2$'ye indirgenip formaldehit oluşturması çok kolaydır. Tek soru şudur: Elektronlar $H_2$'den $CO_2$'ye fiziksel olarak nasıl aktarılır? Bunun cevabı yapıda yatar. Mikrogözenekli menfezlerin organik olmayan ince duvarlarındaki FeS mineralleri elektronları yönetir. Bunu yapmakta bakır bir tel kadar iyi değillerdir ama yine de yaparlar. Yani kuramsal olarak alkalin menfezlerinin fiziksel yapısı $CO_2$'nin $H_2$ ile indirgenerek organik madde oluşturma sürecini yönlendirebilir (RESİM 14). Muhteşem!

Peki ama bu doğru mu? İşte bilimin güzelliği de burada yatıyor. Bu sınanabilir basit bir sorudur. Sınanmasının kolay olduğu değil söylemek istediğim; bir süredir kimyager Barry Herschy ve doktora öğrencileri Alexandra Whicher, Eloi Cambrubi ile laboratuvarda bu sınamayı gerçekleştirmeye çalışıyoruz. Leverhulme Vakfı'nın finansmanıyla bu tepkimeleri gerçekleştirmek üzere küçük bir tezgah üstü reaktörü kurduk. Bu yarı iletken, ince FeS duvarlarını laboratuvarda kurmak kolay bir iş değil. Formaldehitin kararlı olmaması gibi bir sorun da var; formaldehit elektronlarını protonlara geri aktarmak, böylece yeniden $H_2$ ve $CO_2$ oluşturmak istiyor, asitli koşullarda bunu daha kolay yapabilir. Kesin pH ve hidrojen yoğunluğu kritiktir. Açıktır ki gerçek menfezlerin devasa ölçeklerini laboratuvar ortamında simüle etmek kolay değildir; onlarca metrelik yükseklik, yoğun basınç ortamında iş görme vs. (hidrojen gibi gazların daha yüksek yoğunluklara erişmelerini mümkün kılar). Ama bütün bu meselelere rağmen yaptığımız deney, sınırları çizilmiş, sınanabilir bir soru sorması, yaşamın kökeni hakkında bize epeyce şey anlatabilecek bir cevap olması anlamında basittir. Ayrıca gerçekten de format, formaldehit ve (riboz ile deoksiriboz dahil) başka basit organik maddeleri üretmeyi başardık.

Şimdilik kuramı yüzeysel olarak alalım ve bu tepkimenin gerçekten de tahmin edildiği üzere gerçekleştiğini varsayalım. Ne olacaktır? Organik moleküllerin yavaş

**A**

**B**

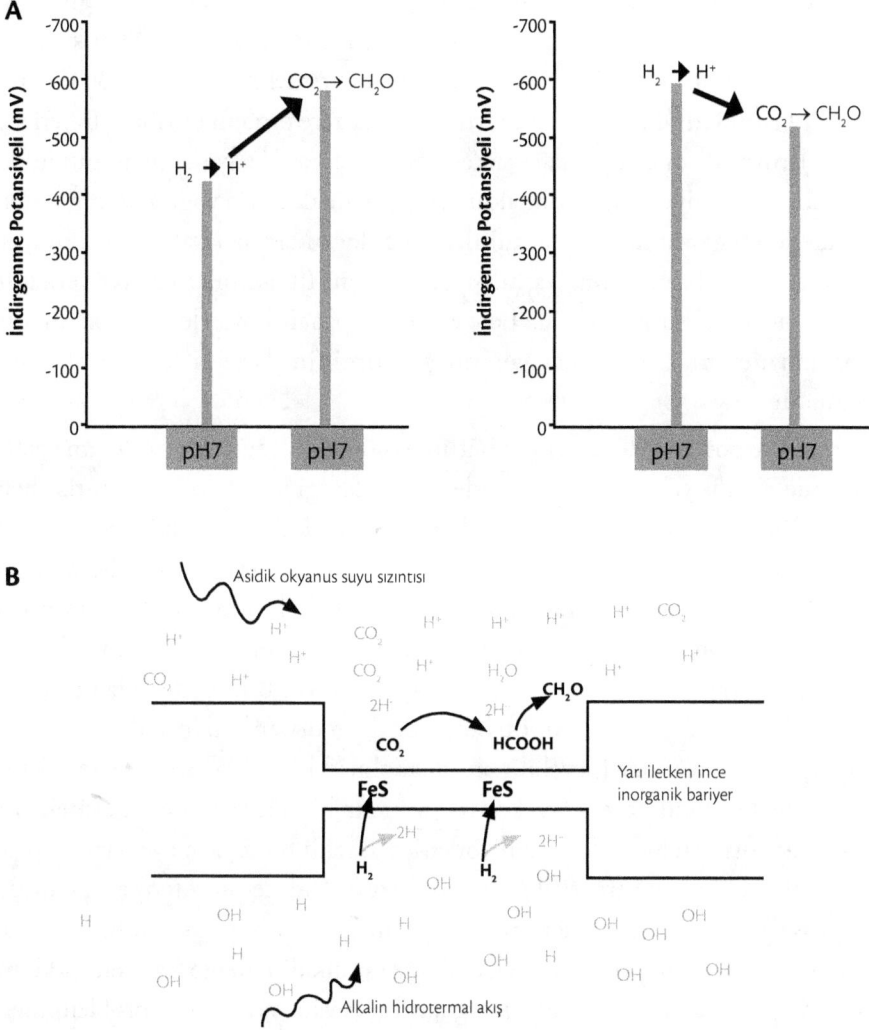

**RESİM 14** $H_2$ ve $CO_2$'den organik madde nasıl oluşur?

(A)pH'in indirgenme potansiyeli üzerindeki etkisi. İndirgeme potansiyeli ne kadar negatif olursa bir bileşiğin bir ya da daha fazla elektron aktarma ihtimali o kadar fazla olur; ne kadar pozitif olursa elektron kabul etme ihtimali o kadar yüksek olur. Y ekseni üzerindeki ölçeğin yükseklikle birlikte daha negatif bir hal aldığına dikkat edelim. pH değerinin 7 olması halinde, $H_2$ $CO_2$'ye elektron aktarıp formaldehid ($CH_2O$) oluşturamaz; bu tepkimenin ters yönde gerçekleşmesi gerekir. Ne var ki $H_2$'nin pH değeri alkalin hidrotermal menfezlerindeki gibi 10, $CO_2$'nin pH değeri ilk okyanuslardaki gibi 6 olursa, $CO_2$'nin indirgenip $CH_2O$ olması kuramsal olarak mümkün olur. (B) Mikrogözenekli bir menfezde pH değeri 10 ve 6 olan sıvılar, FeS mineralleri içeren ince bir yarı-iletken engel üzerinden yan yana gelebilir, $CO_2$'nin indirgenip $CH_2O$ olmasını kolaylaştırabilir. FeS burada, bizim solunumumuzda hâlâ olduğu gibi, bir katalizör olarak davranır, $H_2$'den $CO_2$'ye elektron aktarır.

yavaş ama sürekli sentezlenmesi gerekir. Hangi moleküllerin sentezleneceğini, tam olarak nasıl oluşmaları gerektiğini gelecek bölümde tartışacağız; şimdilik sadece bunun da sınanabilir basit bir tahmin olduğunu belirtmekle yetinelim. Bu organik maddeler oluştuklarında, daha önce tartıştığımız üzere proteinler gibi polimerlerin ve keseciklerin oluşumunu teşvik eden termoforez sayesinde, başlangıç yoğunluklarının binlerce katı yoğunluğa erişmelidir. Organik maddelerin yoğunlaşacağı, sonra da polimerleşeceği yönündeki tahminler yine doğrudan laboratuvar ortamında sınanabilir, biz de bunu yapmaya çalışıyoruz zaten. İlk adımlar cesaret vericidir: Boyutları itibarıyla bir nükleotide benzeyen florışımalı boya florasan bizim akış reaktörümüzde en az 5.000 kat yoğunlaşır, kiminin daha fazla yoğunlaşması mümkündür (RESİM 13).

İndirgenme potansiyelleriyle ilgili bütün bu söylenenler aslında ne anlama gelir? İndirgenme potansiyeli yaşamın evrende evrilebileceği koşulları hem sınırlar hem genişletir. Bu, bilim insanlarının sıklıkla kendi küçük dünyalarında, çok gizemli ayrıntılarla ilgili soyut düşüncelerde kaybolmuş gibi görünmesinin nedenlerinden biridir. Hidrojenin indirgenme potansiyelinin pH ile birlikte gerilemesinin çok önemli bir yönü olabilir mi? Evet! Evet! Evet! Alkalin hidrotermal koşullarda $H_2$, $CO_2$ ile tepkimeye girerek organik moleküller oluşturacaktır. Bunun dışında neredeyse hiçbir koşulda oluşturmayacaktır. Bu bölümde diğer ortamların neredeyse hepsini, yaşamın kökeni konusunda işleyebilir ortamlar olmadıkları gerekçesiyle zaten elemiş bulunuyorum. Termodinamik gerekçelerle, sıfırdan bir hücre yapmanın, sürekli bir akışın olduğu bir sistemde ilkel katalizörlerden sürekli bir tepkimeye hazır karbon ve kimyasal enerji akışı gerektirdiğini kabul ettik. Sadece hidrotermal menfezler gerekli koşulları karşılar, menfezlerin de küçük bir bölümü (alkalin hidrotermal menfezler) gerekli koşulların hepsini karşılar. Ama alkalin menfezleri hem ciddi bir problem doğurur hem de bu probleme güzel bir cevap verir. Ciddi problem menfezlerin hidrojen gazı açısından zengin olması ama hidrojenin $CO_2$ ile tepkimeye girip organik madde oluşturmamasıdır. Güzel cevapsa, alkalin menfezlerinin fiziksel yapısının (ince yarı-iletken duvarları aşan doğal proton basamaklarının), kuramsal olarak, organik maddelerin oluşumunu yönlendireceğidir. Daha sonra da onları yoğunlaştırırlar. En azından benim düşünceme göre, bütün bunlar gayet anlamlı. Üstüne bir de Dünya'daki bütün yaşamın, hem karbon hem enerji metabolizmasını sürdürmek için zarları aşan proton basamaklandırmasını kullandığını eklersek, fizikçi John Archibald Wheeler gibi ben de "Başka türlü olabilir miydi ki! Bunca zamandır nasıl bu kadar kör olabildim!" diye haykırmak istiyorum.

Sakinleşelim ve bitirelim. İndirgenme potansiyellerinin, yaşamın evrilmesini sağlayan koşulları hem sınırladığını hem açtığını söylemiştim. Bu analize göre, yaşamın kökenlerini en fazla teşvik eden koşullar alkalin menfezlerinde bulunur. Herhalde içiniz ezildi... Seçenekleri neden bu kadar daraltmak gerekiyor? Elbette ki başka yollar da olması gerekir! Eh, olabilir. Sonsuz bir evrende her şey mümkündür ama bu, başka yolları olası kılmaz. Alkalin menfezleri olasıdır. Unutmayalım su ve olivin minerali arasındaki kimyasal bir etkileşimle oluşmuşlardır. Kaya yani. Aslında evrendeki en bol minerallerden biri, Dünya dahil gezegenleri oluşturan yıldızlar arası tozun ve birikme disklerinin büyük bir kısmı oluşmuştur. Olivinin serpantinleşmesi uzayda bile yıldızlararası tozun sulanmasıyla gerçekleşebilir. Gezegenimiz toplaştığında bu su ısı ve basıncın artmasıyla dışarı çekilmiş, bazılarının dediğine göre, Dünya'nın okyanuslarını oluşturmuştu. Her ne olursa olsun, olivin ve su evrende en bol bulunan maddelerden ikisidir. Bol bulunan bir diğer madde de $CO_2$'dir. Bu, Güneş sistemindeki çoğu gezegenin atmosferinde sık rastlanan bir gazdır, başka güneş sistemlerinin dış kısımlarındaki gezegenlerin atmosferlerinde bile tespit edilmiştir.

Kaya, su ve $CO_2$: İşte yaşamın alışveriş listesi. Bunların hepsini pratikte bütün sulak, kayalık gezegenlerde buluruz. Kimya ve jeoloji kurallarına göre, bunlar ince duvarlı katalitik mikrogözenekleri aşan proton basamakları olan sıcak alkalin hidrotermal menfezleri oluştururlar. Buna güvenebiliriz. Muhtemelen kimyaları her zaman yaşamı doğurmaz. Ama bu sadece Samanyolu'nda, Dünya'ya benzer 40 milyar gezegende şu anda devam etmekte olan bir deneydir. Bir kozmik kültür tabağında yaşıyoruz. Bu mükemmel koşulların ne sıklıkla yaşamı doğuracağı, bundan sonra ne olacağına bağlı.

# DÖRDÜNCÜ BÖLÜM

# Hücrelerin Ortaya Çıkışı

D arwin, "Düşünüyorum," diye yazmıştı; 1837 tarihli bir defterde bir yaşam ağacı eskizinin yanına sadece bu sözü karalamıştı. Beagle'la çıktığı yolculuktan döneli bir yıl olmuştu daha. Yirmi iki yıl sonra *Türlerin Kökeni*'ndeki yegane çizim daha sanatkârane çizilmiş bir ağaç olacaktı. Yaşam ağacı fikri Darwin'in düşüncesinde, ondan beridir de evrimci biyolojide o kadar merkezi bir yere sahiptir ki, *Türlerin Kökeni*'nin yayımlanmasından 150 yıl sonra 2009'da *New Scientist* dergisinin kapağında büyük harflerle yaptığı gibi, yanlış olduğunu söylemek sarsıcı olmuştur. Derginin kapağı geniş bir okur kitlesiyle utanmazca flört ediyordu ama makale daha ılımlı bir tonla kaleme alınmıştı ve özellikle önemli bir noktayı vurguluyordu. Tanımlaması çok zor bir ölçüde, yaşam ağacı gerçekten de yanlıştır. Bu Darwin'in bilime başlıca katkısı olan doğal seçilim ile evrimin de yanlış olduğu anlamına gelmez: Sadece Darwin'in kalıtımla ilgili bilgisinin sınırlı olduğunu gösterir. Bu da yeni bir haber değildir. Darwin'in bırakın bakteriler arasında gen aktarımını, DNA ya da genler ya da Mendel kanunları hakkında hiçbir şey bilmediği gayet iyi bilinir, bu nedenle kalıtıma karanlık bir aynadan bakmıştır. Bunların hiçbiri de Darwin'in doğal seçilim kuramının itibarını sarsmaz, bu nedenle derginin kapağı dar bir teknik anlamda doğruydu ama derinde, başka bir anlamda çok yanıltıcıydı.

Ama derginin kapağı ciddi bir meselenin ön plana çıkarılmasını sağlamıştı. Yaşam ağacı fikri, ebeveynlerin genlerinin kopyalarını eşeyli üremeyle yavrularına aktardığı "dikey" bir kalıtım varsayar. Kuşaklar boyunca genler çoğunlukla türler içinde aktarılmış, türler arasında nispeten az eşeyli ilişki kurulmuştur. Üreme açısından yalıtılan nüfuslar zaman içinde yavaş yavaş farklılaşır, zira aralarındaki etkileşim azalır, nihayetinde de yeni türler oluştururlar. Bu da yaşam ağacının dallanmasına yol açar. Bakteriler daha belirsizdir. Ökaryotların yaptığı gibi seks yapmazlar, bu nedenle aynı biçimde güzel düzgün türler de oluşturmazlar. Bakterilerde "tür" terimini tanımlamak her zaman sorun olmuştur. Ama bakterilerin çıkardığı asıl güçlük, "yanal" gen aktarımıyla genlerini yaymaları, bir avuç geni bozuk para gibi birbirlerine aktarmaları, bunun yanı sıra genomlarının tamamını yavru hücrelere geçirmeleridir. Bunların hiçbiri de doğal seçilimi hiçbir şekilde baltalamaz, yine değişerek türeyiş söz konusudur; sadece, "değişim" bir zamanlar düşündüğümüzden daha başka biçimlerde de gerçekleştirilir, o kadar.

Bakterilerdeki yanal gen aktarımı *bilebileceklerimize* ilişkin derin bir soru doğurur, fizikteki meşhur "belirsizlik ilkesi" kadar temel bir soru. Modern moleküler genetik çağından hareketle baktığınız neredeyse bütün yaşam ağaçları, moleküler filogenetiğin öncüsü Carl Woese'nin titizlikle seçtiği tek bir gene dayanacaktır, küçük altbirim ribozomal RNA genine.[1] Woese (biraz haklı olarak) bu genin bütün yaşamda genel olduğunu, nadiren yanal gen aktarımıyla aktarıldığını savunmuştur. Dolayısıyla bu genin, hücrelerin "tek gerçek filojeni"sini yansıttığı varsayılır (RESİM 15). Tek bir hücrenin yavru hücreler ortaya çıkardığını, bu yavru hücrelerin her zaman büyük ihtimalle ebeveynlerinin ribozomal RNA'sını paylaştığını ileri süren sınırlı bir anlamda bu doğrudur. Peki ama, birçok kuşak boyunca diğer genler yanal gen aktarımıyla yerlerinden olursa ne olur? Karmaşık çokhücreli organizmalarda böyle bir şey nadiren olur. Bir kartalın ribozomal RNA'sının dizilimini alabiliriz, bu dizilim bize bu canlının bir kuş olduğunu söyler. Bir gagası, tüyleri, pençeleri, kanatları olduğu, yumurtladığı vs. çıkarımında bulunabiliriz. Çünkü dikey kalıtım, ribozomal "genotip" ile genel "fenotip" arasında her zaman iyi bir korelasyon olmasını sağlar: Bütün bu kuş benzeri özellikleri şifreleyen genler aynı yolun yolcusudur; kuşaktan kuşağa birlikte yol almışlar, zaman içinde kesinlikle değişmişler ama nadiren büyük değişimler geçirmişlerdir.

Şimdi de yanal gen aktarımının ağır bastığını düşünelim. Ribozomal RNA'nın dizilimini alırız, bu dizilim bize bir kuşla uğraştığımızı söyler. Ancak bundan sonra bu "kuşa" bakarız. Bir gövdesi, altı bacağı, dizlerinde gözleri, kürkü olduğu; kurbağa yavruları gibi yumurtalar yaptığı, kanatlarının olmadığı ve bir çakal gibi uluduğu anlaşılır. Evet, elbette ki saçma bu söylediklerim; ama bakterilerde karşımıza çıkan sorun tam da budur işte. Durmadan karşımıza canavarımsı kimeralar çıkar ama bakteriler genelde küçük ve morfolojik olarak da basit olduklarından çığlık atmayız. Yine de bakteriler genleri itibarıyla hemen her zaman kimeriktir, bazıları gerçek canavarlardır, genetik olarak şu benim "kuş" kadar karman çormandır. Filogenetikçilerin gerçekten de çığlık atması gerekir. Ribozomal genotipine dayanarak bir hücrenin geçmişte neye benzemiş ya da nasıl yaşamış olması gerektiğini çıkaramayız.

Geldiği hücre hakkında bize hiçbir şey söylemiyorsa, tek bir genin dizilimini almanın yararı nedir? Gen takviminin takvimine ve hızına bağlı olarak yararlı olabilir. Yanal gen aktarımı (bitkiler ve hayvanlar, birçok protist ve bazı bakterilerde olduğu gibi) yavaşsa ribozomal genotip ve fenotip arasında, geçmişte çok uzaklara

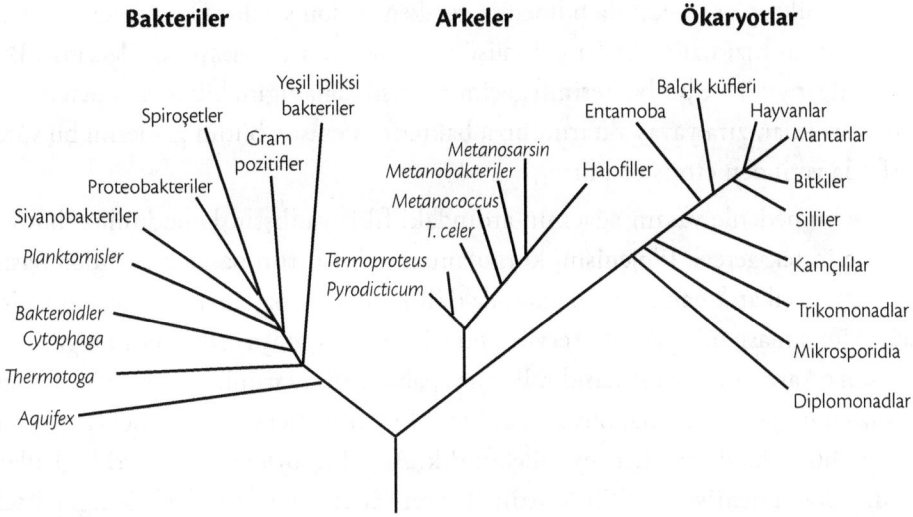

**RESİM 15** Meşhur ama yanıltıcı üç âlemli yaşam ağacı

Carl Woese'nin 1990'da tasavvur ettiği yaşam ağacı. Bu ağaç, son derece yüksek bir oranda korunmuş (küçük altbirim ribozomal RNA için) tek bir gene dayanır ve bütün hücrelerde bulunan gen çiftleri arasındaki farklılıkların kullanılmasıyla kökleşmiştir (bu nedenle son evrensel ortak ata, LUCA'da zaten kopyalanmış olması gerekir). Bu köklenme arkeler ile ökaryotların birbiriyle, her iki grubun bakterilerle olduğundan daha yakından ilişkili olduğunu düşündürür. Ne var ki, bu durum kilit bir grup enformasyonel gen için genellikle doğru olsa da bakterilerle, arkelerle olduğundan daha yakından ilişkili olan ökaryotlardaki genlerin çoğunluğu açısından geçerli değildir. Dolayısıyla bu ikonlaşmış ağaç derinden yanıltıcıdır ve tek bir genin ağacı olarak görülmelidir: Bir yaşam ağacı olmadığı çok kesindir!

gitmemeye özen gösterdiğimiz sürece iyi bir korelasyon olacaktır. Ama gen aktarımı hızlıya bu korelasyon çabucak silinebilir. *E.coli*'nin patojenik varyasyonları ile zararsız yaygın varyasyonları arasındaki fark ribozomal RNA'ya değil, hızlı bir büyümeyi ele veren diğer genlerin alınmasına yansımıştır; *E.coli*'nin farklı varyasyonlarında genomun %30'u kadar büyük bir bölümü farklılık gösterebilir; bizimle şempanzeler arasındaki farklılığın 10 katı bir farktır bu, yine de bütün bu varyasyonların aynı türün varyasyonları olduğunu söyleriz! Ribozomal bir RNA filojenisi bu katil mikroplar hakkında bilmemiz gereken en son şeydir. Oysa tersine, yanal gen aktarımı hızı uzun süreler çok düşük olsa bile, bir korelasyonu silecektir. Bu da 3 milyar yıl önce bir bakterinin geçimini nasıl sağladığını bilmemizi neredeyse imkansız kılar, zira yavaş aktarım hızı, bakterinin esasen bütün genlerini bu süre zarfında yerinden etmiş olabilir.

İşte bu nedenle yaşam ağacının ardındaki fikir yanlıştır. Umudumuz, bütün hücrelerin tek gerçek filojenisini kurgulamanın, bir türün başka bir türden nasıl doğduğunu çıkarsamanın, türler arasındaki ilişkinin izini başlangıca kadar sürmenin mümkün olması; nihayetinde Yeryüzü'ndeki bütün yaşamın ortak atasının genetik yapısını çıkarmamızı sağlamasıdır. Bunu yapabilseydik, zarının bileşiminden hangi doğal ortamda yaşadığına, büyümesini teşvik eden moleküllere varıncaya dek bu son ata hücre hakkında her şeyi bilebilirdik. Ama bu söylediğim şeyleri bu kadar kesin olarak bilemiyoruz. Bill Martin "hayret verici kaybolan ağaç" dediği görsel bir paradoksla çarpıcı bir sınama ortaya koymuştur. Martin yaşamın tamamında genel olarak korunmuş 48 geni dikkate almış, 50 bakteri ve 50 arke arasındaki ilişkiyi göstermek için bu genlerin her biri için bir gen ağacı kurmuştu (**RESİM 16**).[2] Bu ağacın uçlarında 48 genin hepsi de, toplam 100 bakteri ve arke türü arasında aynı ilişkiyi gösteriyordu. En temelde de işler böyleydi: 48 genin neredeyse tamamının yaşam ağacının en derindeki köklerinin bakterileri ile arkeleri arasında olduğunda hemfikirdi. Başka bir deyişle, sevimli bir isimle LUCA (*last universal common ancestor* / son evrensel ortak ata) diye bilinen bu ata hücre, bakteriler ve arkelerin ortak atasıdır. Ama iş bakteriler ya da arkeler içinde derinlere uzanan kökleri ayrıştırmaya geldiğinde, tek bir gen ağacı bile uyuşmaz. 48 genin hepsinin de farklı bir ağacı vardır! Bu teknik bir sorundan olabileceği gibi, işaretler kesin bir uzaklık nedeniyle silinmiş de olabilir. Ya da, yanal gen aktarımının sonucu da olabilir; tek tek genler rastgele takas edilmişlerse dikey türeyiş örüntüleri ortadan kalkmıştır. Hangi olasılığın geçerli olduğunu bilmiyoruz, şimdilik bunu söylemek de imkansız görünüyor.

Bu ne anlama gelir? Aslında, hangi bakteri ya da arke türlerinin en eski olduklarını belirleyemeyeceğimiz anlamına gelir. Bir gen ağacı metanojenlerin en eski

arkeler

bakteriler

48     24     0

tek bir gen ağacında ağ frekansı

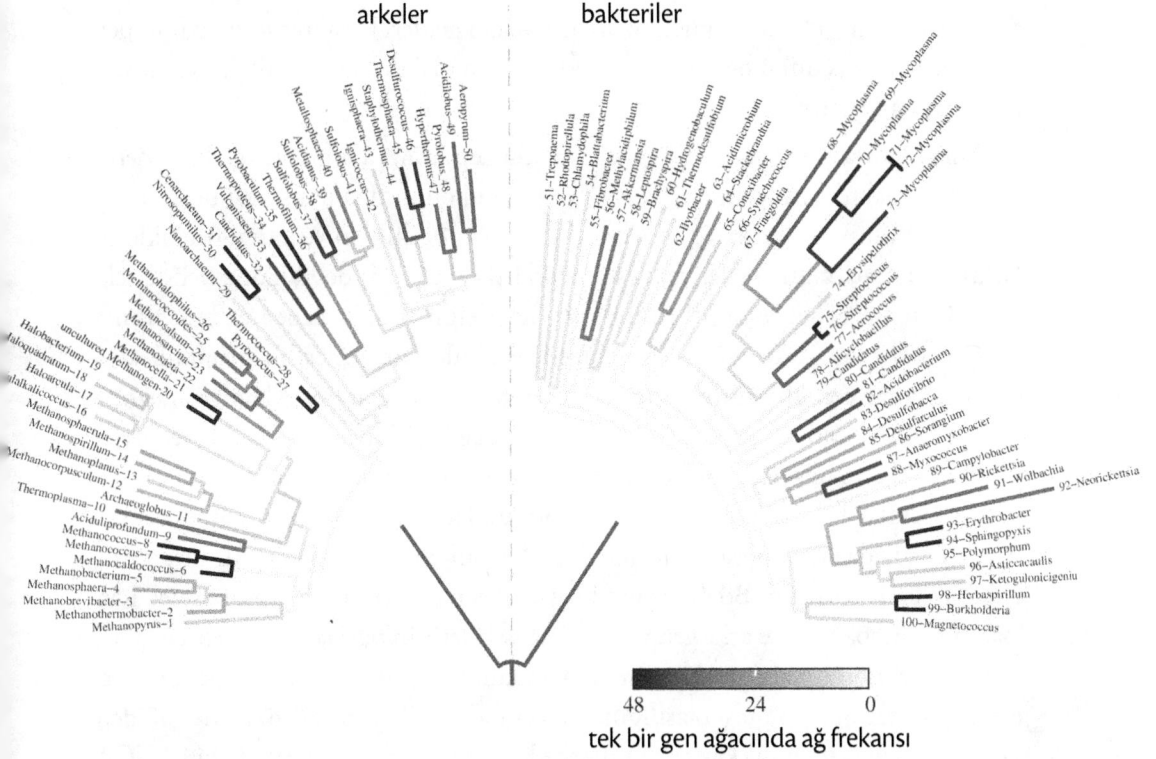

**RESİM 16** Muhteşem "kaybolan ağaç"

Bu ağaç 50 bakteri ve 50 arkede genel olarak korunmuş 48 genin dallanmasını karşılaştırıyor. 48 genin hepsi de tek bir dizilimde sıralanmıştır, bu da istatistiksel olarak daha büyük bir güç kazandırır (filogenetikte yaygın bir pratiktir); bu "süpergen" dizilimi daha sonra 100 türün birbirleriyle nasıl ilişkili olduklarını gösteren bir ağaç kurmak için kullanılmıştır. Daha sonra da tek tek genlerle ayrı bir ağaç inşa edilmiş, bu ağaçların her biri sıralı genlerden oluşan "süpergen" ağacıyla karşılaştırılmıştır. Gölgelemenin gücü, her dalda sıralı gen ağacına denk düşen tek tek gen ağaçlarının sayısını gösterir. Ağacın tabanında, 48 genin hemen hepsi sıralı dizilim ağacının aynısını verir, bu da arke ile bakterilerin gerçekten de derinden ayrıldığını gösterir. Dalların ucunda tek tek gen ağaçlarının çoğu da sıralı dizilim ağacıyla uyuşur. Ama her iki grupta daha derindeki dallar kaybolmuştur: Sıralı dizilimle aynı dallanma düzenini tek bir ayrı gen ağacı bile göstermez. Bu sorun, dallanma örüntülerini derinleştiren yanal gen aktarımlarının bir sonucu olabilir ya da basitçe, akla hayale sığmaz 4 milyar yıllık evrim tarihi içinde istatistiksel olarak güçlü bir işaretin silinmesinden kaynaklanıyor olabilir.

arke olduğunu, bir sonraki hiç de öyle olmadığını söylüyorsa, en eski hücrelerin hangi özelliklere sahip olduklarını kurgulamak pratikte imkansızdır. Dahiyane yöntemlerle metanojenlerin gerçekten de en eski arke olduğunu kanıtlayabilsek bile, bunların her zaman modern metanojenler gibi metan üreterek yaşadıklarından emin olamayız. Sinyal gücünü artırmak için genleri bir araya toplamanın pek bir yararı olmaz çünkü her genin farklı bir tarihi olabilir, bu da bileşik bir sinyali uyduruk hale getirebilir.

Ama Bill Martin'in sıraladığı genel genlerin hepsinin, yaşam ağacındaki en derin farklılığın bakteriler ile arkeler arasında olduğu konusunda uyuşması biraz umut vericidir. Bütün bakteriler ve arkelerde ortak olan özellikleri ve hangi özelliklerin farklı olduğunu, muhtemelen daha sonraları belli gruplarda doğduğunu belirlersek, LUCA'nın bir "robot resmi"ni çizebiliriz. Gelgelelim burada da hemen bir sorunla karşılaşırız: Hem arkelerde hem bakterilerde bulunan genler bir grupta ortaya çıkmış, yanal gen aktarımıyla diğer gruba geçirilmiş olabilir. Âlemler arasında gen aktarımları olduğu gayet iyi bilinir. Evrimin erken dönemlerinde, hayret verici kaybolan ağacın boş parçalarında bu tür aktarımlar yaşanmışsa, bu genler, aslında öyle olmasalar bile, dikey olarak ortak bir atadan türemişler gibi görünecektir. Bir gen ne kadar yararlıysa, evrimin erken dönemlerinde yaygın olarak aktarılmış olması o kadar olasıdır. Böyle yaygın bir yanal gen aktarımını bertaraf etmek için esasen bütün bakteri ve arke gruplarının temsilcilerinin paylaştığı gerçekten genel genlere geri dönmemiz gerekir. Bu en azından, bu genlerin erken yanal gen aktarımıyla geçirilmiş olması olasılığını en aza indirir. Bugün sorun, böyle 100'den az gen bulunması ve dikkat çekici derecede az sayıdaki bu genin çizdiği LUCA tablosunun çok tuhaf olmasıdır.

Bu tuhaf portreye İkinci Bölüm'de değinmiştik. Yüzeysel olarak bakıldığında LUCA proteinlere ve DNA'ya sahipti: Genel genetik şifre çoktan işlemeye başlamıştı, DNA RNA metinlerine okunuyor, sonra ribozomlar, yani bilinen bütün hücrelerde proteinleri inşa eden şu güçlü moleküler fabrikalar üzerinde proteinlere çevriliyordu. DNA'nın okunması ve protein sentezi için gerekli dikkat çekici moleküler mekanizma, hem bakteriler hem arkelerde bulunan çok sayıda protein ve RNA'dan oluşur. Yapıları ve dizilimleri itibarıyla, görünüşe bakılırsa bu makineler evrimin çok erken bir döneminde farklılaşmış, yanal gen aktarımıyla fazla takas edilmemiştir. Buraya kadar iyi. Aynı şekilde bakteriler ve arkelerin hepsi kemiozmotiktir, zarlar üzerinde proton basamakları kullanarak ATP sentezi yaparlar. ATP sentazı enzimi bir başka olağanüstü moleküler makinedir, bu açıdan ribozoma benzer ve besbelli ki onun kadar kadimdir. Ribozom gibi ATP sentazı da yaşamın tamamında genel olarak korunmuştur ama bakteriler ve arkelerde yapısı birkaç ayrıntıda farklılık gösterir, bu da, daha sonraları yanal gen aktarımına fazla bulaşmadan LUCA'daki ortak bir atadan ayrıldığını düşündürür. Bu nedenle öyle görünüyor ki, ATP sentazı ribozomlar, DNA ve RNA gibi LUCA'da mevcuttu. Sonra bir de bakteriler ve arkelerde ortak yolları paylaşan, aminoasit biyosentezi ve Krebs döngüsü parçaları gibi kilit biyokimyaya ait birkaç özellik vardır, bunlar da LUCA'da var olduklarını düşündürür ama bunlardan başka pek az şey vardır.

Farklı olan nedir peki? Hayret verici bir geçit töreni işte. DNA kopyalamada kullanılan enzimlerin çoğu bakteriler ve arkelerde farklıdır. Bundan daha temel ne olabilir ki! Herhalde sadece zar bu kadar temel önemde olabilir ama o da bakteriler ve arkelerde farklıdır. Hücre duvarı da. Bu da canlı hücreleri doğal ortamlarından ayıran engellerin ikisinin de bakteriler ve arkelerde temelde farklı olduğu anlamına gelir. Bakteriler ve arkeleriin ortak atasının tam olarak neye sahip olduğunu kestirmek neredeyse imkansızdır. Liste uzar gider ama bu kadarı yeterlidir. Canlı hücrelerde gözlenen, önceki bölümde tartıştığımız altı temel süreçten (karbon akışı, enerji akışı, kataliz, DNA kopyalama, bölümlenme ve dışkılama) sadece ilk üçünde derin bir benzerlik görülür ama bu bile, birazdan göreceğimiz üzere sadece bazı açılarla sınırlı kalır.

Birkaç olası açıklama vardır. Belki de LUCA her şeyin iki kopyasına sahipti, bakterilerdeki bir kopya ile arkelerdeki diğer kopya kayboldu. Bu kulağa düpedüz saçma geliyor ama kolayca bir kenara bırakılacak bir olasılık değildir. Örneğin bakteriler ve arkelerdeki lipid karışımlarının kararlı zarlar oluşturduğunu biliyoruz; belki de LUCA'da her iki lipid tipi de bulunuyordu, daha sonra ondan türeyenler bunlardan birini kaybederek öbüründe uzmanlaştı. Bunun bazı özellikler için akla yatkın olduğu düşünülebilir ama bütün özelliklere genellenemez, zira "Cennet genomu" diye bilinen bir soruna toslar. LUCA'da her şey var idiyse, ondan türeyenler daha sonraları uzmanlaşmışsa, LUCA modern prokaryotların hepsinden çok daha büyük olan muazzam bir genomla işe başlamış olsa gerektir. Bu bana dereyi görmeden paçaları sıvamak gibi geliyor; yalınlık öncesinde karmaşıklıkla karşı karşıya kalıyoruz, her sorunun iki çözümü oluyor. Hem LUCA'dan türeyenler neden her şeyin bir kopyasını kaybediyor? Ben bunu kabul etmiyorum, ikinci seçeneğe geçelim.

Bir sonraki olasılık LUCA'nın bakteriyel bir zar, bir hücre duvarı ve DNA kopyalamasına sahip son derece normal bir bakteri olmasıdır. Daha sonra bir noktada, ondan türeyenler bu özellikleri değiştirmiş, sıcak menfezlerde yüksek ısılar gibi uç koşullara uyum sağlamışlardır. Herhalde bu en fazla kabul gören açıklamadır ama bu da pek inandırıcı değildir. Eğer doğruysa, bakteriler ve arkelerde DNA'nın çözümü ve proteine çevrilme süreçleri bu kadar benzerdir de, DNA kopyalama süreci mi bu kadar farklıdır? Arkelerdeki hücre zarları ve hücre duvarları arkelerin hidrotermal ortamlara uyum sağlamasına yardımcı olduysa, aynı menfezlerde yaşayan ekstremofil bakteriler kendi zarları ve duvarlarını neden arkelerdeki zar ve duvar versiyonlarıyla ya da benzer bir şeyle değiştirmemişlerdir? Toprakta ya da açık denizlerde yaşayan arkeler, zarlarını ve duvarlarını neden bakterilerdeki versiyonlarla değiştirmemiştir? Bakteriler ve arkeler tüm dünyada aynı doğal ortamları paylaşır ama bütün bu ortamlarda, iki âlem arasında yanal gen aktarımı olmasına rağmen genetikleri ve biyokimyaları itibarıyla temelden farklı kalmışlardır. Bütün bu derin farklılıkların, arkelerde uç bir ortama uyum sağlamış olmayı ama sonra, diğer bütün ortamlarda ne kadar uygunsuz olurlarsa olsunlar, istisnasız hepsinde sabitlenmiş olmayı yansıtması inandırıcı değildir.

Bu da bizi apaçık, son seçenekle başbaşa bırakır. Görünürdeki paradoks aslında bir paradoks değildir: LUCA gerçekten kemiozmotikti, ATP sentazı yapıyordu ama aslında modern bir zarı yoktu ya da modern hücrelerin proton pompalamakta kullandığı büyük solunum komplekslerinden birine sahip değildi. Gerçekten de DNA'sı vardı, genel genetik şifreye, şifre çözümü, çevrimi ve ribozomlara sahipti ama modern DNA kopyalama yöntemi LUCA'da henüz evrilmemişti. Bu tuhaf hayalet hücre açık denizde hiçbir anlam ifade etmez ama önceki bölümde tartıştığımız alkalin hidrotermal menfezlerin doğal ortamında değerlendirildiğinde yerli yerine oturmaya başlar. İpucu bakteriler ve arkelerin bu menfezlerde nasıl yaşadığı sorusunun cevabında gizlidir; en azından bazıları asetil CoA yolu denilen, menfezlerin jeokimyasına tekinsiz bir benzerlik gösteren, görünürde ilksel bir süreçle yaşar.

## LUCA'ya Uzanan Taşlı Yol

Canlı dünyanın tamamında karbonu sabitlemenin, karbondioksit gibi organik olmayan molekülleri organik moleküllere çevirmenin sadece altı farklı yolu vardır. Bu yolların beşi hayli karmaşıktır ve ilerlemek için bir enerji girdisi gerektirir; örneğin fotosentezde güneş enerjisine gerek duyulur. Fotosentez başka bir gerekçeyle de iyi bir örnektir: "Calvin döngüsü" denilen, karbondioksiti hapseden ve onu şekerler gibi organik moleküllere dönüştüren biyokimyasal bir yol, sadece fotosentez yapan bakterilerde (ve bu bakterileri kloroplast olarak almış bitkilerde) bulunur. Bu da Calvin döngüsünün atalardan kalmış olmasının ihtimal dışı olduğu anlamına gelir. LUCA'da fotosentez özelliği var idiyse, bütün arkelerden sistematik olarak kaybolmuş olsa gerekir, açıkça böyle yararlı bir numaranın yapacağı aptalca bir şey. Calvin döngüsünün, daha sonraları sadece bakterilerde, fotosentezle aynı tarihlerde ortaya çıkmış olması çok daha olasıdır. Aynı şey biri dışında bütün yollar için de geçerlidir. Bakteriler ve arkelerde sadece bir tek karbon sabitleme yolu ortaktır, bu da ortak atalarının, asetil CoA yolu olmasını akla yatkın kılar.

Bu iddia bile pek doğru değildir. Asetil CoA yolu bakteriler ve arkelerde bazı tuhaf farklılıklar gösterir, bunları bu bölümde daha sonra ele alacağız. Şimdilik, filogenetik erken bir kökeni destekleyemeyecek kadar muğlak olsa da (ama bir kenara da bırakmaz), bu yolun atalardan kalmış olduğu iddiasının neden iyi bir iddia olduğunu kısaca değerlendirelim. Asetil CoA yoluyla yaşayan arkelere metanojen, bakterilere asetojen denir. Bazı yaşam ağaçlarında metanojenler derinlere uzanan dallarla belirtilir, bazılarında da asetojenler derinlere uzanan dallarla resmedilir, bazılarındaysa her iki grubun da daha sonraları evrildiği resmedilir. Böylece yalınlıklarının atalardan kalma bir özelliği değil, uzmanlaşma ve modernleşmeyi yansıtması amaçlanır. Sırf filogenetiğe bağlı kalırsak bundan daha bilge olamayız. Talihe bakın ki, bağlı kalmamız gerekmiyor.

Asetil CoA yolu hidrojen ve karbondioksitle başlar, geçen bölümde alkalin hidrotermal menfezlerde çok bol bulunduklarını tartıştığımız iki moleküldür bunlar. Geçen bölümde belirttiğimiz üzere, $CO_2$ ile $H_2$ arasında organik madde ortaya çıkaran tepkime egzergoniktir, yani enerji verir; prensipte bu tepkime kendiliğinden gerçekleşmelidir. Pratikte $CO_2$ ile $H_2$'nin çabucak tepkimeye girmesini önleyen bir enerji bariyeri vardır. Metanojenler bu engeli aşmak için proton basamaklandırmasını kullanır, bunun atalara özgü bir durum olduğunu savunacağım. Her ne olursa olsun, metanojenler de asetojenler de büyümeleri için gerekli enerjiyi sadece ve sadece $CO_2$ ile $H_2$ arasındaki tepkimeden temin eder: Bu tepkime büyümek için gerekli bütün karbonu ve enerjiyi sağlar. Bu da asetil CoA yolunu, diğer beş karbon sabitleme yolundan ayırır. Jeokimyager Everett Shock bu yolu unutulmaz sözlerle, "yemek için üstüne para verilen bedava yemek" diye özetlemiştir. Yavan bir yemek olabilir ama menfezlerde bütün gün sofraya konur.

Hepsi bununla da kalmıyor. Diğer yolların tersine, asetil CoA yolu kısa ve çizgiseldir. Bütün hücrelerde, organik olmayan basit moleküllerden metabolizma merkezlerine küçük ama tepkimeye hazır asetil CoA molekülünü almak için gerekli birkaç adım vardır. Sözcüklerden korkmayalım. CoA, koenzim A demektir, küçük moleküllere asılan önemli ve genel bir kimyasal "kanca"dır, böylece bu moleküller enzimlerle işlenebilir. Burada asıl önemli olan kanca değil ona neyin asıldığıdır; bu örnekte *asetil* grubu asılır. "Asetil" asetik asitle, sirkeyle, bütün hücrelerde biyokimyanın merkezinde yer alan basit iki karbonlu moleküllerle aynı kökten gelir. Koenzim A'yla bir araya geldiğinde asetil grubu etkinleştirilmiş halde olur (sıklıkla buna "etkinleşmiş asetat" denir, aslında tepkimeye hazır sirkedir); bu da onun diğer organik moleküllerle kolayca tepkimeye girmesini, böylece biyosentezi sürdürmesini sağlar.

Böylece asetil CoA yolu, $CO_2$ ile $H_2$'den, birkaç adımda tepkimeye hazır küçük organik moleküller yaratır, bir yandan da sadece nükleotidler ve diğer moleküllerin oluşumunu değil, uzun zincirler (DNA, RNA, proteinler vs.) halinde polimerleşmelerini de sağlamaya yetecek kadar enerji açığa çıkarır. Bu ilk birkaç adımı hızlandıran enzimler, elektronların $CO_2$'ye aktarılarak tepkimeye hazır asetil grupları oluşmasından fiziksel olarak sorumlu, organik olmayan demir, nikel ve sülfür toplulukları içerir. Organik olmayan bu topluluklar, esasen, hidrotermal menfezlerde çöken demir-sülfür minerallerine yapıları itibarıyla az çok benzeyen minerallerdir, yani kayalardır! (bkz. **RESİM 11**) Alkalin menfezlerinin jeokimyası ile metanojenler ve asetojenlerin biyokimyası arasında o kadar yakın bir uygunluk vardır ki, benzeşme sözcüğü bu uygunluğun hakkını veremez. Benzeşme benzerliği ima eder, o da muhtemelen sadece yüzeyseldir. Oysa burada o kadar yakın bir benzerlik söz konusudur ki, gerçek bir türdeşlik (homoloji) olarak görülmesi, bir biçimin fiziksel olarak diğerini doğurduğunun düşünülmesi daha iyi olabilir. Böylece jeokimya, organik olmayandan organik olana kesintisiz bir geçiş sürecinde biyokimyayı doğurmuştur. Kimyager David Garner'ın deyişiyle: "Organik kimyaya hayat veren şey, organik olmayan elementlerdir."[3]

Ama herhalde asetil CoA'nın en büyük nimeti karbon ve enerji metabolizmasının kavşağına yerleşmiş olmasıdır. Seçkin Belçikalı biyokimyager Christian de Duve, 1990'ların başında asetil CoA'nın yaşamın kökeniyle ilgisine dikkat çekmiştir ama alkalin menfezleri bağlamında değil de çorba bağlamında. Asetil CoA organik sentezleri yürütmekle kalmaz, fosfatla doğrudan tepkimeye girerek asetil fosfat da oluşturabilir. Bugün ATP kadar önemli bir enerji birimi olmasa da, asetil fosfat yaşamın tamamında hâlâ yaygın olarak kullanılır ve ATP'nin yaptığı işlerin aynısını büyük ölçüde yapabilir. Geçen bölümde belirtmiş olduğumuz üzere, ATP sadece enerji salmaktan fazlasını yapar, iki aminoasitten ya da başka yapıtaşlarından bir su molekülünün alındığı dehidrasyon tepkimelerini yürütür, böylece bunları bir zincir halinde birleştirir. Çözeltideki aminoasitleri susuz bırakma sorunu, daha önce belirttiğimiz üzere, ıslak bir bezi suyun altında sıkmaya benzer ama ATP'nin yaptığı tam da budur. Asetil fosfatın tam da aynı işi yaptığını laboratuvar ortamında gösterdik, zira kimyası temelde eşdeğerdir. Bu da erken karbon ve enerji metabolizmasının aynı basit thioesterle, asetil CoA ile yürütülebileceği anlamına gelir.

Basit mi? Böyle dediğinizi duyar gibiyim. İki karbonlu asetil grubu basit olabilir ama koenzim A karmaşık bir moleküldür, doğal seçilimin ürünü, bu nedenle evrimin sonraki dönemlerinin bir sonucu olduğuna kuşku yoktur. Bu durumda bu argüman döngüsel mi oluyor? Hayır, çünkü asetil CoA'nın gerçekten yalın "abiyotik" eşdeğerleri vardır. Asetil CoA'nın tepkimeye hazır olması, yaygın tabirle "thioester bağı"nda yatar; bu da oksijene bağlanan karbona bağlanmış bir sülfür atomundan başka bir şey değildir. Şöyle resmedilebilir:

R-S-CO-CH₃

Burada "R" molekülün "geri kalanı"nı, bu örnekte CoA'yı ifade eder, $CH_3$ ise bir metil grubudur. Ama R'nin her zaman CoA'yı ifade etmesi şart değildir, metil thioasetat ele alındığında başka bir $CH_3$ grubu gibi basit bir şeyi de temsil edebilir:

CH₃-S-CO-CH₃

Bu, kimyası itibarıyla asetil CoA'ya eşdeğer ama alkalin hidrotermal menfezlerde $H_2$ ve $CO_2$'den oluşabilecek kadar basit, tepkimeye girmeye hazır bir thioesterdir; hatta Claudia Huber ve Günter Wachtershauser, sadece CO ve $CH_3SH$'den bunu oluşturmayı başarmıştır. Daha da iyisi, metil thioasetatın, asetil CoA gibi fosfatla doğrudan tepkimeye girip asetil fosfat oluşturabilmesi gerekir. Böylece tepkimeye hazır bu thioester prensipte yeni organik moleküllerin sentezini, bunun yanı sıra asetil fosfat sayesinde proteinler ve RNA gibi daha karmaşık zincirler halinde polimerleşmeyi doğrudan yürütebilir; bu laboratuvardaki tezgah üstü reaktörü-müzde sınadığımız bir varsayımdır (aslında düşük yoğunlukta olsa da asetil fosfat üretmeyi başardık).

Asetil CoA yolunun ilksel bir versiyonu, prensipte alkalin hidrotermal menfez-lerin mikrogözenekleri içindeki ilkel hücrelerin evrimi için gerekli her şeye enerji sağlayabilir. Ben üç aşama tahayyül edebiliyorum. Birinci aşamada, hızlandırıcı demir-sülfür mineralleri içeren organik olmayan ince engellerdeki proton basa-makları küçük organik moleküllerin oluşumunu sağlamıştır (**RESİM 14**). Bu organik moleküller termoforezle daha serin menfez gözeneklerinde yoğunlaşmış, sonuçta Üçüncü Bölüm'de gördüğümüz üzere daha iyi katalizörler haline gelmiştir. Bunlar biyokimyanın, tepkimeye hazır öncü maddelerin sürekli oluşması ve yoğunlaşma-sının, moleküller arasında etkileşim kurulmasının ve basit polimerler oluşmasının kökenleridir.

İkinci aşama, organik maddeler arasındaki fiziksel etkileşimlerin doğal bir sonucu olarak basit organik proto-hücrelerin oluşmasıdır; bunlar maddenin kendi kendisine örgütlenmesiyle oluşmuş, basit dağıtıcı hücre benzeri yapılardır ama henüz genetik bir temelden ya da gerçek bir karmaşıklıktan yoksundurlar. Ben bu basit proto-hücrelerin, organik sentezi sürdürmek için proton basamaklandırmasına dayandığını ama bu işi menfezin organik olmayan duvarları yerine, bu kez kendi organik zarları (örneğin yağ asitlerinden kendiliğinden oluşmuş lipid ikili katman-lar) üzerinden gerçekleştirdiklerini düşünüyorum. Bunun için hiç proteine gerek yoktur. Proton basamaklandırması yukarıda tartıştığımız üzere metil thioasetat ve asetil fosfat oluşumunu sürdürebilir, her karbon hem enerji metabolizmasını götürebilir. Bu aşamada kilit bir farklılık söz konusudur: Yeni organik maddeler artık proto-hücrenin içinde, organik zarlar üzerindeki doğal proton basamaklandırması sayesinde oluşur. Yazdıklarımı baştan okuyunca, "sürdürme" sözcüğünü çok fazla kullandığımı görüp şaşırdım. Kötü bir edebi üslup olabilir ama daha iyi bir sözcük yok. Bunun edilgin bir kimya olmadığını, sürekli karbon, enerji, proton akışıyla zorlandığını, itildiğini, sürdürüldüğünü aktarmak istiyorum. Bu tepkimelerin gerçekleşmesi gerekir; oksitlenmiş, asidik, metal bakımından zengin bir okyanusa giren indirgenmiş, hidrojen bakımından zengin alkalin sıvıların kararsız dengesini dağıtmanın yegane yolu bu tepkimelerdir. Bir lütuf olan termodinamik dengeye ulaşmanın yegane yoludur bu.

Üçüncü aşama, sonunda proto-hücrelerin kendilerinin az çok eksiksiz kopyalarını çıkarmalarını sağlayan genetik şifrenin, gerçek kalıtımın kökenidir. Seçilimin, göreli sentezleme ve degradasyon hızlarına dayalı erken biçimleri, genlere ve proteinlere sahip proto-hücre popülasyonlarının menfez gözeneklerinde hayatta kalmak için rekabet etmeye başladığı tam bir doğal seçilim süreci doğurmuştur. Nihayetinde standart evrim mekanizmaları, ilk hücrelerde ribozomlar ve ATP sentazı, bugün genel olarak yaşamın tamamında korunmuş proteinler de dahil olmak üzere incelikli proteinler ortaya çıkarmıştır. Bakteriler ve arkelerin ortak atası LUCA'nın, alkalin hidrotermal menfezlerin mikrogözeneklerinde yaşadığını düşünüyorum. Bu da LUCA'nın abiyotik kökenlerinin üç aşamasının hepsinin de menfez gözeneklerinde gerçekleştiği anlamına geliyor. Üç aşamanın hepsi de organik olmayan duvarlar ya da organik zarlar üzerinden proton basamaklandırılmasıyla sürdürülmüştür; ama ATP sentazı gibi incelikli proteinlerin ortaya çıkması LUCA'ya giden bu kayalık yolda son adımlardan biri olmuştur.

Bu kitapta ilksel biyokimyanın ayrıntılarıyla, genetik şifrenin nereden geldiğiyle, bir o kadar zor başka sorunlarla ilgilenmiyorum. Bunlar gerçek sorunlardır, onlarla uğraşan dahi araştırmacılar vardır. Bu soruların cevaplarını henüz bilmiyoruz. Ama bütün bu fikirler, büyük miktarda tepkimeye hazır öncü maddenin var olduğunu varsayar. Tek bir örnek verelim: Shelley Copley, Eric Smith ve Harold Morowitz'in genetik şifrenin kökeniyle ilgili güzel fikri, hızlandırıcı dinükleotidlerin (birleşmiş iki nükleotid) pirüvat gibi basit öncü maddelerden aminoasit üretebileceğini varsayar. Bu araştırmacıların akıllıca tasarımı, genetik şifrenin belirlenimci kimyadan nasıl doğmuş olabileceğini gösterir. Konuyla ilgilenenler için, bu soruların bazılarına değinen *Yaşamın Yükselişi* adlı kitabımda DNA'nın kökenleriyle ilgili bir bölüm kaleme aldım. Ama bütün bu varsayımlar, sürekli bir nükleotid, pirüvat ve başka öncü madde kaynaklarını verili kabul eder. Burada ele aldığımız soruysa şudur:

Yeryüzü'nde yaşamın kökenlerinin ortaya çıkmasını zorunlu kılan itici güçler neydi? Benim vurgulamak istediğim başlıca noktaysa, genler ve proteinler ve LUCA'nın ortaya çıkışına varıncaya dek karmaşık biyolojik moleküllerin oluşumunun itici gücü olan karbon, enerji ve hızlandırıcıların nereden geldiği sorusunu cevaplamanın önünde kavramsal bir güçlük olmadığıdır.

Burada özetlediğimiz menfez senaryosu, metanojenlerin, $H_2$ ve $CO_2$'den asetil CoA yolu sayesinde doğmuş arkelerin biyokimyasıyla güzel bir süreklilik gösterir. Görünürde eski olan bu hücreler bir zar üzerinde bir proton basamağı üretirler (bunu nasıl yaptıklarına daha sonra geleceğiz), alkalin hidrotermal menfezlerin sağladığı şeyi serbestçe yeniden ortaya çıkarırlar. Proton basamaklandırması zara gömülmüş bir demir-sülfür proteini, enerji dönüştüren hidrojenaz ya da kısaca *Ech* sayesinde asetil CoA yolunu sürdürür. Bu demir-sülfür proteini protonları zar üzerinden ferredoksin denilen başka bir demir-sülfür proteinine aktarır, bu protein de $CO_2$'yi indirger. Geçen bölümde menfezlerdeki ince FeS duvarları üzerindeki doğal proton basamaklarının $H_2$ ve $CO_2$'nin indirgenme potansiyellerini değiştirerek $CO_2$'yi indirgeyebileceklerine değindim. *Ech*'in nanometre ölçeğinde yaptığı işin bu olduğundan yana kuşkularım var. Enzimler sıklıkla proteinlerin içinde bulunan sadece birkaç angströmlük yarıkların kesin fiziksel koşullarını (örneğin proton yoğunluğunu) kontrol eder, *Ech* de bunu yapıyor olabilir. Eğer böyleyse, kısa polipeptitlerin yağ asidi proto-hücrelerinde bulunan FeS minerallerine bağlanarak kararlı hale geldiği ilksel bir durum ile genetik olarak şifrelenmiş zar proteini *Ech*'in modern metanojenlerdeki karbon metabolizması için enerji sağladığı modern durum arasında bozulmamış bir süreklilik söz konusu olabilir.

Her ne olursa olsun bugün genler ve proteinler dünyasında *Ech*, $CO_2$ indirgenmesini yürütmek için metan sentezinin ürettiği proton basamaklandırmasından yararlanır. Metanojenler de ATP sentazı yoluyla, doğrudan ATP sentezini yürütmek için proton basamaklandırmasını kullanır. Dolayısıyla hem karbon hem enerji metabolizması proton basamaklandırmasıyla, menfezlerin serbestçe sağladığı şeyle sürdürülür. Alkalin menfezlerinde yaşayan ilk proto-hücreler, karbon ve enerji metabolizmasının enerjisini kesinlikle bu biçimde sağlamış olabilir. Bu yeterince akla yatkın geliyor ama aslında doğan basamaklara dayanmak kendi sorunlarını da beraberinde getiriyor. İlgi çekici ciddi sorunlar. Bill Martin ve ben, bu sorunların tek bir çözümü olabileceğini fark ettik, bu da bakteriler ve arkelerin neden temelden farklılaştığına ilişkin kışkırtıcı bir fikir veriyor.

## Zar Geçirgenliği Sorunu

Bizim mitokondrilerimizin içinde, zarlar protonları neredeyse hiç geçirmez. Bu bir zorunluluktur. Sayılamayacak kadar küçük delikten doğruca geçiyorlarsa bir zarın ötesine proton pompalamanın yararı yoktur. Tabanı delikli bir tanka su pompalamayı da deneyebilirsiniz. O halde mitokondrilerimizde zarın bir yalıtıcı olarak iş gördüğü bir elektrik devresi vardır: Zarın ötesine proton pompalarız, bunların da çoğu türbin olarak çalışan proteinlerle geri döner, iş yapar. ATP sentazı durumunda, bu nanoskopik döner motordan proton akışı ATP sentezini yürütür. Ama unutmayalım, bu sistemin tamamı etkin bir biçimde pompalamaya dayanır. Pompaları kapayın, her şey durur. Bir siyanür hapı yuttuğumuzda böyle olur işte: Mitokondrilerimizdeki solunum zincirinde bulunan son proton pompasını sıkıştırır. Solunum pompaları bu şekilde engellendiğinde, zarda proton yoğunluğu dengeye kavuşmadan önce birkaç saniye boyunca protonlar ATP sentazından akmayı sürdürebilir ama sonra net akış kesilir. Ölümü tanımlamak da neredeyse yaşamı tanımlamak kadar zordur ama zar potansiyelinin geri alınamaz çöküşü epeyce yakın bir tanımdır.

Peki o halde, doğal bir proton basamaklandırması ATP sentezini nasıl yürütebilir? "Siyanür" sorunuyla karşılaşır. Bir menfezin içindeki bir gözenekte, enerjisi doğal proton basamaklandırmasıyla sağlanan bir proto-hücre düşünelim. Bu hücrenin bir yanı sürekli okyanus suyu akışına maruz kalır, diğer yanıysa sürekli bir alkalin hidrotermal akışına (RESİM 17). Bundan 4 milyar yıl önce, okyanuslar muhtemelen ılımlı düzeyde asidikti (pH 5-7), hidrotermal sıvılar da bugünküne benziyordu, pH değerleri yaklaşık 9-11'di. Bu nedenle keskin pH basamaklarının 3-5 pH birimi büyüklüğünde olması mümkündü, bu da proton yoğunluğundaki farkın 1.000-10.000 kat olabileceği anlamına gelir.[4] Argümanı ilerletmek adına hücrenin içindeki proton yoğunluğunun menfez sıvılarındaki proton yoğunluğuna benzer olduğunu düşünelim. Bu durum içerisi ile dışarısı arasındaki proton yoğunluğu bakımından bir fark yaratır, protonlar yoğunluk basamaklarından içe doğru akacaktır. Ama birkaç saniye içinde, içeri akan protonlar yeniden çıkarılmazsa bu akışın durması gerekir. Bunun iki gerekçesi vardır. Birincisi yoğunluk farkı hızla eşitlenir. İkincisi, elektrik yüküyle ilgili bir mesele vardır. Protonlar ($H^+$) pozitif yüklüdür ama deniz suyunda pozitif yükleri, klor iyonları ($Cl^-$) gibi negatif yüklü atomlarla dengelenir. Sorun, protonların zarı klor iyonlarından daha hızlı aşması, bu nedenle içe doğru negatif bir yük akışıyla durdurulmayan içe doğru bir pozitif yük akışı olmasıdır. Böylece hücrenin içi dışarıya nazaran pozitif yüklü hale gelir, bu da daha fazla $H^+$ akışına karşı koyar. Kısacası, hücrenin içindeki protonları boşaltacak bir pompa

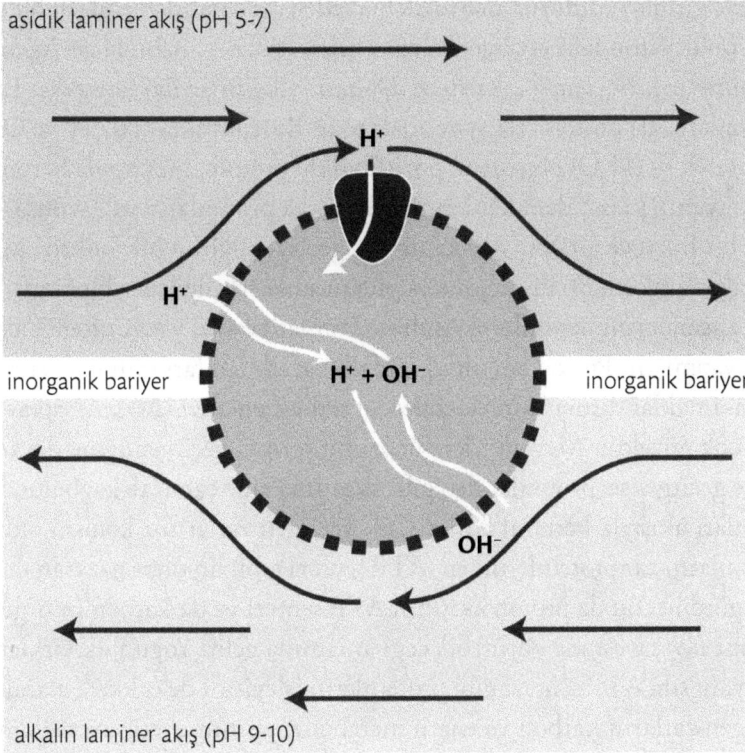

asidik laminer akış (pH 5-7)

$H^+$

$H^+$

inorganik bariyer

$H^+ + OH^-$

inorganik bariyer

$OH^-$

alkalin laminer akış (pH 9-10)

**RESİM 17** Doğal bir proton basamağının enerji sağladığı bir hücre asidik laminer akış (pH 5-7)

Çerçevenin ortasında, protonları geçiren bir zarla çevrelenmiş bir hücre oturuyor. Hücre, mikrogözenekli bir menfezde iki evreyi ayıran, organik olmayan bir bariyerdeki küçük bir kesintiye "sıkışmış." Üstteki evrede, orta düzeyde asidik okyanus suları uzamış, pH değeri 5-7 olan bir gözenekte (modelde genellikle pH'in 7 olduğu varsayılır) dolanır. Alttaki evrede alkalin hidrotermal sıvıları pH değerinin yaklaşık 10 olduğu, bağlantısız bir gözenekte dolanıyor. Laminer (ince tabaka halindeki) akış, küçük, sınırlı mekânlarda akan sıvıların tipik özelliği olan türbülans ve karışma eksikliğini işaret ediyor. Protonlar ($H^+$) doğruca lipid zardan akabilir ya da (üçgen şekilli) zarda yerleşik proteinlerden geçebilir, asidik okyanus suyundan, alkalin hidrotermal sıvıya doğru bir yoğunlaşma basamağında ilerleyebilir. Hidroksit iyonları ($OH^-$) alkalin hidrotermal sıvıdan asitli okyanusa doğru tam tersi yönde akar. Proton akışının genel hızı zarın $H^+$ geçirgenliğine, $OH^-$ ile nötrleşmesine ($H_2O$ oluşturmak için),zar proteinlerinin sayısına, hücrenin büyüklüğüne, iyonların bir evreden diğerine hareketiyle zarın topladığı elektrik yüküne bağlıdır.

olmazsa, doğal proton basamakları hiçbir şeyi sürdüremez. Denge sağlarlar, denge de ölümdür.

Ama bir istisna vardır. Zar protonları neredeyse hiç geçirmiyorsa, akışın gerçekten de durması gerekir. Protonlar hücreye girer ama bir daha çıkamaz. Ama zar çok geçirgense bambaşka bir hikâye söz konusu olur. Protonlar daha önceden olduğu gibi hücreye girmeyi sürdürür ama artık hücreden ayrılabilirler; edilgen bir biçimde hücrenin öbür yanındaki geçirgen zardan çıkar giderler. Aslında geçirgen bir zar akışın önüne pek bir engel çıkarmaz. Dahası, alkalin sıvılardan gelen hidroksit ($OH^-$) iyonları zarı protonlarla aynı hızda aşar. Karşılaştıklarında $H^+$ ve $OH^-$ tepkimeye girerek su ($H_2O$) oluşturur, pozitif yüklü protonu bir çırpıda bertaraf eder. Elektrokimyanın klasik denklemlerini kullanarak protonların varsayımsal (hesaplanabilir) bir hücreye girişini ve çıkışını zar geçirgenliğinin bir fonksiyonu olarak hesaplamak mümkündür. Biyolojinin büyük sorunlarıyla ilgilenen bir kimyager olup doktora çalışmalarını benimle ve Andrew Pomiankowski'yle yürüten Victor Sojo işte bunu yapmıştır. Proton yoğunluğundaki kararlı hal farkının izini sürerek, bir tek pH basamaklandırmasının verebileceği serbest enerjiyi ($\Delta G$)) hesaplayabiliriz. Sonuçlar çok güzeldir. Mevcut itici güç, zarın proton geçirgenliğine dayanır. Zar son derece geçirgense, protonlar deli gibi akar ama yine çabucak kaybolur, hızlı bir $OH^-$ iyonları akışıyla bertaraf edilir. Çok geçirgen zarlar söz konusu olduğunda bile, protonların zar proteinlerinden (ATP sentazı gibi) lipidlere nazaran daha hızlı geçtiğini gördük. Bu da proton akışının ATP sentezi ya da karbon indirgemesini, zar proteini *Ech* sayesinde yürütebileceği anlamına gelir. Yoğunluk farklarının ve yüklerin yanı sıra ATP sentazı gibi proteinlerin işleyişini de dikkate alarak, *sadece* çok geçirgen zarların karbon ve enerji metabolizmasının enerjisini sağlamak için doğal proton basamakları kullanabileceğini gösterdik. Bu geçirgen hücrelerin kuramsal olarak, 3 pH birimlik doğal bir proton basamaklandırmasından modern hücrelerin solunumdan alacağı kadar enerji sağlayabilmesi dikkate değerdir.

Aslında çok daha fazlasını da sağlayabilirler. Metanojenleri düşünelim yine. Metanojenler zamanlarının büyük bölümünü metan üreterek geçirir, isimleri de buradan gelir zaten. Metanojenler ortalama olarak, organik maddenin 40 katı kadar atık (metan ve su) üretir. Metan sentezinden elde edilen enerjinin tamamı proton pompalamakta kullanılır (RESİM 18). İşte o kadar. Metanojenler enerji bütçelerinin pratikte %98'ini metanojenezle proton basamakları üretmeye, %2'den biraz fazlasını da yeni organik madde üretimine harcar. Doğal proton basamakları ve geçirgen zarlar bir araya geldiğinde, bu aşırı enerji tüketimine hiçbir şekilde gerek kalmaz. Mevcut enerji tamamen aynı miktardadır ama genel masraflar en az 40 kat azalmıştır, ciddi bir avantajdır bu. 40 kat daha fazla enerjiye sahip olduğunuzu

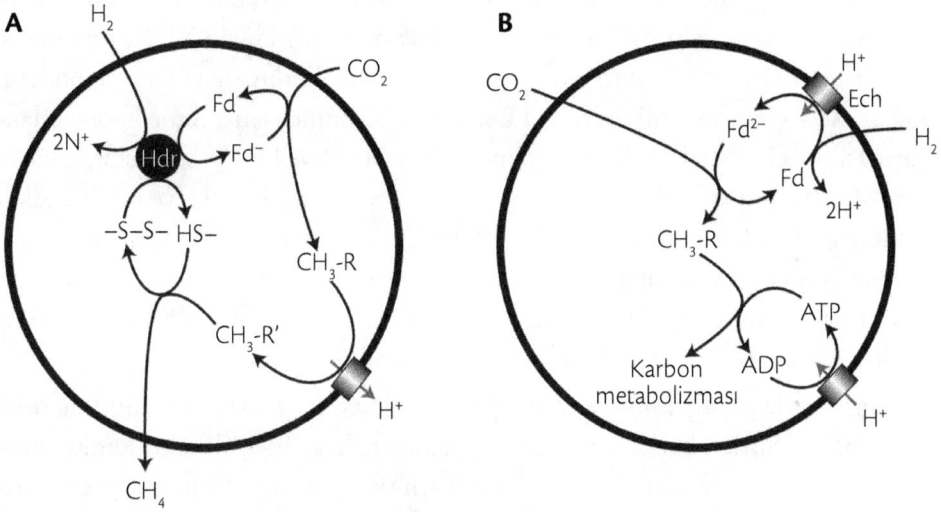

**RESİM 18** Metan oluşturarak enerji üretmek

Metagonezin basitleştirilmiş bir görünümü. (A)'da $H_2$ ile $CO_2$'nin tepkimesinden ortaya çıkan enerji, hücre zarından protonların ($H^+$) atılmasına enerji sağlar. Bir hidrogenaz enzimi (Hdr) $H_2$'den gelen iki elektronun kullanılmasıyla eşzamanlı olarak ferredoksin (Fd) indirgenmesini ve bir disülfat bağı (−S−S−) oluşturulmasını hızlandırır. Ferredoksin buna karşılık $CO_2$'yi nihayetinde R diye belirtilmiş bir kofaktöre bağlı bir metil grubuna indirger (−$CH_3$). Metil grubu daha sonra ikinci bir kofaktöre (R¢) aktarılır ve bu adımda zardan iki $H^+$ (ya da $Na^+$) pompalamaya yetecek enerji salınır. Son aşamada −$CH_3$ grubu HS− grubuyla metana ($CH_4$) indirgenir. Genel olarak bakıldığında, $H_2$ ve $CO_2$'den metan oluşumunun saldığı enerjinin bir bölümü hücre zarında bir $H^+$ (ya da $Na^+$) basamağı olarak korunur. (B)'de $H^+$ basamağı doğrudan iki farklı zar proteini üzerinden karbon ve enerji metabolizmasını yürütmek için kullanılır. Enerji dönüştüren hidrogenaz (**Ech**) ferredoksini (Fd) doğrudan indirger, ferredoksin elektronlarını yine $CO_2$'ye geçirerek bir metil (−$CH_3$) grubu oluşturur; bu grup da CO ile tepkimeye girerek asetil CoA, metabolizmanın temel taşını oluşturur. Benzer şekilde ATP sentazı üzerinden $H^+$ akışı ATP sentezini, dolayısıyla enerji metabolizmasını yürütür.

düşünün! Benim ufaklıklar bile beni bu kadar aşamıyor. Önceki bölümde ilkel hücrelerin modern hücrelerden daha fazla karbon ve enerji akışına ihtiyacı olabileceğini belirtmiştim, pompalamaya hiç ihtiyaçlarının olmaması onları daha fazla karbon ve enerji sahibi yapar.

Doğal bir proton basamaklandırmasına yerleşmiş geçirgen bir hücre düşünelim. Unutmayalım artık, proto-hücreler üzerinde etkili olmuş doğal seçilimin ürünü olan genler ve proteinlerin çağındayız. Geçirgen hücremiz, biraz önce tartıştığımız enerji çeviren şu hidrojenaz, yani *Ech* yoluyla karbon metabolizmasını sürdürmek için sürekli proton akışını kullanabiliyor. *Ech* hücrenin $H_2$'yi $CO_2$ ile tepkimeye sokmasını, asetil CoA oluşturmasını, sonra da yaşamın bütün yapıtaşlarını yapmasını sağlar. ATP sentazını kullanarak ATP sentezini yürütmek için proton basamaklandırmasını da kullanabilir. Tabii yeni proteinler, RNA ve DNA yapmasını, nihayetinde kendisinin kopyalarını çıkarmasını sağlayacak aminoasitler ve nükleotidleri polimerleştirmek için ATP'yi de kullanabilir. Önemli bir nokta geçirgen hücremizin proton pompalamaya enerji harcamasına hiç gerek olmamasıdır, böylece gayet iyi büyüyebilir, hatta milyarlarca yıldır devam eden evrim boyunca henüz bilinmemiş etkisiz erken enzimlerin varlığına bile izin verebilir.

Ama böyle geçirgen hücreler nihayetinde oldukları yerde takılır  hidrotermal akışa bağlı kalırlar, başka bir yerde yaşayamaz hale gelirler. Bu akış kesildiğinde ya da başka bir yere kaydığında bu hücrelerin de sonu gelir. Daha da beteri, evrilemez bir haldeymiş gibi görünürler. Zarın özelliklerini iyileştirmenin bir yararı yoktur, tam tersine daha az geçirgen zarlar hızla proton basamaklandırmasını çökertir çünkü hücrenin içindeki protonlardan kurtulmanın artık bir yolu yoktur. Bu nedenle daha "modern," geçirimsiz bir zar üretmiş hücre varyasyonları seçilimle bertaraf edilecektir. Pompalamayı öğrenmedilerse tabii ama bu da bir o kadar sorunludur. Geçirgen bir zara proton pompalamanın bir anlamı olmadığını görmüştük. Çalışmamız, zarın geçirgenliği üç kat azaltılsa da pompalamanın bir yarar sunmadığını doğrulamaktadır.

Şunu iyice bir anlatayım. Bir proton basamaklandırmasındaki geçirgen bir hücrenin karbon ve enerji metabolizmasını yürütmeye yetecek kadar bol enerjisi vardır. Evrimsel bir sürçmeyle zara tam anlamıyla işlevsel bir pompa yerleştirilirse, enerjinin elverişliliği açısından hiçbir yarar sağlamaz: Mevcut enerji onun yokluğundaki miktarda kalır. Bunun nedeni, geçirgen bir zara proton pompalamanın anlamsız olmasıdır, zaten kolayca öbür tarafa geçerler. Zar geçirgenliğini 10 kat azaltıp yeniden deneyin, yine sıfır yarar sağlarsınız. Geçirgenliği 100 kat azaltın yine bir yararı olmaz. Neden peki? Çünkü bir güç dengesi vardır. Zar geçirgenliğini azaltmak pompalamayı sağlar ama öte yandan doğal proton basamaklandırmasını ortadan kaldırır, hücrenin enerji tedariğini baltalar. Ancak ve ancak neredeyse geçirgen olmayan bir zara çok büyük miktarda pompa yerleştirilirse (bizim hücrelerimizdeki gibi) pompalamanın bir yararı olur. Bu ciddi bir sorundur. Gerek modern lipid zarların gerek modern proton pompalarının evriminde, seçilim açısından itici olmuş bir güç yoktur. Bir itici güç yoksa evrilmemeleri gerekir ama vardır. O zaman neyi gözden kaçırıyoruz?

İşte size bilimde tesadüfe bir örnek. Bill Martin ve ben tam da bu soruya kafa patlatıyor, metanojenlerin antiporter denilen bir protein kullanması üzerine derin derin düşünüyorduk. Söz konusu metanojenler aslında proton değil ($H^+$) sodyum iyonları ($N^+$) pompalar ama yine de hücrenin içinde biriken protonlarla birkaç sorunları vardır. Antiporter döner bir kapı ya da kesin çift yönlü bir alışveriş söz konusuymuş gibi bir $H^+$ için bir $Na^+$ verir. Hücrenin içinde bir yoğunlaşma basamağından geçen her $Na^+$ için, bir $H^+$ dışarıya çıkmaya zorlanır. Bu bir sodyum basamaklandırmasından enerji alan bir proton pompasıdır. Ama antiporterler hiç ayrım gözetmezler. Hangi yönde işledikleri umurlarında değildir. Bir hücre $Na^+$ yerine $H^+$ pompalarsa bu durumda antiporter basitçe ters yönde çalışmaya başlar. İçeri giren her $H^+$ için bir $Na^+$ dışarı çıkmaya zorlanır. İşte! Birden anlamıştık! Alkalin hidrotermal menfezindeki geçirgen hücremiz evrim geçirmiş bir $Na^+$/$H^+$ antiporteriyse enerjisini protondan alan bir $Na^+$ pompası gibi davranacaktı! Antiporter üzerinden hücreye giren her $H^+$ için bir $Na^+$'nın ayrılması gerekir! Kuramsal olarak antiporter doğal bir proton basamaklandırmasını biyokimyasal bir sodyum basamaklandırmasına dönüştürebilir.

Bunun tam olarak nasıl bir yararı olur? Bunun proteinin bilinen özelliklerine dayanan bir düşünce deneyi olduğunu vurgulamam gerekir ama bizim hesaplamalarımıza göre şaşırtıcı bir fark yaratma olasılığına sahiptir. Genel olarak bakıldığında, lipid zarların $Na^+$ geçirgenlikleri $H^+$ geçirgenliklerinden yaklaşık altı kat daha azdır. Bu nedenle protonlar karşısında son derece geçirgen olan bir zar, sodyum karşısında geçirgenlikten epeyce uzaktır. Bir proton pompalayın doğruca size geri döner, aynı zardan bir sodyum pompalarsanız o kadar hızlı geri dönmez. Bu da antiporterin doğal bir proton basamaklandırmasıyla yürütülebileceği anlamına gelir: Giren her $H^+$ için bir $Na^+$ çıkarılır. Zar daha önce olduğu gibi proton geçirdiği sürece antiporterden proton akışı engelsiz devam edecek, $Na^+$ çıkarılmasını yürütecektir. Zar $Na^+$'yı daha az geçirdiği için, çıkarılan $Na^+$ büyük ihtimalle dışarıda kalacaktır; daha doğrusu lipidler sayesinde doğruca geri dönmek yerine zar proteinleri sayesinde hücreye yeniden girecektir. Bu da $Na^+$ akışının yapılan işle eşleştirilmesini iyileştirir.

Elbette ki bunun sadece, karbon ve enerji metabolizmasını yürüten zar proteinleri (*Ech* ve ATP sentazı) $Na^+$ ile $H^+$ arasında bir ayrım yapamıyorsa bir yararı vardır.

Bu kulağa akıl almaz gibi geliyor ama pekâlâ doğru olabileceği gayet şaşırtıcıdır. Bazı metanojenlerin, kabaca aynı kolaylıkla $H^+$ ya da $Na^+$ ile enerji sağlanabilen ATP sentazı enzimlerine sahip olduğu anlaşılmıştır. Yavan kimya dili bile bunların "dağınık" olduğunu ilan etmiştir. Bunun nedeni, iki iyonun eşdeğer yüke ve çok benzer yarıçaplara sahip olmasıyla ilgili olabilir. $H^+$ $Na^+$'dan çok daha küçük olsa da, protonlar nadiren yalıtılmış bir halde bulunur. Çözüldüklerinde suya bağlanarak $H_3O^+$ oluştururlar, bunun da yarıçapı hemen hemen $Na^+$'nın yarıçapına benzer. *Ech* dahil diğer zar proteinleri de $H^+$ ve $Na^+$ karşısında, muhtemelen aynı gerekçelerle, ayrım gözetmez. Uzun lafın kısası, $Na^+$ pompalamak hiçbir şekilde anlamsız değildir. Doğal proton basamaklarıyla enerjisi sağlandığında, $Na^+$ çıkarmanın esasen hiçbir maliyeti yoktur; bir sodyum basamaklandırması varsa, $Na^+$ iyonları çok büyük ihtimalle, zar lipidlerinden ziyade *Ech* ve ATP sentazı gibi zar proteinleriyle hücreye yeniden girecektir. Zar artık daha iyi "çiftlemiştir," yani daha iyi yalıtılmıştır; bu nedenle kısa devre yapma ihtimali daha azdır. Bunun sonucunda, artık karbon ve enerji metabolizmasını yürütecek daha fazla iyon vardır, dışarı pompalanan her iyon için daha iyi bir geri ödeme yapılır.

Bu basit icadın birkaç şaşırtıcı sonucu vardır. Bunlardan biri neredeyse tesadüfidir: Hücre dışına sodyum pompalamak hücre içindeki sodyum yoğunluğunu azaltır. Hem bakteriler hem arkelerde bulunan birçok kilit enzimin (örneğin çözümleme ve çeviriden sorumlu olanların), düşük $Na^+$ yoğunluklarında çalışmak üzere seçilimle en uygun hale getirildiklerini biliyoruz; gerçi büyük ihtimalle, $Na^+$ yoğunluğunun 4 milyar yıl önce dahi yüksek göründüğü okyanuslarda evrilmişlerdir. Erken dönemdeki bir antiporterin işleyişi, sodyum düzeyi yüksek bir ortamda evrilmelerine rağmen bütün hücrelerin neden sodyum düzeyi düşük bir ortama çok uygun hale getirildiklerini açıklayabilir.[5]

Buradaki amaçlarımız açısından daha önemlisi, antiporterin mevcut bir $H^+$ basamaklandırmasına bir $Na^+$ eklemesidir. Hücrenin enerjisi yine doğal proton basamaklandırmasıyla sağlanır, bu nedenle yine proton geçiren zarlara gerek vardır; ama artık, hesaplamalarımıza göre hücreye önceden, sırf protonlara dayandığı zamanda olduğundan %60 daha fazla enerji veren bir $Na^+$ basamaklandırması da vardır. Bu da hücrelere iki büyük avantaj sağlar. Birincisi antiporteri olan hücrelerin daha fazla enerjisi vardır, bu nedenle antiportersiz hücrelerden daha hızlı büyüyüp kopyalanabilirler; bunun seçilimi destekleyen bir avantaj olduğu açıktır. İkincisi, hücreler daha küçük proton basamaklandırmasıyla ayakta kalabilir. Bizim yaptığımız çalışmaya göre, zarları geçirgen olan hücreler yaklaşık 3 pH birimlik bir proton basamaklandırmasıyla gayet iyi büyür, bu da okyanuslardaki proton yoğunluğunun (yaklaşık pH 7) alkalin sıvıların proton yoğunluğundan (yaklaşık pH 10) üç derece daha büyük olduğu anlamına gelir. Antiporteri olan hücreler doğal bir proton basamaklandırmasının enerjisini artırarak 2 pH biriminden daha küçük bir pH basamaklandırmasında hayatta kalabilir, böylece yayılmaları, menfezin ya da bitişik menfez sistemlerinin daha geniş bölgelerinde kolonileşmeleri mümkün olabilir. Bu nedenle, antiporterli hücreler rekabette diğer hücrelerin önüne geçecek, ayrıca menfezlerde yayılıp farklılaşacaktır. Ama bu hücreler hâlâ tümüyle doğal proton basamaklandırmasına dayandığından menfezlerden ayrılamazlar. Bir adıma daha gerek vardır.

Bu da bizi işin özüne getirir. Hücreler bir antiporterleri olduğunda menfezden ayrılamayabilirler ama artık bunu yapmaya hazır hale gelmişlerdir. Jargonumuzla söylersek, antiporter bir "ön uyarlanma"dır, sonraki bir evrimsel gelişmeyi kolaylaştıran zorunlu bir ilk adımdır. Bunun beklenmedik bir nedeni vardır, en azından benim için beklenmedik. Bir antiporter ilk kez, etkin pompalamanın evrimini desteklemiştir. Geçirgen bir zardan protein pompalamanın hiçbir yararı olmadığını belirtmiştim, çünkü doğruca size geri dönerler. Ama bir antiporter olursa bir avantajınız olur. Protonlar pompalandıklarında bazıları geçirgen lipidlerden değil, $Na^+$ iyonlarını dışarı atan antiporter üzerinden geri döner. Zar $Na^+$'ya karşı daha iyi yalıtılmış olduğundan proton pompalamaya harcanan enerjinin büyük bölümü, zar üzerinde bir iyon basamaklaması olarak korunur. Pompalanan her iyonun dışarda kalma ihtimali biraz daha yüksektir. Bu da proton pompalamanın önceden bir avantaj değilken, artık küçük bir avantaj haline geldiği anlamına gelir.

Her şey bununla da kalmaz. Bir proton pompası evrildiğinde, artık ilk kez, zarın iyileşmesi bir avantaj haline gelmiştir. Tekrarlıyorum: Doğal bir proton basamaklandırmasında zarın geçirgen olması kesinlikle bir zorunluluktur. Geçirgen bir zardan proton pompalamanın hiçbir yararı yoktur. Bir antiporter durumu iyileştirir çünkü doğal bir proton basamaklandırmasından elde edilebilecek enerjiyi artırır ama hücrenin doğal basamaklandırmaya bağımlılığını bozmaz. Ama bir antiporter varsa, proton pompalamanın artık bir getirisi olur, bu da doğal basamaklandırmaya daha az bağımlı olunduğu anlamına gelir. Ama artık (artık!) o kadar geçirgen olmayan bir zara sahip olmak daha iyi hale gelmiştir. Zarın biraz daha az geçirgen hale gelmesi pompalamaya biraz avantaj kazandırır. Birazcık daha iyileştirmek daha büyük bir avantaj kazandırır, bu böyle modern protona karşı sıkı zara varıncaya dek sürer. İlk kez, hem proton pompalarının hem modern lipid zarların evriminin ardında yatan sürekli bir itici seçilim gücü vardır elimizde. Sonunda, hücrelerin doğal proton basamaklarıyla göbek bağlarını kesmeleri mümkündü: Artık menfezlerden kaçmakta, kocaman bomboş dünyada kendi başlarına geçinmekte özgürlerdi.[6]

Bu güzel bir fiziksel sınırlama kümesidir. Bu fiziksel sınırlamalar, bize pek az şeyi kesin olarak söyleyebilen filogenetiğin tersine, doğal proton basamaklarına bağımlılıkla başlayıp geçirgen olmayan zarlar üzerinde kendi proton basamaklarını yaratan esasen modern hücrelerle son bularak, evrim adımlarının olası sıralamasına bir düzen getirir (RESİM 19). Dahası bu sınırlamalar bakteriler ve arkelerin derinden farklılaşmasını da açıklayabilir. Bakteriler de arkeler de zarlar üzerindeki proton basamaklarını kullanarak ATP üretir ama bu zarlar, zar pompaları, hücre duvarı ve DNA kopyalama gibi başka özelliklerin yanı sıra bu iki âlemde temelden farklılık gösterir.

## Bakteriler ve Arkeler Neden Temelden Farklıdır?

Hikâyenin buraya kadarki kısmını özetleyelim. Önceki bölümde, enerjiyi dikkate alan bir bakış açısıyla Dünya'nın ilk zamanlarında yaşamın kökenine yol açabilecek doğal ortamları değerlendirdik. Bu ortamları, sürekli bir karbon ve enerji akışının mineral hızlandırıcılar ve doğal bir bölümlenmeyle birleştiği alkalin hidrotermal menfezlerle sınırladık. Ama bu menfezler bir sorunla karşı karşıyaydı: Karbon ve enerji akışı, kolayca tepkimeye girmeyen $H_2$ ve $CO_2$ biçiminde geliyordu. Menfez gözeneklerindeki ince yarı iletmen engelleri aşan jeokimyasal proton basamaklarının tepkimeye girmelerinin önündeki enerji engelini aşma potansiyeline sahip olduklarını gördük. Proton basamaklarının (işlevsel olarak asetil CoA'ya eşdeğer) metil thioasetat gibi tepkimeye hazır thioesterler üreterek hem karbon hem enerji metabolizmasının kökenlerini yürütmesi, böylece menfez gözeneklerinde organik moleküllerin birikmesine yol açması mümkündü; bir yandan da DNA, RNA ve proteinler gibi karmaşık polimerleri oluşturan "dehidrasyon" (susuz bırakma) tepkimelerini kolaylaştırıyorlardı. Genetik şifrenin nasıl ortaya çıktığı gibi ayrıntılara girmedim, bu koşulların kuramsal olarak genleri ve proteinleri olan ilkel hücreler ortaya çıkarmış olabileceği yönündeki kavramsal argümana odaklandım. Hücre popülasyonları son derece normal bir doğal seçilime tabiydi. Bakteriler ve arkelerin son ortak atası LUCA'nın, alkalin hidrotermal menfezlerin gözeneklerinde yaşayan ve doğal proton basamaklarına bağımlı bu gibi basit hücre nüfusları üzerinde etkili olan seçilim sonucu ortaya çıkmış olabileceğini ileri sürdüm. Seçilim ribozomlar, *Ech* ve ATP sentazı dahil, hepsi de genel olarak korunmuş incelikli proteinler ortaya çıkarmıştır.

Prensipte LUCA'nın karbon ve enerji metabolizmasının tamamı için enerjiyi ATP sentazı ve *Ech* sayesinde doğal proton basamaklarıyla elde etmesi mümkündü ama bunu yapabilmesi için son derece geçirgen hücre zarlarına ihtiyaç vardı. Bakterilerde ya da arkelerde gözlenen zarlara benzer, geçirgen olmayan "modern"

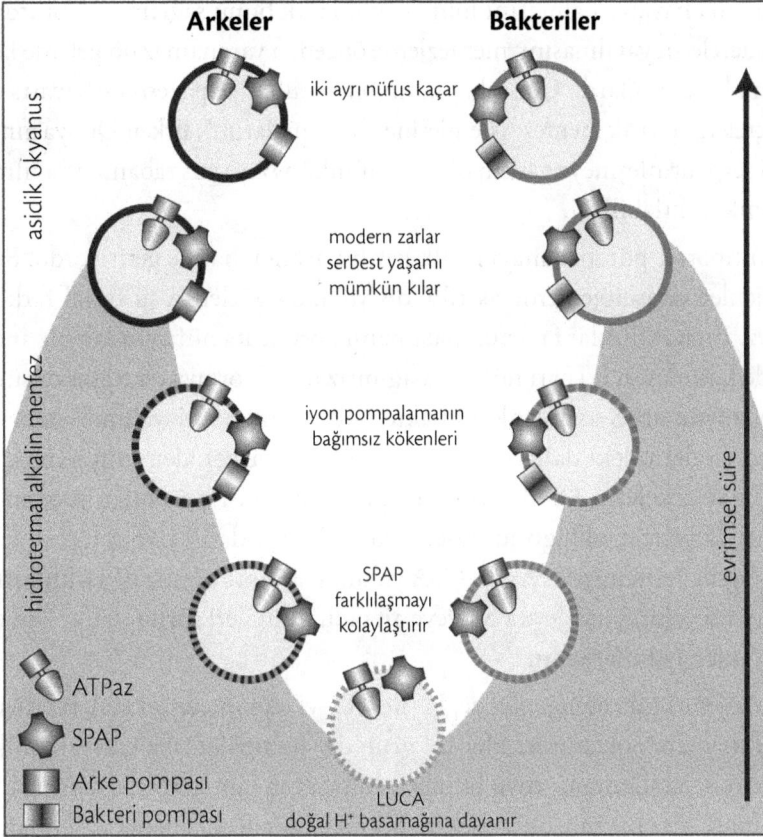

**RESİM 19** Bakteriler ve arkelerin kökeni

Doğal proton basamaklarındaki enerji elverişliliğine ilişkin matematiksel bir modele dayanan, bakteriler ve arkelerin farklılaşmasını gösteren olası bir senaryo. Bu resimde basitlik adına sadece ATP sentazı gösterilmiştir ama aynı ilke *Ech* gibi başka zar proteinleri için de geçerlidir. Bir menfezdeki doğal bir $H^+$ basamağı zar (altta) geçirgen olduğu sürece ATP sentezini yürütebilir ama zarı iyileştirmenin bir yararı yoktur çünkü bu doğal basamağı çökertir. Bir sodyum proton antiporteri (SPAP) jeokimyasal proton basamağına biyokimyasal bir sodyum basamağı ekler, daha küçük $H^+$ basamaklarında hayatta kalmayı sağlar, menfezde popülasyonların yayılmasını ve farklılaşmasını kolaylaştırır.

zarlar geliştirmiş olamazdı çünkü böyle bir şey doğal proton basamaklarını çökertirdi. Ama bir antiporter, doğal proton basamaklarını biyokimyasal sodyum basamaklarına çevirip mevcut enerjiyi artırarak, böylece hücrelerin daha küçük basamaklarla hayatta kalmasını mümkün kılarak bunu sağlamış olabilirdi. Böyle bir şey hücrelerin yayılmasını, menfezlerde önceden yaşanamaz bölgelerde koloniler oluşturmalarını sağlardı. Geniş kapsamlı bir koşullar yelpazesinde hayatta kalabilmek hücrelerin bitişik menfez sistemlerine "bulaşmalarını", Erken Dünya'nın, büyük bölümü serpantinleşmeye yatkın olması mümkün okyanus tabanına yayılmalarını bile mümkün kılabilirdi.

Bir antiporter pompalamayı da ilk kez bir avantaj haline getiriyordu. Sonunda metanojenler ve asetojenlerde asetil CoA yolunda gözlenen şu tuhaf farklılıklara geliyoruz. Bu farklılıklar faal pompalamanın, ortak ata nüfusundan bir antiporter sayesinde farklılaşan iki ayrı nüfusta bağımsız olarak ortaya çıktığını düşündürür. Metanojenlerin arke, asetojenlerin bakteri olduğunu hatırlayalım; bunlar "yaşam ağacı"nın en derindeki dalları olan iki büyük prokaryot âleminin temsilcileridir. Bakteriler ve arkelerin DNA çözümü ve çevriminin, ribozomlar, protein sentezi vs. itibarıyla benzer olduğunu, hücre zarı bileşimi dahil başka temel açılardan farklılaştığını belirtmiştik. Asetil CoA yolunun ayrıntılarında da farklılaştıklarını belirtmiş, bu yolun yine de ata hücreye ait olduğunu ileri sürmüştüm. Benzerlikler ve farklılıklar aydınlatıcıdır.

Metanojenler gibi asetojenler de, $H_2$ ile $CO_2$'yi tepkimeye sokarak bir dizi benzer adımla asetil CoA oluşturur. Her iki grup da, pompalamaya enerji temin etmek için elektron çatallanması diye bilinen akıllıca bir numaraya başvurur. Elektron çatallanması, kısa bir süre önce seçkin mikrobiyolog Rolf Thauer ve Almanya'daki meslektaşlarınca keşfedilmiş, belki de son yıllarda biyoenerji alanında kaydedilen en büyük ilerleme olmuştur. Thauer artık resmen emekliye ayrılmıştır ama elde ettiği bulgular, stokiyometrik (kesin bileşimli) hesaplamalar, büyümemeleri gerektiğini söylerken büyümeyi sürdüren karanlık mikropların enerji bilgileri üzerine onlarca yıl kafa yormuş olmanın birikimidir. Evrim sıklıkla olduğu gibi bizden daha akıllıdır. Aslında, elektron çatallanması hızlı geri ödeme vaadiyle alınan kısa vadeli bir enerji kredisinden başka bir şey değildir. Daha önce de belirttiğimiz üzere, $H_2$'nin $CO_2$ ile tepkimesi genel olarak egzergoniktir (enerji salar) ama bu tepkimenin ilk adımları endergoniktir (enerji girdisi gerektirir). Elektron çatallanması, $CO_2$ indirgenmesinin daha sonraki egzergonik adımlarında salınan enerjiyi zor olan ilk adımlarda kullanmanın bir yolunu bulur.[7] Son adımlarda ilk birkaç adımda harcanması gerekenden daha fazla enerji salındığı için, bu enerjinin bir bölümü bir zar üzerinde bir proton basamağı olarak korunabilir (RESİM 18). Genel olarak, $H_2$ ile $CO_2$'nin tepkimesi sayesinde salınan enerji bir zardan protonların çıkarılmasını sağlar.

Muamma, elektron çatallanmasının "elektrik tesisatı"nın metanojen ve asetojenlerde farklılık göstermesinde yatar. Metanojenler de asetojenler de, biraz birbirine benzer demir-nikel-sülfür proteinlerine dayanır ama gerekli proteinlerin birçoğu gibi kesin mekanizma da farklıdır. Metanojenler gibi asetojenler de $H_2$ ile $CO_2$'nin tepkimesiyle salınan enerjiyi bir zar üzerinde $H^+$ ya da $Na^+$ basamaklaması olarak korur. Her iki örnekte de bu basamaklama karbon ve enerji metabolizmasının enerjisini sağlamak için kullanılır. Metanojenler gibi asetojenler de ATP sentazı ve *Ech*'e sahiptir. Ama metanojenlerin tersine asetojenler *Ech*'i doğrudan karbon metabolizmasının enerjisini temin etmekte kullanmaz. Tam tersine, bazıları bunu tersinden bir $H^+$ ya da $Na^+$ pompası olarak kullanır. Karbon metabolizmasını yürütmek için kullandıkları kesin yol çok farklıdır. Bu farklılıklar temelmiş gibi görünür, o kadar ki, bazı uzmanlar benzerliklerin ortak bir atadan ziyade yakınlaşan evrimin ya da yanal gen aktarımının sonucu olduğu inancındadır.

Gelgelelim, LUCA'nın gerçekten de doğal proton basamaklarına dayandığını varsayarsak, benzerlikler ve farklılıklar bir anlam ifade etmeye başlar. Eğer böyleyse pompalamanın anahtarı *Ech* üzerinden proton akışı yönünde yatıyor olabilir; ya hücreye proton akışı karbon sabitlemeyi yürütüyordur ya da bu akış tersine dönmüş, protein bir zar pompası gibi davranıp hücre dışında proton pompalıyordur (RESİM 20). Ata hücre nüfusunda, *Ech* aracılığıyla hücre içine normal proton akışının ferredoksini indirgemek, böylece $CO_2$ indirgenmesini yürütmek için kullanıldığını ileri sürüyorum. Bu durumda, iki ayrı nüfus pompalamayı birbirlerinden bağımsız olarak icat etmiştir. Nihayetinde asetojen haline gelen bu nüfuslardan biri *Ech*'in yönünü tersine çevirmiş, *Ech* bu popülasyonda ferredoksini oksitlemiş ve salınan enerjiyi hücre dışına proton pompalamak için kullanmıştır. Bu hoş ve basittir ama hemen bir sorun yaratır. Önceden karbonu indirgemekte kullanılan ferredoksin artık proton pompalamakta kullanılmaktadır. Asetojenlerin karbonu indirgemenin ferredoksine dayanmayan yeni bir yolunu bulması gerekmiştir. Ataları bir yol bulmuştur, akıllıca bir numara olan elektron çatallanması dolaylı olarak $CO_2$'yi indirgemelerini sağlamıştır. Asetojenlerin temel biyokimyası muhtemelen bu basit öncülden doğmuştur; *Ech* üzerinden proton akışı ters yöne dönmüş, asetojenlere işlevsel bir pompa kazandırmış ama onları çözülecek bir dizi sorunla başbaşa bırakmıştır.

Metanojen haline gelen ikinci nüfus alternatif bir yol bulmuştur. Ferredoksini indirgemek için proton basamakları kullanmayı ataları gibi onlar da sürdürmüş, sonra da indirgenmiş ferredoksini karbonu sabitlemekte kullanmıştır. Ama son-

**A**

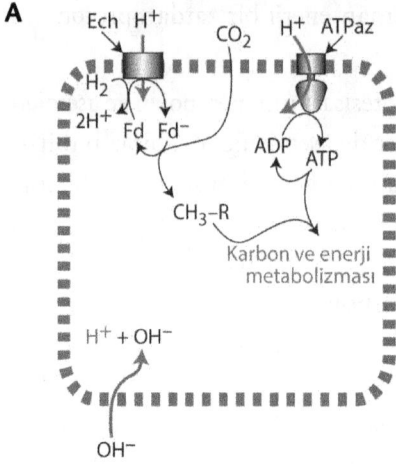

**B**

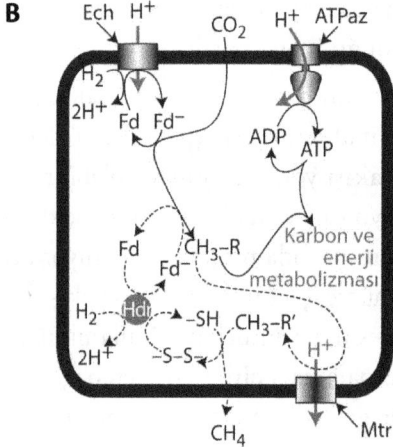

**C**

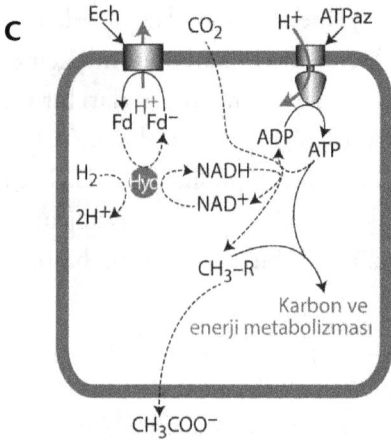

**RESİM 20** Etkin pompalamanın olası evrimi

Zar proteini *Ech* sayesinde, $H^+$ akışının yönüne dayanarak bakteriler ve arkelerde pompalamanın varsayımsal kökenleri. (a) Doğal proton basamaklarının karbon ve enerji metabolizmasını *Ech* ve ATP sentazı (ATPaz) sayesinde yürüttüğü atalardaki durum. Bu durum ancak zarın protonları geçirmesi halinde devam edebilir. (b) Metanojenler (ata arkeler oldukları varsayılmıştır). Bu hücreler karbon ve enerji metabolizmasını yürütmek için *Ech* ve ATPaz kullanmayı sürdürür ama $H^+$'yı geçirmeyen zarlarla artık doğal proton basamaklarını temel almaları mümkün değildir. Kendi $H^+$ (ya da $Na^+$) basamaklarını (noktalı doğrular) yaratmak için yeni bir biyokimyasal yol ve yeni bir pompa "icat etmeleri" gerekmiştir. Dikkat edelim bu panel Şekil 18 A ve B'nin birleştirilmiş haline eşdeğerdir. (c) Asetojenler (ata bakteriler oldukları varsayılır). Burada $H^+$ akışının yönü tersine dönmüştür ve artık enerjisi ferredoksinin oksitlenmesinden gelmektedir. Asetojenlerin bir pompa "icat etmeleri" gerekmemiş ama $CO_2$'yi organik maddelere indirgemenin yeni bir yolunu bulmak zorunda kalmışlardır; bu iş NADH ve ATP (noktalı doğrular) kullanılarak yapılmıştır. Varsayılan bu senaryo, metanojenler ve asetojenler arasında asetil CoA yolunda gözlenen benzerlikleri de farklılıkları da açıklayabilir.

ra sıfırdan bir pompa "icat etme"leri gerekmiştir. Eh, o kadar da sıfırdan değil, muhtemelen mevcut bir proteini yeni bir amaçla kullanmaları gerekmiştir. Öyle görünüyor ki, bir antiporteri değiştirerek düpedüz bir pompa haline gelmesini sağlamışlardır. Bunu yapmak içkin olarak zor bir iş değildir ama başka bir sorun doğurmuştur: Pompanın enerjisi nasıl sağlanacaktır? Metanojenler asetojenlerin kullandığı proteinlerin bazılarını kullanarak farklı bir elektron çatallanması biçimi geliştirmiş ama gereksinimleri farklı olduğundan bunu hayli farklı bir biçimde kurmuş ve farklı bir pompaya bağlamıştır. Karbon ve enerji metabolizması bu âlemlerin ikisinde de muhtemelen *Ech* üzerinden proton akışından kaynaklanmaktadır. Bu ikili bir tercihtir, metanojenler ve asetojenler farklı kararlara varmıştır (RESİM 20).

Her iki grup da faal pompalara sahip olduklarında, nihayetinde zarı iyileştirmek bir yarar sağlar hale gelmiştir. Buraya kadarki bütün adımlarda, fiilen hasar verici olabilecek fosfolipidlerle dolu "modern" bir zar geliştirmenin hiçbir yararı olmamıştır. Ama hücreler, antiporterler ve iyon pompalarına sahip olur olmaz zar lipidleri üzerine gliserol ana grupları almak bir yarar sağlar. Öyle görünüyor ki, bu iki âlem birbirinden bağımsız olarak böyle yapmış, arkeler gliserolün bir stereoizomerini kullanırken, bakteriler ayna imgesini kullanmıştır (İkinci Bölüm'e bakınız).

Hücreler artık etkin iyon pompaları ve modern zarlar geliştirmiş bulunuyordu, menfezleri terk etmekte, açık okyanuslara kaçmakta özgürlerdi. Menfezlerde proton basamaklarıyla yaşayan ortak bir atadan, serbestçe yaşayan ilk hücreler, bakteriler ve arkeler bağımsız olarak doğmuştu. Bakteriler ve arkelerin kendilerini bu yeni sarsıntılara karşı koruyacak ayrı hücre duvarları geliştirmiş olmaları da, DNA kopyalamasını bağımsız olarak keşfetmiş olmaları da şaşırtıcı değildir. Bakteriler DNA'larını hücre bölünmesi sırasında hücre zarına, replikon denilen bir yere iliştirir; bu iliştirme her bir yavru hücrenin genomun bir kopyasını edinmesini sağlar. DNA'yı zara iliştirmek için gerekli moleküler mekanizma ve DNA kopyalamasının birçok ayrıntısı, en azından kısmen bu iliştirmenin mekaniğine dayanıyor olsa gerektir. Hücre zarlarının bağımsız olarak evrilmiş olması, DNA kopyalamasının bakteriler ve arkelerde neden bu kadar farklı olması gerektiğini açıklamaya başlar. Aynı şeyin büyük bölümü hücre duvarları için de geçerlidir. Hücre duvarlarının bütün bileşenlerinin özel zar gözenekleri yoluyla hücre içinden alınması gerekmiştir, bu nedenle hücre duvarının sentezi zarın özelliklerine dayanır ve bakteriler ile arkelerde farklı olmalıdır.

Böylece bu bölümün sonuna geliyoruz. Biyoenerji bilimi ilk ilkelerden hareketle, bakteriler ile arkeler arasında temel farklılıklar olması gerektiğini öngöremese de, bu değerlendirmeler bu farklılıkların en başta nasıl ve neden doğmuş olabileceğini açıklar. Prokaryot âlemleri arasındaki derin farklılıkların, yüksek ısılar gibi uç doğal ortamlara uyum sağlamakla hiçbir ilgisi yoktur, daha ziyade zarlı hücrelerin farklılaşmasıyla ilgilidir, bu zarların biyoenerjiyle ilgili gerekçeler nedeniyle geçirgen halde kalması gerekmiştir. Arkeler ve bakterilerin farklılaşması ilk ilkelere dayanarak öngörülemezse de, her iki grubun da kemiozmotik olması (zarlar üzerindeki proton basamaklarına dayanması) bu son iki bölümde tartıştığımız fiziksel ilkelere dayanır. Burada ya da evrenin başka bir yerinde yaşamın doğması ihtimalinin en gerçekçi olduğu doğal ortam, alkalin hidrotermal menfezlerdir. Bu gibi menfezler hücreleri doğal proton basamaklarından yararlanmakla, nihayetinde kendi proton basamaklarını üretmekle sınırlamıştır. Bu bağlamda Yeryüzü'ndeki bütün hücrelerin kemiozmotik olması gerektiği sır değildir. Evrendeki bütün hücrelerin kemiozmotik olmasını beklerim şahsen. Bu da Yeryüzü'nde yaşamın karşılaştığı sorunların aynılarıyla karşı karşıya kalacakları anlamına gelir. Gelecek kısımda proton enerjisinin evrensel bir koşul olmasının, neden evrende karmaşık yaşama ender rastlanacağı öngörüsünde bulunduğunu göreceğiz.

ÜÇÜNCÜ KISIM
# Karmaşıklık

# Karmaşık Hücrelerin Kökeni

1940'ların kara filmlerinden *Üçüncü Adam*'da Orson Welles'in meşhur bir repliği vardır: "İtalya'da Borgiaların yönetiminde otuz yıl boyunca savaş, terör, cinayet, kan deryası yaşandı ama Michelangelo, Leonardo da Vinci ve Rönesans'ı yarattılar. İsviçre'de kardeş sevgisi vardı, beş yüzyıl demokrasi ve barış yaşandı, çıkara çıkara ne çıkardılar? Guguklu saat." Bu repliği Welles'in kendisinin yazdığı anlatılır. İsviçre hükümeti söylendiğine göre, ona "Biz guguklu saat üretmiyoruz," diye öfkeli bir mektup göndermiştir. İsviçreliler (ya da Orson Welles) ile bir alıp veremediğim yok, bu hikâyeyi yalnızca, benim bakış açıma göre evrimi yankıladığı için anlatıyorum. Yaklaşık 1,5 ila 2 milyar yıl önce ilk karmaşık ökaryot hücrelerin ortaya çıkmasından bu yana, savaş, terör, cinayet ve kan deryası yaşadık: doğa, dişleri ve pençeleri kıpkırmızı… Ama önceki çağlarda 2 milyar yıl boyunca barış ve sembiyoz ortamında, bakteriyel aşk (sadece aşk da değil) içinde yaşandı, peki bu prokaryotlar sonsuzluğu ne getirdi? Guguklu saat kadar büyük ve dışardan bakılınca karmaşık bir şey olmadığı kesin. Morfolojik karmaşıklık âleminde bakteriler de arke de tek hücreli ökaryotlarla bile yarışamaz.

Bu noktanın üzerinde durmak gerekiyor. Bu iki büyük prokaryot âlemi, bakteriler de arkeler de olağanüstü genetik ve biyokimyasal değişkenliğe sahiptir. Metabolizmaları itibarıyla ökaryotları utandırırlar: Tek bir bakteri, bütün ökaryot âleminden daha büyük bir değişkenlik gösterebilir. Ama tam da aynı gerekçeyle, bakteriler de arkeler de ökaryot hücre ölçeğinde yapısal bir karmaşıklığa doğrudan yol açmamıştır. Hücre hacmi itibarıyla prokaryotlar genelde ökaryotlardan 15.000 kat daha küçüktür (gerçi birazdan değineceğimiz aydınlatıcı istisnalar mevcuttur). Genom büyüklüğünde bir örtüşme söz konusuysa da, bilinen en büyük bakteri genomları yaklaşık 12 megabaz DNA'ya sahiptir. Buna karşılık insanların genomu 3.000 megabazdır, bazı ökaryot genomları 10.000 megabaz ve üstündedir. Daha ilginci, bakteriler ve arkeler 4 milyar yıllık evrim tarihinde nadiren değişmiştir. Bu süre zarfında doğal ortamda büyük alt üst oluşlar meydana gelmiştir. Havada ve okyanuslarda oksijenin artması doğal çevredeki fırsatları dönüştürmüş ama bakteriler değişmeden kalmıştır. Küresel ölçekte buzullaşma (kartopu dünyalar) ekosistemleri çöküşün eşiğine sürüklemiş olsa gerektir, ne var ki bakteriler değişmeden kalmıştır. Kambriyen patlamasıyla hayvanlar ortaya çıkmıştır, yani bakterilerin sömüreceği yeni otlaklar. İnsana özgü prizmamızda bakterileri esasen patojen olarak görmeye meylederiz; hastalıkları taşıyan amiller prokaryotların sahip olduğu çeşitlilik buzdağının sadece uç kısmını oluştursalar bile. Ama bütün bu değişikliklere rağmen bakteriler kesinlikle bakteriyel özelliklerini korumuşlardır. Pire gibi büyük ve karmaşık bir şey ortaya çıkarmamışlardır. Hiçbir şey bir bakteri kadar tutucu olamaz.

Birinci Bölüm'de bu olgulara getirilebilecek en iyi açıklamanın yapısal kısıtlamalara dayanması gerektiğini savunmuştum. Ökaryotların fiziksel yapısında, hem bakterilerden hem arkelerden temelden farklı bir şey vardır. Bu yapısal sınırlamanın aşılması sadece ökaryotların morfolojik çeşitlilik alanını keşfetmesine yol açmıştır. En geniş kapsamlı bakış açısına dayanarak söylersek, prokaryotlar metabolizmanın olasılıklarını araştırmış, en esrarengiz kimyasal zorluklara dahiyane çözümler getirmiş, ökaryotlarsa bu kimyasal parlaklığa sırt çevirmiş, onun yerine daha büyük boyutlar ve daha fazla yapısal karmaşıklığın el değmemiş potansiyelini keşfetmişlerdir.

Yapısal kısıtlamalar fikrinin radikal bir yönü yoktur ama elbette ki bu kısıtlamaların neler olabileceği konusunda bir fikir birliği de yoktur. Hücre duvarının kaybolmasının bir felaketle sonuçlanmasından düz kromozomların getirdiği yeniliklere kadar birçok fikir ileri sürülmüştür. Hücre duvarının kaybolması bir felaket olabilir çünkü bu katı dış iskelet olmazsa hücreler kolayca şişer ve patlar. Ama bir yandan da bir deli gömleğin hücrelerinin şekillerini fiziksel olarak değiştirmelerini, ortada dolanıp fagositozla diğer hücreleri yutmalarını önler. Bu nedenle hücre duvarının kaybolmasının ender olarak başarılı olduğu bir durum, fagositozun evrilmesini mümkün kılmış olabilir; Oxfordlu biyolog Tom Cavalier-Smith'in uzun süredir savunduğu bir yenilik ökaryotların evriminin anahtarı olmuştur. Hücre duvarı kaybının fagositoz için gerekli olduğu doğrudur ama bakterilerin birçoğu hücre duvarlarını kaybetmiştir ve bu sıklıkla feci sonuçlar doğurmaktan uzak kalmıştır; yaygın tabirle L biçimli bakteriler bir hücre duvarı olmaksızın gayet iyi yaşarlar ama dinamik fagositlere evrilme işareti göstermezler. Birkaç arkenin de hücre duvarı yoktur ama onlar da fagosit haline gelmez. Hantal hücre duvarının, hem bakterilerin hem arkelerin daha büyük bir karmaşıklık geliştirmesinin önündeki kısıtlama olduğu iddiası, birçok bakteri ve arke hücre duvarını kaybedip daha karmaşık bir hal almıyorsa, bitkiler ve mantarlar dahil birçok ökaryot (prokaryot hücre duvarlarından farklı olsa da) bir hücre duvarına sahip olup da prokaryotlardan çok daha karmaşıksa, titiz bir sorgulama karşısında ayakta kalamaz. Ökaryot alglerin siyanobakterilerle karşılaştırılması manidar bir örnek sunar: Her ikisi de benzer hayat tarzları sürdürür, fotosentezle yaşar, ikisinin de hücre duvarları vardır ama alglerin genomları genellikle siyanobakterilerin genomlarından birkaç bin kat daha büyüktür, çok büyük bir hücre hacmine ve yapısal karmaşıklığa sahiptir.

Düz kromozomlar da benzer bir sorunla karşılaşır. Prokaryot kromozomlar genellikle daireseldir ve DNA kopyalaması da bu halkanın belli bir noktasında (replikonda) başlar. Ne var ki DNA kopyalaması genellikle hücre bölünmesinden daha yavaş işler, bir hücre DNA'sını kopyalayıncaya kadar bölünmesini tamamlayamaz. Bu da tek bir replikonun, bakteriyel kromozomun azami büyüklüğünü sınırladığı anlamına gelir çünkü daha küçük kromozomlu hücreler kromozomları daha büyük olan hücrelerden daha hızlı kopyalanma eğilimi gösterecektir. Bir hücre gereksiz genlerinin bazılarını kaybederse daha hızlı bölünebilir. Zaman içinde, daha küçük kromozomlu bakteriler, özellikle önceden kaybettikleri ama yine ihtiyaç duydukları genleri yanal gen aktarımıyla yeniden kazanabiliyorlarsa, baskın çıkma eğilimi gösterecektir. Oysa tersine ökaryotlar genelde, her birinde çok sayıda replikon bulunan birkaç düz kromozoma sahiptir. Bu da DNA kopyalamanın ökaryotlarda paralel, bakterilerde dizi olarak işlediği anlamına gelir. Ama bu noktada yine, bu kısıtlama prokaryotların neden çok sayıda düz kromozom geliştiremediğini pek açıklayamaz; aslına bakılırsa, öyle anlaşılıyor ki bazı bakteriler ve arkeler düz kromozomlara ve "paralel işleyiş"e sahiptir ama böyle bile olsa, genomları ökaryotlarınki gibi genişlememiştir. Bir şey onları durduruyor olsa gerektir.

Pratikte, bakterilerin neden ökaryot karmaşıklığı doğurmadığını açıklamak için varsayılan bütün yapısal sınırlamalar tam olarak aynı sorundan mustariptir: Her kasti "kural"ın birçok istisnası vardır. Meşhur evrim biyoloğu John Maynard Smith'in ezici bir nezaketle söylediği gibi, bu açıklamalar bir işe yaramaz.

Peki işe yarayan nedir? Filogenetiğin kolay bir cevap sunamadığını gördük. Ökaryotların son ortak atası halihazırda düz kromozomlara, bir zarla çevrili hücre çekirdeğine, mitokondrilere, çeşitli uzmanlaşmış "organeller"e ve başka zar yapılarına, dinamik bir iskelete ve eşeyli üreme gibi özelliklere sahip karmaşık bir hücreydi. "Modern" olarak kabul edilebilecek bir ökaryot hücreydi. Bu özelliklerin hiçbiri, bakterilerde ökaryotlardaki haline benzer bir biçimde bulunmaz. Bu filogenetik "olay ufku" ökaryot özelliklerin geçirdiği evrimin izinin, zaman içinde son ökaryot ortak atanın ötesine sürülemeyeceği anlamına gelir. Modern toplumun her bir icadı; evler, hijyen, yollar, iş bölümü, tarım, hukuk mahkemeleri, savaşa hazır ordular, üniversiteler, hükümetler – devamını siz getirin– bütün bu icatların izi antik Roma'ya dek sürülebiliyor ama Roma öncesinde ilkel avcı-toplayıcı topluluklardan başka bir şey görülemiyormuş gibidir. Antik Yunan, Çin, Mısır, Levant, Pers İmparatorluğu ya da başka bir medeniyetin kalıntıları yoktur sanki; sadece baktığınız her yerde avcı-toplayıcılara ait çok sayıda iz görüyormuşsunuz gibi. İşte sorun da buradadır. Düşünün ki, uzmanlar Roma'nın nasıl inşa edildiğine ilişkin biraz fikir verebilecek ilk kentlerin, Romalılardan önceki medeniyetlerin kalıntılarını ortaya çıkarmak için dünya arkeolojisini yıllarca incelemişler. Yüzlerce örnek keşfedilmiş ama yakından tetkik edildiğinde hepsinin Roma sonrasına ait olduğu anlaşılmış. Dışardan bakıldığında antik ve ilkel görünen bütün bu kentler aslında "karanlık çağlar"da, atalarının izleri antik Roma'ya kadar uzanan atalar tarafından yapılmış. Aslında bütün yollar Roma'ya çıkıyor ve Roma da gerçekten bir günde kurulmuş.

Bu saçma bir fantezi gibi görünebilir ama şu sıralar biyoloji alanında karşı karşıya olduğumuz duruma yakındır. Bakteriler ile ökaryotlar arasında gerçekten de ara "medeniyetler" yoktur. Ara halka kılığına bürünmüş birkaçı (Birinci Bölüm'de tartıştığımız "archezoa") bir zamanlar daha görkemliydi; son yüzyıllarında surlarının içine çekilip küçülmüş, kabuğuna çekilmiş Bizans İmparatorluğu gibi. Bu berbat vaziyete nasıl akıl sır erdilebiliriz? Aslına bakarsanız filogenetik bir ipucu sunar. Tek tek genlere ilişkin incelemelerde mecburen gözden kaçırılan ama genomların tamamen karşılaştırıldığı bu zamanlarda maskesi düşmüş bir ipucudur bu.

## Karmaşıklığın Kimerik Kökeni

Evrimi tek bir genden (sık sık başvurulan ribozomal RNA geni kadar son derece iyi korunmuş bir genden bile) hareketle yeniden kurgulamaktaki sorun, tanımı itibarıyla tek bir genin dallanan bir ağaç ortaya çıkarmasıdır. Tek bir gen, aynı organizma için iki farklı tarih veremez, kimerik olamaz.[1] Filogenetikçilere göre, ideal bir dünyada her gen, ortak bir tarihi yansıtan benzer bir ağaç ortaya çıkarır ama derin evrimsel geçmişte bunun nadiren gerçekleştiğini görmüştük. Genellikle benimsenen yaklaşım, tarihleri ortak olan birkaç gene (aslında en fazla birkaç düzine gene) yaslanmak ve bunun "tek gerçek filogenetik ağaç" olduğunu ileri sürmektir. Bu standart "ders kitabı" yaşam ağacıdır (**Şekil 15**). Ökaryotların arkelerle tam olarak nasıl bir ilişkisi olduğu tartışmalıdır (farklı yöntemler ve genler farklı cevaplar verir) ama uzunca bir süre boyunca, ökaryotların arkelerin "kardeş" grubu olduğu ileri sürülmüştür. Konferanslar verirken bu standart yaşam ağacını göstermeyi severim. Dal uzunlukları genetik mesafeyi gösterir. Açıktır ki bakteriler ile arkeler arasında, ökaryotlarda olduğu kadar fazla gen çeşitliliği söz konusudur, peki ama arkeleri ökaryotlardan ayıran o uzun dalda ne olmuştur? Bu ağaçta gizli bir ipucu emaresi yoktur.

Ama genomların tamamını alırsanız tümüyle farklı bir örüntü ortaya çıkar. Birçok ökaryot genin bakteriler ya da arkelerde bir eşdeğeri yoktur ama yöntemler daha güçlü bir hale geldikçe bu oran da giderek küçülmektedir. Bu benzersiz genler ökaryot "imza" genleri olarak bilinir. Ama standart yöntemlerle bile, ökaryot genlerin kabaca üçte birinin prokaryotlarda eşdeğeri vardır. Bu genler prokaryot kuzenleriyle ortak bir ataya sahip olsa gerektir; homolog oldukları söylenir. İşte işin ilginç yönü de burada yatar. Aynı ökaryot organizmadaki farklı genler aynı atadan gelmez. Prokaryot homologa sahip ökaryot genlerin yaklaşık dörtte üçü görünürde bakteriyel soydandır, geri kalan dörtte birlik kısımsa arkeden türemiştir. Bu durum insanlar için de geçerlidir ama bu konuda yalnız değiliz. Maya dikkat çekici bir benzerlik gösterir; meyve sinekleri, deniz kestaneleri ve cycad'lar da. Bizim genomlarımız seviyesinden bakıldığında, *tüm* ökaryotlar canavar kimeralardır.

Bu kadarı su götürmez. Yani hararetli tartışmalara konu olur. Örneğin ökaryot "imza" genler prokaryot genlerle dizilim benzerlikleri göstermez. Neden peki? Eh, çok eski olabilirler, yaşamın kökeninden kalmış olabilirler; buna muhterem ökaryot varsayımı diyebiliriz. Bu genler ortak bir atadan o kadar uzun bir zaman önce farklılaşmıştır ki, herhangi bir benzerlik zamanın sisleri içinde kaybolup gitmiştir. Mesele eğer böyleyse, ökaryotlar çeşitli prokaryot genlerini çok daha yakın bir tarihte, örneğin mitokondriler edindikleri tarihlerde almış olmalıdır.

Bu yaşını başını almış eski fikir, ökaryotlara hürmet edenleri duygusal olarak cezbeder. Duygular ve kişilik, bilimde şaşırtıcı derecede büyük bir rol oynar. Bazı araştırmacılar ani, feci değişiklikler olduğu fikrine doğal olarak açıktır, bazılarıysa sürekli küçük değişiklikler meydana geldiğini vurgulamayı tercih eder; eski bir espride dendiği gibi, sarsıntılarla evrime karşı sürünmelerle evrim. İkisi de olur. Ökaryotlar örneğinde, öyle görünüyor ki, sorun bir insanmerkezci onur meselesidir. Biz ökaryotuz, kendimizi sonradan gelmiş genetik melezler olarak görmek onurumuza dokunur. Bazı bilim insanları, benim tümüyle duygusal gördüğüm gerekçelerle ökaryotların yaşam ağacının en temelinden türediğini düşünmeyi sever. Bu görüşün yanlış olduğunu kanıtlamak zordur ama eğer doğruysa, ökaryotların "kalkışa geçmesi," büyümesi ve karmaşıklaşması neden bu kadar uzun sürmüştür? Tam 2,5 milyar yıllık bir gecikme söz konusudur. Fosil kayıtlarında (çok sayıda prokaryot görmemize rağmen) neden çok eski zamandan kalan ökaryotların izlerini görmüyoruz? Ökaryotlar bu kadar uzun bir süre boyunca başarılı olmuşlarsa, mitokondrilerin edinilmesi öncesindeki o uzun dönemde ilk ökaryotlardan neden hiç hayatta kalan yoktur? Rekabette tükenecek kadar geri kaldıklarını varsaymamızı gerektirecek bir gerekçe olmadığını gördük, zira arkezoanın varlığı (Birinci Bölüm'e bakınız), morfolojik olarak basit ökaryotların muhtemelen milyonlarca yıl boyunca bakteriler ve daha karmaşık ökaryotlarla birlikte hayatta kaldığını kanıtlar.

Ökaryot imza genlerinin varlığına getirilebilecek alternatif bir açıklama, başka genlerden daha hızlı evrildikleri, bu nedenle eski dizilim benzerliklerini yitirdiklerini vurgular. Peki ama bu genler neden bu kadar hızlı evrilmiştir? Prokaryot atalarından farklı işlevler için seçilmişlerse, böyle hızlı evrilmiş olmaları mümkündür. Bu bana gayet akla yatkın görünüyor. Ökaryotların çok sayıda gen ailesi olduğunu, bu ailelerde çok sayıda kopyalanmış genin farklı görevleri yerine getirmekte uzmanlaştığını biliyoruz. Ökaryotlar hangi gerekçeyle olursa olsun prokaryotların giremediği bir morfolojik âleme girdikleri için, bu genlerin yepyeni görevleri gerçekleştirmeye uyarlanmış, bu arada prokaryot atalarına baştaki benzerliklerini yitirmiş olması pek şaşırtıcı değildir. Tahminler, bu genlerin gerçekten de bakteri ya da arke genleri arasında ataları olduğu ama yeni işlere uyarlanmanın daha önceki tarihlerini sildiği yönündedir. Gerçekten de böyle olduğunu savunacağım daha sonra. Şimdilik, ökaryot "imza" genlerin varlığının, ökaryot hücrenin temelde kimerik, prokaryotlar arasında bir tür birleşmenin ürünü olması olasılığını dışlamadığını belirtelim.

Peki ya tanımlanabilir prokaryot homologları olan ökaryot genlere ne demeli? Neden bu genlerin bazıları bakterilerden, bazıları da arkelerden gelmek zorundadır? Açıktır ki bu durum kimerik kökenlerle tam bir tutarlılık gösterir. Asıl mesele kaynakların sayısıyla ilgilidir. Ökaryotlardaki "bakteriyel" genlere bakalım örneğin. Ökaryot genomlarının tamamını bakterilerle karşılaştıran öncü filogenetikçi James McInerney, ökaryotlardaki bakteri genlerinin birçok farklı bakteri grubuyla ilişkili olduğunu göstermişti. Filogenetik bir ağaç üzerinde resmedildiklerinde farklı gruplar halinde "dallar"a ayrılırlar. Ökaryotlarda bulunan bakteri genlerinin tamamı, hepsinin de mitokondrilerin bakteri atalarından türediği varsayılsa olabileceği gibi alfa-proteobakteriler gibi tek bir modern bakteri grubuyla birlikte bir dal oluşturmaz hiçbir şekilde. Tam tersi söz konusudur: Öyle görünüyor ki, en az 25 farklı modern bakteri grubu ökaryotlara gen katkısında bulunmuştur. Aynı şey büyük ölçüde arkeler için de geçerlidir. Gerçi görünüşe bakılırsa daha az sayıda arke grubu katkıda bulunmuştur. Daha da ilginç olan nokta, bütün bu bakteri ve arke genlerinin Bill Martin'in gösterdiği üzere ökaryot ağacında dallar oluşturmasıdır (RESİM 21). Açıktır ki, ökaryotlar bu genleri evrimin ilk evrelerinde edinmiş, o zamandan beri de bu genlerin ortak bir tarihi olmuştur. Bu da ökaryot tarihinin tamamı boyunca sürekli bir yanal gen aktarımı akışı olması ihtimalini konu dışı bırakır. Öyle görünüyor ki, ökaryotların kökeninde tuhaf bir şey olmuştur. Sanki ilk ökaryotlar prokaryotlardan binlerce gen almış ama sonra prokaryot genleriyle

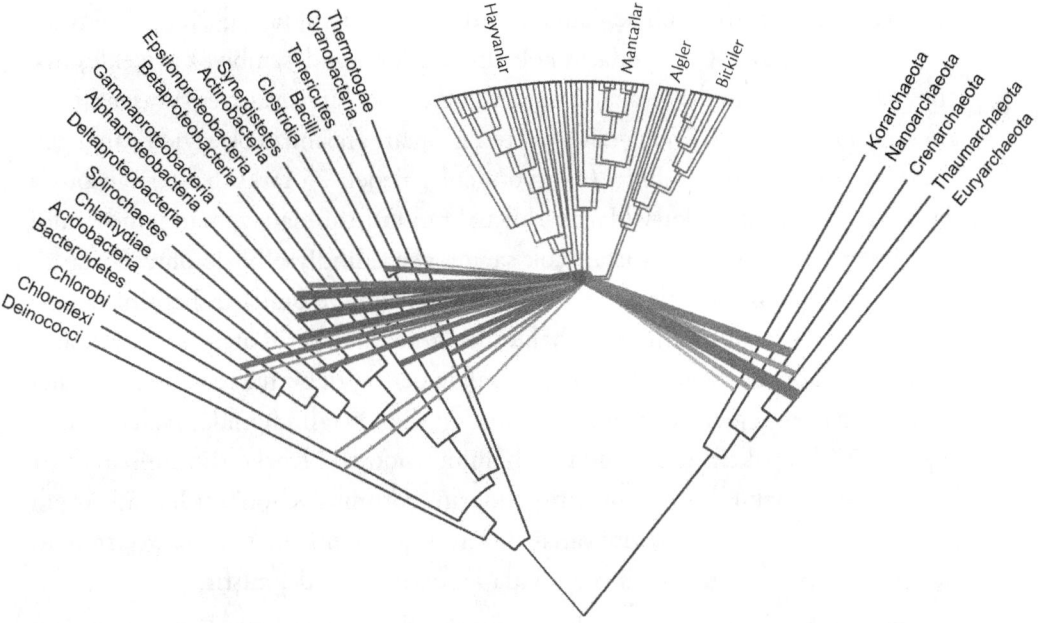

**RESİM 21** Ökaryotların dikkat çekici kimerikliği

Birçok ökaryot genin bakteriler ve arkelerde eşdeğerleri bulunur ama görünen kaynaklar yelpazesi, Bill Martin ve meslektaşlarının hazırladığı bu ağaçta görüldüğü üzere, şaşırtıcıdır. Bu ağaçta, prokaryot atalara sahip oldukları açık olan ökaryot genler için belli bakteri ve arke gruplarının en yakın eşleşmeleri resmedilmiştir. Kalın doğrular o kaynaktan açıkçası daha fazla genin türediğini gösterir. Örneğin genlerin büyük bir bölümü *Euryarchaeota*'dan türemiş gibi görünür. Bu kaynaklar yelpazesi çok sayıda endosembiyoz ya da yanal gen aktarımı olarak da yorumlanabilir ama bunun morfolojik bir kanıtı yoktur, bütün bu prokaryot genlerin neden ökaryotlarla birlikte aynı dalda olduğunu açıklamak zordur; bu da ökaryotların evriminde erken dönemde genetik aktarımların yaygın olduğu kısa bir evrim penceresi açıldığını, bunun ardından 1,5 milyar yıl boyunca neredeyse hiçbir şey olmadığını ima eder. Daha basit ve gerçekçi bir açıklamaya göreyse, ikisi de herhangi bir modern gruba eşdeğer bir genoma sahip olmayan bir arke ile bir bakteri arasında tek bir endosembiyoz yaşanmıştır; bunun sonrasında da bu hücrelerin soyundan gelen hücreler ile diğer prokaryotlar arasındaki yanal gen aktarımları, bir gen çeşitlemesine sahip olan modern grupların doğmasına yol açmıştır.

herhangi bir alışverişe girmeyi kesmişledir. Bu tablonun en basit açıklaması, bakteri tarzı yanal gen transferi değil, ökaryot tarzı endosembiyozdur.

Yüzeysel olarak bakıldığında, seri endosembiyoz kuramının tahmin ettiği üzere, çok sayıda endosembiyoz gerçekleşmiş olabilir. Ne var ki 27 farklı bakteri ile 7-8 arkenin hepsinin ilk endosembiyozlar orjisine, hücresel düzeyde bir aşk festivaline katılmış olması, ondan sonra da ökaryot tarihinin geri kalanında hiçbir şey olmaması pek inandırıcı değildir. Ama eğer böyle olmadıysa, bu görünümü başka nasıl açıklayabiliriz? Çok basit bir açıklaması vardır: Yanal gen aktarımı. Kendi kendimle çelişmiyorum, hayır. Ökaryotların kökeninde tek bir endosembiyoz gerçekleşmiş, ondan sonra da bakteriler ve ökaryotlar arasında başka bir gen alışverişi yaşanmamış ama bütün bu süre zarfında çeşitli bakteri grupları arasında çok sayıda yanal gen aktarımı gerçekleşmiş olabilir. Ökaryot genler neden 25 farklı bakteri grubuyla dallar oluştursun ki? Ökaryotlar tek bir bakteri nüfusundan, zaman içinde ciddi değişimler geçirmiş bir nüfustan çok sayıda gen edindiyse böyle olur. 25 farklı bakteri grubundan rastgele bir gen seçkisi oluşturun ve bunların hepsini tek bir nüfusa yerleştirin. Diyelim ki bu bakteriler mitokondrilerin atasıydı ve yaklaşık 1,5 milyar yıl önce yaşamışlardı. Bugün onlara benzeyen bir hücre yoktur pek ama bakterilerde yanal gen aktarımının baskınlığı dikkate alındığında, neden olması gereksin ki? Bu bakteri nüfusunun bir bölümü endosembiyozla edinilmiştir, diğer bir bölümüyse bakteri olarak bağımsızlıklarını korumuş ve sonraki 1,5 milyar yılı modern bakterilerin yaptığı gibi yanal aktarımla genlerini takas ederek geçirmiştir. Böylece genlerin atalarının eli çok sayıda modern gruba değmiştir.

Aynı şey evsahibi hücre için de geçerlidir. Ökaryotlara katkıda bulunan 7 ya da 8 arke grubundan genleri alın ve bunları 1,5 milyar yıl önce yaşamış bir ata nüfusuna yerleştirin. Yine bu hücrelerin bazıları endosembiyoz ortakları edinmiş (bunlar nihayetinde mitokondriye evrilmiş), geri kalanlarsa arkelerin yaptığı şeyi yapmaya, yanal gen aktarımıyla gen takasına devam etmişlerdir. Dikkat edelim, bu senaryo tersine mühendisliktir, zaten doğru olduğunu bildiğimiz şeylerden fazlasını varsaymaz: Yanal gen aktarımı bakteriler ve arkelerde yaygındır, ökaryotlarda o kadar yaygın değildir. Ayrıca bir prokaryot (tanımı itibarıyla, fagositoz yoluyla başka hücreleri yutma becerisine sahip olmayan bir arkaeon) başka mekanizmalarla endosembiyoz ortakları edinebilir. Bunu daha sonra geri dönmek üzere şimdilik bir kenara bırakacağız.

Ökaryotların kökenini açıklamak üzere geliştirilmiş olası en basit senaryo budur: Arke bir evsahibi hücre ile onun bakteri endosembiyoz ortağı arasında tek bir kimerik olay gerçekleşmiştir. Bu noktada bana inanmanızı beklemiyorum. Bu senaryonun olası başka senaryolar gibi, ökaryotların filogenetik tarihi hakkında bildiğimiz her şeye uygun olduğunu savunuyorum. Sadece Occam'ın kılıcına (verilerin en basit açıklaması olmasına) dayanarak bu görüşü destekliyorum, gerçi Martin Embley ile Newcastle'daki meslektaşları tam olarak böyle olduğu yönünde çok daha güçlü filogenetik kanıtlar elde etmiştir (RESİM 22). Ama ökaryot filogenetiğinin tartışmalı olduğu dikkate alınırsa, bu mesele başka bir biçimde çözülebilir mi? Ökaryotlar iki prokaryot, arke bir evsahibi ile daha sonraları mitokondri haline gelecek bakteriyel bir endosembiyoz ortağı arasındaki bir endosembiyozla ortaya çıkmışlarsa, bu meseleyi biraz daha kavramsal bir bakış açısıyla inceleyebiliriz. Bir hücrenin başka bir hücrenin içine girip de prokaryotların istikbalini dönüştürmesinin, ökaryot karmaşıklık potansiyelini serbest bırakmasının iyi bir gerekçesini düşünebiliyor muyuz? Evet. İkna edici bir gerekçe vardır ve enerjiyle ilgilidir.

## Bakteriler Neden Bakteridir?

Her şeyin anahtarı, prokaryotların (hem bakterilerin hem arkelerin) kemiozmotik olmasında yatar. Önceki bölümlerde hidrotermal menfezlerin kayalık duvarları içinde ilk hücrelerin nasıl doğmuş olabileceğini, doğal proton basamaklarının hem karbon hem enerji metabolizmasını nasıl yürütmüş olabileceğini, proton basamaklarına bu biçimde yaslanmanın bakteriler ile arkeler arasında derin bir ayrılık oluşmasını neden zorunlu kılmış olabileceğini tartışmıştık. Bu değerlendirmeler gerçekten de kemiozmotik eşleşmenin ilk başta nasıl doğduğunu açıklar ama bakterilerin tamamı, arkelerin tamamı ve bütün ökaryotlarda o zamandan beri neden devam ettiğini açıklamaz. Bazı gruplarda kemiozmotik eşleşmenin kaybolması, onun yerine başka bir şeyin, daha iyi bir şeyin alması mümkün değil miydi?

Birkaç grupta böyle olmuştur. Örneğin mayalar zamanlarının büyük bölümünü, birkaç bakteri gibi mayalayarak geçirir. Mayalanma süreci ATP biçiminde enerji üretir ama daha hızlı olmasına rağmen, mayalanma kaynakların verimsiz bir biçimde kullanılmasıdır. Sıkı mayalayıcılar çok geçmeden çevrelerini kirletir, kendi kendilerinin büyümesini engeller, etanol ya da laktat gibi bol miktardaki ürünleri de başka hücrelerin yakıtı olur. Kemiozmotik hücreler bu atık ürünleri oksijen ya da başka maddelerle, örneğin nitratla yakarak çok daha fazla enerji elde edebilir, böylece çok daha uzun bir süre boyunca büyümeyi sürdürebilir. Mayalanma, başka hücrelerin nihai ürünleri yaktığı bir karışımın parçası olarak gayet iyi işler ama tek başına çok sınırlıdır.[2] Mayalanmanın evrim sürecinde solumadan daha sonra ortaya çıktığı yönünde güçlü kanıtlar mevcuttur, bu termodinamik sınırlamalar ışığında değerlendirildiğinde gayet anlamlıdır.

Şaşırtıcıdır belki ama, mayalanma kemiozmotik eşleşmenin bilinen yegane alternatifidir. Bütün solunum biçimleri, bütün fotosentez biçimleri, hatta hücrele-

**A**

Monofiletik arkeler

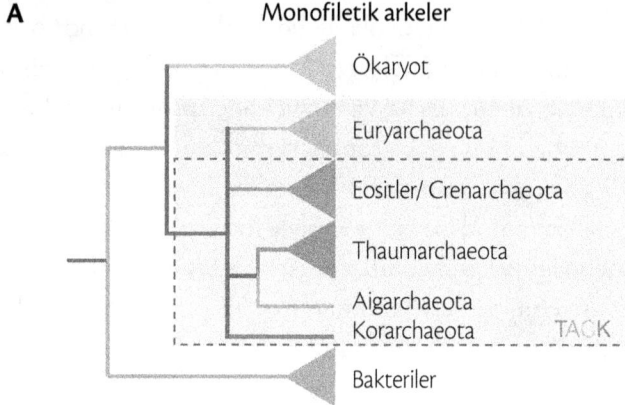

Ökaryot

Euryarchaeota

Eositler/ Crenarchaeota

Thaumarchaeota

Aigarchaeota
Korarchaeota          TACK

Bakteriler

Üç âlem varsayımı

Parafiletik arkeler

**B**

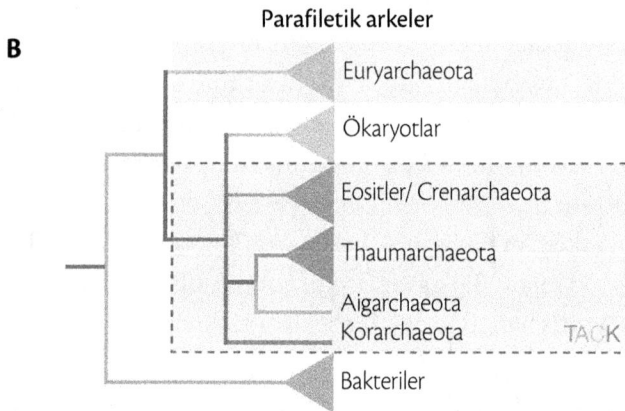

Euryarchaeota

Ökaryotlar

Eositler/ Crenarchaeota

Thaumarchaeota

Aigarchaeota
Korarchaeota          TACK

Bakteriler

Eosit varsayımı

**RESİM 22** Yaşamın üç değil, iki asal âlemi

Martin Embley ve meslektaşlarının yaptığı çığır açıcı çalışma, ökaryotların arkelerden türediğini gösterir. (a)'da bildiğimiz üç âlemli ağaç görülür, burada âlemlerin her biri monofiletiktir (karışmamıştır); ökaryotlar en üstte, bakteriler en alttadır, arkelerin bakteriler ya da ökaryotlara nazaran birbiriyle daha yakından ilişkili birkaç büyük gruba ayrıldığı görülmektedir. (b)'de daha yakın tarihe ait, güçlü bir biçimde desteklenen, daha geniş çaplı bir örnekleme ve çözüm ile çevrimde yer alan çok sayıda enformasyonel gene dayalı alternatif bir ağaç görülür. Bu enformasyonel genler eosit diye bilinen özel bir gruba yakın arke *içinde* dallanır, varsayımın adı da buradan gelir. Buradan çıkan sonuç, ökaryot âleminin kökeninde bakteriyel bir endosembiyoz ortağı edinen evsahibi hücrenin *bona fide* bir arke, eosit benzeri bir şey olduğu, dolayısıyla bir tür "ilkel fagosit" olmadığı yönündedir.

rin sadece organik olmayan basit öncü maddelerden ortaya çıktığı bütün ototrofi biçimleri sıkı sıkıya kemiozmotiktir. İkinci Bölüm'de bunun bazı iyi gerekçelerini sunmuştuk. Bunların başında da kemiozmotik eşleşmenin son derece çok yönlü olması gelir. Çok büyük bir elektron kaynakları ve yutakları yelpazesi, ortak bir işletim sistemine bağlanıp küçük uyarlanmaların derhal yarar kazandırmasını sağlayabilir. Benzer şekilde, genler yanal gen aktarımıyla geçirilebilir ve yine yeni bir uygulama misali, tam anlamıyla uyumlu bir sisteme yerleştirilebilirler. Böylece kemiozmotik eşleşme, neredeyse hiç vakit kaybetmeden hemen hemen bütün doğal ortamlara metabolik olarak uyarlanmayı sağlar. Baskın olmasına şaşmamak gerek!

Ama her şey bununla da kalmaz. Kemiozmotik eşleşme, enerjinin herhangi bir doğal ortamdan son damlasına varıncaya dek alınmasını da sağlar. Karbon ve enerji metabolizmasını yürütmek için $H_2$ ve $CO_2$ kullanan metanojenlere bakalım. $H_2$ ve $CO_2$'nin tepkimeye girmesini sağlamanın kolay olmadığını belirtmiştik: Bu tepkimenin önündeki engeli aşmak için bir enerji girdisine ihtiyaç vardır; metanojenler bunları tepkimeye zorlamak için elektron çatallanması denen zeki numarayı kullanır. Genel enerji açısından baktığınızda Hindenburg hava gemisini, hidrojen gazıyla dolu Alman zeplinini düşünebiliriz. Atlantik'i aştıktan sonra bir bomba gibi patlamış, hidrojenin o zamandan beri kötü anılmasına neden olmuştur. $H_2$ ve $O_2$ enerji bir kıvılcım biçiminde eklenmediği sürece kararlıdır ve tepkimeye girmez. Ama küçük bir kıvılcım bile anında çok büyük miktarda enerji açığa çıkmasına neden olur. $H_2$ ile $CO_2$ örneğinde problem "tersine dönmüştür;" "kıvılcım"ın nispeten büyük olması, salınan enerji miktarının da nispeten az olması gerekir.

Herhangi bir tepkimenin saldığı kullanılabilir enerji miktarı gerekli enerji girdisi miktarının iki katından azsa, hücreler ilginç bir sınırlamayla karşı karşıya kalır. Okul yıllarında kimyasal denklemleri dengelemeniz gerektiğini hatırlarsınız belki. Bir molekülün tamamının başka bir molekülle tepkimeye girmesi gerekir, yarım bir molekülün başka bir molekülün dörtte üçüyle tepkimeye girmesi imkansızdır. Bir hücrenin 2 ATP'den biraz daha az kazanmak için 1 ATP harcaması gerekir. 1,5 ATP diye bir şey yoktur, ya 1 ATP vardır ya 2 ATP. Dolayısıyla 1 ATP kazanmak için 1 ATP harcanır. Net bir kazanç yoktur, bu da normal kimya yoluyla $H_2$ ve $CO_2$'nin sağlayacağı büyümeyi engeller. Bu sadece $H_2$ ve $CO_2$ için değil, metan ve sülfat gibi başka birçok redoks çifti (bir elektron vericisi ve alıcısı çifti) için de geçerlidir. Bu temel kimya sınırlamasına rağmen hücreler yine de bu redoks eşleriyle büyümeyi sürdürür. Zarlar üzerindeki proton basamakları, tanımları itibarıyla *basamak* oldukları için yapabilirler bunu. Kemiozmotik eşleşmenin güzelliği, kimyayı aşmasında yatar. Kemiozmotik eşleşme hücrelerin "bozuk paraları" tasarruf etmesini sağlar. 1 ATP yapmak 10 proton gerektiriyorsa, belli bir kimyasal tepkime sadece 4 proton pompalamaya yetecek kadar enerji açığa çıkarıyorsa, bu durumda bu tepkime 12 proton pompolamak için üç kez tekrarlanır, sonra da bu 12 protonun 10 tanesi 1 ATP yapımında kullanılır. Bu, solunumun bazı biçimleri için sıkı sıkıya gerekli olsa da hepimiz için yararlıdır, zira hücrelerin aksi takdirde sıcaklık olarak israf edilecek küçük miktarlarda enerjiyi korumasını sağlar. Bu da hemen her zaman, proton basamaklarına açık kimya karşısında üstünlük kazandırır, nüansın gücü de burada yatar.

Kemiozmotik eşleşmenin enerji açısından yararları, 4 milyar yıl boyunca neden ısrarla varlığını sürdürmüş olduğunu açıklamaya yeter ama proton basamaklarının hücrelerin işleyişine dahil olmuş başka veçheleri de vardır. Bir mekanizmanın kökleri ne kadar derinlere uzanıyorsa, birbiriyle hayli ilişkisiz özelliklerin o kadar fazla temeli haline gelir. Bu nedenle proton basamakları, yaygın olarak besin alımını ve atık çıkarımını yürütmekte kullanılır; bakteri kamçısı denilen, hücrelerin motoru olan çıkıntıyı döndürmekte kullanılır; kahverengi yağ hücrelerinde olduğu gibi, ısı üretmek üzere kasten dağıtılmışlardır. En ilginci de, çöküşleri, bakteri nüfuslarının programlanmış ani ölümünü beraberinde getirir. Aslına bakılırsa, bir bakteri hücresi bir virüsle enfekte olduğunda büyük ihtimalle sonu gelmiş demektir. Virüs kendisini kopyalamadan önce kendisini çabucak öldürebilir, bu durumda akrabaları (onunla aynı genleri paylaşan yakınındaki hücreler) hayatta kalabilir. Hücrelerin ölümünü yöneten genler nüfusa yayılacaktır. Ama bu ölüm genlerinin çabucak hareket etmesi gerekir, hücre zarının delinmesinden daha hızlı bir-iki mekanizma daha vardır. Birçok hücre aslında böyle yapar, enfekte olduklarında zarlarında gözenekler açarlar. Bu gözenekler proton-yönlendirme gücünü çökertir, proton yönlendirme gücü gizli ölüm makinesini dolaştırır. Proton basamakları artık hücre sağlığının nihai sensörleri, yaşam ve ölüm habercileri haline gelmiştir; bu bölümde geniş yer ayıracağımız bir roldür bu.

Neresinden bakılırsa bakılsın, kemiozmotik eşleşmenin genelliği bir şans eseriymiş gibi görünmez. Kökeni muhtemelen yaşamın kökenine, (açık arayla en olası yaşam beşikleri olan) alkalin hidrotermal menfezlerde hücrelerin ortaya çıkışına bağlıdır, neredeyse bütün hücrelerde ısrarla varlığını sürdürmesi de gayet anlaşılır. Bir zamanlar tuhaf bir mekanizma olarak görünen şey, yüzeysel olarak bakıldığında sadece sezgilerimize ters düşer artık, analizimiz kemiozmotik eşleşmenin evrendeki yaşamın gerçekten de genel bir özelliği olması gerektiğini ileri sürer. Bu da başka yerlerde, yaşamın bakteriler ve arkelerin burada karşılaştığı, kökleri prokaryotların hücre zarında proton pompalamasına uzanan sorunların aynısıyla karşı karşıya kalması gerektiği anlamına gelir. Hücre zarından protein pompalamak gerçek prokaryotları hiçbir şekilde sınırlamaz, ama olabilecek şeyleri sınırlar. Ben de bu durumda mümkün olamayacak şeyin, görmediğimiz şeyin ta kendisi olduğunu savunuyorum: büyük genomlara sahip, morfolojik açıdan karmaşık prokaryotlar...

Mesele her gen için enerjinin elverişliliğidir. Birkaç yıldır bu kavrama doğru körlemesine ilerliyordum ama meseleleri ileriye götüren gerçekten de Bill Martin'le canlı ve ateşli diyaloğumuz oldu. Haftalarca süren sohbetlerin ve fikir alışverişinin ardından, ökaryotların geçirdiği evrimin anahtarının "gen başına enerji" fikrinde yattığı aklımıza geliverdi. Heyecanla dolup taşıyordum.Bir hafta boyunca bir zarfın üzerine, sonunda bir sürü zarfın üzerine hesaplamalar karalayıp durdum. Nihayet ikimizi de sarsan bir cevap bulduk; prokaryotları ökaryotlardan ayıran enerji uçurumuna bir sayı veren, literatürdeki verilerden hareketle elde edilmiş bir cevaptı bu. Hesaplamalarımıza göre, ökaryotlar gen başına, prokaryotlardan 200.000 kat daha fazla enerjiye sahipti. 200.000 kat daha fazla enerji! Sonunda iki grup arasında bir uçurum bulmuştuk, bakteriler ve arkelerin karmaşık ökaryotlara neden asla evrilmediğini, aynı gerekçeyle, bakteriyel hücrelerden oluşan bir uzaylıyla karşılaşmamızın neden ihtimal dışı olduğunu açıklayan bir ayrılıktı bu. Bir enerji coğrafyasına sıkışıp kaldığınızı hayal edin, zirveler yüksek enerji, dip noktalar düşük enerji olsun. Bakteriler en derine inen dip noktanın dibinde yer alır.O kadar derin bir enerji uçurumudur ki bu, uçurumun duvarları göğe yükselir, ölçülebilir değildir kesinlikle. Prokaryotların ebediyen burada kalmış olmasına şaşmamak gerekir. İzin verin de nedenini açıklayayım.

## Gen Başına Enerji

Bilim insanları genellikle benzeri benzerle karşılaştırır. İş enerjiye geldiğinde, en adil karşılaştırma gram başınadır. Bir gram bakterinin (oksijen tüketimiyle ölçülen) metabolik hızını bir gram ökaryot hücrenin metabolik hızıyla karşılaştırabiliriz. Korkarım bakterilerin genellikle tek hücreli ökaryotlardan daha hızlı, ortalama üç kat daha hızlı soluduğunu öğrenmek sizi pek şaşırtmayacak. Çoğu araştırmacı, araştırmalarını bu şaşırtıcı olmayan gerçeğe denk geldiklerinde bırakma eğilimindedir; devam etmek elmaları armutlarla karşılaştırmak olur. Biz devam ettik. Peki ya hücre başına metabolik hızı karşılaştırsaydık? Ne kadar da gayriadil bir karşılaştırma! 50 bakteri türü ve 20 tek hücreli ökaryot türünden oluşan örneklememizde, ökaryotlar (ortalama olarak) hücre hacimleri itibarıyla bakterilerden 15.000 kat daha büyüktü.[3] Bakterilerin üçte biri kadar hızlı soludukları dikkate alınırsa, ortalama ökaryot bir saniyede ortalama bakteriden 5.000 kat daha fazla oksijen tüketir. Bu durum basitçe ökaryotun çok daha büyük olduğunu, daha fazla DNA'ya sahip olduğunu yansıtır. Yine de tek bir ökaryot hücre 5.000 kat daha fazla enerjiye sahiptir. Peki bu enerjiyi nereye harcamaktadır?

Bu fazladan enerjinin büyük bir bölümü DNA'nın kendisine harcanmaz, tek hücreli bir organizmanın genel enerji bütçesinin sadece yaklaşık %2'si DNA'nın kopyalanmasına harcanır. Oysa tersine, mikrobiyal enerji alanının seçkin isimleri arasında yer alan (her zaman aynı fikirde olmasak da benim de kahramanım olan) Frank Harold'a göre, hücreler toplam enerji bütçelerinin %80'ini protein sentezine harcarlar. Bunun nedeni, hücrelerin büyük ölçüde proteinlerden oluşmasıdır, bir bakterinin boş ağırlığının yaklaşık yarısı proteindir. Ayrıca protein yapmak çok masraflıdır, proteinler genellikle birkaç yüz tanesi "peptit" bağlarıyla uzun bir zincir halinde birbirine bağlanmış aminoasit zincirleridir. Her peptit bağı mühürlemek için en az 5 ATP'ye gereksinim duyarlar. Nükleotidleri polimerleştirip DNA haline getirmek için bunun beş katı kadarına ihtiyaç vardır. Sonra her proteinin binlerce kopyası üretilir, bu kopyalar hasarın onarılması için sürekli elden geçirilir. O halde, bir ilk yaklaşıklık olarak hücrelerin enerji maliyeti protein yapma maliyetine yakındır. Her farklı protein farklı bir genle şifrelenir. Bütün genlerin proteinlere çevrildiğini varsayarsak (gen ifadelerindeki farklılıklara rağmen genelde durum budur), bir genomda ne kadar fazla gen varsa, protein sentezinin maliyeti o kadar yüksek olur. Basit bir yol tutup ribozomları (hücrelerdeki protein üretim fabrikalarını) saymak bunu doğrular, zira ribozom sayısı ile protein sentezinin yükü arasında doğru orantılı bir korelasyon vardır. *E.coli* gibi ortalama bir bakteride yaklaşık 13.000 ribozom bulunur; tek bir karaciğer hücresindeyse en az 13 milyon ribozom vardır, yaklaşık 1000 ila 10.000 kat daha fazla yani.

Bakteriler ortalama olarak yaklaşık 5.000 gene sahiptir, ökaryotlarınsa yaklaşık 20.000 geni vardır; göletlerde yaşayan, aşina olduğumuz *paramecium* gibi büyük protozoalar örneğinde bu rakam 40.000'i bulabilir (bu canlılar bizden iki kat daha fazla gene sahiptir). Ortalama bir ökaryot gen başına, ortalama prokaryottan 1.200 kat daha fazla enerjiye sahiptir. 5.000 genin bulunduğu bakteri genomunu 20.000 genden oluşan ökaryot genomu büyüklüğüne getirerek gen sayısını düzeltirsek, bakterilerde gen başına enerji, ortalama ökaryota göre yaklaşık 5.000 kat daha az olur. Başka bir deyişle, ökaryotlar bakterilerden 5.000 kat daha büyük bir genomu destekleyebilir ya da örneğin, her proteinin birçok kopyasını üreterek her bir geni ifade etmek için 5.000 kat daha fazla ATP harcayabilir; ya da bunun ikisinin bir karışımı söz konusu olabilir, ki aslında durum böyledir.

Ne kadar önemli dediğinizi duyar gibiyim, ökaryot 15.000 kat daha büyük. Bu büyük hacmi bir şeyin doldurması gerekiyor, o şey de çoğunlukla proteindir. Bu karşılaştırmalar ancak hücre hacmini de düzeltirsek bir anlam ifade eder. Bakterimizi genişletip ökaryotların ortalama büyüklüğüne getirelim ve bu durumda gen başına ne kadar enerji harcaması gerektiğini hesaplayalım. Daha büyük bir bakterinin daha fazla ATP'si olacağını düşünebilirsiniz, gerçekten de öyledir; ama protein sentezine talebi de daha büyüktür, bu da daha fazla ATP harcar. Genel denge bu etkenler arasındaki ilişkiye bağlıdır. Bakterilerin aslında daha büyük oldukları için ağır bir ceza ödediklerini hesapladık: Büyüklük önemli değildir, bakteriler açısından daha büyük olmak daha iyi değildir. Tam tersine, dev bakterilerin aynı büyüklükte bir ökaryota kıyasla gen başına 200.000 kat daha az enerjisi olması gerekir. İşte nedeni.

Bir bakteriyi binlerce kat büyütmek yüzey alanının hacme oranıyla ilgili bir sorun çıkarır. Ökaryotumuz, ortalama bir bakteriden 15.000 kat daha büyük ortalama bir hacme sahiptir. İşleri basit tutalım ve hücrelerin sadece küre olduğunu varsayalım. Bakterimizi şişirip ökaryot boyutlarına getirmek için yarıçapını 25 kat, yüzey alanını da 625 kat artırmamız gerekir.[4] ATP sentezi hücre zarının üzerinde gerçekleştiğinden bu önemlidir. O halde bir ilk yaklaşıklık olarak ATP sentezi, zarın yüzey alanının genişlemesine paralel olarak 625 kat artacaktır.

Ama elbette ki ATP sentezi protein gerektirir: Zarın ötesine faal olarak proton pompalayan solunum zincirleri ve ATP sentezinin enerjisini sağlamak için proton akışını kullanan moleküler türbinler, yani ATP sentazı. Zarın yüzey alanı 625 kat artırıldığında, solunum zincirleri ve ATP sentazı enzimlerinin toplam sayısı birim alanda yoğunlukları aynı kalacak şekilde artırılması koşuluyla ATP sentezi 625 kat genişleyebilir. Bu kesinlikle doğrudur ama akıl yürütme tehlikelidir. Bütün bu fazladan proteinlerin fiziksel olarak yapılması ve zara yerleştirilmesi gerekir, bu da ribozomları ve her tür birleştirici etkeni gerektirir. Bunların da sentezlenmesi ve amino asitlerin RNA'ların yanı sıra ribozomlara gönderilmesi gerekir; bu iş de genler ve proteinler gerektirir. Bu fazladan faaliyeti desteklemek için daha fazla besinin genişlemiş hücre alanına gönderilmesine ihtiyaç vardır, bu da özel aktarım proteinleri gerektirir. Aslında yeni bir zar da sentezlememiz gerekir, bu da lipid sentezi için enzim gerektirir. Böyle devam edip gider liste. Bu büyük faaliyet dalgası tek bir genomla desteklenemez. Bir düşünün, küçük bir genom, orada öylece duruyor, 625 kat daha fazla ribozom, protein, RNA, lipid üretecek de, bir şekilde bunları çok genişlemiş hücre yüzeyine gönderecek, peki ne için? Sırf ATP sentezini daha önceden olduğu gibi birim yüzey alanında aynı oranda tutabilmek için. Açıktır ki bu mümkün değildir. Bir kenti yeni okullar, hastaneler, dükkânlar, oyun sahaları, geri dönüşüm merkezleri vb. ile 625 kat büyüttüğünüzü düşünün; bütün bu tesislerden sorumlu yerel yönetim aynı küçük bütçeyle idare edilemez.

Bakterilerin büyüme hızı ve genomlarının modernleşmesinin sağladığı yararlar dikkate alındığında, büyük ihtimalle her genomdaki protein sentezi sınırlarına yaklaşır. Genel protein sentezini 625 kat artırmanın, bakteri genomunun tamamının, tam olarak aynı biçimde işleyen 625 kopyasını gerektirmesi çok akla yatkındır.

Yüzeysel olarak bakıldığında bu kulağa çılgınca gelebilir ama aslında öyle değildir. Bu meseleye hemen geri döneceğiz, şimdilik sadece enerji maliyetini düşünelim. 625 kat daha fazla ATP'miz ama 625 kat daha fazla genomumuz var, bunların her birinin yürütme maliyeti eşdeğer. Evrilmesi kovalar dolusu enerji ve kuşaklar üstüne kuşaklar alacak, hücreler arası incelikli bir nakliye sisteminin olmadığı bir ortamda bu genomların her biri eşdeğer bir "bakteriyel" hacimde sitoplazma, zar vb.'den sorumludur. Herhalde bu büyütülmüş bakteriyi düşünmenin en iyi biçimi tek bir hücre değil, birleşip bir bütün haline gelmiş, birbirinin aynı 625 tane hücreden oluşan bir topluluktur. Açıktır ki, "gen başına enerji" ilkesi bu birleşmiş birimlerin her biri için tamamen aynı kalır. Dolayısıyla, bir bakterinin yüzey alanını büyütmek enerji açısından hiçbir yarar sağlamaz. Unutmayalım, ökaryotlar gen başına "normal" bakterilerden 5.000 kat daha fazla enerjiye sahiptir. Bakterilerin yüzey alanını 625 kat artırmak gen başına düşen enerji düzeyini etkilemezse, bu enerji, ökaryotlarda olduğundan 5.000 kat daha az düzeyde kalır.

Mesele daha da beter bir hal alır. Bakterinin enerji maliyeti ve kârını 625 kat artırarak hücremizin yüzey alanını 625 kat artırdık. Peki ya iç hacmi? Bakterimizin iç hacmi dudak uçuklatacak bir düzeyde, tam 15.000 kat arttı. Bu noktaya kadar, büyütme faaliyetimiz iç kısmı metabolik açıdan tanımsız, dev bir hücre balonu yarattı; enerji gereksiniminin sıfır olduğunu düşündük. Hücrenin içinde metabolik açıdan atıl, dev bir koful olsaydı bu geçerli olurdu. Ama işler böyle olsaydı, büyütülmüş bakterimiz bir ökaryota benzemezdi; ökaryot hücre bakteriden 15.000 kat daha büyük olmakla kalmaz, karmaşık biyokimyasal mekanizmalarla da doludur. Bu mekanizmalar da, benzer enerji maliyetleriyle çoğunlukla proteinlerden oluşmuştur. Bütün bu proteinleri hesaba katarsak aynı argümanlar geçerli olur. Hücrenin hacmini 15.000 kat artırıp da, genomların toplam sayısını kabaca aynı miktarda artırmamak düşünülemez. Ama ATP sentezi aynı miktarda artırılamaz; hücre zarının alanına dayanır, bunu da zaten değerlendirmeye almıştık. Dolayısıyla, bir bakteriyi büyütüp ortalama bir ökaryot boyutuna getirmek ATP sentezini 625 kat ama enerji maliyetini 15.000 kat artırır. Her bir genin tek bir kopyasına düşen enerjinin 25 kat azalması gerekir. Bunu (genom büyüklüğünü düzelttikten sonra) gen başına enerjide gözlenen 5.000 kat farklılıkla çarptığınızda, hem genom büyüklüğünün hem hücre hacminin eşitlenmesi sonucu, dev bakterimizin gen başına ökaryotlara nazaran 125.000 kat daha az enerjiye sahip olacağını görürüz. Bu ortalama bir ökaryottur. Amipler gibi büyük ökaryotlar gen başına, büyütülmüş dev bir bakteriden 200.000 kat daha fazla enerjiye sahiptir. İşte sayımız buradan geliyordu.

Bu işin sayılarla saçma sapan oyunlar oynamaktan ibaret olduğunu, hiçbir anlamı olmadığını düşünebilirsiniz. İtiraf etmem gerekir ki bu beni de kaygılandırdı, bu rakamlar gerçekten de inanılmazdır ama bu kuramlaştırma en azından açık bir tahminde bulunur. Dev bakterilerin, tam genomlarının binlerce kopyasına sahip olması gerekir. Eh, bu tahmin kolayca sınanabilir. Bazı dev bakteriler vardır, pek yaygın değildirler ama vardırlar. Böyle iki dev bakteri türü ayrıntılı olarak incelenmiştir. *Epulopiscium* sadece cerrahbalığının anaerobik arka bağırsağından bilinir. Bir hücre gemisidir, uzundur ve aerodinamik bir yapısı vardır, yaklaşık yarım milimetre uzunluğundadır, çıplak gözle görülebilir. *Paramecium* da dahil olmak üzere çoğu ökaryotun uzunluğundan daha büyüktür bu boyut (RESİM 23). *Epulopiscium*'un neden bu kadar büyük olduğu bilinmiyor. *Thiomargarita* daha da büyüktür. Bu hücreler küredir, çapları yaklaşık bir milimetredir ve büyük ölçüde dev bir kofuldan oluşurlar. Tek bir hücre bir meyve sineğinin başı kadar büyük olabilir! *Thiomargarita* yukarı doğru akıntılar sayesinde, düzenli aralıklarla nitratlarla zenginleşen okyanus sularında yaşar. Bu hücreler solunumda elektron alıcısı olarak kullanmak üzere nitratları kofullarında hapseder, bu onların günler ya da haftalar süren nitrat yoksunluğunda solumayı sürdürmelerini sağlar. Ama mesele bu değildir. Mesele hem *Epulopiscium*'un hem *Thiomargarita*'nın "aşırı poliploidlik" (çok kromozomluluk) sergilemesidir. Bu da genomlarının tamamının binlerce kopyasına sahip oldukları anlamına gelir, *Epulopiscium* örneğinde 200.000, *Thiomargarita* örneğinde 18.000 kopyaya sahiptirler (hücrenin büyük bölümü dev bir koful olmasına rağmen).

Öyle rahat rahat 15.000 genomdan bahsetmek birden kulağa çok da çılgınca gelmemeye başlar. Bu genomların sadece sayısı değil, dağılımı da kurama uyar. Her iki örnekte de, genomlar hücre zarına yakın bir konumda, hücre çeperi çevresinde yer alır (RESİM 23). Hücrenin merkezi metabolik olarak atıldır, *Thiomargarita* örneğinde sadece kofuldur, *Epulopiscium* örneğindeyse yeni yavru hücrelerin ortaya çıkacağı neredeyse boş bir ortamdır. Hücrenin iç kısmının metabolik açıdan neredeyse atıl olması, protein sentezinin maliyetinden tasarruf ettikleri, bu nedenle iç kısımlarında daha fazla genom barındırmadıkları anlamına gelir. Kuramsal olarak bu, gen başına enerjileri itibarıyla kabaca normal bakterilere benzer olmaları gerektiğini ifade eder; fazladan genomlar daha biyoenerjik zarla ilişkili olmalı, bu zar her genin ek kopyalarını desteklemek için gerek duyulan fazladan ATP'nin tamamını üretme yetisine sahip olmalıdır.

Öyle görünüyor ki durum da böyledir. Bu bakterilerin metabolik hızları hünerle ölçülmüştür. Genomun toplam kopyalarının sayısını biliriz, böylece gen başına enerjiyi doğrudan ölçebiliriz. Şu işe bakın! Bu rakam (aynı büyüklük düzeninde) sıradan *E.coli* bakterisinin enerjisine eşittir. Dev bakterilerin daha büyük boyutlarda olmalarının maliyetleri ve yararları ne olursa olsun, bir enerji avantajı yoktur. Tam

A

B

C

D

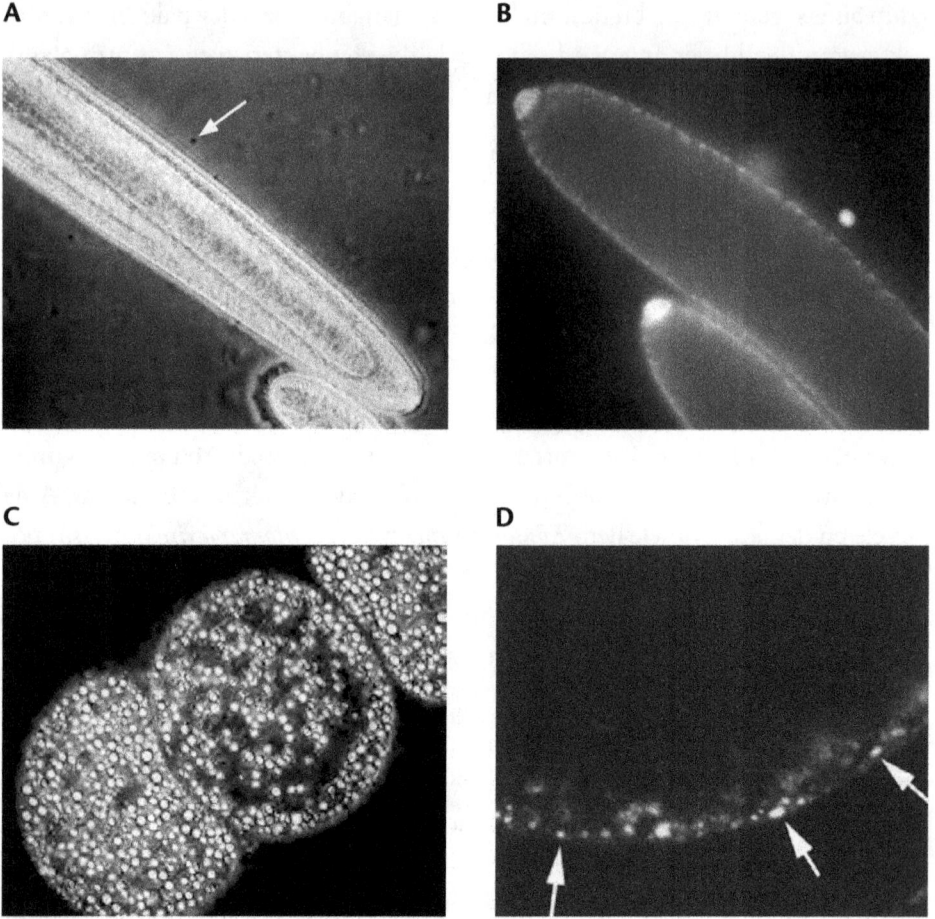

**RESİM 23** "Aşırı poliploidlik" gösteren dev bakteriler

(A)'da dev bakteri *Epulopiscium* görülüyor. Okun kıyaslama adına gösterdiği "tipik" bakteri ise *E.coli*'dir. Alt ortadaki hücre ökaryot protist *Paramecium*'dur, dev bakterinin yanında küçük kalıyor. (B)'de DNA için DAPI ile lekelenmiş *Epulopiscium* görülüyor. Hücre zarının yakınındaki beyaz noktalar, genomun tamamının kopyalarıdır; daha büyük hücrelerde yaklaşık 200.000 kopya bulunur; bu "aşırı poliploidlik" diye bilinen bir haldir. (C) çok daha büyük bir bakteridir, çapı yaklaşık 0,6 mm olan *Thiomargarita*'dır. (D)'de DAPI renklendiricisiyle renklendirilmiş *Thiomargarita* görülür. Hücrenin büyük bölümünü dev bir koful işgal etmiştir, mikrografın üst kısmındaki siyah bölgede görülebilir. Kofulun çevresinde genomun tamamının yaklaşık 20.000 kopyasını içeren ince bir sitoplazma filmi vardır (beyaz oklarla işaretlenmiştir).

da tahmin edildiği üzere, bu bakteriler her genin tek bir kopyası başına, ökaryotlarda olduğundan 5.000 kat daha az enerjiye sahiptir (RESİM 24). Bu rakamın 200.000 kat olmadığına dikkat edelim, zira bu devasa bakterilerde hücrenin içinde değil, sadece çeperlerin çevresinde çok sayıda genom bulunur; bakterilerin iç hacimleri metabolik açıdan neredeyse atıldır, bu devlere hücre bölünmesi açısından sorun çıkarır ve neden bol olmadıklarını açıklamamızı sağlar.

Bakteriler ve arkeler hallerinden memnundur. Küçük genomları olan küçük bakteriler enerji açısından sınırlı değildir. Sadece, bakterileri büyütüp ökaryot boyutlarına çıkarmaya çalıştığımızda sorun çıkar. Genom büyüklüklerini ve enerji kapasitelerini ökaryotlar gibi artırmak yerine gen başına enerji aslında geriler. Aradaki açık muazzam bir hal alır. Bakteriler genom büyüklüklerini artıramaz, ökaryotlara benzer şekilde her tür yeni işlevi şifreleyen, binlerce yeni gen ailesi de toplayamaz. Tek bir devasa nükleer genom geliştirmek yerine, standart kopya küçük bakteri genomun binlerce kopyasını barındırır hale gelirler.

## Ökaryotlar Nasıl Kaçmıştır?

Neden aynı ölçek sorunları ökaryotların karmaşıklaşmasını engellememiştir? Fark mitokondrilerde yatar. Ökaryotların kökeninin, muhtemelen arke bir evsahibi hücre ile bakteriyel endosembiyoz ortağı arasında gerçekleşen genom birleşmesine dayandığını hatırlayalım. Filogenetik kanıtların bu senaryoyla tutarlı olduğunu ama tek başına bunun senaryoyu kanıtlamak için yeterli olmadığını söylemiştim. Ama bakterilerin ciddi enerji bariyerleriyle karşı karşıya olması, karmaşık yaşamın kimerik bir kökeni olması için gerekli bir *koşulu* kanıtlamaya çok yaklaşır. Sadece prokaryotlar arasında bir endosembiyozun bakteriler ve arkelerin enerji kısıtlamalarını aşabileceğini, evrim sürecinde prokaryotlar arasında endosembiyozların son derece ender olduğunu savunacağım.

Bakteriler *kendi kendilerini* kopyalayan özerk oluşumlardır, hücredirler; genomlarsa öyle değildir. Dev bakterilerin karşı karşıya olduğu sorun, büyük olmak için genomlarının tamamını binlerce kez kopyalamak zorunda olmalarıdır. Her genom mükemmel bir biçimde, yani neredeyse mükemmel bir biçimde kopyalanır ama sonra sadece orada durur, başka bir şey yapamaz. Proteinler onun üzerinde çalışmaya koyulabilir, genleri çözümleyip çevirmeye başlayabilir; evsahibi hücre, proteinleri ve metabolizmasının dinamizminin verdiği enerjiyle bölünebilir ama genom tamamen atıldır, bir bilgisayarın sürücüsü gibi kendi kendisini kopyalama yetisinden yoksundur.

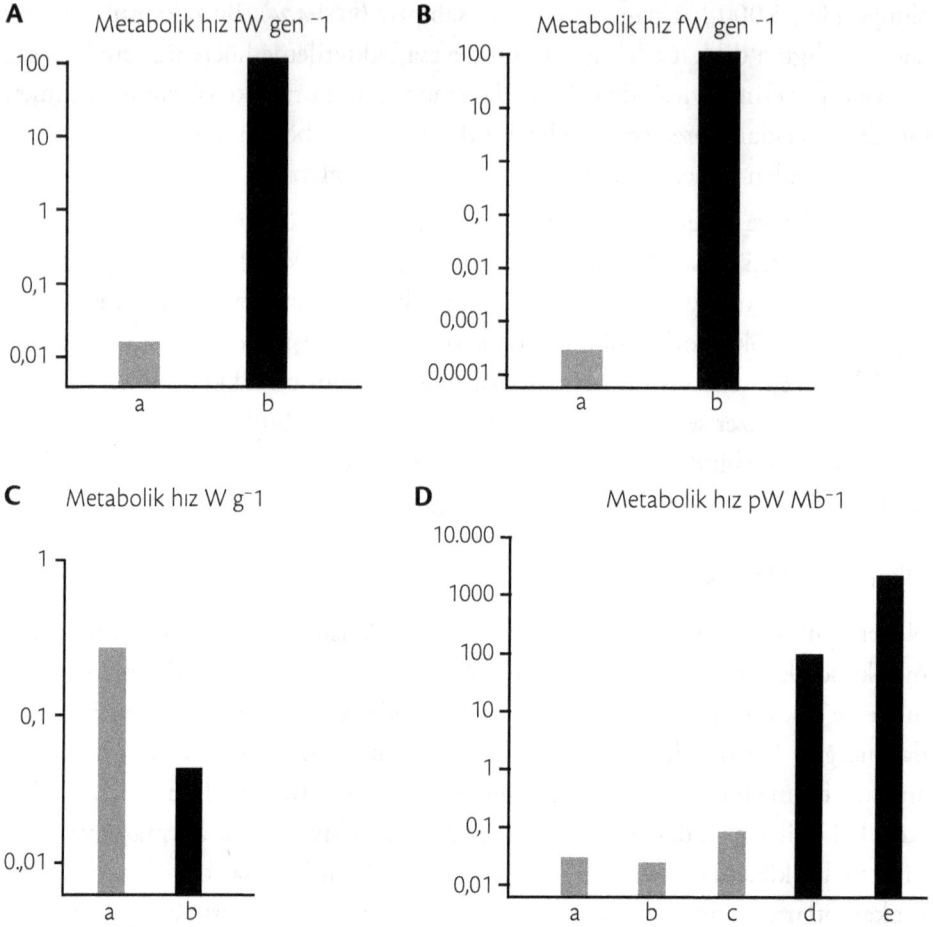

**RESİM 24** Bakteriler ve ökaryotlarda gen başına enerji

(a)'da genom büyüklükleri eşitlendiğinde tek hücreli ökaryotlarla (b, siyah çubuk) karşılaştırmalı olarak bakterilerde gen başına ortalama metabolik hız görülüyor (a, gri çubuk). (b) büyük ölçüde aynı şeyi gösteriyor ama burada genom büyüklüğünün yanı sıra hücre hacminde de eşitleme yapılmış (ökaryotlarda 15.000 kat daha büyüktür hücre hacmi). Bütün bu grafiklerde Y ekseninin logaritmik olduğuna, bu nedenle her birimin 10 katlık bir artışı temsil ettiğine dikkat edelim. Bu nedenle tek bir ökaryot hücrede, solunum hücrelerin gramı başına üç kat daha yavaş olsa bile, gen başına bakterilerde olduğundan 100.000 kat daha fazla enerji vardır (c). Bu rakamlar ölçülmüş metabolik hızlara dayanır ama genom büyüklüğü ve hücre hacmi için yapılan düzeltmeler kuramsaldır. (d)'de kuramın gerçekliğe hoş bir biçimde denk düştüğü görülür. Bu durumda, genom büyüklüğü, kopya sayısı (poliploidlik) ve hücre hacmi dikkate alınarak her bir genom için metabolik hız değerleri gösterilmiştir. Bu örnekte a *E.coli*, b *Thiomargarita*, c *Epulopiscium*, d *Euglana* ve e büyük *Amoeba proteus*'tur.

Peki bu nasıl bir fark yaratır? Hücredeki bütün genomların esasen birbirinin tıpatıp kopyası olduğu anlamına gelir. Aralarındaki farklar doğal seçilime tabi değildir çünkü kendi kendilerini kopyalayan oluşumlar değillerdir. Aynı hücrede farklı genomlar arasındaki farklılıklar kuşaklar içinde silinip gidecektir, parazitler gibi. Ama bir de, bakterilerin hepsi kendi aralarında rekabet ederse neler olacağını düşünelim. Bir hücre dizisi bir diğerinden iki kat hızlı kopyalanabiliyorsa, avantajını her kuşakta iki katına çıkaracak, kat kat daha hızlı büyüyecektir. Hızlı büyüyen hücre dizisi sadece birkaç kuşak içinde nüfusta baskın hale gelecektir. Büyüme hızı açısından böyle büyük bir avantaj ihtimal dışı olabilir ama bakteriler o kadar hızlı büyür ki, büyüme hızındaki küçük farklar bile birçok kuşak içinde bir nüfusun bileşimi üzerinde dikkat çekici bir etki yaratabilir. Bakteriler söz konusu olduğunda, bir günde 70 kuşak gelip geçebilir, insanların yaşamlarıyla ölçüldüğünde o günün şafak vakti İsa'nın doğumu olarak görülebilir. Nüfusun artış hızındaki küçük farklılıklar, bir genomdan küçük DNA silinmeleriyle sağlanabilir, örneğin artık kullanılmayan bir gen silinebilir. Bu gene gelecekte ihtiyaç duyulsa da duyulmasa da onu kaybeden hücreler biraz daha hızlı kopyalanacak, birkaç gün içinde nüfusta baskınlık kazanacaklardır. Yararsız geni koruyanlar yavaş yavaş yer değiştirecektir.

Sonra koşullar yine değişir. Yararsız gen değerini yeniden kazanır. Bu genden yoksun olan hücreler, yanal gen aktarımıyla onu yeniden edinemedikçe büyüyemezler. Bu sonu gelmez döngüsel gen kaybı ve kazanımı dinamiği, bakteri nüfuslarına hakimdir. Zaman içinde genom büyüklüğü mümkün olabilecek en küçük boyutta istikrar kazanır, tek tek hücreler de daha büyük "metagenom"a (nüfusun tamamı hatta komşu nüfuslar içinde bulunan toplam genlerin havuzu) erişebilir hale gelir. Tek bir *E coli* hücresi 4.000 gene sahip olabilir ama metagenom daha çok 18.000 gen kadardır. Bu metagenoma dalmak risklidir; yanlış geni ya da mutasyon geçirmiş versiyonu, genetik bir paraziti almak gibi riskleri vardır; ama zaman içinde bu strateji işe yarar, zira doğal seçilim o kadar uygun olmayan hücreleri eler ve şanslı kazananlar her şeyin sahibi olur.

Ama şimdi bakteriyel bir endosembiyoz ortakları nüfusunu düşünelim. Aynı genel ilke geçerlidir; bu başka bir bakteri nüfusudur ama kısıtlı bir alanda bulunan küçük bir nüfustur. Gereksiz genlerini kaybeden bakteriler biraz daha hızlı kopyalanacak ve daha önce olduğu gibi nüfusta ağırlık kazanma eğilimi gösterecektir. Kilit farklılık, doğal ortamın istikrarlı olmasıdır. Koşulların sürekli değiştiği büyük dış dünyanın tersine, hücrelerin sitoplazması çok istikrarlı bir ortamdır. Buraya varmak ya da burada hayatta kalmak kolay olmayabilir ama bir kez gerçekleştiğinde sürekli ve değişmez bir besin tedariğine güvenilebilir. Serbest yaşayan bakterilerde sonu gelmez döngüsel gen kaybı ve kazanımı dinamiğinin yerini, gen kaybı ve genetik modernleşmeye uzanan bir yol alır. İhtiyaç duyulmayan genlere bir daha hiç ihtiyaç duyulmayacaktır. Ebediyen kaybedilebilirler. Genomlar küçülür.

Fagositozla başka hücreleri yutma yetisine sahip olmayan prokaryotlar arasında endosembiyozların ender olduğunu söylemiştim. Bakterilerde bildiğimiz birkaç örnek vardır (RESİM 25), fagositozun olmadığı durumlarda, çok nadir olarak da olsa açıkça gerçekleşebilirler. Birkaç mantarın da, fagositoz yapma özellikleri bakterilerden fazla değilse de, endosembiyoz ortaklarına sahip oldukları bilinir. Ama fagositoz yapan ökaryotlar sıklıkla endosembiyoz ortaklarına sahip olur; bunun bilinen yüzlerce örneği vardır.[5] Gen kaybına doğru uzanan ortak bir yolda giderler. En küçük bakteri genomları genellikle endosembiyoz ortaklarında bulunur. Örneğin tifüse ve Napolyon'un ordusunun dağılmasına neden olan *Rickettsia*'nın genomu 1 megabazdan biraz daha büyüktür, *E.coli*'nin büyüklüğünün dörtte biri kadardır. Sıçrayan bitki bitinin endosembiyoz ortaklarından biri olan *Carsonella* bilinen en küçük bakteri genomuna sahiptir, 200 kilobazlık bu genom bazı bitkilerin mitokondriyal genomlarından daha küçüktür. Prokaryotlarda endosembiyoz ortaklarında gen kaybı hakkındaki bilgilerimiz sıfıra yakın olsa da, daha farklı davrandıklarını düşünmemizi gerektirecek bir şey yoktur. Aslına bakarsanız, aynı biçimde gen kaybetmiş olduklarından emin olabiliriz: Ne de olsa mitokondriler bir zamanlar arke bir evsahibinin içinde yaşayan endosembiyoz ortaklarıydı.

Gen kaybı muazzam bir fark yaratır. Gen kaybetmek endosembiyoz ortağı için yararlıdır, zira endosembiyoz ortaklarının kopyalanmasını hızlandırır; ama gen kaybetmek ATP tasarrufu da sağlar. Şu basit düşünce deneyini yapalım. Diyelim ki, bir evsahibi hücrenin 100 tane endosembiyoz ortağı var. Her bir endosembiyoz ortağı başta normal bir bakteri ve genlerini kaybediyor. Diyelim ki, başta 4.000 genlik gayet standart bir bakteri genomuna sahip, bunların 200'ünü %5'ini) kaybediyor, muhtemelen ilk olarak, evsahibi bir hücrede yaşarken artık ihtiyaç duyulmayan hücre duvarı sentezi genlerini kaybeder. Bu 200 genin her biri bir protein şifreler, bu proteini sentezlemenin bir enerji maliyeti vardır. Bu proteinleri yapmamanın enerji tasarrufu nedir? Ortalama bir bakteriyel proteinde 250 aminoasit bulunur, her bir proteinin de 2.000 kopyası vardır. Aminoasitleri birbirine bağlayan her peptit bağı yaklaşık 5 ATP'ye mal olur. Bu nedenle, 100 endosembiyoz ortağında 200 proteinin 2.000 kopyasının toplam ATP maliyeti 50 milyar ATP'dir. Bu enerji maliyeti bir hücrenin yaşam döngüsünde ortaya çıkarsa, hücre de her 24 saatte bir bölünürse, bu durumda bu proteinleri sentezlemenin maliyeti saniyede 580.000 ATP olur! Proteinler yapılmazsa da, tersine, bu kadar ATP tasarruf edilir.

Bu ATP'lerin başka bir şeye harcanmasını gerektirecek bir neden yoktur tabii ki (gerçi birazdan döneceğimiz bazı olası nedenler vardır) ama bunları *harcamanın*

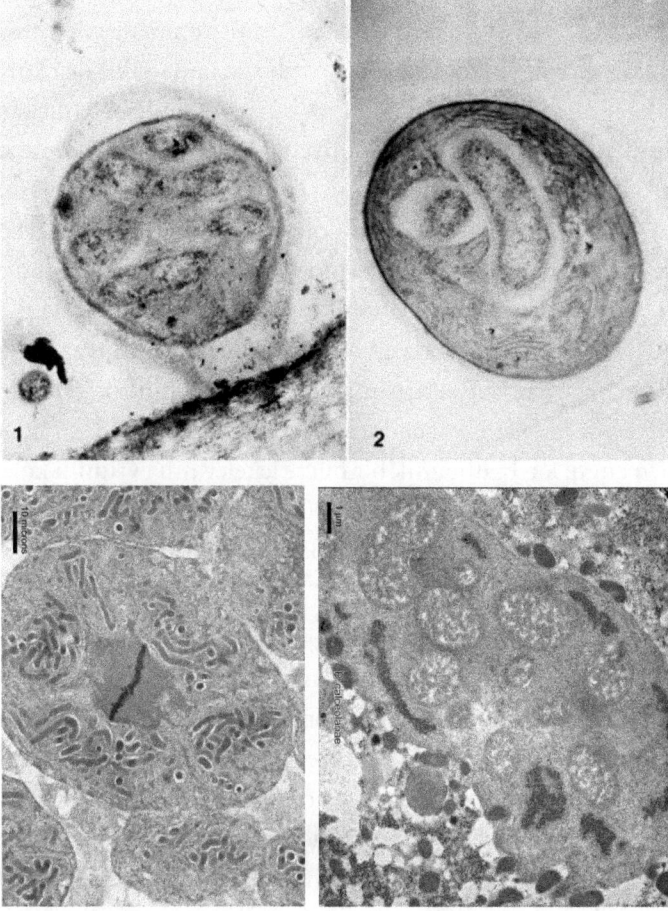

**RESİM 25** Başka bakterilerin içinde yaşayan bakteriler

Yukarıda: Siyanobakterilerin içinde yaşayan bir hücre içi bakteri nüfusu. Sağ taraftaki hücrede bulunan dalgalı iç zarlar, siyanobakterilerde fotosentezin gerçekleştiği thylakoid zarlardır. Hücre duvarı, yarı saydam jelatinli bir örtünün içinde kalan, hücreyi çevreleyen koyu çizgidir. Hücre içi bakteriler, fagositik bir kofula benzetilebilecek ama muhtemelen küçülmenin bir eseri olan daha açık renkli alanda çevrelenmiştir; zira duvarı olan hiçbir hücre diğer hücreleri fagositozla yutamaz. Bu bakterilerin içeriye nasıl girdiği bir sırdır ama gerçekten de orada olduklarına hiç kuşku yoktur. Bu nedenle serbestçe yaşayan bakterilerin içinde hücre içi bakteriler bulunması ender olsa da, mümkündür, buna da kuşku yoktur. Altta: Beta-proteobakteriyel evsahibi hücrelerin içinde yaşayan gama-proteobakteri nüfusları görülüyor, beta-proteobakteriyel evsahibi hücreler de çokhücreli bir un böceğinin ökaryot hücrelerinde yaşıyor. Solda, (çekirdeği mitozla bölünmek üzere olan) merkez hücrenin, her biri sağda büyütülmüş halde gösterilen çubuk şekilli bakteriler içeren altı bakteriyel endosembiyoz ortağı olduğu görülüyor. Bu örnek siyanobakteri örneği kadar inandırıcı değildir, zira ökaryot bir hücre içinde bir arada yaşamaları, serbest yaşayan bir evsahibi hücreye eşdeğer değildir; yine de her iki örnekte de bakteriler arasındaki bir endosembiyoz için fagositoza gerek olmadığı görülür.

bir hücre için nasıl bir fark yaratacağını değerlendirelim. Ökaryotları bakterilerden ayıran nispeten basit bir etken, kendi kendisinin modelini çıkarma veya hücre hareketi ya da hücre içinde malzemelerin nakli sırasında şekil değiştirme yetisine sahip dinamik bir hücre iskeletidir. Ökaryot hücre iskeletinin başlıca bileşenlerinden biri aktin denilen bir proteindir. Saniyede 580.000 ATP için ne kadar aktin üretebiliriz? Aktin bir zincir halinde birleşmiş monomerlerden oluşan bir liftir, böyle iki zincir birbirine dolanarak bu lifi oluşturur. Her monomerde 374 aminoasit vardır, aktin lifinin her mikrometresinde 2 x 29 monomer bulunur. Peptit bağ başına aynı ATP maliyetiyle, her aktin mikrometresi için toplam ATP gereksinimi 131.000'dir. Böylece saniyede yaklaşık 4,5 mikrometre aktin yapabiliriz. Bu size fazlaymış gibi gelmediyse, bakterilerin genelde birkaç mikrometre uzunluğunda olduğunu hatırlayın.[6] Dolayısıyla endosembiyotik gen kaybından (genlerin sadece %5'i) ileri gelen enerji kaybı dinamik bir hücre iskeletinin evrimini kolayca destekleyebilir; gerçekten de böyle olur aslında. 100 tane endosembiyoz ortağının tutucu bir tahmin olduğunu da unutmayalım. Bazı büyük amipler yaklaşık 300.000 mitokondriye sahiptir.

Gen kaybı da sadece %5'in çok ötesine geçer. Mitokondriler neredeyse bütün genlerini kaybetmiştir. Başka bütün hayvanların yanı sıra bizim de protein şifreleyen sadece 13 tane genimiz vardır. Mitokondrilerin modern alfa-proteobakterilerinden pek de farklı olmayan atalardan türediği varsayılırsa, başta yaklaşık 4.000 gene sahip olmalılar. Evrim boyunca genomlarının %99'unu kaybetmişlerdir. Yukarıdaki hesaplamaya göre, 100 tane endosembiyoz ortağı genlerinin %99'unu kaybetmişse, enerji tasarrufları 24 saatlik bir ömür zarfında 1 trilyon ATP'ye, yani dudak uçuklatıcı bir oranla saniyede 12 milyon ATP'ye yaklaşır! Ama mitokondriler enerji tasarrufu yapmaz. ATP yaparlar. Mitokondriler de ATP yapımında serbestçe yaşayan ataları kadar iyidir ama bakteriyel masrafları ciddi biçimde azaltmışlardır. Aslında ökaryot hücreler çok sayıda bakterinin gücüne sahiptir ama protein sentezi maliyetinden tasarruf ederler. Daha doğrusu protein sentezi maliyetini başka bir yöne kanalize ederler.

Mitokondriler genlerinin çoğunu kaybetmiştir ama bu genlerin bazıları hücre çekirdeğine aktarılmıştır (gelecek bölümde bu konuya biraz daha ayrıntılı gireriz). Bu genlerin bazıları aynı proteinleri şifrelemeyi, eskisi gibi sürdürür, bu nedenle burada bir enerji tasarrufu olmaz. Ama bazı genlere artık ne evsahibi hücrenin ne de endosembiyoz ortağının ihtiyacı vardır. Bunlar hücre çekirdeğine genetik çapulcular olarak gelmişlerdir, işlevlerini değiştirmekte serbesttirler ama henüz seçilimle sınırlanmış değillerdir. Bu genetik DNA parçaları ökaryot devriminin genetik hammaddesidir. Bazıları farklı yeni işlerde uzmanlaşabilecek koskoca gen aileleri ortaya çıkarmıştır. İlk ökaryotların, bakterilerle karşılaştırıldığında yaklaşık 3.000 yeni gen ailesine sahip olduğunu biliyoruz. Mitokondrilerden gen kaybı, çekirdekte hiçbir enerji maliyeti olmaksızın yeni genlerin toplanmasını sağlamıştır. Prensip olarak, 100 tane endosembiyoz ortağına sahip bir hücre her bir endosembiyoz ortağından 200 geni (genlerinin sadece %5'ini) hücre çekirdeğine aktarmışsa, evsahibi hücrenin çekirdeğinde, hiçbir enerji maliyeti olmaksızın her tür yeni amaçla kullanılabilecek 20.000 yeni gen (insan genomunun tamamı kadar!) olur. Mitokondrilerin sağladığı avantaj nefes kesicidir.

Geriye iki soru kalır ve bunlar birbirine sıkı sıkıya bağlıdır. Birincisi, bu argümanın tamamı prokaryotlarda yüzey alanı hacim oranı meselesine dayanır. Ama siyanobakteriler gibi bazı bakteriler iç zarlarını barok kıvrımlar halinde bükerek, yüzey alanlarını hatırı sayılır biçimde genişleterek biyoenerjik zarlarını içselleştirme yetisine sahiptir. Bakteriler kemiozmotik eşleşmenin kısıtlamalarından, solunumu bu şekilde içselleştirerek neden kaçamaz peki? İkincisi, gen kaybı bu kadar önemliyse neden mitokondriler süreci sonuçlandırıp genomlarının tamamını kaybetmez, gen kaybının enerji açısından sağladığı kazanımları en üst düzeye çıkarmaz? Bu soruların cevapları bakterilerin neden 4 milyar yıl boyunca yerlerinde saydıklarını açıkça ortaya koyar.

## Mitokondriler, Karmaşıklığın Anahtarları

Mitokondrilerin neden her zaman bir avuç geni koruduğu açık değildir. Mitokondriyal proteinleri şifreleyen yüzlerce gen, ökaryot devrimin ilk zamanlarında hücre çekirdeğine aktarılmıştır. Bunların protein ürünleri artık dışarıda sitosolde yapılır ve daha sonra mitokondriye aktarılır. Ama solunum proteinlerini şifreleyen küçük bir gen grubu hiç şaşmaz biçimde mitokondride kalır. Neden? Standart ders kitabı *Molecular Biology of the Cell*'de şöyle der: "Proteinlerin neden mitokondride yapıldığı, kloroplastların neden sitosol yerine burada yapılması gerektiği sorularına karşılık inandırıcı gerekçeler düşünemiyoruz." Aynı cümle 2008, 2002, 1992 ve 1983 baskılarında da yer alır, insan yazarların aslında bu soru hakkında ne kadar düşündüğünü merak etme hakkını görüyor kendisinde.

Ökaryotların kökenlerini dikkate alan bir bakış açısıyla yaklaştığımızda, bana öyle geliyor ki, iki olası cevap var; biri saçma, biri zorunlu. "Saçma" dediğimde, hiçbir önemi olmadığını kast etmiyorum, demek istediğim şu: Mitokondrideki genlerin, bulundukları yerde kalmalarının değişmez bir biyofiziksel gerekçesi yoktur. Hareket etmemiş olmalarının nedeni hareket edememeleri değil, tarihsel gerekçelerle hareket etmemiş olmalarıdır. Genlerin neden mitokondride kaldığını saçma cevaplar açıklar: Bu genler hücre çekirdeğine gitmiş olabilirlerdi ama şans ve seçilim kuvvetlerinin dengesi bazı genlerin her zaman bulundukları yerde kalmaları gerektiği anlamına geliyordu. Olası gerekçeler arasında, mitokondri proteinlerinin büyüklüğü ve hidrofobikliği ya da genetik şifredeki küçük değişiklikler de yer alır. Prensipte, "saçma" varsayım mitokondride kalan genlerin hepsinin çekirdeğe aktarılabileceğini ama bu genlerin dizilimini gerektiği gibi değiştirmenin küçük bir genetik mühendislik gerektireceğini, böylece hücrenin mükemmel bir biçimde işleyeceğini savunur. Mitokondri genlerini hücre çekirdeğine aktarmanın yaşlanmayı önleyebileceği varsayımına dayanarak bu iş üzerinde çalışan bazı araştırmacılar vardır (bu konuya Yedinci Bölüm'de daha ayrıntılı değineceğiz). Bu zorluklarla dolu bir problemdir, terimin konuşma dilindeki kullanımı itibarıyla saçma bir girişim değildir ama bu araştırmacıların genlerin mitokondride kalmasına hiç gerek olmadığına inanması anlamında saçmadır. Bu araştırmacılar bu genleri çekirdeğe aktarmanın gerçek yararları olduğu kanısındadır. Onlara iyi şanslar dileyelim.

Ben bu araştırmacıların akıl yürütmesine katılmıyorum. "Zorunlu" varsayım, mitokondrilerin bu genleri tuttuğunu çünkü onlara ihtiyaçları olduğunu söyler; onlar olmazsa mitokondriler olmazdı. Bu değiştirilemez bir nedendir: Bu genleri çekirdeğe aktarmak prensipte bile mümkün değildir. Peki neden? Benim bakış açıma göre, bu sorunun cevabını uzun süredir meslektaşım olan biyokimyager John Allen verir. Onun verdiği cevaba dostum olduğu için inanıyor değilim, tam tersi. Dost olmamızın gerekçesi, kısmen, onun cevabına inanmam. Allen'ın verimli bir zihni vardır, sınamaya yıllarını harcadığı ve bazılarını yıllardır savunduğu birkaç özgün varsayım ileri sürmüştür. Bu örnekte, mitokondrilerin (benzer gerekçelerle kloroplastların da) kemiozmotik eşleşmeyi kontrol etmeleri gerektiği için genleri koruduğu argümanını destekleyen iyi kanıtları vardır. Bu argümana göre, mitokondride kalmış genlerin hücre çekirdeğine aktarılması halinde, genler yeni evlerine ne kadar titizlikle yönlendirilmiş olursa olsun, hücre zaman içinde ölüp gidecektir. Mitokondri genlerinin tam da orada, hizmet ettikleri biyoenerjik zarların yakınında bulunması gerekir. Bunu ifade eden siyasi terimin "tunç denetim" olduğunu söylemişti biri.[7] Bir savaşta uzun vadeli stratejiyi şekillendiren altın denetimdir, gümüş denetim kullanılan insan gücü ya da silahların dağıtımını planlayan ordu komutasıdır ama bir savaş meydanda kazanılır ya da kaybedilir; fiilen düşmanla karşı karşıya gelen, taktik kararlar alan, askerlere esin kaynağı olan, tarihe büyük askerler olarak geçen cesur erkekler ya da kadınların yönetiminde yani. Mitokondri genleri tunç denetimdir, savaş meydanındaki karar alıcılardır.

Bu gibi kararlar neden gereklidir? İkinci Bölüm'de, proton yönlendirme gücünün sahip olduğu kuvvetten bahsetmiştik. Mitokondrilerin iç zarları yaklaşık 150-200 milivoltluk bir elektrik potansiyeline sahiptir. Hücre zarı 5 nanometre kalınlığında olduğundan, bu elektrik potansiyelinin metrede 30 milyon volt alan gücüne, yani bir yıldırıma eşit olacağını belirtmiştik. Böyle bir elektrik yükü üzerinde denetimimizi kaybederseniz başınıza bela almışsınız demektir! Bu işin cezası sadece ATP sentezinin kaybı olmaz, gerçi tek başına bu bile gayet ciddi sonuçlar doğurabilir. Elektronları solunum zincirlerinden oksijene (ya da başka elektron alıcılarına) gereği gibi aktarmayı başaramamak bir tür elektriksel kısa devre yaratabilir, bu kısa devrede elektronlar kaçarak doğrudan oksijenle ya da azotla tepkimeye girip, tepkimeye hazır "serbest radikaller" oluşturur. ATP seviyesindeki gerileme, biyoenerjiye sahip zarların depolarizasyonu ve serbest radikallerin salınması "programlanmış hücre ölümü"nün klasik tetikleyicisidir, daha önceden bunun tek hücreli bakterilerde bile yaygın olduğunu belirtmiştik. Aslına bakılırsa, mitokondri genleri koşullardaki yerel değişikliklere cevap verebilir, değişikliklerin feci bir hal alması öncesinde zarın potansiyelini ılımlı sınırlar içinde değiştirebilir. Bu genler hücre çekirdeğine taşınsaydı, basitçe oksijen geriliminde ya da bir enzimin etkisiyle tepkimeye girebilen maddelerin elverişliliğinde ciddi değişiklikler olması ya da serbest radikal sızıntısı olması halinde, mitokondrilerin zarın potansiyeli üzerindeki denetimini yitireceğini ve hücrenin öleceğini varsaymak gerekirdi.

Hayatta kalmak, diyafram, göğüs ve boğazdaki kaslar üzerinde ince bir denetim sağlayabilmek için sürekli nefes almamız gerekir. Mitokondriler düzeyinde, mitokondri genleri solunumu aynı biçimde düzenler, çıktının her zaman talebe göre incelikle biçimlenmesini sağlar. Mitokondri genlerinin evrensel olarak korunmasını açıklayacak bunun kadar büyük bir gerekçe yoktur.

Bu, genlerin mitokondride kalması için "zorunlu" bir koşul olmanın ötesine geçer. Genlerin, nerede olursa olsun biyoenerjiye sahip zarların yakınına konumlanması için zorunlu bir gerekçedir. Solunum yetisine sahip bütün ökaryotlarda, mitokondrilerin değişmez bir biçimde aynı küçük gen kümesini korumuş olması çarpıcıdır. Hücreler mitokondrilerdeki genleri tümüyle kaybettikleri birkaç durumda, solunum yapma becerilerini de kaybederler. Hidrogenozomlar ve mitozomlar (arkezoada bulunan mitokondrilerden türemiş uzmanlaşmış organeller) genellikle bütün genlerini yitirmiş ve bu pazarlık sonucu kemiozmotik eşleşmenin gücünü de elden kaçırmışlardır. Oysa tersine, biraz önce tartıştığımız dev bakterilerin genleri (ya da genomlarının tamamı) biyoenerjiye sahip zarların hemen yanında bulunur. Bence, siyanobakteriler kıvrımlı iç zarlarıyla bu meseleyi kökünden halletmişlerdir. Genler solunumu kontrol etmek için zorunluysa, siyanobakterilerin ciddi biçimde küçük olsalar da büyük ölçüde dev bakteriler misali genomlarının tamamının çok sayıda kopyasına sahip olmaları gerekirdi. Sahiptirler zaten. Daha karmaşık siyanobakteriler genellikle genomlarının tamamının birkaç yüz tane kopyasına sahiptir. Dev bakterilerde olduğu gibi, bu durum gen başına enerji elverişliliğini sınırlar, bir genomun büyüklüğünü ökaryotların çekirdek genomunun boyutlarına çıkaramazlar çünkü çok sayıda küçük bakteri genomu toplamaları gerekir.

O halde, bakterilerin ökaryot boyutlarına çıkamamalarının nedeni burada yatmaktadır. Biyoenerjiye sahip zarlarını içselleştirmeleri ve boyutlarını büyütmeleri işe yaramaz. Genlerini zarlarının yakınına konumlandırmaları gerekir, aslına bakılırsa endosembiyozun olmadığı durumlarda bu genler tam genomlar biçiminde gelir. Büyük boyutların endosembiyozla sağlandığı durumlar dışında, daha büyük olmanın gen başına enerji açısından bir yararı yoktur. Ancak endosembiyozla büyüme halinde gen kaybı mümkündür, ancak bu durumda mitokondri genomlarının küçülmesi çekirdek genomunun birkaç bin kat büyümesini, ökaryot genomu boyutlarına ulaşmasını sağlayabilir.

Başka bir olasılık da aklınıza gelmiş olabilir: Bakteriyel plazmidlerin, zaman zaman çok sayıda gen taşıyabilecek yarı bağımsız DNA halkalarının kullanılması. Solunum genleri neden büyük bir plazmide yerleştirilemez, sonra bu plazmidin çok sayıda kopyası zarların yakınına konumlandırılamaz? Bunun muhtemelen izi sürülemeyecek mantıksal zorlukları vardır, peki ama prensipte işleyebilir mi? Ben işleyebileceğini sanmıyorum. Prokaryotlar arasında sırf büyük olmak için büyük olmanın hiçbir avantajı yoktur, gereğinden fazla ATP'ye sahip olmak bir yarar sağlamaz. Küçük bakteriler ATP açısından fakir değildir, bol bol ATP'leri vardır. Biraz daha büyük olup biraz daha ATP'ye sahip olmanın hiçbir yararı yoktur; biraz daha küçük olup yeterince ATP'ye sahip olmak, daha hızlı kopyalanmak daha iyidir. Hacmin büyümek adına büyümesinin ikinci bir dezavantajı, hücrenin uzak bölgelerine hizmet etmek için tedarik hatlarına gerek duyulmasıdır. Büyük bir hücrenin her yöne nakliye yapması gerekir, ökaryotlar da bunu yapar. Ama bu nakliye sistemleri bir gecede gelişmez. Bu sistemlerin gelişmesi kuşaklar alır, bu süre zarfında daha büyük olmanın başka bir yararının olması gerekir. Bu nedenle plazmidler işe yaramayacaktır, tersinden iş görürler. Dağıtım sorununun açık arayla en iyi çözümü, tümüyle bu sorunun çevresinden dolanmak, genomunun tamamının, dev bakterilerde olduğu gibi her biri "bakteriyel" bir sitoplazma hacmini denetleyen çok sayıda kopyasına sahip olmaktır.

Peki ökaryotlar boyut döngüsünü nasıl kırmış, karmaşık nakliye sistemlerini nasıl geliştirmiştir? Her birinin plazmid büyüklüğünde kendi genomu olan çok sayıda mitokondriye sahip büyük bir hücre ile solunumu kontrol etmek üzere dağılmış çok sayıda plazmide sahip dev bir bakteri arasındaki fark nedir?

Cevap ökaryotların kökenindeki anlaşmanın, Bill Martin ve Miklos Müller'in ilk ökaryota ilişkin varsayımlarında dikkat çektikleri üzere, ATP ile hiçbir ilgisi olmamasıdır. Martin ve Müller evsahibi hücre ile endosembiyoz ortakları arasında metabolik bir sentropi olduğunu ileri sürmüşlerdir, bu da sadece enerji değil, enzimler sayesinde tepkimeye girmeye hazır büyümeye yarayan maddeler takas etmeye de hazır oldukları anlamına gelir. Hidrojen varsayımı, ilk endosembiyoz ortaklarının metanojen evsahibi hücrelerine büyümek için gerekli hidrojeni sağladığını savunur. Burada ayrıntılardan yana kaygılanmamıza gerek yok. Önemli olan nokta, enzimler sayesinde tepkimeye girmeye hazır maddeler yoksa (bu örnekte hidrojen), evsahibi hücrelerin büyüyemeyecek olmasıdır. Endosembiyoz ortakları büyümek için gerekli, enzimler sayesinde tepkimeye girmeye hazır maddelerin hepsini sağlar. Ne kadar fazla endosembiyoz ortağı olursa, enzimler sayesinde tepkimeye girmeye hazır o kadar fazla madde olur, evsahibi hücreler de o kadar hızlı büyüyebilir; endosembiyoz ortakları da daha iyi durumda olur. O halde, endosembiyoz durumunda, büyük hücreler daha fazla yarar sağlar çünkü daha fazla endosembiyoz ortağına sahiplerdir, bu nedenle büyümek için daha fazla yakıtları vardır. Kendi endosembiyoz ortaklarına yönelik nakliye ağları geliştirdikçe durumları daha da iyileşir. Bu, neredeyse kesinlikle işlerin düzgün yürümesi, atların (enerji tedariğinin) arabanın (nakliye) önüne bağlanması anlamına gelir.

Endosembiyoz ortakları genlerini yitirdikçe ATP talepleri düşer. Burada bir ironi vardır. Hücre solunumu ADP'den ATP üretir, ATP parçalanıp ADP haline gelince hücredeki işler için enerji sağlar. ATP tüketilmezse ADP havuzunun tamamı ATP'ye çevrilir ve solunum durma noktasına gelir. Bu koşullarda solunum zinciri elektron toplar, son derece "indirgenmiş" bir hal alır (bu konuya Yedinci Bölüm'de biraz daha değineceğiz). Daha sonra oksijenle tepkimeye girmeye hazır hale gelir, çevreleyen proteinler ve DNA'ya hasar verebilecek hatta hücre ölümünü tetikleyecek serbest radikaller sızdırır. Tek bir kilit proteinin, ATP-ADP ileticisinin evrilmesi, evsahibi hücrenin kendi amaçları için endosembiyoz ortaklarının ATP'sini boşaltmasını sağlamış, manidardır, endosembiyoz ortaklarının bu sorununu da çözmüştür. Evsahibi hücre fazla ATP'yi boşaltarak ve endosembiyoz ortaklarına yeniden ADP sağlayarak endosembiyoz ortağındaki serbest radikal sızıntısını kısıtlamış, böylece hasar ve hücre ölümü riskini azaltmıştır. Bu da, ATP'yi dinamik hücre iskeleti gibi gösterişli inşa projelerinde "yakma"nın, neden hem evsahibi hücrenin hem endosembiyoz ortaklarının çıkarlarına yaradığını açıklamamızı sağlar.[8] Ama burada önemli olan nokta, plazmidlerin daha büyük ya da sırf daha fazla ATP sahibi olmak adına bu konuda hiçbir yarar sağlamamasının tersine, endosembiyotik ilişkinin her aşamasında avantajlar bulunmasıdır.

Ökaryot hücrenin kökeni tek bir olaydır. Bu olay Yeryüzü'nde 4 milyar yıllık evrim tarihinde sadece bir kez gerçekleşmiştir. Genomlar ve enformasyon açısından değerlendirildiğinde, bu tuhaf yolu anlamak neredeyse imkansızdır. Ama hücrelerin enerjisi ve fiziksel yapısı açısından değerlendirildiğinde çok anlamlıdır. Kemiozmotik eşleşmenin alkalin hidrotermal menfezlerde nasıl doğmuş olabileceğini, bakteriler ve arkelerde neden ezelden beridir varlığını sürdürdüğünü görmüştük. Kemiozmotik eşleşmenin, prokaryotların muhteşem uyum sağlayabilirliğini ve değişkenliğini mümkün kıldığını da gördük. Bu gibi etkenler, yaşamın kaya, su ve $CO_2$'den pek de öteye geçmeyen başlangıcına varıncaya dek muhtemelen başka gezegenlerde de etkili oluyordur. Şimdi de, sonsuz süreler zarfında sonsuz bakteri nüfusları üzerinde etkili olan doğal seçilimin, ender ve rastgele bir endosembiyoz olması dışında neden ökaryot diye bildiğimiz büyük karmaşık hücreler doğurmayacağını gördük.

Karmaşık yaşama uzanan içkin ya da genel bir yol yoktur. Evren bizim ortaya çıkmamız fikrine gebe değildir. Karmaşık yaşam başka yerlerde de doğabilir ama yaygınlık kazanması burada tekrar tekrar ortaya çıkmamasına neden olan gerekçeler yüzünden ihtimal dışıdır. Açıklamanın birinci kısmı basittir, prokaryotlar arasında endosembiyoz yaygın değildir (gerçi bildiğimiz birkaç örnek vardır, dolayısıyla olabileceğini biliyoruz). İkinci kısmıysa o kadar açık değildir, Sartre'ın diğer insanları cehennem gibi görmesine bir şamar indirir. Endosembiyozun yakınlığı, bakterilerin sonu gelmez çıkmazını kırmış olabilir ama bir sonraki bölümde, bu yeni oluşumun, ökaryot hücrenin doğumunun böyle olayların neden nadiren gerçekleştiğini, karmaşık yaşamın tamamının neden eşeyli üremeden tutun ölüme varıncaya dek bu kadar çok tuhaf ortak özelliğe sahip olduğunu açıklamakta biraz yol katedeceğiz.

ALTINCI BÖLÜM

# Eşeyli Üreme ve Ölümün Kökenleri

Aristoteles doğanın boşluktan nefret ettiğini söylemiş. Bu fikir, 2 bin yıl sonra Newton'ın sözlerinde yankılanacaktı. İkisi de boşluğu neyin doldurduğunu merak ediyordu, Newton bunun eter denilen gizemli bir madde olduğuna inanıyordu. Fizikte bu fikir 20. yüzyılda itibarını yitirmiştir ama *horror vacui* ekolojide bütün gücünü korur. Bütün ekolojik boşlukların doldurulması eski bir şiirde gayet hoş bir biçimde yakalanmıştır: "Büyük pirelerin sırtında onları ısıran küçük pireler vardır, küçük pirelerin daha küçük pireleri vardır, böyle devam eder gider sonsuza dek." Akla gelebilecek her yaşam ortamı doludur, her tür kendi boşluğuna zarifçe uyum sağlamıştır. Her bitki, her hayvan, her bakteri kendi içinde bir yaşam ortamıdır, her tür sıçrayan gen, virüs ve parazit için bir fırsatlar ormanıdır, büyük yırtıcıların lafını bile açmıyorum. Her neyse her şey böyledir.

Ama aslında hiç de böyle değildir. Sadece böyle görünür. Yaşamın sonsuz dokusu, kalbinde kara bir deliğin yattığı bir benzerlikten başka bir şey değildir. Biyolojideki en büyük paradoksu ele almanın vakti geldi: Dünya üzerindeki yaşamın tamamı neden morfolojik karmaşıklıktan yoksun prokaryotlar ile hiçbiri de prokaryotlarda bulunmayan çok sayıda ayrıntılı ortak özelliğe sahip ökaryotlar arasında bölünmüştür? Bu ikisi arasında doğanın gerçekten de nefret etmesi gereken bir uçurum, bir boşluk vardır. Bütün ökaryotlarda az çok her şey ortaktır; morfolojik bir bakış açısıyla yaklaştığımızda, bütün prokaryotlar hiç denecek kadar az şeye sahiptir. Kutsal Kitap'ta geçen adaletsizlik ilkesinde, "verilecek olan"ın bundan daha iyi bir örneğini göstermek zordur.

Önceki bölümde iki prokaryot arasındaki endosembiyozun sonu gelmez yalınlık döngüsünü kırdığını görmüştük. Bir bakterinin diğerinin içine girmesi ve orada sonu gelmez kuşaklar boyunca kalması kolay değildir ama birkaç örnek biliyoruz, bu nedenle çok ender olmakla birlikte, bunun gerçekleştiğini de biliyoruz. Ama bir hücrenin bir başka hücrenin içine girmesi sadece başlangıçtı, yaşamın tarihinde gebe bir andı, bundan öteye de gitmiyordu. Sadece bir hücrenin içindeki bir hücreydi. Buradan, gerçek karmaşıklığın doğuşuna, ökaryotlarda ortak olan her şeyi toplamış bir hücreye doğru bir şekilde bir yol çizmemiz gerekiyor. Karmaşık özelliklerin neredeyse hiçbirine sahip olmayan bakterilerle başlayıp, eksiksiz ökaryotlarla; bir çekirdekleri, çok sayıda iç zarları ve bölümleri, dinamik bir hücre iskeleti ve eşeyli üreme gibi karmaşık davranışları olan hücrelerle bitireceğiz. Ökaryot hücrelerin genom büyüklükleri ve fiziksel boyutları 1.000 ya da 10.000 kat artmıştır. Ökaryotların son ortak atası bu özelliklerin hepsine sahipti; başlangıç noktası hücre içindeki hücreyse, bu özelliklerin hiçbirini taşımıyordu. Bugüne ulaşan bir ara tür yoktur, bu karmaşık ökaryot özelliklerinden birinin nasıl ya da neden evrildiğini bize anlatacak fazla bir şey yoktur.

Kimi zaman ökaryotları başlatan endosembiyozun Darwinci olmadığı söylenmiştir: Küçük adımların peş peşe birbirini izlemesi değil, bilinmeyene doğru "umutlu bir canavar" yaratan ani bir atılım olduğu söylenmiştir. Bir noktaya kadar bu doğrudur. Sonsuz süreler zarfında sonsuz prokaryot nüfusları üzerinde etkili olan doğal seçilimin, endosembiyoz dışında başka bir yolla asla karmaşık ökaryot hücreler ortaya çıkaramayacağını savunmuştum. Bu gibi olaylar, çatallanan standart bir yaşam ağacında temsil edilemez. Endosembiyoz geriye doğru çatallanmadır, dallar dallanmaz da birbiriyle kaynaşır. Ama bir endosembiyoz tekil bir olaydır; evrim sürecinde, bir çekirdek ya da başka arketip ökaryot özellikler üretemeyecek bir andır. Yaptığı şey, sözcüğün normal anlamında, tepeden tırnağa Darwinci bir olaylar dizisini harekete geçirmek olmuştur.

Bu nedenle savunduğum şey, ökaryotların kökeninin Darwinci olmadığı değil, seçilim coğrafyasının prokaryotlar arasında tekil bir endosembiyozla dönüşmüş olduğudur. Bundan sonrası tümüyle Darwin'dir. Asıl soru şudur: Endosembiyoz ortaklarının edinilmesi doğal seçilimin akışını nasıl değiştirmiştir? Bu değişiklik, başka gezegenlerde benzer bir yol izleyebilecek öngörülebilir bir biçimde mi gerçekleşmiştir, yoksa enerji sınırlamalarının ortadan kalkması engelsiz bir evrimin kapılarını mı açmıştır? Ökaryotların genel özelliklerinin en az birkaçının, evsahibi hücre ile endosembiyoz ortağı arasındaki yakın ilişkide yoğrulduğunu, böyle olduğu için de, ilk ilkelerden hareketle öngörülebilir olduğunu savunacağım. Bu özellikler arasında hücre çekirdeği, eşeyli üreme, iki cinsiyet hatta ölümlü bedeni ele geçiren ölümsüz germ (tohum, üreme hücresi) hattı yer alır.

Başlangıcın bir endosembiyoz olması, olayların akışına derhal bazı sınırlamalar getirir; örneğin hücre çekirdeği ve zar sistemlerinin, endosembiyoz sonrasında ortaya çıkması gerekir. Ama evrimin işlemiş olması gereken hıza da bazı sınırlamalar getirir. Darwinci evrim ve tedricilik kolayca birleşir, peki ama "tedrici" aslında ne anlama gelir? Bilinmeyene doğru büyük sıçramalar olmadığını, *uyarlanmaya yönelik* bütün değişikliklerin küçük ve birbirinden ayrı olduğunu ifade eder. Genomun kendisinin geçirdiği, düzenleyici genlerin uygunsuzca açılması ya da kapanması sonucu ani yeniden bağlanmalar, büyük silinmeler, kopyalamalar ya da üst üste binmeler biçimini alabilecek değişiklikleri değerlendirirsek, bu geçerli değildir. Ama bu tür değişiklikler uyarlanmaya dönük değildir, endosembiyozlar gibi onlarda sadece seçilimin harekete geçtiği başlangıç noktasını değiştirir. Sözgelimi hücre çekirdeğinin birden ortaya çıktığını ileri sürmek, genetik sıçramayı uyarlanmayla karıştırmak anlamına gelir. Hücre çekirdeği zarifçe uyarlanmış bir yapıdır, sırf DNA deposu değildir. Yeni ribozomal RNA'nın devasa ölçekte üretildiği nükleolus, her biri ökaryotların tamamında korunmuş çok sayıda protein içeren hayret verici güzellikte protein gözenek kompleksleri (RESİM 26) ve DNA'yı makaslanma baskısına karşı koruyan çekirdek zarını çevreleyen esnek bir protein örgüsü olan elastik lamina gibi yapılardan oluşur.

Mesele, böyle bir yapının, uzun süreler zarfında iş başında olan doğal seçilimin ürünü olması ve yüzlerce ayrı proteinin incelikle işlenmesini ve yönetilmesini gerektirmesidir. Bu tümüyle Darwinci bir süreçtir ama bu, jeolojik açıdan yavaş gerçekleşmesi gerektiği anlamına gelmez. Fosil kayıtlarında, zaman zaman hızlı değişim devreleriyle kesintiye uğrayan uzun durgunluk evreleri görmeye alışığız. Bu değişiklik jeolojik zaman açısından hızlıdır ama kuşaklar açısından ille de hızlı olduğu söylenemez; normal koşullar altında değişime karşı koyan kısıtlamalarca engellenmemiştir. Doğal seçilim ancak nadiren bir değişim gücü olabilir. Çok büyük bir sıklıkla değişime karşı koyar, uyarlanmacı bir coğrafyanın zirvelerinden varyasyonları temizler. Seçilim, ancak ve ancak bu coğrafya bir tür sismik değişim geçirirse durgunluktan ziyade değişimi teşvik eder. Bunun sonrasında da şaşırtıcı bir hızla işleyebilir. Göz iyi bir örnektir. Gözler Kambriyen patlamasında, besbelli ki birkaç milyon yıl içinde ortaya çıkmıştır. Neredeyse ebediyet kadar uzun süren Kambriyen öncesi yüz milyonlarca yıllık dönemin ritmiyle karşılaştırıldığında, 2 milyon yıl, gereksiz yere aceleci görünür. Neden bu kadar uzun süren bir durgunluk dönemi olmuş, ardından neden bu kadar yıldırım hızında bir değişiklik gelmiştir? Bunun nedeni muhtemelen oksijen seviyesinin yükselmesi, sonra da seçilimin ilk kez gözleri ve kabukları olan büyük faal hayvanları, avcıları ve avları desteklemesidir.[1] Meşhur bir matematiksel modelle, bir gözün bir tür solucanın üzerinde bulunan ışığa duyarlı basit bir nokta olmaktan çıkıp evrilmesinin ne kadar sürebileceği hesaplanmıştır. Bu sorunun, bir ömür döngüsünü bir yıl olarak varsayan, her kuşakta %1'lik bir morfolojik değişim öngören cevabı sadece yarım milyon yıldır.

Peki bir hücre çekirdeğinin evrilmesi ne kadar sürer? Eşeyli üremenin ya da fagositozun? Bunların evriminin neden gözün evriminden uzun sürmesi gerekir? Bir prokaryottan bir ökaryot evrilmesinin alabileceği asgari süreyi hesaplamak ge-

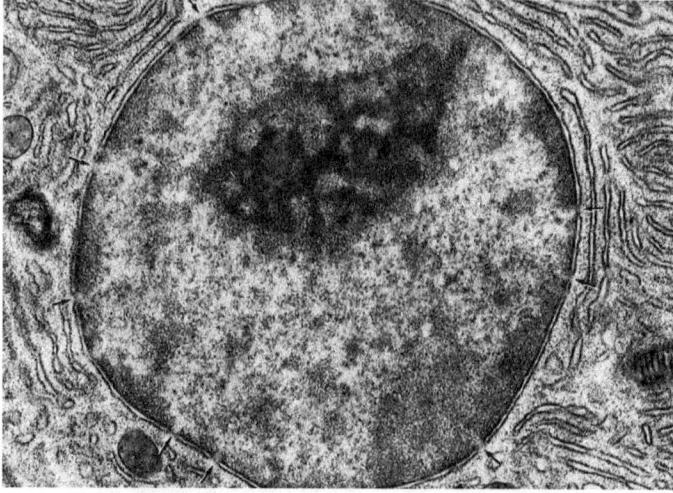

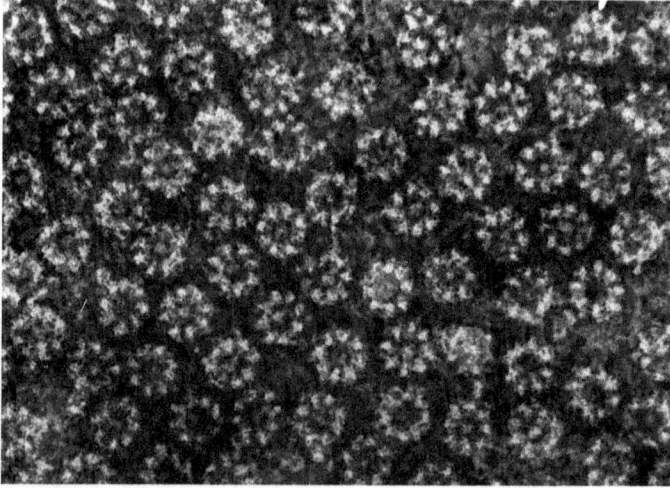

**RESİM 26** Çekirdeksel gözenekler

Elektron mikroskopisinin öncüsü Don Fawcett'ın çektiği klasik imgeler. Ökaryot hücre çekirdeğini çevreleyen çifte zar (A)'da okların belirttiği düzenli gözenekler de açıkça görülebilir. Çekirdeğin içindeki daha koyu renkli bölgeler nispeten hareketsiz bölgelerdir, burada kromatin "yoğunlaşmış"tır, daha açık renkli bölgelerse faal bir çözüm olduğunu belirtir. (B)'de bir dizi çekirdeksel gözenek kompleksi görülür, bunların her biri bir araya toplanarak, içeri alma ve dışarı gönderme mekanizmasını oluşturan çok sayıda proteinden oluşmuştur. Bu çekirdek komplekslerindeki kilit proteinler bütün ökaryotlarda korunmuştur, bu nedenle çekirdeksel gözenekler LECA'da (son ökaryot ortak ata) mevcut olsa gerektir.

leceğe yönelik bir projedir. Böyle bir projeye kalkışmadan önce, gerçekleşmesi olası olaylar dizisi hakkında daha fazla bilgi sahibi olmamız gerekir. Ama bu evrimin yüz milyonlarca yılla ölçülen geniş süreçler tutmuş olması gerektiğini varsaymamız için *prima facie* bir gerekçe yoktur. Neden 2 milyon yıl değil? Günde bir tek hücre bölünmesi gerçekleştiğini varsayarsak, 1 milyar kuşağa yakın bir rakam ortaya çıkar. Kaç kuşağa gerek vardır? Prokaryotlarda karmaşıklığın evrilmesini engelleyen enerji bariyerleri kalktığında, ökaryot hücrelerin nispeten bu kadar kısa bir süre zarfında evrilmemesini gerektirecek bir neden göremiyorum. Prokaryotların 3 milyar yıl süren durgunluğuyla karşılaştırıldığında, bu durum ileriye doğru ani bir sıçramayı maskeler ama süreç kesinlikle Darwincidir.

Evrimin hızlı bir biçimde işlemesinin düşünülebilir olması, gerçekten de böyle olduğu anlamına gelmiyor. Ama doğanın boşluktan nefret etmesine dayanarak ökaryotların evriminin muhtemelen çabucak gerçekleştiğini düşünmemizi gerektirecek güçlü gerekçeler vardır. Sorun ökaryotlarda her şeyin ortak özellik olması, prokaryotların bunların hiçbirine sahip olmamasıdır. Bu istikrarsızlık anlamına gelir. Birinci Bölüm'de, bir zamanlar prokaryotlar ile ökaryotlar arasında evrim sürecindeki ara halka sanılan şu nispeten basit tek hücreli ökaryotları, arkezoaları görmüştük. Bu ayrı grubun, ökaryot özelliklerinin tamamına sahip daha karmaşık atalardan türediği anlaşılmıştır. Ama yine gerçek *ekolojik* ara halkalardır, prokaryotlar ile ökaryotlar arasında morfolojik karmaşıklık nişini işgal edenler. Boşluğu doldururlar. Yüzeysel olarak ilk bakışta hiçbir boşluk yoktur; asalak genetik unsurlardan dev virüslere, bakterilerden basit ökaryotlara, karmaşık hücrelerden çok hücreli organizmalara uzanan, süreklilik gösteren bir morfolojik karmaşıklık yelpazesi vardır. Ancak çok kısa bir süre önce, arkezoanın göz boyadığı anlaşılınca, ürkütücü boşluk ayan beyan meydana çıkmıştır.

Arkezoanın rekabette tükenecek kadar geri kalmamış olması, basit ara halkaların bu boşlukta serpilip gelişebileceği anlamına gelir. Aynı ekolojik nişin evrim sürecinin gerçek ara halkaları mitokondrileri ya da bir çekirdekleri, peroksizomları ya da golgi cisimciği gibi zar sistemleri, endoplazmik retikulumları olmayan hücreler tarafından işgal edilmemesinin bir gerekçesi yoktur. Ökaryotlar yavaş bir süreçle, on ya da yüz milyonlarca yıl içinde doğmuşlarsa, birçok kararlı ara halka, çeşitli ökaryot özelliklerden yoksun hücre olması gerekir. Bunların bugün arkezoanın doldurduğu ara işleri işgal etmesi gerekir. Bazılarının, boşluktaki gerçek evrim ara halkaları gibi bugüne dek ulaşmış olması gerekir. Ama hayır! Uzun, kararlı bir bakışa rağmen hiçbiri görülemez. Rekabette tükenecek kadar geri kalmamışlarsa neden hiçbiri bugüne ulaşamamıştır? Ben bunun nedeni, genetik olarak kararsız olmaları derdim. Bu boşluğu aşmanın çok fazla yolu yoktu, bu nedenle de çoğu kayboldu derdim.

Bu da nüfuslarının küçük olduğu anlamına gelir, ki mantıklıdır. Büyük bir nüfus evrimsel başarının bir göstergesidir. İlk ökaryotlar iyi bir gelişme göstermişlerse yayılmaları, yeni ekolojik nişleri işgal etmeleri, çeşitlilik göstermeleri gerekirdi. Genetik olarak istikrar kazanmaları gerekirdi. En azından bazılarının bugüne ulaşması gerekirdi. Ama böyle bir şey olmamıştır. O halde, yüzeysel olarak bakıldığında, ilk ökaryotların genetik olarak kararsız olmaları, çabucak evrilip küçük bir nüfus haline gelmeleri çok daha muhtemel görünüyor.

Bunun doğru olduğunu düşünmemizi gerektirecek başka bir neden daha vardır, o da bütün ökaryotların tamamen aynı özellikleri paylaşmalarıdır. Bunun ne kadar da tuhaf olduğunu bir düşünün! Hepimiz diğer insanlarla aynı özellikleri paylaşırız: dik durmak, tüysüz bedenler, karşılıklı başparmaklar, büyük beyinler ve bir dile sahip olma imkânı gibi; çünkü hepimiz atalarımız ve melezlenme sayesinde akrabayız. Eşeyli üreme. Bir türün en basit tanımı budur, kendi aralarında çiftleşen bireylerden oluşan bir nüfus. Kendi aralarında çiftleşmeyen gruplar farklılaşmaz, farklı özellikler geliştirmez, yeni bir tür haline gelirler. Ama ökaryotların kökeninde böyle bir şey olmamıştır. Bütün ökaryotlar aynı temel özellikler kümesini paylaşır. Kendi aralarında çiftleşen bir nüfusa benzerler daha çok. Eşeyli üreme.

Başka bir üreme biçimi aynı sonuca ulaşabilir miydi? Eşeysiz üreme (klonlanma) derin bir farklılaşmaya yol açar, zira farklı mutasyonlar birikerek farklı nüfuslar ortaya çıkarır. Bu mutasyonlar farklı doğal ortamlarda, farklı avantajlar ve dezavantajlarla karşı karşıya kaldıklarından seçilime tabi olurlar. Klonlanma birbirinin tıpatıp aynısı kopyalar ortaya çıkarabilir ama ironiktir, nihayetinde mutasyonlar biriktikçe nüfuslar arasında farklılaşma ortaya çıkar. Oysa tersine eşeyli üreme bir nüfusta özellikleri bir havuz haline getirir, ebediyen karıştırır ve eşleştirir, farklılaşmaya karşı koyar. Ökaryotların aynı özellikleri paylaşması, kendi aralarında çiftleşen eşeyli bir nüfusta ortaya çıktıklarını düşündürür. Bu da, nüfuslarının kendi aralarında çiftleşecek kadar küçük olduğu anlamına gelir. Bu nüfusta eşeyli üremeyen hücreler varlıklarını sürdürememiştir. Kutsal Kitap haklıdır: "Yaşama ulaşan kapı dardır, yol incedir, pek az kişi onu bulacaktır."

Peki ya bakteriler ve arkelerde hüküm süren yanal gen aktarımı hakkında ne söyleyebiliriz? Eşeyli üreme gibi yanal gen aktarımı da yeniden birleştirmeyi gerektirir, gen bileşimleri değişen "akışkan" kromozomlar yaratır. Ama eşeyli üremenin tersine, yanal gen aktarımı karşılıklı değildir, hücrelerin kaynaşmasını ya da genomun tamamının yeniden birleştirilmesini gerektirmez. Parçalı ve tek yönlüdür: Bir nüfustaki özellikleri birleştirmez, bireyler arasındaki farklılıkları artırır. *E.coli*'yi bir düşünün. Tek bir hücre yaklaşık 4.000 gene sahip olabilir ama "metagenom" (ribozomal RNA'nın tanımladığı biçimiyle *E.coli*'nin farklı kollarında bulunan genlerin toplam sayısı) daha çok 18.000 civarındadır. Gemi azıya almış yanal gen aktarımının sonucu, farklı kolların genlerinin yarısı oranında farklılaşmasıdır. Bu, omurgalıların tamamında görülenden daha fazla varyasyona rastlandığı anlamına gelir. Kısacası, ökaryotlardaki tektipliğin sırrını, bakteriler ve arkelerde kalıtımın baskın biçimleri olan klonlama da yanal gen aktarımı da açıklayamaz.

Bu satırları on yıl önce yazıyor olsaydım, eşeyli üremenin ökaryotların evriminde çok erken bir tarihte ortaya çıktığı fikrini destekleyecek pek az kanıt olurdu: Birçok amip ve *Giardia* gibi dallarının derinlere uzandığı varsayılan arkezoalar dahil, çok sayıda tür eşeysiz kabul edilmiştir. Bugün bile hiç kimse *Giardia*'yı uygunsuz vaziyette, mikrobiyal eşeyli üreme sırasında yakalayamamıştır. Ama doğa tarihindeki eksikliğimizi teknolojiyle kapatırız. *Giardia*'nın genom dizilimini biliyoruz. Bu dizilimde mayoz bölünme (eşeyli üremeye yönelik gametleri üreten indirgeyici hücre bölünmesi) için gerekli genler mükemmel derecede işler durumdadır, *Giardia*'nın genomunun yapısı da düzenli eşeyli yeniden birleştirmeye tanıklık eder. Aynı şey, incelediğimiz diğer türlerin aşağı yukarı hepsi için geçerlidir. Genellikle hızlı bir biçimde soyları tükenen, ikincil olarak türemiş eşeysiz ökaryotlar istisna olmak üzere, bilinen bütün ökaryotlar eşeylidir. Ortak atalarının da eşeyli olduğunu kabul edebiliriz. Özetle: Eşeyli üreme ökaryotların evriminde çok erken bir tarihte ortaya çıkmıştır, bütün ökaryotların bu kadar fazla ortak özelliğe sahip olmasının nedeni, *ancak ve ancak* eşeyli üremenin küçük, kararlı bir nüfusta evrilmiş olmasıyla açıklanabilir.

Bu da bizi bu bölümün sorusuna getiriyor. İki prokaryot arasında gerçekleşmiş, eşeyli üremenin evrimini yürütmüş olabilecek bir endosembiyoz hakkında söylenebilecek bir şey var mı? Bildiniz, çok daha fazlası var.

## Genlerimizin Yapısındaki Sır

Ökaryotların "parçalı gen"leri vardır. 20. yüzyılda yapılmış pek az keşif bu kadar büyük bir şaşkınlık uyandırmıştır. Bakteri genleri üzerinde yapılan ilk araştırmalar, yanılgıya kapılıp genlerin bir ipe dizilmiş boncuklara benzediğini, hepsinin de kromozomlarımız üzerinde mantıklı bir düzenle sıralandığını düşünmemize yol açmıştır. Genetikçi David Penny'nin dediği gibi, "*E.coli* genomunu tasarlayan komisyonda hizmet etmiş olmaktan büyük bir gurur duyardım. Ne var ki, insan genomunu tasarlayan komisyonda görev yaptığımı hiçbir şekilde kabul etmezdim. Bir üniversite komisyonu bile bir işi bu kadar berbat yapamaz."

Peki yolunda gitmeyen ne olmuştur? Ökaryot genleri karman çormandır. İntron denilen, hiçbir şey şifrelemeyen uzun DNA parçalarıyla kesintiye uğrayan, protein parçalarını şifreleyen nispeten kısa dizilimlerden oluşurlar. Genellikle (tek bir proteini şifreleyen bir DNA parçası olarak tanımlanan) her gende birkaç tane intron bulunur. Bunlar uzunlukları itibarıyla büyük bir çeşitlilik gösterir ama sıklıkla, protein şifreleyen dizilerden ciddi biçimde daha uzunlardır. Proteindeki aminoasit dizilimini belirten RNA şablonu uyarınca kopyalanırlar her zaman ama sonra RNA ribozomlara, sitoplazmadaki büyük protein üretim fabrikalarına ulaşmadan önce dilimlenirler. Bu hiç de kolay bir iş değildir. Spliceozom diye bilinen dikkat çekici bir başka protein nanomakinesi gerçekleştirir bunu. Spliceozomun önemine kısa süre sonra tekrar döneceğiz. Şimdilik, bu prosedürün işleri halletmenin tümüyle tuhaf bir biçimde dolambaçlı bir yolu olduğunu belirtelim. Bu intronların kesilmesinde meydana gelen herhangi bir hata, anlamsız RNA şifreleri parçalarının ribozomlara dahil olması anlamına gelir; bunlar doğruca ilerleyip anlamsız proteinleri sentezler. Ribozomlar planlarına bir Kafka bürokratı kadar bağlı kalır.

Ökaryotların genleri neden parçalıdır? Bunun bilinen birkaç yararı vardır. Aynı genden farklı biçimlerde dilimlenen parçaların bir araya getirilmesiyle farklı proteinler oluşturulabilir, bu da, örneğin bağışıklık sisteminin yeniden birleştirme konusunda gösterdiği hünerin ardında yatar. Farklı protein parçaları, müthiş biçimlerde yeniden birleştirilerek milyarlarca farklı antikor oluşturabilir, bu antikorlar herhangi bir bakteriyel ya da viral proteine bağlanma becerisine, böylece bağışıklık sisteminin ölüm makinelerini harekete geçirme yetisine sahiptir. Ama bağışıklık sistemleri büyük karmaşık hayvanların son dönemlerdeki icatlarıdır. Daha önceki dönemlere özgü bir avantaj var mıydı? 1970'lerde, 20. yüzyıl evrim biyolojisinin duayenlerinden biri olan Ford Doolittle, intronların Yeryüzü'nde yaşamın kökenlerinden kalmış olabileceğini ileri sürdü; "erken intronlar" olarak bilinen bir varsayımdır bu. Bu fikre göre, incelikli modern DNA onarım mekanizmasından yoksun olan ilk genler çok hızlı bir biçimde hatalar biriktirmiş, bu da onları mutasyona erimeye son derece açık hale getirmiş olsa gerektir. Mutasyon hızının yüksek olduğu dikkate alınırsa, biriken mutasyonların sayısı DNA'nın uzunluğuna dayanır. Ancak ve ancak küçük genomların erimeyi engellemesi mümkün olabilmişti. İntronlar bir cevaptı. Çok sayıda protein kısa bir DNA parçasına nasıl şifrelenir? Küçük parçaları bir araya getirirsin olur biter. Doolittle'ın kendisi olmasa da hâlâ birkaç savunucusu olan güzel bir fikirdir bu. Bütün iyi varsayımlar gibi bu varsayım da birkaç tahminde bulunur, maalesef bu tahminlerin doğru olmadığı anlaşılmıştır.

Bu varsayımın başlıca tahmini, ilk önce ökaryotların evrilmiş olması gerektiğiydi. Sadece ökaryotlarda gerçek intronlar vardır. İntronlar atalardan kalmış hal olsaydı, ökaryotların ilk hücreler olması, bakteriler ve arkelerden önce gelmesi; bakteriler ve arkelerin, daha sonra genomlarını modernleştiren seçilimle intronlarını yitirmiş olması gerekirdi. Filogenetik açıdan bu anlamlı değildir. Modern tam genom dizilimi çağı, ökaryotların evsahibi bir arke hücresiyle bakteriyel bir endosembiyoz ortağından doğduğunu tartışmaya yer bırakmayacak şekilde göstermektedir. Yaşam ağacının en derinlere uzanan kökü arke ile bakteri arasındadır, ökaryotlar daha yakın bir tarihte doğmuştur, bu görüş, fosil kayıtlarıyla ve geçen bölümde enerji açısından yaptığımız değerlendirmelerle de tutarlıdır.

Ama eğer intronlar atalara özgü bir hal değilse, nereden ve neden gelmişlerdir? Gerçek intronların bakterilerde bulunmadığını söylemiştim ama öncüleri neredeyse kesinlikle bakteriyeldir, daha doğrusu bakteri genetiği asalaklarıdır, teknik isimleri "mobil grup II kendi kendilerini dilimleyen intronlar"dır. Sözcüklere takılmayın. Hareketli intronlar sadece bencil DNA parçalarıdır, genomun içinde ve dışında kendilerini kopyalayan, sıçrayan genlerdir. Ama "sadece" dememem gerekirdi. Bunlar dikkat çekici ve bir amaca hizmet eden makinelerdir. Normal bir biçimde RNA'ya okunurlar ama sonra yaşam bulurlar (burada başka hangi sözcük kullanılır ki?), RNA "makasları" oluştururlar. Bunlar, evsahibi hücrenin göreceği zararı en aza indirerek, daha uzun RNA çözümlemelerinden parazitler keser, ters bir transkriptazı, RNA'yı tekrar DNA'ya çevirme yetisine sahip bir enzimi şifreleyen etkin kompleksler oluşturur ve intronun kopyalarını tekrar genoma yerleştirirler. Bu nedenle intronlar bakteri genomu içinde ve dışında kendi kendilerini kesen asalak genlerdir.

"Büyük pirelerin sırtlarında onları ısıran küçük pireler vardır…" Genomun, istedikleri gibi gelip giden, dahiyane parazitlerle kaynayan bir yılan yuvası olduğu kimin aklına gelir ki! Ama öyledir. Bu hareketli intronlar muhtemelen eskidir. Yaşamın üç âleminde de bulunurlar, virüslerin tersine, evsahibi hücrelerinin güvenli ortamını terk etmeleri gerekmez hiç. Evsahibi hücre her bölündüğünde, bunlar da aslına sadık bir biçimde kopyalanır. Yaşam onlarla birlikte yaşamayı öğrenmiştir.

Onlarla uğraşmakta bakteriler de gayet beceriklidir. Bunu nasıl yaptıklarını pek bilmiyoruz. Seçilimin gücünün büyük nüfuslar üzerinde etkili olması söz konusu olabilir. Kötü konumlandırılmış, bir şekilde genlerine müdahale eden intronlara sahip bakteriler, bu tür intronlara sahip olmayan hücrelerle verdikleri seçilim savaşında kaybeden tarafta yer alır. Belki de intronlar yardımcı olur ve DNA'nın evsahibi hücreleri fazla rahatsız etmeyen çevre bölgelerini işgal ederler. Kendi başlarına hayatta kalabilen, evsahibi hücrelerini öldürmeyi pek de umursamayan virüslerin tersine, hareketli intronlar evsahipleriyle birlikte ortadan kaybolur, dolayısıyla onları engellemekten bir yarar sağlamazlar. Bu tür bir biyolojinin analizine en yatkın dil ekonomi dilidir: yarar ve zarar matematiği, mahkûmun ikilemi, oyun kuramı… Ne olursa olsun gerçek şudur ki, hareketli intronlar bakteriler ya da arkelerde çok sayıda değildir, genlerin içinde de bulunmazlar; dolayısıyla teknik olarak intron da değillerdir ama genler arası bölgelerde düşük yoğunluklarda toplanırlar. Ökaryotlarda onbinlerce intronun bulunduğu düşünülürse, tipik bir bakteri genomunun (4.000 gende) 30'dan fazla hareketli introna sahip olması olası değildir. Bakterilerde intronların az sayıda olması, uzun vadede maliyet ve yarar dengesini, seçilimin birçok kuşak boyunca her iki taraf üzerinde de etkili olmasının sonucunu yansıtır.

1,5 ila 2 milyar yıl önce evsahibi bir arke hücresiyle endosembiyoza giren bakteri, bu tür bir bakteridir. En yakın modern eşdeğeri bir tür alfa-proteobakterisidir. Modern alfa-proteobakterilerinin çok az sayıda hareketli introna sahip olduklarını biliyoruz. Peki ama bu çok eski zamanlardan kalan genetik asalak ile ökaryot genlerin yapısını birleştiren şey nedir? Hareketli bakteriyel intronları kesen RNA makaslarının ayrıntılı mekanizması basit mantıktan öteye geçmez. Birkaç paragraf önce spliceozomlardan bahsetmiştim: Bunlar, bizim RNA çözümlemelerimizden intronlar kesen protein nanomakineleridir. Spliceozom sadece proteinlerden oluşmaz, kalbinde bir RNA makası yatar, aynı makas. Bunlar atalarının bakteriyel kendi kendilerini dilimleyen intronlar olduğunu ele veren anlamlı bir mekanizmayla ökaryot intronlarını dilimler (RESİM 27).

İşte böyle. İntronların genetik diziliminde bakterilerden türediklerini düşündüren hiçbir şey yoktur. Ters transkriptaz gibi proteinleri şifrelemezler, DNA'nın içinde ya da dışında kendilerini dilimlemezler, hareketli genetik parazitler değillerdir, sadece orada öylece durup hiçbir şey yapmayan lümpen DNA parçalarıdır.[2] Ama onları eşiğin altında kesintiye uğratmış mutasyonlarla çürümüş bu ölü intronlar artık tanınamayacak derecede bozulmuştur, canlı asalaklardan çok daha tehlikelidirler. Artık kendi kendilerini kesemezler. Evsahibi hücreden çıkarılmaları gerekir. Yaşayan kuzenlerinden bir zamanlar alınmış makasları kullanarak çıkarılırlar. Spliceozom bakteriyel bir parazite dayanan ökaryotlara özgü bir makinedir.

Rusya doğumlu Amerikalı biyoenformatikçi Eugene Koonin ile Bill Martin'in, 2006'da yayımlanan heyecan verici bir makalede ortaya koydukları varsayım buydu işte. Ökaryotların kökeninde endosembiyoz ortağının, hiçbir şeyden haberi olmayan evsahibi hücreyi bir genetik asalaklar yağmuruna tuttuğunu söylüyorlardı. Bunlar, ökaryot genomlarını şekillendiren ve hücre çekirdeği gibi derinlere inen özelliklerin evrimini yürüten erken bir intron işgaliyle genomun her yerine yayılmışlardı. Ben bu özelliklerin arasına eşeyli üremeyi de eklerdim. Kabul ediyorum, bütün bunlar kulağa uydurmacaymış, töhmet altında bırakan bir makasın sunduğu çürük bir

| İki grup kendi kendilerini dilimleyen intronlar | Ökaryot spliceozom intronlar |
| --- | --- |

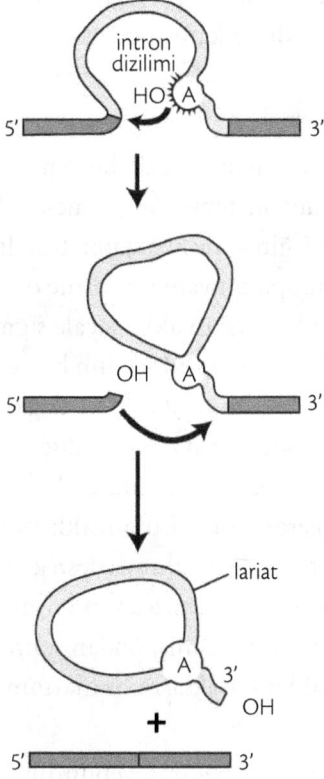

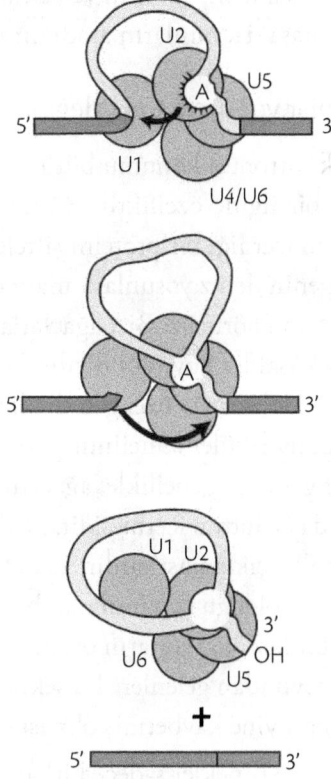

öncül RNA molekülü

geçici orta seviye

dilimlenmiş intron dizilimi

bağlanmış ekson dizilimi

**RESİM 27** Hareketli, kendi kendilerini dilimleyen intronlar ve spliceozom

Ökaryot genler eksonlardan (proteinleri şifreleyen dizilimler) ve intronlardan (genlerin arasına karışmış, protein sentezlenmeden önce RNA şifre yazılımından kesilmiş, şifrelemeyen uzun dizilimler) oluşur. Öyle görünüyor ki, intronlar bakteri genomlarında bulunan (sol panel) parazit DNA unsurlarından türemiş ama mutasyonlarla bozularak ökaryot genomlarında atıl dizilimler haline gelmişlerdir. Bunların spliceozomla fiilen yerlerinden çıkarılması gerekir (sağ tarafta). Bu argümanın gerekçesi, burada gösterilen dilimleme mekanizmasıdır. Bakteriyel parazit (soldaki panel) kendisini dilimleyerek parazit genlerin kopyalarını DNA dizilimlerine çevirebilecek, bakteri genomu bunların çok sayıda kopyasını sokabilecek ters bir transkriptaz şifreleyen kesilip çıkarılmış bir intron dizilimi oluşturur. Ökaryot spliceozom (sağda) büyük bir protein kompleksidir ama işlevi kalbindeki katalitik bir RNA'ya (ribozom) dayanır; bu ribozomda dilimlemeyle aynı mekanizma tamamen ortaktır. Bu da spliceozom'un, dolayısıyla kendi kendisini dilimleyen hareketli ikinci grup intronlardan türeyen ökaryot intronlarının, ökaryotların evrim sürecinin ilk evrelerinde bakteriyel endosembiyoz ortağından salındığını düşündürür.

kanıta dayalı, "işte böyle" diyen bir evrim hikâyesiymiş gibi geliyor. Ama genlerin ayrıntılı yapıları bu fikri destekler. İntronların sayısı (onbinlercedir) ile ökaryot genlerindeki fiziksel konumları, çok eski zamanlara ait atalardan alınan mirasın sessiz tanıklarıdır. Bu miras intronların ötesine geçer, evsahibi ile endosembiyoz ortağı arasındaki sıkıntılı ve yakın ilişkiyi yansıtır. Bu fikirler gerçeğin tamamını yansıtmasa da, bunların aradığımız türde cevaplar olduğu kanısındayım.

## İntronlar ve Hücre Çekirdeğinin Kökeni

Birçok intronun konumu bütün ökaryotlarda korunmuştur. Bu da beklenmedik başka bir ilginç özelliktir. Bütün ökaryotlarda bulunan temel hücre metabolizmasının içerdiği bir proteini şifreleyen bir gene, örneğin sitrat sentazına bakalım. Aynı genin deniz yosunları, mantarlar, ağaçlar ve amiplerin yanı sıra bizde de bulunduğunu görürüz. Bizi ağaçlarla ortak atalarımızdan ayıran akla hayale sığmaz sayıda kuşaklar boyunca dizilimleri biraz değişmiş olsa da, doğal seçilim bu genin işlevini, dolayısıyla özel gen dizilimini korumuştur. Bu, ortak atanın ve doğal seçilimin moleküler temelinin güzel bir örneğidir. Hiç kimsenin beklemediği şeyse, bu tür genlerin genellikle, ağaçlarda ve insanlarda tıpatıp aynı konumda bulunan iki ya da üç intron içermesidir. Neden böyle olması gerekmiştir? Bunun akla yatkın sadece iki açıklaması vardır. Ya bir nedenden ötürü bu yerler seçilimin desteklediği konumlar olduğu için intronlar bu konumlara kendilerini bağımsızca yerleştirmiştir ya da bir kez ökaryotların ortak atasında bu konumlara yerleşmiş, ondan sonra da onun soyundan gelenlere bu şekilde geçmiştir. Tabii bu kuşakların bazılarının bu intronları yine kaybetmiş olması da mümkündür.

Bilinen örnekler sadece birkaç tane olsaydı ilk yorumu benimseyebilirdik ama binlerce intronun bütün ökaryotlarda yüzlerce ortak gende tıpatıp aynı konumlara yerleşmiş olması bunun mantıksız görünmesine yol açıyor. Ortak ata, büyük ölçüde en eli sıkı açıklamadır. Eğer böyleyse, ökaryot hücrenin ortaya çıkışından hemen sonra erken bir intron işgali dalgası yaşanmış, bütün bu intronların yerleşmesine bu olay yol açmış olsa gerektir. Bundan sonra da, intronlar mutasyonlar nedeniyle bir tür bozulmaya uğramış, hareket yeteneklerini kaybetmiş, cesetlerin çevresine tebeşirle çizilen çizgiler gibi sonraki bütün ökaryotlarda konumlarını korumuş olmalıdırlar.

Erken bir intron işgali olasılığını desteklememizi gerektirecek inandırıcı başka bir neden daha vardır. Genleri *ortolog* ve *paralog* diye bilinen tiplere ayırabiliriz. Ortologlar temelde, farklı türlerde aynı işi yapan aynı genlerdir, biraz önce değerlendirdiğimiz örnekte olduğu gibi, ortak bir atadan miras alınmışlardır. Bu nedenle bütün ökaryotlarda, hepimizin ortak atamızdan miras aldığı sitrat sentazı geninin bir ortologu vardır. Paralog denilen ikinci gen grubu da ortak atadan gelir ama ata geni aynı hücre içinde, sıklıkla birçok kez kopyalayarak bir gen ailesi ortaya çıkarmıştır. Bu gibi gen aileleri 20 ya da 30 kadar gen içerebilir, bu genlerin her biri sonunda genellikle biraz daha farklı bir işte uzmanlaşır. Hepsi de çok benzer proteinleri şifreleyen, yaklaşık 10 genin bulunduğu hemoglobin ailesi iyi bir örnektir. Bu genlerin her biri biraz daha farklı bir amaca hizmet eder. Aslında ortologlar farklı türlerde bulunan eşdeğer genlerdir, paraloglarsa aynı organizmada bir gen ailesinin mensuplarıdır. Ama farklı türlerde koca paralog aileleri de bulunabilir tabii. Bu nedenle, bütün memelilerde paralog hemoglobin gen aileleri vardır.

Bu paralog gen ailelerini kadim ya da yakın dönemde ortaya çıkmış paraloglar olarak ayırabiliriz. Eugene Koonin dahiyane bir çalışmayla tam da bunu yapmıştır. Kadim paralogları bütün ökaryotlarda bulunan ama hiçbir prokaryotta kopyalanmamış gen aileleri olarak tanımlamıştır. Böylece bu gen ailesini ortaya çıkaran gen kopyalamaları dizisini, ökaryotların evrim sürecinde son ökaryot ortak atanın evrimi öncesinde gerçekleşmiş erken bir olay olarak konumlandırabiliriz. Yakın dönemli paraloglarsa, tersine hayvanlar ya da bitkiler gibi sadece belli ökaryot gruplarında bulunan gen aileleridir. Bu örneklerde kopyalamaların daha yakın bir tarihte, bu grubun evrimi sırasında gerçekleştiği sonucuna varabiliriz.

Koonin ökaryotların evrim sürecinin erken dönemlerinde gerçekten de bir intron işgali yaşanmışsa, hareketli intronların kendilerini farklı genlere rastgele yerleştirmiş olmaları gerektiği sonucuna varmıştı. Bunun nedeni, aynı dönemde kadim paralogların da fiilen kopyalanmış olmasıdır. Erken intron işgali henüz bitmemiş olsaydı, hareketli intronlar büyümekte olan paralog gen ailesinin farklı mensuplarında kendilerini yeni konumlara yerleştiriyor olurlardı. Oysa tersine, varsayılan erken intron işgalinin son bulmasından epeyce sonra, çok daha yakın tarihli paralog kopyalamaları olmuştur. Hiçbir yeni yerleşme olmaksızın, eski intronların konumları bu genlerin yeni kopyalarında korunmuş olsa gerektir. Başka bir deyişle, kadim paraloglarda, intron konumları yakın tarihli paraloglara kıyasla daha kötü korunmuştur. Bu, dikkat çekici bir derecede doğrudur. Pratikte bütün intron konumları yakın tarihli paraloglarda korunmuştur, oysa kadim paraloglarda tam da tahmin edildiği üzere, intronlar çok zayıf bir düzeyde korunmuştur.

Bütün bunlar, erken ökaryotların gerçekten de kendi endosembiyoz ortaklarının hareketli intronlarının işgaline maruz kaldığını düşündürür. Ama eğer böyle olmuşsa, bunlar hem bakterilerde hem arkelerde normalde sıkı bir denetim altında tutulurken erken ökaryotlarda yayılmıştır? Bunun olası iki cevabı vardır, ikisinin de doğru olması olasılığı yüksektir. Birinci neden, erken ökaryotların (temelde hâlâ prokaryot olan arkenin) rahatsız edici derecede yakın bir yerden, kendi sitoplazmalarının içinden bir bakteriyel intron bombardımanına maruz kalmış olmasıdır. Burada iş başında olan bir mandal vardır. Bir endosembiyoz, başarısız olabilecek doğal bir "deney"dir. Evsahibi hücre ölürse deney son bulur. Ama bunun tersi geçerli değildir. Birden fazla endosembiyoz ortağı varsa, içlerinden sadece biri ölürse, deney devam eder; evsahibi hücre bütün diğer endosembiyoz ortaklarıyla birlikte hayatta kalır. Ama ölü endosembiyoz ortağının DNA'sı sitozola dağılır, bundan sonra da, büyük olasılıkla standart yanal gen aktarımıyla evsahibi hücrenin genomunda yeniden birleştirilir.

Bunu durdurmak kolay değildir, bugüne dek devam etmiştir; nükleer genomlarımız "nümts" (sordunuz diye söylüyorum, nükleer mitokondriyel sekanslar) denilen binlerce mitokondriyel DNA parçasıyla doludur; buraya tam da bu tür aktarımlarla gelmişlerdir. Zaman zaman yeni nümts ortaya çıkar, bir geni bozup genetik bir hastalığa yol açarak kendilerine dikkat çekerler. Ökaryotların kökeninde, bir hücre çekirdeğinin varolması öncesinde, bu tür aktarımlar daha yaygın olsa gerekti. Hareketli intronları bir genom içinde belli yerlere yönlendiren seçilim mekanizmaları var olmasaydı, DNA'nın mitokondrilerden evsahibi hücreye kaotik aktarımı daha kötü olabilirdi. Genelde bakteriyel intronlar bakteriyel evsahiplerine, arke intronları arke evsahiplerine uyum sağlamıştır. Ne var ki, erken ökaryotlarda bakteriyel intronlar çok farklı gen dizilimlerine sahip bir arke genomunu işgal ediyordu. Uyarlanmayla ilgili hiçbir sınırlama yoktu, bu sınırlamalar olmayınca intronların kontrol edilemez bir biçimde yayılmasını ne engelleyebilirdi ki? Hiçbir şey! Ufukta türün tükenmesi görünüyordu. Umabileceğimiz en iyi şey, genetik olarak kararsız (hastalıklı) hücrelerden oluşan küçük bir nüfustu.

Erken bir intron yayılmasının ikinci nedeni, buna karşı harekete geçmiş seçilimin kuvvetinin düşük olmasıdır. Bunun nedeni kısmen, hastalıklı hücrelerden oluşan küçük bir nüfusun rekabet gücünün sağlıklı hücrelerden oluşan kalabalık bir nüfusa göre daha az olmasıdır. Ama ilk ökaryotlar intron işgaline karşı önceden görülmemiş bir toleransa sahip olsalar gerekti. Nihayetinde, intronların kaynağı geleceğin mitokondrisi olacak endosembiyoz ortağıdır, mitokondriler genetik bir maliyet olmanın yanı sıra enerji açısından bir nimettir. İntronlar bakteriler için bir maliyettir çünkü enerjik ve genetik bir yüktür; daha DNA'sı olan küçük hücreler ihtiyaçlarından fazla DNA'ya sahip büyük hücrelerden daha hızlı kopyalanır. Geçen bölümde gördüğümüz üzere, bakteriler genomlarını hayatta kalmaya uyum sağlayabilecek asgari düzeyde geliştirir. Oysa ökaryotlar tersine aşırı bir genomik asimetri gösterir: Endosembiyoz ortaklarının genomları küçüldüğünden, çekirdekteki genomlarını genişletmekte serbesttirler. Evsahibi hücre genomunun genişlemesiyle ilgili olarak planlanmış bir şey yoktur, sadece genomun boyutlarının büyümesi, bakterilerde olduğu gibi seçilimle cezalandırılmaz. Bu sınırlı cezalandırma ökaryotların her türlü kopyalama ve yeniden birleştirme sayesinde binlerce gen daha biriktirmesini ama bir yandan da çok daha ağır bir genetik parazit yükünü tolere etmesini sağlar. Bunların ikisinin kaçınılmaz olarak el ele gitmesi gerekir. Ökaryot genomları, enerjiye dayalı bir bakış açısına göre böyle olabilecekleri için, intronlarla dolmuşlardır.

Bu nedenle, öyle görünüyor ki ilk ökaryotlar kendi endosembiyoz ortaklarından bir genetik parazit bombardımanına maruz kalmışlardır. İroniktir, bu parazitler çok da büyük bir sorun yaratmıyordu. Sorun aslında parazitler çürüyüp öldüklerinde, cesetlerini (intronlar) genoma saçılmış bir halde bıraktıklarında ortaya çıkmıştı. Evsahibi hücrenin artık intronları kesip atması gerekiyordu, yoksa anlamsız proteinlere okunacaklardı. Daha önce de belirttiğimiz üzere, bu işi hareketli intronlardan RNA makasları türetmiş spliceozom yapar. Ama etkileyici bir nanomakine olsa da spliceozom sadece kısmi bir çözümdür. Sorun spliceozomların yavaş olmasıdır. Bugün bile, yaklaşık 2 milyar yıl süren evrimsel gelişmenin ardından, spliceozomların tek bir intronu kesip atması birkaç dakika sürer. Oysa ribozomlar tersine çılgınca bir hızla, saniyede yaklaşık 10 aminoasit hızıyla çalışır. Yaklaşık 250 aminoasit uzunluğunda standart bir bakteriyel protein yapmak sadece yarım dakika alır. Spliceozom RNA'ya erişebilir olsa da (RNA sıklıkla çok sayıda ribozomla kaplanmış olduğundan bu kolay değildir) intronları bozulmadan dahil edilen çok sayıda yararsız proteinin oluşmasını engelleyemez.

Yanlışlıkla bir felaketin ortaya çıkması nasıl önlenebilirdi? Martin ve Koonin'e göre bunun çaresi, yolun üzerine bir engel dikmekti. Çekirdek zarı, çözümlemeyi çevrimden ayıran bir engeldir. Çekirdeğin içinde genler RNA şifre yazımlarına çevrilir, çekirdeğin dışında RNA'lar ribozomlar üzerindeki proteinlere çevrilir. Önemli bir nokta, yavaş bir süreç olan dilimlemenin çekirdeğin içinde, ribozomlar RNA'nın yakınına gelemeden önce gerçekleşmesidir. Çekirdeğin bütün amacı budur: Ribozomları kenarda tutmak. Bu da ökaryotların neden bir çekirdeğe ihtiyacı olduğunu, prokaryotların olmadığını açıklar; prokaryotların bir intron problemi yoktur.

Ama durun bir dakika diye haykırdığınızı duyar gibiyim. Durduk yere mükemmel bir oluşuma sahip bir çekirdek zarını işin içine sokamayız! Bu çekirdek zarının evrilmesi birçok kuşak boyunca sürmüş olsa gerektir, peki bu arada erken ökaryotlar neden ölüp gitmemiştir? Eh, birçoğunun ölüp gittiğine hiç şüphe yoktur ama sorun bu kadar zor olmayabilir. Bu sorunun anahtarı zarlarla ilgili başka bir ilginç özellikte yatar. Evsahibi hücrenin, zarlarında tipik arke lipidleri taşıması gereken gerçek bir arke olduğu genlerden belli olsa da, ökaryotların da zarlarında bakteri lipidler vardır. Bu üzerinde durulması gereken bir olgudur. Bir nedenden ötürü, ökaryotların evriminde arke zarlarının yerini bakteri zarları almış olsa gerektir. Neden?

Bu meselenin iki yüzü vardır. Birincisi, pratiklikle ilgili bir meseledir: Bu gerçekten yapılabilir bir şey miydi? Bu sorunun cevabı evettir. Şaşırtıcıdır, arke ve bakteri lipidlerinin çeşitli karışımlarından oluşan mozaik zarları aslında istikrarlıdır; bunu laboratuvarda yapılan deneylerden biliyoruz. Dolayısıyla, bir arke zarından bakteri zarına tedricen geçilmesi mümkündür. Başka bir deyişle, bunun gerçekleşmemesi için bir neden yoktur ama gerçek şudur ki, bu gibi geçişler gerçekten de enderdir. Bu da bizi meselenin ikinci yönüne getirir: Böyle bir değişimin ardında ender rastlanan hangi evrim gücü vardı? Bu sorunun cevabı endosembiyoz ortağıdır.

Endosembiyoz ortaklarından evsahibi hücreye kaotik DNA aktarımı, bakteri lipid sentezine yönelik genleri de içermiş olsa gerektir. Şifrelenen enzimlerin sentezlendiğini ve etkin olduğunu varsayabiliriz. Doğruca ilerleyip bakteri lipidleri oluşturmuşlardır ama bu sentez başta büyük olasılıkla kontrolsüzdü. Lipidler rastgele bir biçimde sentezlenirse ne olur? Suda oluşurlarsa lipid kabarcıklar halinde çökelirler. Newcastle'da, Jeff Errington gerçek hücrelerin aynı biçimde davrandığını göstermiştir: Bakterilerde lipid sentezini artıran mutasyonlar iç zarların çökelmesi sonucunu doğurmuştur. İç zarlar oluştukları yerin yakınına çökelme, genomu lipid "torbaları" istifleriyle çevreleme eğilimindedir. Tıpkı bir sokak serserisinin soğuktan korunmak için yetersiz de olsa naylon torbalara sarınması gibi, lipid torbaları da DNA ile ribozomlar arasında kusursuzluktan uzak bir engel oluşturarak intron problemini hafifletebilir. Bu engelin kusursuz olmaması *gerekir*. Mühürlenmiş bir zar RNA'nın dışarıya ribozomlara gönderilmesini engellerdi. Bozuk bir engelse bu akışı sadece yavaşlatır, spliceozomlara, ribozomlar işe koyulmadan önce intronları kesip atmak için biraz daha zaman kazandırırdı. Başka bir deyişle rastgele (ama öngörülebilir) bir başlangıç noktası, seçilime bir çözümün başlangıç noktasını sunar. Başlangıç noktası, bir genomu çevreleyen bir lipid torbaları istifiydi; son nokta gelişmiş gözeneklerle dolu çekirdek zarıydı.

Çekirdek zarının morfolojisi bu bakış açısıyla tutarlıdır. Lipid torbaları, plastik torbalar gibi düzleştirilebilir. Kesit alındığında düzleştirilmiş bir torbanın birbirine yakından hizalı iki paralel kenarı vardır; çifte bir zardır bu. Çekirdek zarının yapısı tam olarak böyleydi: birbiriyle kaynaşmış bir dizi düzleştirilmiş kesecik ile çatlaklar arasına yerleşmiş çekirdek gözeneği kompleksleri… Hücre bölünmesi sırasında zar yine küçük keseciklere ayrılır, sonrasında bu kesecikler büyürler ve yine birleşerek iki yavru hücrenin çekirdek zarlarını oluştururlar.

Genlerin nükleer yapıları şifreleme örüntüsü bu ışıkta bakınca da anlamlı gelir. Çekirdek mitokondrilerin edinilmesi öncesinde evrilmişse, çeşitli kısımlarının (çekirdek gözenekleri, çekirdek laminası ve nükleolus) yapısının evsahibi hücrelerce şifrelenmiş olması gerekir. Ama durum öyle değildir. Bunların hepsi de, bazıları bakteri genleriyle, pek azı arke genleriyle, geri kalanı da sadece ökaryotlarda bulunan genlerle şifrelenmiş kimerik bir protein karışımından oluşur. Çekirdek mitokondrilerin edinilmesinin ertesinde, düzensiz gen aktarımları sonrasında evrilmediyse, bu örüntüyü açıklamak pratikte imkansızdır. Sıklıkla, ökaryot hücrenin evrimi sürecinde endosembiyoz ortaklarının, neredeyse (ama çok da değil) tanınamayacak hale gelerek mitokondrilere dönüştüğü söylenir. Evsahibi hücrenin çok daha dramatik bir dönüşüm geçirdiği daha az takdir edilir. Evsahibi hücre başta basit bir arkeydi, daha sonra endosembiyoz ortakları kazandı. Bunlar hiçbir şeyden haberi olmayan evsahiplerini DNA ve intron bombardımanına tabi tutarak çekirdeğin evrimini sağladı. Sadece çekirdeğin de değil: Eşeyli üreme de onunla birlikte evrildi.

## Eşeyli Üremenin Kökeni

Eşeyli üremenin ökaryotların evriminde çok erken bir tarihte ortaya çıktığını belirtmiştik. Eşeyli üremenin kökenlerinin intron bombardımanıyla bir ilgisi olabileceğini de belirtmiştim. Bu nasıl olabilir? Açıklamaya çalıştığımız şeyi çabucak tekrar özetleyelim.

Ökaryotların uyguladığı biçimiyle gerçek eşeyli üreme, her biri normal kromozom kotasının yarısına sanip iki gametin (biz insanlarda sperm ve yumurta) birleşmesini gerektirir. Çokhücreli diğer ökaryotların yanı sıra siz ve ben diploidiz. Bu da genlerimizin her birinin her ebeveynden birer tane olmak üzere iki kopyasına sahip olduğumuz anlamına gelir. Daha özelde her kromozomun iki kopyasına sahibizdir, bunlar kardeş kromozomlar diye bilinir. İkonik kromozom imgelerinde bunlar değişmeyen fiziksel yapılar gibi görünebilir ama durum böyle olmaktan çok uzaktır. Gametlerin oluşumu sırasında, kromozomlar yeniden birleşir, parçalar birbiriyle kaynaşarak daha önceden büyük ihtimalle hiç görülmemiş yeni gen bileşimleri yaratırlar (RESİM 28). Yenice yeniden birleştirilmiş bir kromozomda genleri birer birer aşarak ilerlerseniz, genlerin bazılarının annenizden bazılarının babanızdan geldiğini görürsünüz. Kromozomlar artık mayoz sürecinde (kelimenin tam anlamıyla "indirgeyici hücre bölünmesi") ayrılarak her biri bütün kromozomların tek bir kopyasını taşıyan haploid gametleri oluşturmuştur. Her birinde yeni birleştirilmiş kromozomlar bulunan iki gamet sonunda birleşerek döllenmiş yumurtayı, benzersiz bir gen bileşimine sahip yeni bir bireyi, çocuğunuzu oluşturur.

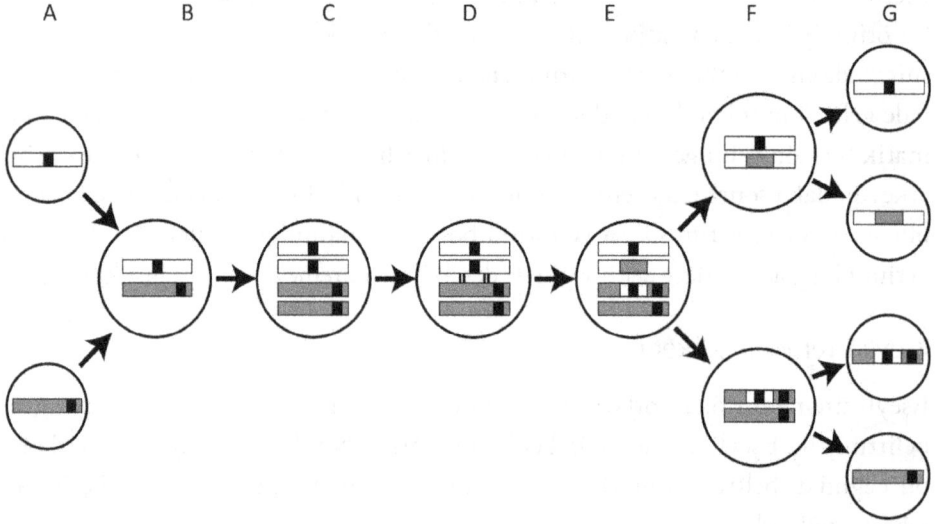

**RESİM 28** Ökaryotlarda eşeyli üreme ve yeniden birleştirme

Eşeyli üreme döngüsünün basitleştirilmiş bir resmi: İki gametin birleşmesini, yeniden birleştirmenin gerçekleştiği iki adımlı bir mayoz bölünme izler ve sonra yeni, genetik olarak farklı gametler ortaya çıkar. (a)'da eşdeğer (ama genetik olarak farklı) bir kromozomun tek bir kopyasına sahip iki gamet birleşerek, kromozomun (b) iki kopyasına sahip bir zigot oluşturur. Ya zararlı bir mutasyon ya da belli genlerin yararlı bir versiyonu anlamına gelebilecek kırmızı noktalara dikkat edelim. Mayozun ilk aşamasında (c) iki kromozom aynı hizaya gelir ve sonra kopyalanır, ortaya birbirinin eşi dört kopya çıkar. Daha sonra bu kromozomların ikisi ya da daha fazlası yeniden birleşir (d). DNA kesitleri karşılıklı olarak bir kromozomdan diğerine aktarılır, babadan ve anneden gelen asıl kromozların parçalarını içeren yeni kromozomlar ortaya çıkar (e). İndirgeyici hücre bölünmesinin iki tur gerçekleşmesiyle birlikte bu kromozomlar ayrılır, (f) sonunda yeni bir gamet seçkisi ortaya çıkar (g). Bu gametlerin ikisinin asıl gametlerle aynı, ikisinin farklı olduğuna dikkat edelim. Kırmızı nokta zararlı bir mutasyon anlamına geliyorsa, eşeyli üreme burada hiçbir mutasyonun görülmediği bir gamet ile iki mutasyonun görüldüğü bir gamet yaratır, ikinci gamet daha sonra seçilimle elenebilir. Tersine, yararlı bir varyasyon anlamına geliyorsa, eşeyli üreme iki mutasyonu tek bir gamette birleştirmiş, seçilimin ikisini birden desteklemesini mümkün kılmıştır. Kısacası, eşeyli üreme gametler arasında varyasyonu (farklılaşmayı) artırır, onları seçilimin daha fazla görebileceği hale getirir, zaman içinde mutasyonları eler ve yararlı versiyonları destekler.

Eşeyli üremenin kökeniyle ilgili sorun, birçok yeni mekanizmanın evrilmesinin gerekmiş olması değildir. Yeniden birleştirme iki kardeş kromozomun yan yana sıralanmasıyla gerçekleşir. Bunun ardından bir kromozomun bazı bölümleri fiziksel olarak kardeşine aktarılır ve geçiş noktalarından kardeş kromozomdan bölümler diğerine aktarılır. Kromozomların bu şekilde sıralanması ve genlerin yeniden birleşmesi yanal gen aktarımı sırasında bakteriler ve arkelerde de yaşanır ama genellikle karşılıklı değildir: Hasar görmüş kromozomları onarmak ya da kromozomdan silinmiş genleri yeniden yüklemek için kullanılır. Moleküler makine temelde aynıdır, eşeyli üremede farklı olan şey ölçek ve karşılıklılıktır. Eşeyli üreme genomun tamamında gerçekleşen karşılıklı bir yeniden birleştirmedir. Bu bütün hücrelerin birleşmesini ve genomların tamamının fiziksel aktarımını sağlar, prokaryotlarda görülmüşse bile ender olarak görülen bir şeydir bu.

Eşeyli üreme 20. yüzyılda biyolojik sorunların "kraliçe"si sayılıyordu ama en azından kesin eşeysiz üremeyle (klonlanma) ilgili olarak neden yararlı olduğunu iyi bir biçimde değerlendirebilecek durumdayız. Eşeyli üreme katı gen bileşimlerini kırar, doğal seçilimin tek tek genleri "görmesi"ni, bütün niteliklerimizin bir bir incelenmesini mümkün kılar. Bunun da, değişen doğal ortamlara uyum sağlamanın ve bir nüfusta gerekli varyasyonu korumanın yanı sıra elden ayaktan düşüren parazitleri engellemeye yararı olur. Ortaçağdaki taş ustalarının, katedrallerin girintilerinde saklı heykellerin arka kısımlarını da Tanrı'nın gözüne hâlâ görünür oldukları için yontmuş olması gibi, eşeyli üreme de doğal seçilimin her şeyi gören gözünün işleri gen gen tetkik etmesini mümkün kılar. Eşeyli üreme bize "akışkan" kromozomlar, durmadan değişen gen bileşimleri (teknik adıyla *aleller*[3]) kazandırır; bunlar da, doğal seçilimin görülmemiş bir incelikle organizmalar arasında ayrım yapmasını mümkün kılar.

Bir kromozom üzerinde sıralanmış ama asla yeniden birleşmeyen 100 gen düşünelim. Seçilim ancak genomun tamamının uygunluğu konusunda bir ayrım yapabilir. Diyelim ki, bu kromozom üzerinde gerçekten de kritik birkaç gen var, bunlardaki herhangi bir mutasyon neredeyse her zaman ölümle sonuçlanıyor. Ancak kritik nokta şudur: O kadar kritik olmayan genlerdeki mutasyonlar seçilimin gözüne hemen hemen hiç görünmez bir hal alır. Bu genlerde hafifçe zararlı mutasyonlar birikebilir, zira olumsuz etkileri birkaç kritik genin sağladığı büyük yararlarla silinir. Bunun sonucunda kromozomun ve bireyin uygunluğu tedricen baltalanır. Erkeklerdeki Y kromozomunun başına gelen şey kabaca budur, yeniden birleşmenin gerçekleşmemesi çoğu genin yavaş bir bozulma sürecinde olduğu anlamına gelir; ancak kritik genler seçilimle korunabilir. Sonunda kromozomun tamamı kaybedilebilir, tarla faresi *Ellobius lutescens*'de gerçekten de böyle bir şey olmuştur.

Ama seçilim olumlu bir biçimde işlerse işler daha da beter bir hal alır. Kritik bir gende gerçekleşen ender bir olumlu mutasyon nüfusun tamamını etkileyecek kadar yararlı olursa neler olacağını bir düşünün. Yeni mutasyonu miras alan organizmalar baskın bir hal alır ve bu gen nihayetinde "sabitlenecek" kadar yayılır, nüfustaki bütün organizmalar bu genin bir kopyasına sahip olur. Ama doğal seçilim sadece kromozomun tamamını "görebilir." Bu da kromozomdaki diğer 99 genin de nüfusta sabit bir hal alacağı anlamına gelir, bu koşuya onlar da katılır ve sabitlenme yolunda "otostop" yapar. Bu bir felaket olur. Nüfusta her genin iki ya da üç versiyonu (alel) olduğunu bir düşünün. Bu durumda 10.000 ila 1 milyon farklı olası alel bileşimi olur. Sabitlenme sonrasında bu çeşitliliğin tamamı silinir, nüfusun tamamında 100 genin tek bir bileşimi kalır, feci bir varyasyon kaybıdır bu. Elbette ki, sadece 100 gen büyük bir basitleştirmedir. Eşeysiz organizmaların binlerce geni vardır, bu genlerin hepsi de tek bir seçilim hamlesinde bu varyasyondan temizlenir. "Etkili" nüfusun boyutları büyük ölçüde küçülür, böylece eşeysiz nüfuslar tükenmeye çok daha açık bir hal alır.[4] Çoğu eşeysiz organizmanın başına gelen şey tam da budur, klonlanan bitkiler ve hayvanların neredeyse tümü birkaç milyon yıl içinde tükenir.

Bu iki süreç, yani ılımlı ölçüde hasar veren mutasyonların birikmesi ve seçilim hamlelerinde varyasyonun kaybolması, birlikte "seçilim girişimi" diye bilinir. Yeniden birleşme olmazsa, bazı genler üzerinde etkili olan seçilim, başka bazı genler üzerinde etkili olan seçilimle karışır. Eşeyli üreme farklı alel bileşimleri ("akışkan kromozomlar") yaratarak, seçilimin tek tek bütün genler üzerinde etkili olmasını mümkün kılar. Seçilim, Tanrı misali, artık bütün erdemlerimizi ve kötülüklerimizi tek tek bütün genlerde görebilir. Eşeyli üremenin büyük avantajı budur.

Ama eşeyli üremenin ciddi dezavantajları da vardır, bu nedenle de uzunca bir süre boyunca evrimle ilgili sorunların kraliçesi olmuştur. Eşeyli üreme belli bir ortamda başarılı olduğu anlaşılmış bütün alel bileşimlerini kırar, ebeveynlerimizin hayatta kalmasına katkıda bulunmuş genleri rastgele hale getirir. Gen paketi her kuşakta yeniden karılır, bir dahinin, yeni bir Mozart'ın eksiksiz bir kopyasının klonlanması şansı asla doğmaz. Daha da kötüsü, "eşeyli üremenin maliyeti iki kat-lıdır." Klonlanan bir hücre bölündüğünde iki yavru hücre ortaya çıkarır, bunların her biri iki yavru daha üretir, bu böylece devam edip gider. Bir nüfus katlanarak büyür. Eşeyli bir hücre iki yavru hücre yaratırsa, bunların birbirleriyle kaynaşarak iki yavru hücre daha yaratacak yeni bir birey oluşturmaları gerekir. Kendinizin güzel bir kopyasını klonlamakla karşılaştırılınca, eşeyli üreme bütün duygusal (ve finansal) maliyetiyle birlikte bir eş bulma sorununu beraberinde getirir. Bir de erkeklerin maliyeti vardır. Kendinizi klonladınız mı, bütün o saldırgan, kasıntı erkeklere, tokuşmuş boynuzlara, yelpaze gibi açılan kuyruklara ya da büyük toplantı salonlarına gerek kalmaz. AIDS ya da frengi gibi cinsel ilişkiyle bulaşan korkunç hastalıklardan, genetik otlakçıların (virüsler ve "sıçrayan genler"in) genomlarımızı çöple doldurma fırsatı bulmasından kurtuluruz.

Muamma, eşeyli üremenin ökaryotlar arasında yaygın olmasıdır. Eşeyli üremenin yararlarının belli koşullarda maliyetleri azaltacağı ama bazı koşullarda azaltmayacağı düşünülebilir. Bir noktaya kadar bu doğrudur; söz gelimi germler (tohum, üreme hücreleri) yaklaşık 30 kuşak boyunca eşeysiz olarak bölünebilir, genelde bir bunalım durumunda, zaman zaman eşeyli ürerler. Ama eşeyli üreme mantıklı göründüğünden çok daha yaygındır. Bunun nedeni de, muhtemelen ökaryotların son ortak atasının zaten eşeyli olması, bu nedenle onun soyundan gelenlerin hepsinin de eşeyli olmasıdır. Birçok mikroorganizma artık düzenli eşeyli üremede bulunmasa da, çok daha azı soyları tükenmeksizin eşeyli üremeyi tümüyle kaybetmiştir. Dolayısıyla asla eşeyli ürememenin maliyetleri yüksektir. Benzer bir argüman ilk ökaryotlar için de geçerli olsa gerektir. Asla eşeyli ürememiş olanlar (muhtemelen eşeyli üremeyi "icat etmemiş" olanların hepsi) muhtemelen tükenip gitmiştir.

Ama burada yine, genleri yeniden birleştirmesi, "akışkan kromozomlar" yaratması açısından eşeyli üremeye benzeyen yanal gen aktarımı sorunuyla karşılaşırız. Kısa süre öncesine dek bakteriler klonlanmanın büyük ustaları olarak görülüyordu. Bakteri nüfusu katlanarak artar. Tümüyle başıboş bırakıldığında, tek bir *E.coli* bakterisi 30 dakikada bir bölünerek, sadece üç günde Dünya'nın kütlesine eşit bir koloni yaratabilir. Gelgelelim *E.coli* bundan daha fazlasını yapabilir. Genlerini takas edebilir, istenmeyen diğer genlerini kaybederken yanal gen aktarımıyla kromozomlarına yeni genler katabilir. Mide ve bağırsak iltihabına neden olan bakterilerin genlerinin %30'u, burnunuzda yerleşik aynı "tür"ün genlerinden farklı olabilir. Bu nedenle bakteriler klonlanmanın hızı ve basitliğinin yanı sıra eşeyli üremeden (akışkan kromozomlardan) yararlanır. Ama hücrelerinin tamamı birbirine karışmaz, bu türde iki cinsiyet de bulunmaz, böylece eşeyli üremenin birçok dezavantajından kaçınırlar. Görünüşe bakılırsa her iki dünyanın da en iyisine sahiptirler. Peki o halde ilk ökaryotlarda yanal gen aktarımından neden eşeyli üreme doğmuştur?

Matematiksel nüfus genetikçileri Sally Otto ile Nick Barton'ın çalışmaları, ökaryotların kökenindeki koşullarla dikkat çekici bir biçimde ilişkili olan, kutsallıktan uzak bir etkenler üçlüsüne işaret eder: Mutasyon oranı yüksek olduğunda eşeyli üremenin yararı en üst düzeydedir, seçilim baskısı güçlüdür ve nüfusta çok fazla varyasyon vardır.

Önce mutasyon hızını ele alalım. Eşeysiz üreme durumunda, yüksek bir mutasyon hızı ılımlı düzeyde hasar verici mutasyonların birikim hızını ve ayrıca seçilim hamlelerinden ileri gelen varyasyon kaybını artırır: Seçilim girişiminin ağırlığını artırır. Erken intron işgali dikkate alınırsa, ilk ökaryotlar yüksek bir mutasyon hızına sahip olmuş olsalar gerektir. Tam olarak ne kadar yüksek olduğunu belirlemek zordur ama modelleme yoluyla bunu gerçekleştirmek mümkün olabilir. Fizik eğitimi görmüş ve biyoloji alanında bu gibi büyük sorulara ilgi duyan bir doktora öğrencisi olan Jez Owen ve Andrew Pomiankowski'yle bu soru üzerine çalışıyorum. Jez şu sıralar, eşeyli üremenin nerede yanal gen aktarımının önüne geçtiğini anlamak için bilgisayar hesaplamalarına dayalı bir model geliştiriyor. Burada değerlendirilmesi gereken ikinci bir etken daha bulunuyor: Genom büyüklüğü. Mutasyon hızı aynı kalsa bile (diyelim ki 10 milyar DNA harfinde bir tek ölümcül mutasyon gerçekleşse bile), bir tür mutasyonal erime olmaksızın bir genomu sonsuzca büyütmek mümkün değildir. Bu durumda, genomları 10 milyar harften daha azını içeren hücrelerin durumu iyi olacaktır ama genomları bundan daha büyük hücrelerin hepsi de ölümcül bir mutasyona maruz kalacaklarından ölüp gidecektir. Ökaryotların kökeninde, mitokondrilerin edinilmesi her iki sorunu da ağırlaştırmış olsa gerektir; mitokondriler mutasyon hızını neredeyse kesinlikle artırmış, genom boyutlarının da milyon kattan fazla ciddi bir genişleme geçirmesini sağlamıştır.

Eşeyli üreme bu sorunun yegane çözümü olabilir. Yanal gen aktarımı prensipte yeniden birleştirme yoluyla seçilim girişiminden kaçınabilecek olsa da, Jez'in çalışmaları bunun ancak bu kadar ilerleyebileceğini göstermiştir. Genom ne kadar büyük olursa yanal gen aktarımıyla "doğru" genin seçilmesi o kadar zorlaşır; bu gerçekten de rakamlarla ilgili bir oyundur. Bir genomun ihtiyaç duyduğu bütün genlere tam işler biçimde sahip olmasını sağlamanın yegane yolu, bunların hepsini koruması ve genomun tamamında düzenli olarak yeniden birleştirmesidir. Bu, yanal gen aktarımıyla sağlanamaz; genomun tamamının yeniden birleştirilmesini gerektiren eşeyli üremeye, "tam eşeyli üremeye" gerek vardır.

Peki seçilimin gücü hakkında ne söyleyebiliriz? Yine bu noktada da intronlar önemli olabilir. Modern organizmalarda, eşeyli üremeyi destekleyen klasik seçilim baskıları parazitlere bağlı enfeksiyonlar ve değişken doğal ortamlardır. O zaman bile, eşeyli üremenin klonlamadan daha iyi olması için seçilimin güçlü olması gerekir, örneğin parazitler eşeyli üremeyi destekleyecek kadar yaygın ve zayıflatıcı olmalıdır. Aynı etkenlerin erken ökaryotlar açısından da geçerli olduğuna kuşku yoktur ama erken ökaryotların da zayıf düşüren bir erken intron işgaliyle, parazit genlerle uğraşması gerekmiştir. Eşeyli üremenin evrimini neden hareketli intronlar yürütmüştür? Çünkü genom çapında yeniden birleştirme varyasyonu artırır, intronların hasar verici konumlarda bulunduğu bazı hücreler ile intronların o kadar tehlikeli yerlerde bulunmadığı başka hücreler oluşturur. Daha sonra seçilim işler ve en kötü hücreleri temizler. Yanal gen aktarımı parçalı ilerler, bazı hücrelerdeki genlerin temizlendiği, bazılarının paylarına düşenden fazla mutasyon biriktirdiği sistematik bir varyasyon yaratamaz. Mark Ridley muhteşem kitabı *Mendel's Demon*'da eşeyli üremeyi Yeni Ahit'in günah anlayışıyla karşılaştırmıştır; İsa'nın insanlığın günahlarını topladığı için ölmesi gibi, eşeyli üreme de bir nüfusta birikmiş mutasyonları tek bir günah keçisinde toplayıp onu çarmıha gerebilir.

Hücreler arasındaki farklılıkların miktarı da intronlarla ilgili olabilir. Hem arkelerde hem bakterilerde genellikle tek bir dairesel kromozom bulunur, ökaryotlardaysa çok sayıda düz kromozom vardır. Neden? Buna verilebilecek basit cevap, intronların kendilerini genomun içinde ve dışında dilimlerken hatalara yol açabilecek olmasıdır. İntronlar kendilerini kestikten sonra bir kromozomun iki ucunu yeniden birleştirmeyi başaramazlarsa bu durum kromozomda kesinti yaratır. Dairesel bir kromozomda tek bir kesinti düz bir kromozom ortaya çıkarır, birkaç kesinti halinde birkaç düz kromozom oluşur. Bu nedenle hareketli intronların yol açtığı yeniden birleştirme hataları, ilk ökaryotlarda çok sayıda düz kromozom ortaya çıkarmış olabilir.

Bu da ilk ökaryotlara hücre döngülerinde korkunç sorunlar çıkarmış olmalı. Farklı hücreler, her biri farklı mutasyonlar ya da silmeler biriktiren farklı sayıda kromoza sahip olsa gerektir. Ayrıca muhtemelen mitokondrilerinden yeni genler ve DNA da alıyorlardı. Kopyalama hataları hiç kuşkusuz kromozomları kopyalamıştır. Yanal gen aktarımının bu bağlamda nasıl bir katkıda bulunacağını görmek zordur. Ama standart bakteriyel yeniden birleştirme (kromozomların sıralanması, kayıp genlerin yüklenmesi), hücrelerin genler ve özellikler biriktirmesine özen gösterilmesini sağlar. Yalnızca eşeyli üreme işleyen genler biriktirebilir ve işlemeyen genlerden kurtulabilir. Eşeyli üreme ve yeniden birleştirmeyle yeni genler ve DNA toplama yönündeki bu eğilim, ilk ökaryot genomlarının şişmesini kolayca açıklar. Genlerin bu şekilde biriktirilmesi, genetik istikrarsızlıkla ilgili sorunların bir kısmını çözmüş olsa gerektir. Mitokondrilere sahip olmanın enerji açısından yararları da, bakterilerin tersine, enerjiyle ilgili bir cezalandırma olmadığı anlamına geliyordu. Hiç kuşkusuz bunların hepsi de spekülatiftir ama olasılıklar matematiksel modelleme sayesinde sınırlandırılabilir.

Hücreler kromozomlarını fiziksel olarak nasıl ayırıyordu? Bu sorunun cevabı, bakterilerin büyük plazmidleri, antibiyotik direnci gibi özellikleri şifreleyen hareketli gen "kasetleri"ni ayırmak için kullandığı mekanizmada yatıyor olabilir. Büyük plazmidler genellikle, ökaryotların kullandığı iğe benzeyen bir mikrotüp iskelesinde bakteriyel bölünmeyle ayrılır. Plazmid ayırma mekanizmasının, ilk ökaryotlarda çeşitlilik gösteren kromozomlarını ayırmak için alınmış olması akla yatkındır. Bu biçimde bölünenler sadece plazmidler değildir: Öyle görünüyor ki, bazı bakteri türleri de hücre zarını normal bir biçimde kullanmak yerine nispeten dinamik iğler üzerinde kromozomlarını ayırıyormuş gibi görünür. Bu prokaryot dünyasının örnekleminin daha iyi çıkarılması, bize mitoz ve mayozda ökaryotların kromozomlarının ayrılmasının fiziksel kökenleri hakkında daha fazla ipucu sunabilir.

Bazı arkelerin birleştiği bilinse de, hücre duvarları olan bakterilerde bu neredeyse hiç bilinmez. Hücre duvarının kaybolması hiç kuşkusuz birleşmeyi çok daha büyük bir olasılık haline getirmiştir; hücre duvarlarını yitirmiş olan L biçimli bakteriler, birbirleriyle kaynaşmaya gayet hazırdır. Modern ökaryotlarda hücre birleşmesi üzerindeki denetimlerin sayısı, atalarının kaynaşmasını durdurmanın zor olmuş olabileceği anlamına da gelir. Dahi evrim biyoloğu Neil Blackstone'un savunduğu üzere, ilk kaynaşmaları mitokondriler teşvik etmiş olabilir. Açmazlarını bir düşünün. Endosembiyoz ortakları olarak evsahibi hücrelerini terk edip birbirlerine bulaşamamışlardır, bu nedenle evrim açısından başarıları evsahiplerinin büyümesine bağlı olmuştur. Evsahipleri mutasyonlarla sakatlanmış ve büyüyememişse, mitokondrilerin de yerlerine çakılmaları, yayılmamaları gerekirdi. Peki ya bir şekilde başka bir hücreyle birleşmeyi başlatabilmişlerse? Bu herkesin kazandığı bir durum olur. Evsahibi hücre tamamlayıcı bir genom kazanır, böylece yeniden birleştirme mümkün olur ya da aynı genlerin potansiyel olarak temiz kopyalarına sahip belli genler üzerindeki mutasyonlar maskelenir; bunlar tür içinde eşleşmenin yararlarıdır. Hücrelerin kaynaşması evsahibi hücrenin yeniden büyümesini mümkün kıldığından, mitokondriler kendi kendilerini kopyalama yoluna başvurabilir. Bu nedenle ilk mitokondriler eşeyli üremeyi kışkırtmış olabilir![5] Bu onların sorununu hemen çözerdi ama ironiktir, sadece çok daha nüfuz edici olan başka bir meseleye kapı açmışlardır: Mitokondriler arası rekabet. Bunun çözümü de, ancak eşeyli üremenin kafa karıştırıcı diğer yönü, yani iki cinsiyetin evrilmesi olabilirdi.

## İki Cinsiyet

"Eşeyli üremeye ilgi duyan hiçbir pratik biyolog, üç ya da daha fazla cinsiyeti olan organizmaların yaşadığı ayrıntılı sonuçları incelemeye yönelmeyecektir; peki ama cinsiyetlerin aslında neden sadece iki tane olduğunu anlamak istiyorsa başka ne yapabilir ki?" Evrimci genetiğin kurucularından biri olan Sir Ronald Fisher böyle demişti. Sorun henüz bir sonuç getirecek şekilde çözülmemiştir.

Kâğıt üzerinde bakıldığında, iki cinsiyet olası bütün dünyaların en kötüsüymüş gibi görünür. Herkesin aynı cinsiyetten olduğunu düşünün, hepimiz birbirimizle eşleşebilirdik. Bir tek hamlede eş seçimimiz ikiye katlanırdı. Hiç kuşkusuz bu her şeyi daha kolaylaştırırdı! Herhangi bir nedenle birden fazla cinsiyetimiz olması gerekseydi, üç ya da dört cinsiyetin iki cinsiyetten daha iyi olması gerekirdi. Başka cinsiyetlerle eşleşmekle sınırlanmış olsak bile, nüfusun sadece yarısı yerine üçte ikisi ya da dörtte üçüyle eşleşebilirdik. Elbette ki yine iki eşin bir araya gelmesi gerekirdi ama bu eşlerin aynı cinsiyetten olmaması ya da çok cinsiyetli olmaması ya da hermafrodit olmaması için bir gerekçe olmazdı. Hermafroditlerle ilgili pratik zorluklar sorunun bir bölümünü ele verir: Eşlerin hiçbiri "dişi" olmanın maliyetini yüklenmek istemez. Hermafrodit olmaya yatkın türler, örneğin yassıkurtlar döllenmemek için büyük mücadele verirler, penisleriyle hararetli mücadelelere girerler, semenleri yenilgiye uğrayanlarda yakarak delikler açar. Bu canlı doğa tarihidir ama dairesel bir argümandır çünkü dişi olmanın daha büyük biyolojik maliyetleri olduğunu kabul eder. Neden böyle olması gerekir? Erkek ile dişi arasındaki fark aslında nedir? Bu ayrım derinlere uzanır, X ve Y kromozomlarıyla, hatta yumurta hücreleri ve spermlerle bir ilgisi yoktur. Bazı algler ve mantarlar gibi tek hücreli ökaryotlarda da iki cinsiyet, en azından iki eş tipi bulunur. Gametleri mikroskobiktir ve bu iki cinsiyet birbirinden farksız görünür ama yine de sizin ve benim kadar ayırt edilebilirdir.

İki cinsiyet arasındaki en derin ayrımlardan biri mitokondrilerin miras alınmasıyla ilgilidir, bir cinsiyet mitokondrisini bir sonraki kuşağa geçirir ama öbür cinsiyet geçirmez. Bu ayrım aynı şekilde insanlar ve *Chlamydomonas* gibi algler için de geçerlidir (mitokondrilerimizin tamamı annemizden gelir, bir yumurtada 100.000 mitokondri bulunur). Bu gibi algler birbirinin aynı gametler (yani izogametler) üretseler de, bir tek cinsiyet mitokondrilerini bir sonraki kuşağa geçirir; diğer cinsiyet mitokondrilerinin içeride hazmedilmesi onursuzluğuna maruz kalır. Aslına bakılırsa hazmedilen şey mitokondriyal DNA'dır, öyle görünüyor ki sorun morfolojik yapıda değil mitokondriyal genlerdedir. Neden bu çok tuhaf durumla karşı karşıyayız? Mitokondriler biraz önce gördüğümüz gibi açıkça eşeyli üremeye kışkırtıyormuş gibi görünüyor ama bunun sonucu hücreden hücreye yayılmaları değil, yarısının hazmedilmesi. Burada neler oluyor?

En çarpıcı olasılık bencilce çatışmadır. Genetik açıdan hepsi de birbirinin aynı olan hücreler arasında gerçek bir rekabet yoktur. Hücrelerimiz, birlikte işbirliği yapıp bedenlerimizi oluşturabilsinler diye bu şekilde terbiye edilir. Bütün hücrelerimiz genetik olarak birbirinin aynısıdır, bizler dev klonlarız. Ama genetik olarak farklı hücreler rekabet eder, bazı mutantlar (genetik değişiklikler geçirmiş hücreler) kansere neden olur, genetik olarak farklı mitokondriler aynı hücrede karışırsa da büyük ölçüde aynı şey olur. En hızlı kopyalanan hücreler ya da mitokondriler, evsahibi organizma açısından yıkıcı olsa da baskın çıkma eğilimi gösterir, bir tür mitokondriyel kansere yol açar. Bunun nedeni hücrelerin kendi başlarına kendi kendilerini kopyalayan özerk oluşumlar olmasıdır ve her zaman, eğer yapabilirlerse büyümeye ve bölünmeye hazırdırlar. Nobel ödüllü Fransız François Jacob bir keresinde, her hücrenin hayalinin iki hücre olmak olduğunu söylemişti. Sürpriz şudur ki, genellikle böyle olur ama bir insan oluşturmak için uzunca bir süre boyunca dizginlenebilirler. Bu nedenlerle, aynı hücrede iki mitokondri nüfusunun karışması bela aramaktan başka bir şey değildir.

Bu fikir elli-altmış yıl öncesine uzanır ve Bill Hamilton dahil büyük evrimci biyologlardan bazılarının mührünü taşır. Ama bu fikir, meydan okumaların ötesine geçmiş bir fikir değildir. Başlangıç itibarıyla, mitokondrilerin serbestçe karıştığı, işlerin her zaman felaketle sonuçlanmadığı bilinen istisnalar vardır. Sonra bir de pratik bir sorun söz konusudur. Kopyalanma açısından avantaj kazandıran mitokondriyal bir mutasyon düşünün. Mutant mitokondriler diğerlerinden daha çabuk büyür. Bu ya ölümcül bir durum olur, mutantlar evsahibi hücrelerle birlikte ölüp gider ya da olmaz, mutantlar nüfusun tamamına yayılır. Yayılmalarının önündeki genetik bir kısıtlamanın (örneğin çekirdek genlerinden birinde mitokondriyal karışmayı engelleyen bir değişiklik) mutantı yayılma halinde yakalayabilmesi için hızla doğması gerekir. Doğru gen zamanında ortaya çıkmazsa, geç kalınmış demektir. Mutant çoktan sabitlenecek kadar yayılmışsa hiçbir kazanç sağlanmaz. Evrim kördür, hiçbir öngörüsü yoktur. Bir sonraki mitokondriyal mutantı tahmin edemez. Hızlı kopyalanan mitokondrilerin bu kadar kötü olmadığından kuşkulanmama neden olan üçüncü bir nokta daha vardır; mitokondriler çok az gen korumuştur. Bunun birçok nedeni olabilir ama mitokondriler üzerindeki hızlı seçilim baskısı hiç kuşkusuz bunlar arasında yer alır. Bu da zaman içinde mitokondrilerin kopyalanmasını hızlandıran çok sayıda mutasyon gerçekleştiği anlamına gelir. Mitokondriler iki cinsiyetin evrilmesiyle birlikte ortadan kalkmamışlardır.

Bu gerekçelerle, daha önce yazdığım bir kitapta yeni bir fikir ileri sürdüm: Belki de bu sorun daha ziyade, mitokondriyal genlerin çekirdekteki genlere uyum sağlamasının gerekmesiyle ilgilidir. Bir sonraki bölümde bu konuda daha fazla şey söyleyeceğim. Şimdilik kilit noktayı belirleyelim: Solunumun düzgün bir biçimde işlemesi için mitokondri ve çekirdekteki genlerin birbirleriyle işbirliği yapması gerekir, genomların herhangi birindeki mutasyonlar fiziksel uygunluğu olumsuz yönde etkileyebilir. Bir tek cinsiyetin mitokondrileri sonraki kuşağa aktardığı tek ebeveynli kalıtımın iki genomun birbirlerine uyum sağlamasını geliştirebileceğini ileri sürmüştüm. Bu fikir bana akla yatkın görünüyor ama biyolojiye yeni yeni ilgi duyan yetenekli matematikçi Zena Hadjivasiliou benimle ve Andrew Pomiankowski'yle bir doktora çalışmasına başlamamış olsaydı, işler bu noktada kalabilirdi.

Zena gerçekten de tek ebeveynli kalıtımın, mitokondriyal ve çekirdek genomlarının birbirlerine uyum sağlamasını iyileştirdiğini göstermiştir. Bunun gerekçesi yeterince basittir ve örneklem çıkarmanın etkileriyle ilgilidir; ilginç varyasyonlarla yeniden karşımıza çıkacak bir temadır bu. Genetik olarak farklı 100 mitokondrisi olan bir hücre düşünelim. Bu mitokondrilerden birini çıkarıp kendi başına başka bir hücrenin içine yerleştiriyor, sonra da kopyalıyorsunuz, elinizde yine 100 mitokondri oluyor. Bir-iki yeni mutasyon dışında bu mitokondrilerin hepsi de aynı olacaktır: Klonlar. Şimdi aynı şeyi bir sonraki mitokondriyle yapın, 100 mitokondrinin tamamını kopyalayıncaya dek devam edin. 100 yeni hücrenin her birinde bazıları iyi bazıları kötü farklı mitokondri nüfusları olacaktır. Bu hücreler arasındaki varyasyonu artırdınız. Hücrenin tamamını 100 kez kopyalamış olsaydınız, her yavru hücrede ebeveyn hücreyle kabaca aynı mitokondri karışımı bulunurdu. Doğal seçilim bunlar arasında bir ayrım yapamazdı, hepsi de birbirine çok benzer olurdu. Ama numune alıp numuneyi kopyalayarak, bazıları orijinalden daha iyi uyum sağlayan, bazıları daha az uyum sağlayan bir dizi hücre yarattınız.

Bu uç bir örnektir ama tek ebeveynli kalıtımın amacını gösterir. İki ebeveynin yalnızca birinden birkaç mitokondri örneği alan tek ebeveynli kalıtım, döllenmiş yumurta hücreleri arasında mitokondrilerin varyasyonunu artırır. Bu daha büyük çeşitlilik, en iyi hücreleri geride bırakarak en kötü hücreleri eleyebilen doğal seçilime daha fazla görünür. Nüfusun uygunluğu kuşaklar içinde artar. İlginçtir, bu pratikte eşeyli üremenin kendisiyle aynı avantaja sahiptir ama eşeyli üreme, çekirdek genlerinin varyasyonunu artırır, oysa iki cinsiyet hücreler arasındaki mitokondrilerin varyasyonunu artırır. İşler bu kadar basittir. Yani biz öyle olduğunu düşünüyorduk.

Çalışmamız, tek ebeveynli kalıtım çerçevesinde ya da dışında uygunluğun düz bir karşılaştırmasından ibaretti ama bu noktada, her iki gametin de mitokondrileri sonraki kuşaklara geçirdiği iki ebeveynli bir hücre nüfusunda, tek ebeveynli kalıtımı dayatan bir gen ortaya çıkarsa neler olacağını değerlendirmemiştik. Sabitleninceye kadar yayılır mıydı? Eğer böyle olsaydı, iki cinsiyet geliştirmiş olurduk: Bir cinsiyet mitokondrilerini bir sonraki kuşağa geçirirdi, diğer cinsiyetin mitokondrileriyse ölürdü. Modelimizi bu olasılığı sınamak için geliştirdik. Birlikte uyum sağlama varsayımımızı, yukarıda tartıştığımız üzere bencil çatışmadan doğan sonuçlarla ve basit bir mutasyon birikimiyle iyi bir ölçüde karşılaştırdık.[6] Sonuçlar sürpriz oldu, en azından başta üzücüydüler. Gen yayılmayacaktı, sabitlenme düzeyine kesinlikle varamayacaktı.

Sorun uygunluğun bedelinin mutant mitokondri sayısına dayanmasıdır: Ne kadar fazla mutant olursa, bedel o kadar yüksek olur. Oysa, tek ebeveynli kalıtımın yararları mutasyon yüküne de dayanır ama bu kez tersinden: Mutant yükü ne kadar az olursa, yarar o kadar az olur. Başka bir deyişle, tek ebeveynli kalıtımın bedelleri ve yararları sabit değildir, nüfustaki mutantların sayısıyla birlikte değişir; bu da birkaç turluk bir tek ebeveynli kalıtımla aşağı çekilebilir (**RESİM 29**). Tek ebeveynli kalıtımın, bir nüfusun uygunluğunu üç modelin hepsinde de gerçekten de iyileştirdiğini gördük ama tek ebeveynli kalıtım geni bir nüfusta yayılmaya başladığında, yararları azalır, sonunda dezavantajlarla silinir; başlıca dezavantaj, tek ebeveynli hücrelerin nüfusun daha küçük bir kesimiyle eşleşmesidir. Bu alışveriş, nüfusun %20'si tek ebeveynli olduğunda bir dengeye ulaşır. Yüksek mutasyon oranları bunu nüfusun %50'si düzeyine zorlayabilir; ama nüfusun diğer yarısı kendi aralarında eşleşip üç cinsiyet yaratabilir. Alt sınır mitokondri kalıtımının iki eşleşme tipinin evrimini yürütmeyecek olmasıdır. Tek ebeveynli kalıtım gametler arasındaki varyasyonu artırır, uygunluğu iyileştirir ama bu yarar, eşleşme tiplerinin evrimini yürütmeye yetecek kadar güçlü değildir.

Bu benim fikrimi doğrudan çürütüyordu, bu nedenle pek hoşuma gitmedi. İşe yaraması için düşünebileceğimiz her şeyi denedik ama nihayetinde, tek ebeveynli bir mutantın, hiçbir gerçekçi koşulda, iki eşleşme tipinin evrimini yürütemeyeceğini kabul etmek zorunda kaldım. Eşleşme tipleri başka bir gerekçeyle evrilmiş olsa gerektir.[7] Böyle bile olsa, tek ebeveynli katılım mevcuttur. Bunu açıklayamasaydık modelimiz yanlış olurdu. Aslında, başka bir gerekçeyle iki eşleşme tipi zaten var idiyse, bu durumda bazı koşulların tek ebeveynli kalıtımı sabitleyebileceğini gösterdik: Bu koşullar özellikle çok sayıda mitokondri ve yüksek bir mitokondriyal mutasyon oranıdır. Vardığımız sonuç tartışmasız görünüyordu, açıklamamız da, doğal dünyada bilinen tek ebeveynli kalıtım istisnalarına daha rahat oturuyordu. Bu, tek ebeveynli kalıtımın, pratikte genelde çok sayıda mitokondriye ve yüksek mutasyon oranına sahip çok hücreli organizmalar, bizim gibi hayvanlar arasında yaygın olması olgusunu da anlamlı hale getiriyordu.

Bu matematiksel nüfus genetiğinin neden önemli olduğunun güzel bir örneğidir. Varsayımların mümkün olabilecek bütün yöntemlerle biçimsel olarak sınanması gerekir; bu örnekte, biçimsel bir örnek halihazırda iki eşleşme tipi yoksa tek ebeveynli kalıtımın bir nüfusu düzeltemeyeceğini açıkça gösteriyordu. Bu ulaşabileceğimiz en güçlü kanıttır. Ama her şey henüz kaybedilmemiştir. Eşleşme tipleri ile (erkekler ve dişilerin açıkça birbirinden farklı olduğu) "gerçek" cinsiyetler arasındaki farklar açık değildir. Birçok bitki ve algde hem eşleşme tipi hem cinsiyetler bulunur. Belki de cinsiyetlere ilişkin tanımımız yanlıştı ve aslında görünürde birbirinin tıpatıp aynısı iki eşleşme tipi yerine, gerçek cinsiyetlerin evrimini değerlendirmemiz gerekiyordu. Hayvanlar ve bitkilerde gerçek cinsiyetler arasındaki ayrım tek ebeveynli kalıtımla açıklanabilir miydi? Eğer böyleyse, eşleşme tipleri başka gerekçelerle doğmuş olabilir

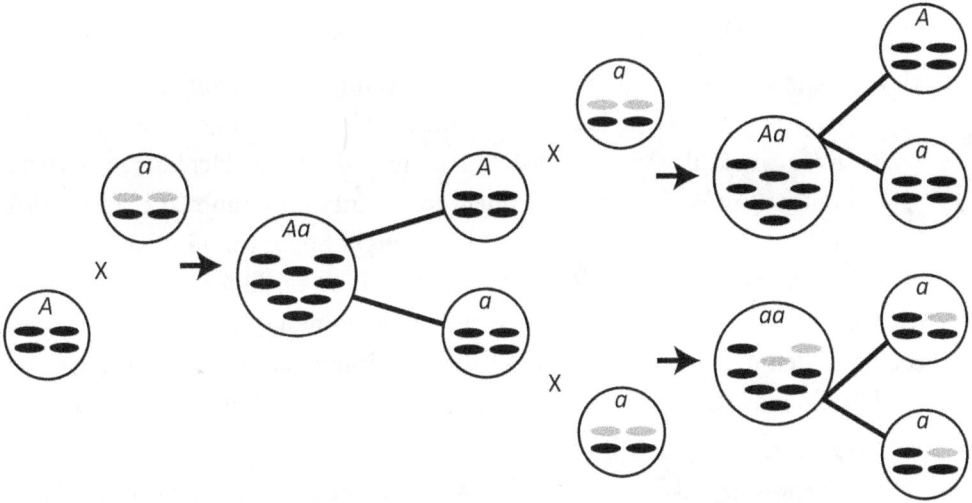

**RESİM 29** Mitokondriyal kalıtımda uygunluk yararları "sızıntısı"

A ve *a* çekirdekte bulunan belli bir genin farklı versiyonlarıdır (aleller). Gametler arasında *a*'ya sahip olanlar bir başka *a* gametiyle birleştiklerinde mitokondrilerini geçirir. A'nın bulunduğu gametlerse "tek ebeveynli mutantlar"dır: Bir A gameti bir *a* gametiyle birleşirse, sadece A gameti mitokondrilerini geçirir. Buradaki ilk eşleşmede A ve *a* gametlerinin birleştiği ve ortaya çekirdeksel iki aleli de içeren ama mitokondrilerin hepsinin A'dan geldiği bir zigot çıktığı görülür. Bazı kusurlu mitokondriler (siyah) bulunuyorsa *a*'da bunlar tekebeveynli kalıtımla elenir. Zigot birinde A alelinin, birinde *a* alelinin bulunduğu iki gamet üretir. Bunların her biri kusurlu bir mitokondri (siyah) içeren bir *a* gametiyle birleşir. Yukarıdaki eşleşmede, A ve *a* gametleri, bütün mitokondrileri A gametinden gelen, böylece kusurlu (siyah) mitokondrilerin elendiği bir Aa zigotu ortaya çıkarır. Alttaki eşleşmede iki *a* gameti birleşir ve kusurlu mitokondriler *aa* zigotuna geçirilir. Bu zigotların her biri (*aa* ve Aa) artık gametler oluşturur. Birkaç tek ebeveynli kalıtım turu sayesinde *a*'daki mitokondriler artık "temizlenmiştir." Bu da iki ebeveynli genlerin uygunluğunu iyileştirir, böylece uygunluk yararı popülasyona "sızar," nihayetinde kendi yayılmasının önüne geçer.

ama gerçek cinsiyetlerin evriminin yine de mitokondriyal kalıtımla yürütülmüş olması mümkündür. Doğrusunu söylemek gerekirse bu zayıf ama incelemeye değer bir fikir gibi görünüyordu. Bu akıl yürütme, bizi aslında bulduğumuz aydınlatıcı cevaba hazırlamaya başlamamıştı; tek ebeveynli kalıtımın evrensel olduğu yönündeki normal varsayımla değil, önceki çalışmamızın üzüntü verici sonuçlarıyla yola çıktığımız için ortaya çıkan bir cevaptı bu.

## Ölümsüz Germ Hattı, Ölümlü Beden

Hayvanların çok sayıda mitokondrisi vardır. Bunları hiç kesintisiz, süper yüklü hayat tarzlarımıza enerji sağlamak, bize yüksek mitokondri mutasyon oranları kazandırsınlar diye kullanırız, öyle değil mi? Aşağı yukarı öyle. Her hücrede yüzlerce ya da binlerce mitokondrimiz var. Mutasyon oranlarını kesin olarak bilmiyoruz (bunu doğrudan ölçmek zordur) ama birçok kuşak boyunca, mitokondriyal genlerimizin çekirdekteki genlerden 10-50 kat daha hızlı evrildiğini biliyoruz. Bu da tek ebeveynli kalıtımın hayvanlarda kolayca sabitlenmesi gerektiği anlamına gelir. Bizim modelimizde, tek ebeveynli kalıtımın tek hücreli organizmalara nazaran çok hücrelilerde daha kolay sabitleneceğini gerçekten de bulmuştuk. Burada hiçbir sürpriz yoktu.

Ama kendimiz hakkında düşünerek kolayca yanılmıştık. İlk hayvanlar bizim gibi değildi, onlar daha çok sünger ya da mercan resifine benziyordu, en azından yetişkin biçimleriyle, ortalıkta dolanmayan, sesil filtreli beslenenlere benziyorlardı. Beklendiği üzere, çok sayıda mitokondrileri yoktu, mitokondriyal mutasyon oranı da düşüktü; çekirdek genlerinde olduğundan daha düşüktü. Biyolojinin büyük problemlerinin çekimine kapılmış bir başka yetenekli fizikçi olan doktora öğrencisi Arunas Radzvilavicius'un başlangıç noktası buydu. İnsan, fizik alanındaki en ilginç problemlerin hepsinin artık biyolojide mi olduğunu merak etmeye başlıyor.

Arunas'ın farkına vardığı şey, çok hücreli organizmalarda basit hücre bölünmesinin, tek ebeveynli kalıtıma biraz benzer bir etkisi olduğuydu: Hücreler arasındaki varyasyonu artırır. Neden? Hücre bölünmesi her turda, mitokondriyal nüfusu yavru hücreler arasında rastgele böler. Eğer birkaç tane mutant varsa, bunların aynı derecede eşit bir biçimde dağılma olasılığı düşüktür; yavru hücrelerden birinin diğerinden birkaç tane daha fazla mutant alması çok daha büyük bir ihtimaldir. Bu durum, hücre bölünmesinin birçok turunda tekrarlanırsa, sonuç daha büyük bir çeşitlilik olur; torunun torununun torunu bazı yavru hücreler, sonunda diğerlerinden daha büyük bir mutant yükü miras alacaklardır. Bunun iyi mi yoksa kötü mü olduğu, hangi hücrelerin kötü mitokondrileri aldığına ve kaç tane olduklarına bağlıdır.

Bütün hücreleri birbirine hayli benzer, sünger gibi bir organizma düşünelim. Farklılaşıp beyin ve bağırsak gibi, uzmanlaşmış çok sayıda dokuya dönüşmemiştir. Canlı bir süngeri küçük parçalara bölerseniz (bunu sakın evde yapmayın), bu parçalardan kendi kendisini yeniden üretebildiğini görürsünüz. Bunu yapabilir çünkü az çok her yerde gizli kök hücreler, yeni somatik hücrelerin yanı sıra yeni germ hücreleri de doğurabilir. Bu açıdan, süngerler bitkilere benzer; hiçbiri de gelişimlerinin ilk evrelerinde uzmanlaşmış bir germ hattına el koymaz, onun yerine birçok dokuda kök hücrelerden gametler yaratırlar. Bu kritik bir farktır. Embriyonik gelişim sürecinde ilk evrelerde saklanmış, kendini vakfetmiş bir germ hattımız vardır. Bir memeli normalde karaciğerindeki kök hücrelerden germ hücreleri üretmez asla. Ama süngerler, mercanlar ve bitkiler birçok farklı yerden gamet üreten yeni eşcinsel organlar geliştirebilirler. Bu farklılıkların, kökleri hücreler arasındaki rekabete uzanan açıklamaları vardır ama aslında inandırıcı değillerdir.[8] Arunas'ın bulduğu şey, bütün bu organizmaların tek bir ortak noktası olduğuydu: Çok az sayıda mitokondrileri vardır ve mitokondriyal mutasyon oranları da düşüktür. Gerçekleşen az sayıda mutasyon parçalanmayla ortadan kaldırılabilir. İşler bu şekilde yürür.

Çok sayıda hücre bölünmesi turunun hücreler arasında varyasyonu artırdığını hatırlayalım. Aynı şey germ hücreleri için de geçerlidir. Germ hücrelerine gelişimin ilk evrelerinde el konulduysa, aralarında fazla farklılık olamaz, az sayıda hücre bölünmesi turu fazla varyasyon yaratmaz. Ama eğer germ hücreleri yetişkin dokulardan rastgele seçilirse, aralarında çok daha büyük farklılıklar olacaktır (RESİM 30). Çok sayıda hücre bölünmesi turu, bazı germ hücrelerinin diğerlerinden daha fazla mutasyon biriktirdiği anlamına gelir. Bazıları mükemmele yakın, diğerleri korkunç bir keşmekeş olacaktır; aralarında yüksek bir varyasyon vardır. Doğal seçilimin ihtiyaç duyduğu şey budur: Bütün kötü hücrelerin kökünü kazıyabilir, böylece sadece iyi olanlar hayatta kalır. Kuşaklar boyunca germ hücrelerinin kalitesi artar, bunları yetişkin dokulardan rastgele seçmek saklamaktan daha fazla işe yarar, onları gelişimin ilk aşamalarında "askıya alır."

Bu nedenle, daha fazla varyasyon olması germ hattı için iyidir ama bir yetişkinin sağlığı açısından yıkıcı olabilir. Kötü germ hücreleri seçilim yoluyla elenir, gelecek kuşağı dölleme işi daha iyi olanlara bırakılır; peki ya yeni yetişkin dokular doğuran kötü kök hücreler? Bunlar organizmayı destekleme yetisinden yoksun olabilecek işlevsiz dokular üretme eğiliminde olacaktır. Bir bütün olarak organizmanın uygunluğu, en kötü organının uygunluğuna dayanır. Bir kalp krizi geçirirsem böbreklerimin işlevi konu dışı olur: Sağlıklı organlarım da geri kalanımla birlikte ölüp gidecektir. Bu nedenle bir organizmada mitokondriyal varyasyonu artırmanın hem avantajları hem dezavantajları vardır, germ hattının avantajı da, bedenin

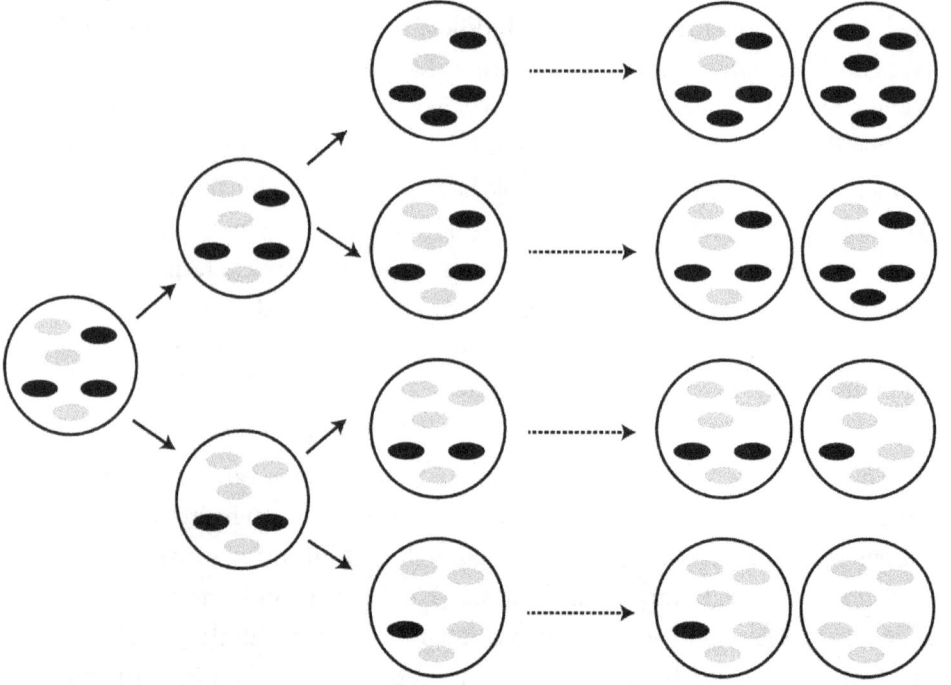

**RESİM 30** Rastgele ayrılma hücreler arasında varyasyonu artırır

Bir hücre başlangıçta farklı mitokondri tiplerinden oluşan bir karışıma sahipse, bunlar iki katına çıkar, sonra iki kardeş hücre arasında kabaca eşit olarak bölünürse her hücre bölünmesinde oranlar hafifçe değişecektir. Zamanla bu farklılıklar artar, zira her hücre giderek farklılaşan bir mitokondri nüfusunu ayırır. Sağda görülen son kardeş hücreler gamet haline gelirse, tekrarlanan hücre bölünmelerinin, gametler arasındaki varyasyonu artırmak gibi bir etkisi olur. Bu gametlerin bazıları çok iyidir, bazıları çok kötüdür, doğal seçilim karşısında görünürlüğü artırırlar: Tek ebeveynli kalıtımla aynı etkiyi doğuran bir şeydir bu ve iyi bir şeydir. Tersine, sağdaki hücreler yeni bir doku ya da organ yaratan ata hücrelerse, varyasyonun artması bir felakete neden olur. Artık bazı dokular gayet iyi işleyecek ama bazıları başarısız olacak, bu da bir bütün olarak organizmanın uygunluğunu baltalayacaktır. Doku ata hücreleri arasındaki varyasyonu azaltmanın yollarından biri, zigottaki mitokondrilerin sayısını artırmaktır, böylece başta ayrılan mitokondrilerin sayısı çok daha fazla olur. Bu duruma yumurta hücresini büyüterek, böylece "anizogami"ye (büyük yumurta, küçük sperm) yol açarak ulaşılabilir.

tamamının dezavantajıyla silinebilir. Ne ölçüde silineceği, dokuların sayısına ve mutasyon oranına bağlıdır.

Bir yetişkinde ne kadar fazla doku varsa, hayati önemdeki bir dokunun en kötü mitokondrilerin hepsini toplama ihtimali o kadar fazladır. Oysa tersine, tek bir doku tipi söz konusu olduğunda bu sorun olmaz, çünkü karşılıklı bir bağımlılık söz konusu değildir, bozulması bireyin bütün vücudunun işleyişini bozabilecek bir organ yoktur. O halde tek bir dokuya sahip basit bir organizma örneğinde, varyasyonun artması tartışmasız iyidir, germ hattı için yararlıdır, vücut için de özellikle yıkıcı bir etki doğurmaz. Bu nedenle, tahminlerimize göre (muhtemelen) mitokondri mutasyon hızı düşük ve pek az sayıda dokusu olan ilk hayvanlar, iki ebeveynli kalıtım yaşamış ve el konulmuş bir germ hattından yoksun olsa gerekir. Ama ilk hayvanlar biraz daha karmaşık bir hal alıp birkaç farklı dokudan fazlasına sahip olduklarında, vücutta varyasyonun artması yetişkinin uygunluğu açısından yıkıcı bir hal alır, çünkü kaçınılmaz olarak hem iyi hem kötü dokular yaratır; kalp krizi senaryosunu hatırlayalım. Yetişkinin uygunluğunu iyileştirmek için mitokondriyal varyasyonun azaltılması, böylece yeni doğan dokuların hepsinin benzer, büyük ölçüde iyi mitokondrilere sahip olması gerekir.

Yetişkin dokularında varyasyonu azaltmanın en basit yolu, yumurta hücresinde başta daha fazla mitokondri olmasıdır. İstatistiksel bir kural olarak büyük bir kurucu nüfusun çok sayıda alıcı arasında bölünmüş olması halinde, varyasyon küçük bir nüfusun tekrar tekrar ikiye katlanması, sonra aynı sayıda alıcı arasında bölünmesine nazaran daha düşüktür. Bunun sonucunda yumurta hücrelerinin boyutlarını büyütmek, onları çok daha fazla mitokondriyle doldurmak yararlıdır. Hesaplamalarımıza göre, yumurtaların daha büyük olmasını belirleyen bir gen basit bir çok hücreli organizma nüfusunun tamamına yayılırdı çünkü yetişkin dokular arasındaki varyasyonu azaltır, işleyişte yıkıcı olabilecek olası farklılıkları ortadan kaldırır. Öte yandan varyasyonun daha az olması gametler için o kadar da iyi değildir, gametler birbirine çok benzer bir hal alır, bu nedenle doğal seçilimin daha az "görebileceği" bir hale gelir. Birbirine karşıt bu iki eğilim nasıl uzlaştırılabilir? Basit! İki gametten sadece birinin, yumurta hücresinin boyutları büyürse, diğerinin boyutları küçülür, sperm haline gelirse, iki sorun birden çözülüverir. Büyük yumurta hücresi dokular arasındaki varyasyonu azaltır, yetişkinin uygunluğunu artırır, mitokondrilerin spermden dışlanması da, nihayetinde tek ebeveynli kalıtımla sonuçlanır, sadece bir tek ebeveyn mitokondrilerini sonraki kuşağa geçirir. Mitokondrilerin tek ebeveynli kalıtımla aktarılmasının gametler arasındaki varyasyonu artırdığını, böylece uygunluklarını artırdığını belirtmiştik zaten.

Bütün bunların düşük bir mitokondriyal mutasyon hızı varsayımında bulunduğunu vurgulamam gerekir. Süngerler, mercanlar ve bitkilerdeki durumun böyle olduğu bilinir ama "daha yüksek" hayvanlarda durum böyle değildir. Mutasyon hızı arttığında ne olur? Germ hücresi üretimini ertelemenin yararı artık ortadan kalkmıştır. Modelimiz mutasyonların hızla biriktiğini, son germ hücrelerini mutasyonlarla dolu bir hale getirdiğini gösterir. Genetikçi James Crow'un belirttiği üzere, nüfustaki en büyük mutasyonal sağlık tehlikesi fertil yaşlı erkeklerdir. Şükürler olsun ki tek ebeveynli kalıtım, erkeklerin mitokondrilerini geçirmediği anlamına gelir. Mutasyon daha hızlı olursa, germ hattının erkenden edinilmesine yol açan bir genin bir nüfusa yayılacağını görürüz: Erken bir germ hattını ayırmak, dişi gametleri dondurmak mitokondriyal mutasyonların birikimini sınırlar. Germ hattının mutasyon hızını özellikle düşüren uyarlamaların da desteklenmesi gerekir. Aslına bakılırsa dişi germ hattındaki mitokondriler, meslektaşım John Allen'ın gösterdiği üzere kapatılmış, yumurtalıkların embriyonik gelişimi sırasında alınmış ilksel yumurta hücrelerine saklanmış gibi görünür. Allen yumurta hücrelerindeki mitokondrilerin genetik "modeller" olduğunu, atıl olmadıklarından düşük bir mutasyon hızı gösterdiklerini uzunca bir süre savunmuştur. Modelimiz çok sayıda mitokondrisi olup hızlı mutasyon gösteren modern hızlı yaşayan hayvanlar söz konusu olduğunda destekler ama onların daha yavaş yaşayan ataları ya da bitkiler, algler ve protistler gibi daha geniş gruplar için desteklemez.

Bütün bunlar ne anlama gelir? Şaşırtıcıdır, anizogami (sperm ve yumurtalar), tek ebeveynli kalıtım ve bir germ hattının görüldüğü, dişi germ hücrelerinin gelişim ilk evrelerinde alındığı, bütün bu özelliklerin erkekler ve dişiler arasındaki bütün cinsel farklılıkların temelini oluşturduğu çokhücreli organizmaların evrimini sadece mitokondriyal varyasyonun açıklayabileceğini gösterir. Başka bir deyişle, mitokondrilerin kalıtımı, iki cinsiyet arasındaki gerçek fiziksel farklılıkların çok büyük bir bölümünü açıklayabilir. Hücreler arasındaki bencil çatışmalar da bunda bir rol oynayabilir ama gerekli değildir: Germ hattı-soma ayrımının evrimi bencil çatışmalara atıfta bulunmadan açıklanamaz. Kritiktir, modelimiz başta tahmin edemeyeceğim bir olaylar dizisi olduğunu belirtir. Tek ebeveynli kalıtımın atalara özgü hal olduğunu, bundan sonra germ hattının evrildiğini, sperm ve yumurta hücrelerinin evrilmesinin gerçek cinsiyetlerin farklılaşmasıyla bağlantılı olduğunu düşünmüştüm. Oysa modelimiz atalara özgü halin iki ebeveynlilik olduğunu ima eder; bunun ardından anizogami (sperm ve yumurta), sonra tek ebeveynli kalıtım, son olarak da germ hattı doğmuştur. Gözden geçirilmiş bu sıralama doğru mudur? Her iki yönde de çok az bilgi vardır. Ama sınanması mümkün olan açık bir tahmindir, biz de bunu gerçekleştirmeyi umuyoruz.

İlk bakılacak yerler süngerler ve mercanlardır. Her iki grupta da sperm ve yumurtalar vardır ama ayrılmış bir germ hattı yoktur. Daha yüksek bir mitokondriyal mutasyon hızıyla seçilim yaratsaydık bir germ hattı geliştirirler miydi acaba?

Birkaç çıkarımı açıklayarak sözlerimizi noktalayalım. Mitokondriyal mutasyon hızı neden artar? Bunun nedeni, fiziksel faaliyeti yansıtan bir gelişmeyle hücre ve protein sayısının artması olsa gerektir. Kambriyen patlamasından kısa süre önce okyanusların oksijenlenmesi, faal iki yanlı hayvanların evrimini desteklemiştir. Bu hayvanların daha büyük bir faaliyet içinde olması (filogenetik karşılaştırmalarla ölçülebilir olan) mitokondriyal mutasyon hızını artırmış, bu da bu hayvanlarda özel bir germ hattının ayrılmasını zorunlu kılmış olsa gerektir. Ölümsüz germ hattı ve ölümlü bedenin kökeninde bu vardır; planlanmış ve önceden belirlenmiş bir son nokta olarak ölümün kökeninde. Germ hattı, germ hücrelerinin sonsuza kadar bölünmeyi sürdürebilecek olması anlamında ölümsüzdür. Yaşlanmazlar ya da ölmezler. Her kuşak, gelişiminin ilk evresinde bir germ hattını ayırır, bu da bir sonraki kuşağı yaratan hücreleri üretir. Tek tek gametler hasar görebilir ama bebeklerin genç doğması, süngerler gibi kendilerini parçalardan yeniden yaratan organizmalarda görülen ölümsüzlük potansiyeline sadece germ hücrelerinin sahip olduğu anlamına gelir. Bu uzmanlaşmış germ (üreme, tohum) hattı saklanır saklanmaz, bedenin geri kalanı belli amaçlar doğrultusunda uzmanlaşabilir, ölümsüz kök hücreleri aralarında tutma ihtiyacıyla kısıtlanmış değillerdir artık. İlk kez, beyin gibi, artık kendilerini yenileyemeyen dokularla karşılaşırız: Tek kullanımlık soma hücresi. Bu dokuların, organizmanın kendisini yeniden üretmesinin ne kadar uzun sürdüğüne bağlı olan sınırlı bir ömürleri vardır. Bu da hayvanın üreme olgunluğuna ne kadar hızlı ulaştığına, gelişme hızına, beklenen ömür süresine bağlıdır. Buna ilk olarak eşeyli üreme ve ölüm arasındaki alışverişte, yaşlanmanın kökeninde tanık oluruz. Sonraki bölümde bunu inceleyeceğiz.

Bu bölümde mitokondrilerin ökaryot hücre üzerinde gösterdiği bazıları çarpıcı olan etkileri araştırdık. Asıl sorumuzu hatırlayalım: Neden bütün ökaryotlar bakteriler ya da arkelerde hiç rastlanmayan bir dizi ortak özellik geliştirmiştir? Önceki bölümde prokaryotların hücre yapılarıyla, özellikle de solunumu kontrol eden genlere gerek duyulmasıyla sınırlandığını görmüştük. Mitokondrilerin edinilmesi ökaryotlar açısından seçilim coğrafyasını değiştirmiş, hücre hacmi ve genom büyüklükleri bakımından dört-beş büyüklük düzeninde genişlemelerini sağlamıştır. Bu tetikleyici etki iki prokaryot arasında gerçekleşen ender bir endosembiyozdu; tuhaf bir kaza olmaktan pek de öteye gitmiyordu ama sonuçları hem ciddi hem öngörülebilir olmuştu. Ciddiydi çünkü bir çekirdeği olmayan bir hücre, kendi endosembiyoz ortaklarından gelen bir DNA ve genetik parazit (intron) akışına son derece açıktır. Öngörülebilirdir çünkü evsahibi hücrenin her aşamada verdiği cevap (bir çekirdeğin, eşeyli üremenin, iki cinsiyetin ve bir germ hattının evrimi), alışılmışın dışında bir başlangıç noktasından hareket ederek de olsa klasik evrimci genetik çerçevesinde anlaşılabilir. Bu bölümdeki fikirlerin bazıları yanlış olabilir —çift cinsiyetin evrimiyle ilgili varsayımım gibi— ama bu örnekte, daha eksiksiz bir anlayışın benim düşündüğümden çok daha zengin olduğu, germ hattı-soma ayrımı, eşeyli üreme ve ölümün kökenlerini açıkladığı görülmüştür. Bunun ardında yatan, kuvvetli bir modellemeyle ortaya çıkarılan mantık hem güzel hem öngörülebilirdir. Yaşamın başka yerlerde de karmaşıklık yolunda benzer bir yol izlemesi muhtemeldir.

Yaşamın 4 milyar yıllık tarihinin bu değerlendirmesinde, mitokondriler ökaryot hücrenin evrim sürecinin merkezine yerleştirilir. Son yıllarda tıbbi araştırmalar da benzer bir görüşe yaklaşmıştır: Mitokondrilerin artık hücre ölümü (*apoptosis*), kanser, dejeneratif hastalıklar, doğurganlık ve daha fazlasının denetiminde araçsal bir rol oynadığını anlıyoruz. Ama mitokondrilerin gerçekten de fizyolojinin merkezi olduğu yönündeki argümanlarım, bazı tıp araştırmacılarının kaşlarını çatmasına yol açabilir, gereği gibi dengeli bir bakış açısından yoksun olmakla suçlanabilirim. Bir mikroskobun altında bir insan hücresine baktığınızda, işleyen parçaların muhteşem bir topluluk oluşturduğunu görürsünüz; mitokondri bu parçalardan sadece biridir, kabul etmek gerekir ki önemli bir dişlidir. Ama evrimin bakış açısına göre durum böyle değildir. Evrimin bakış açısına göre, mitokondriler karmaşık yaşamın kökeninde eşit ortaklardır. Bütün ökaryot özellikleri (bütün hücre fizyolojisi) bu iki ortak arasında devam eden çatışmada evrilmiştir. Bu çatışma bugüne dek devam etmiştir. Bu kitabın son kısmında, bu karşılıklı etkileşimin sağlığımızın, doğurganlığımızın ve ömrümüzün dayanağını nasıl oluşturduğunu göreceğiz.

# Güç ve Şan

İsa Pantokrator: Dünyanın Efendisi. Ortodoks ikonografisinin ötesinde dahi, İsa'nın portresini "iki niteliği"yle, hem Tanrı hem insan, bütün insanlığın katı ama sevecen yargıcı olarak resmetmekten daha büyük bir sanatsal zorluk olamaz. İsa sol elinde Yuhanna İncili'ni taşıyor olabilir: "Ben dünyanın ışığıyım, beni takip eden karanlıkta dolaşmaz, yaşamın ışığını bulur." Hiç şaşırtıcı değil, bu ağır göreve bakılırsa, Pantokrator biraz melankolik görünüyor gibidir. Sanatçının bakış açısına göre, Tanrı'nın ruhunu insanın yüzünde yakalamak yeterli değildir: Güzel bir katedralde altarın hemen üstünde bir kubbenin içine bir mozaik olarak yapılmalıdır. Perspektifi tam oturtabilmek, canlı bir yüzün ışığını ve gölgesini yakalamak, her biri büyük tasarımdaki yerinden habersiz ama tasarımın tamamı için önemli olan küçük taş parçalarına anlam yüklemek için gerekli yeteneği tahayyül edemiyorum. Küçük hataların bütünü mahvedebileceğini, Yaratıcı'ya rahatsız edici derecede komik bir çehre verebileceğini biliyorum; ama Sicilya'daki Kefalu Katedrali'ndeki gibi olağanüstü bir güzellikle yapıldığında, en az dindar olanlar bile Tanrı'nın yüzünü tanırlar, unutulmuş zanaatkârların dehasını canlandıran ebedi bir anıttır bu.[1]

Beklenmedik bir yöne doğru hareket etmeye hazırlanıyor değilim. Mozaiklerin insan zihnini cezbetmesine, biyolojideki mozaiklerin şaşırtıcı şekilde paralel bir önem göstermesine hayret ediyorum; proteinler ve hücrelerin modüller halinde olması ile estetik duyumumuz arasında bilinçaltı bir bağlantı olabilir mi? Gözlerimiz milyonlarca fotoreseptör hücre, çubuk ve koniden oluşur, reseptörlerin her biri bir ışık huzmesiyle açılır ya da kapanır, mozaik benzeri bir imge oluşturur. Bu, zihnimizin gözünde bir nöron mozaiği olarak yeniden inşa edilir, imgenin parçalara ayrılmış özellikleri; yani parlaklık, renk, kontrast, kenarlar ve hareket bir araya gelir. Mozaikler hislerimize dokunur, bunun nedeni kısmen gerçekliği zihinlerimize benzer biçimde parçalamalarıdır. Hücreler bunu yapabilir çünkü modüler birimler, canlı karolardır; her biri kendi yaşamsal yerinde durur, kendi işini yapar, 40 trilyon parça insan denilen muhteşem üç boyutlu mozaiği oluşturur.

Mozaikler biyokimyada daha derinlere uzanır. Mitokondrileri bir düşünün. Besinlerden aldıkları elektronları oksijene aktarırken mitokondriyal zardan proton pompalayan büyük solunum proteinleri, çok sayıda altbirimden oluşan mozaiklerdir. Bunların en büyüğü, I. kompleks her biri uzun bir zincir halinde birbirine bağlanmış yüzlerce aminoasitin oluşturduğu 45 ayrı proteinden oluşur. Bu kompleksler sıklıkla oksijene elektron gönderen daha büyük topluluklar, "süperkompleksler" halinde gruplanır. Her biri ayrı bir mozaik olan binlerce süperkompleks, muhteşem mitokondri katedralini süsler. Bu mozaiklerin kalitesi hayati önemdedir. Komik bir Pantokrator gülünüp geçilmeyecek bir mesele olabilir ama solunum proteinlerindeki tek tek parçaların konumlarındaki küçücük hatalar, Kutsal Kitap'tan bir ceza kadar korkunç bir yük taşıyabilirler. Bir tek aminoasit, mozaiğin tamamındaki tek bir taş bile yerinde olmasa, bunun sonuçları kas ve beynin sakatlığına neden olacak dejenerasyon ve erken bir ölüm olabilir: mitokondriyal bir hastalık... Bu genetik koşulların ağırlığı, hangi yaşta başgösterecekleri, tam olarak hangi parçanın, hangi sıklıkla etkilendiğine bağlı olarak korkunç derecede öngörülemezdir; ama hepsi de, varoluşumuzun temeli açısından mitokondrilerin taşıdığı merkezi önemi yansıtır.

Bu nedenle mitokondriler mozaiktir, nitelikleri ölüm ve yaşam açısından önemlidir ama bundan da fazlası söz konusudur. Mitokondriyal ve çekirdeksel "iki nitelikleri" olması açısından, Pantokrator gibi, solunum proteinleri de benzersizdir; bu iki nitelik kusursuz bir birliktelik sergileseler iyi olur. Solunum zincirinin, besinlerden oksijene elektron aktaran protein topluluğunun tuhaf düzenlemesi RESİM 31'de gösterilmiştir. Daha koyu gölgelenmiş mitokondriyal iç zardaki çekirdek proteinlerin çoğu, mitokondrilerin kendilerinde bulunan genlerle şifrelenmiştir. Geri kalan proteinler (açık gölgelemeler) çekirdekteki genlerle şifrelenmiştir. İşlerin böyle tuhaf bir hal gösterdiğini, 1970'lerin başında, mitokondriyal genomun çok küçük olduğu, mitokondrilerde bulunan proteinlerin çoğunu şifrelemesinin mümkün olmadığı ilk kez açıklık kazandığından beri biliyoruz. Bu nedenle mitokondrilerin evsahibi hücrelerinden hâlâ bağımsız olduğu yönündeki eski fikir saçmadır. Mitokondrilerin görünürdeki özerkliği (canları istediğinde kendi kendilerini kopyalıyorlarmış gibi tekinsiz bir havaları vardır) bir seraptır. Aslında işlevleri iki farklı genoma dayanır. Bu genomların ikisinin de şifrelediği proteinlerle tam olarak hazırlanırlarsa ancak büyüyebilirler ya da işleyebilirler.

Bunun ne kadar tuhaf olduğunu açıklayayım. Hücre solunumu (onsuz birkaç dakika içinde ölüp giderdik), çok farklı iki genomla şifrelenmiş proteinlerden oluşan mozaik solunum zincirlerine dayanır. Oksijene ulaşmak için elektronların bir "redoks merkezi"nden diğerine bir solunum zincirinde ilerlemeleri gerekir. Redoks merkezleri genelde her seferde bir tane olmak üzere elektron kabul eder ya da ve-

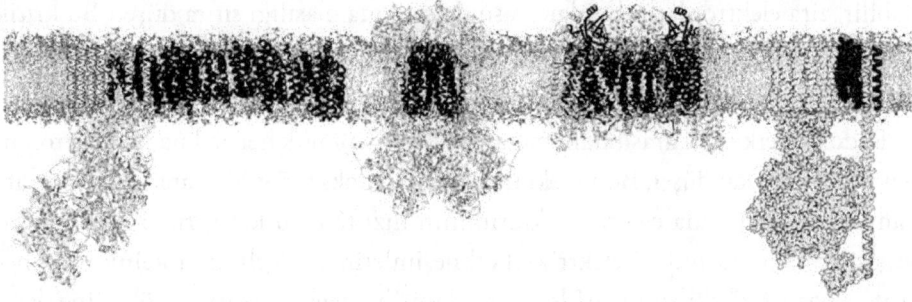

**RESİM 31** Mozaik solunum zinciri

I. kompleks (solda), III. kompleks (ortada solda), IV. kompleks (ortada sağda) ve ATP sentazı (sağda) için protein yapıları, hepsi de mitokondriyal zarın içine gömülmüştür. Çoğunlukla zarın içine gömülmüş olan daha koyu renkli alt birimler, fiziksel olarak mitokondrilere yerleşmiş genlerle şifrelenmiştir; çoğunlukla çeperlerde ya da zarın dışında olan daha açık renkli altbirimlerse çekirdekte bulunan genlerce şifrelenmiştir. Bu iki genom çok farklı biçimlerde evrilmiştir: Mitokondriyal genler eşeysiz olarak anneden yavruya aktarılırken, çekirdeksel genler her kuşakta eşeyli üremeyle yeniden birleştirilmiştir; (hayvanlarda) mitokondriyal genler de, çekirdeksel genlerin hızının yaklaşık 50 katı hızda mutasyon biriktirmiştir. Bu farklılaşma yatkınlığına rağmen doğal seçilim genellikle işlevsiz mitokondrileri eleyip hemen hemen mükemmel bir işleyişi milyarlarca yıl boyunca ayakta tutabilir.

rir, bunlar İkinci Bölüm'de tartıştığımız sıçrama noktalarıdır. Redoks merkezleri solunum proteinlerinin derinlerine gömülmüştür, kesin konumları proteinlerin yapısına, bu nedenle proteinleri şifreleyen genlerin dizilimine, dolayısıyla hem mitokondriyal hem çekirdeksel genomlara dayanır. Daha önce de belirttiğimiz üzere, elektronlar kuantum tünelleme diye bilinen bir süreçle sıçrar. Birkaç etkene, oksijenin çekim kuvvetine (daha özelde bir sonraki redoks merkezinin indirgeme potansiyeline), bitişik redoks merkezleri arasındaki mesafeye ve doluluğa (bir sonraki redoks merkezinde bir elektron olup olmamasına) dayalı bir olasılıkla her merkezde bir belirir bir kaybolurlar. Redoks merkezleri arasındaki kesin mesafe kritiktir. Kuantum tünelleme ancak çok kısa, yaklaşık 14 angströmden kısa mesafelerde gerçekleşir (1 angströmün yaklaşık olarak bir atomun çapına eşit olduğunu hatırlayalım). Birbirine daha uzak redoks merkezleri pekala sonsuz uzaklıkta da olabilir, zira elektronların bunlar arasında sıçrama olasılığı sıfıra düşer. Bu kritik yelpazede, sıçrama hızı merkezler arasındaki mesafeye, bu da iki genomun birbiriyle nasıl bir etkileşim kurduğuna bağlıdır.

Redoks merkezleri arasındaki mesafede 1 angströmlük her açılmada, elektronun hızı yaklaşık 10 kat düşer. Bunu tekrarlayayım: Redoks merkezleri arasındaki mesafe 1 angström arttığında elektron aktarımının hızı tam 10 kat geriler! Bu, kabaca, bitişik atomlar arasındaki elektriksel etkileşimlerin, söz gelimi proteinlerdeki negatif ve pozitif yüklü aminoasitler arasındaki "hidrojen bağları"nın ölçeğine denk düşer. Bir mutasyon bir proteindeki bir aminoasitin kimliğini değiştirirse, hidrojen bağları kırılabilir ya da yeni hidrojen bağları oluşabilir. Bütün hidrojen bağı ağları bir parça kayabilir, bir redoks merkezini doğru konumuna bağlayanlar da dahil. Bu pekala yaklaşık 1 angströmlük bir kayma olabilir. Bu gibi küçük kaymaların sonuçları, kuantum tünelleme sayesinde büyür: Şu ya da bu yönde 1 angströmlük bir kayma, elektron aktarımını bir büyüklük düzeni kadar yavaşlatabileceği gibi hızlandırabilir de. Mitokondriyal mutasyonların bu kadar feci sonuçlar doğurmasının nedenlerinden biri budur.

Mitokondriyal ve çekirdeksel genomların sürekli değişmesi, bu tehlikeli düzenlemeyi daha da ağırlaştırır. Bir önceki bölümde hem eşeyli üremenin hem iki cinsiyetin evriminin mitokondrilerin edinilmesiyle ilgili olabileceğini görmüştük. Büyük genomlarda tek tek genlerin işlevlerinin korunması için eşeyli üremeye gerek vardır, iki cinsiyetse mitokondrilerin kalitesinin korunmasını sağlar. Bunun öngörülemeyen sonucu, bu iki genomun tümüyle farklı biçimlerde evrilmeleridir. Çekirdeksel genler her kuşakta eşeyli üremeyle yeniden birleştirilir, mitokondriyal genlerse yumurta hücresinde anadan kıza geçer, ender olarak yeniden birleşirler. Daha da kötüsü, mitokondriyal genler, en azından hayvanlarda, kuşaklar boyunca dizimlerinin değişme hızına bağlı olarak çekirdekteki genlerden 10-50 kat daha hızlı evrilir. Bu da mitokondriyal genlerin şifrelediği proteinlerin, çekirdekteki genlerin şifrelediği proteinlere nazaran hızlı ve farklı biçimlerde değiştiği anlamına gelir; yine de, elektronların solunum zincirinde verimli bir biçimde aktarılabilmesi için birbirleriyle angströmler mesafesinde etkileşim kurmaları gerekir. Bütün canlılarda bu kadar merkezi bir süreç için bundan daha saçma bir düzenleme düşünmek zordur; solunum, yaşamsal güçtür!

Nasıl olmuş da işler bu noktaya gelmiştir? Evrimin öngörüsüzlüğünün bundan daha iyi pek az örneği vardır. Bu çılgınca çözüm muhtemelen kaçınılmazdı. Başlangıç noktasını hatırlayalım: başka bakterilerin içinde yaşayan bakteriler... Böyle bir endosembiyoz olmazsa karmaşık yaşamın mümkün olmadığını, zira sadece özerk hücrelerin gereksiz genleri kaybetme yetisine sahip olduğunu, nihayetinde geride sadece solunumu yerel olarak kontrol etmek için gerekli genlerin kaldığını görmüştük. Bu yeterince akla yatkın gelir ama gen kaybının yegane sınırı doğal seçilimdir; seçilim de hem evsahibi hücreler hem mitokondriler üzerinde etkili olur. Gen kaybına yol açan nedir? Kısmen, sadece kopyalanma hızıdır: En küçük genomlara sahip bakteriler en hızlı kopyalanırlar, bu nedenle zaman içinde baskın çıkma eğilimi gösterirler. Ama kopyalanma hızı genlerin çekirdeğe aktarılmasını açıklayamaz, sadece mitokondrideki genlerin kaybını açıklayabilir. Bir önceki bölümde mitokondriyal genlerin neden çekirdeğe geldiklerini görmüştük, bazı mitokondriler ölür, DNA'larını evsahibi hücreye sızdırır, bu da çekirdeği doldurur. Bunu durdurmak zordur. Çekirdekteki bu DNA'nın bir bölümü, proteini yeniden mitokondriye gönderen bir hedefleme dizilimi, bir adres şifresi edinmiştir artık.

Bu kulağa tuhaf bir olaymış gibi gelebilir ama aslında mitokondriyi hedefleyen, bilinen 1.500 proteinin hemen hepsi için geçerlidir; açıktır ki, bu o kadar güç değildir. Aynı genin kopyalarının hayatta kalan mitokondrilerde ve çekirdekte aynı anda mevcut olduğu bir geçiş durumu olması gerekir. Sonunda iki kopyadan biri kaybolur. Mitokondrilerimizde kalan, protein şifreleyen 13 gen dışında (başlangıçtaki genomların %1'inden azı) her durumda çekirdeksel kopya korunur, mitokondriyal kopya kaybolur. Bu kulağa tesadüfmüş gibi gelmiyor. Neden çekirdeksel kopya desteklenir? Bunun akla yatkın çeşitli nedenleri vardır ama kuramsal çalışmalar henüz şu ya da bu nedenin doğruluğunu kanıtlamamıştır. Olası nedenlerden biri erkeklerin uygunluğudur. Mitokondriler dişi soyunda anneden kıza aktarılırken, erkeklerin uygunluğunu destekleyen mitokondriyal versiyonların seçilmesi mümkün değildir, çünkü erkek mitokondrilerinde erkeklerin uygunluğunu iyileştiren genlerin hiçbiri bir sonraki kuşağa geçirilmez. Bu mitokondriyal genlerin çekirdeğe aktarılmaları, buradan hem dişilere hem erkeklere geçirilmeleri, bu nedenle dişilerin uygunluğu kadar erkeklerin uygunluğunu da iyileştirebilir. Çekirdekteki genler de her kuşakta eşeyli üremeyle yeniden birleştirilir, bu durum uygunluğu muhtemelen daha da artırır. Sonra bir de mitokondriyal genlerin fiziksel olarak yer kaplaması meselesi vardır, bu yer solunum mekanizmasıyla ya da başka süreçlerle daha iyi doldurulabilir. Son olarak, tepkimeye girmeye hazır serbest radikaller, solunumlar kaçar mutasyon geçirip komşu mitokondriyal DNA'ya dönüşebilirler; serbest radikallerin hücre fizyolojisi üzerindeki etkilerine döneceğiz. Neresinden bakılırsa bakılsın, genlerin mitokondrilerden çekirdeğe aktarılmasının çok iyi gerekçeleri vardır; bu bakış açısına göre genlerin burada kalması daha da şaşırtıcıdır.

Neden kalırlar? Beşinci Bölüm'de tartıştığımız dengeleyici kuvvet, genlerin solunumu yerel olarak kontrol etmesi zorunluluğudur. İnce iç mitokondriyal zar üzerindeki elektrik potansiyelinin 150-200 milivolt olduğunu, bir metrede bir yıldırıma eşdeğer 30 milyon voltluk bir alan kuvveti yarattığını hatırlayalım. Genlerin elektron akışındaki, oksijen elverişliliği, ADP ve ATP oranları, solunum proteinlerinin sayısı ve daha fazlasındaki değişikliklere cevaben bu devasa zar potansiyelini kontrol etmesi gerekir. Solunumu bu biçimde kontrol etmek için gerek duyulan genlerden biri çekirdeğe aktarılmışsa, protein ürünü bir felaketi engellemek için onun mitokondriye geri gönderilmesini engellemeyi başaramıyorsa, o zaman doğal "deney" orada son bulur. Bu geni çekirdeğe aktarmayan hayvanlar (ve bitkiler) hayatta kalır, yanlış geni aktaranlar ölür, maalesef yanlış şekillenmiş genleri de onlarla birlikte gider.

Seçilim kör ve amansızdır. Genler sürekli mitokondrilerden çekirdeğe aktarılır. Ya yeni düzenleme daha iyi işe yarar ve gen yeni evinde kalır ya da işe yaramaz ve bir cezaya çarptırılır, muhtemelen ölür. Sonunda mitokondriyal genlerin neredeyse tamamı ya tümüyle kaybolur ya da çekirdeğe aktarılır, geride mitokondrilerde bir avuç kritik gen kalır. Mozaik solunum zincirlerimizin temeli budur: Kör seçilim. İşe yarar. Akıllı bir mühendisin böyle bir tasarım geliştirebileceğinden yana kuşkularım var ama korkarım, bakteriler arasındaki endosembiyoz dikkate alınırsa doğal seçilimin karmaşık bir hücre şekillendirebilmesinin yegane yolu buydu. Bu akıl almaz çözüm gerekliydi. Bu bölümde mitokondri mozaiklerinin doğurduğu sonuçları inceleyeceğiz: Bu zorunluluk karmaşık hücrelerin özelliklerini ne ölçüde öngörür? Seçilimin mitokondri mozaiklerinden yana işlemesinin, ökaryotların en kafa karıştırıcı ortak özelliklerinden bazılarını gerçekten de açıklayabileceğini savunacağım; hepimizin özelliklerinin... Seçilimin öngörülen sonuçları arasında sağlığımız, uygunluğumuz, doğurganlığımız ve dayanıklılığımız, hatta bir tür olarak tarihimiz bile yer alır.

## Türlerin Kökeni Üzerine

Seçilim nerede ve nasıl harekete geçer? Harekete geçtiğini biliyoruz. Birçok gen diziliminin emareleri, mitokondriyal ve çekirdeksel genlerin birbirlerine uyum sağlamasının seçilim tarihini gözler önüne serer; iki gen kümesi birbirleriyle ilişkili olarak değişir. Mitokondriyal ve çekirdeksel genlerin zaman içindeki, söz gelimi şempanzeleri insanlar ya da gorillerden ayıran milyonlarca yıl içindeki, değişim hızlarını karşılaştırabiliriz. Doğrudan birbirleriyle etkileşim kuran genlerin (örneğin solunum zincirinde proteinleri şifreleyenlerin) hemen hemen aynı hızda değiştiğini, çekirdekteki diğer genlerinse genellikle çok daha yavaş değiştiğini (evrildiğini) görürüz. Açıktır ki, mitokondriyal bir gendeki bir değişiklik, onunla etkileşim içindeki çekirdeksel bir gende tamamlayıcı bir değişiklik ortaya çıkarma eğilimindedir, aynı şey tersi için de geçerlidir. Bu nedenle, seçilimin bir biçimde gerçekleştiğini biliyoruz, asıl mesele, bu tür bir uyum sağlamayı hangi süreçlerin şekillendirdiği sorusudur.

Bu sorunun cevabı solunum zincirinin biyofiziğinde yatar. Çekirdeksel ve mitokondriyal genomlar gereği gibi uyum sağlamazsa neler olabileceğini gözünüzün önüne getirin. Elektronlar her zamanki gibi solunum zincirine girer ama birbirine uygun olmayan genomlar, birbirine rahatça uyum göstermeyen proteinler şifreler. Aminoasitler (hidrojen bağları) arasındaki bazı elektriksel etkileşimler bozulur, bu da bir ya da iki redoks merkezinin artık normalde olduğundan 1 angström daha birbirinden ayrı olabileceği anlamına gelir. Bunun sonucunda elektronlar normal hızlarının bir bölümü hızıyla solunum zincirinden oksijene akar. İlk birkaç redoks merkezinde birikmeye başlarlar, yolun devamındaki redoks merkezleri dolu olduğu için ilerleyemezler. Solunum zinciri, son derece indirgenmiş bir hal alır, yani redoks merkezleri elektronlarla dolar (RESİM 32). İlk birkaç redoks merkezi demir-sülfür topluluklarıdır. Demir $Fe^{3+}$'dan $Fe^{2+}$ biçimine çevrilir (indirgenir); bu biçimiyle oksijenle doğrudan tepkimeye girerek eksi yüklü süperoksit radikal $O_2{}^-$ oluşturur. Buradaki nokta, çifti bulunmayan tek bir elektronu sembolize eder, serbest bir radikalin tanımlayıcı imzasıdır. Bu da kediyi güvercinlerin arasına salmak demektir.

Süperoksit radikallerinin birikimini çabucak ortadan kaldıran çeşitli mekanizmalar vardır, bunların başında da süperoksit dismutaz enzimi gelir. Ama bu gibi enzimlerin miktarı titiz bir biçimde ayarlıdır. Çok fazlası, biraz yangın alarmı gibi iş gören, yaşamsal önemde yerel bir sinyali etkisiz hale getirme riskine girer. Serbest radikaller duman gibidir: Dumanı ortadan kaldırırsanız sorunu çözemezsiniz. Bu örnekte mesele, iki genomun birlikte iyi işlememesidir. Elektron akışı bozuktur, bu da süperoksit radikalleri, yani duman sinyalini yaratır.[2] Belli bir eşiğin üzerindeki serbest radikaller yakındaki zar lipidlerini, en başta da kardiyolipini oksitler, bu da normalde kardiyolipine gevşekçe bağlı olan solunum proteini sitokrom c'nin salınmasına yol açar. Bu durum elektron akışını tümüyle mahveder, zira elektronlar solunum zincirinin son noktasına artık ulaşamaz. Elektron akışı olmazsa daha başka proton pompalama işlemi de söz konusu olmaz, bu da zarın elektrik potansiyelinin çok geçmeden çökeceği anlamına gelir. Bu nedenle solunumda elektron akışının üç değişiklik geçirdiğini görürüz: Birincisi, elektron aktarımı yavaşlar, böylece ATP sentezinin hızı da düşer. İkincisi, son derece indirgenmiş demir-sülfür toplulukları oksijenle tepkimeye girerek bir serbest radikaller patlamasına yol açar, bu da sitokrom c'nin zarla gevşek bağının çözülmesiyle sonuçlanır. Üçüncüsü, bu değişiklikleri telafi etmek amacıyla bir şey yapılmazsa, zar potansiyeli çöker (RESİM 32).

İlk olarak 1990'ların ortalarında keşfedilen, o tarihlerde "genel bir şaşkınlık"la karşılanan bir koşullar dizisini betimledim. Programlı hücre ölümünü, yani apoptosisi bu tetikler. Bir hücre apoptosis geçirdiğinde, koreografisi titizlikle tasarlanmış bir baleyle kendi kendisini öldürür, bir kuğunun ölümünün hücre düzeyindeki eşdeğeridir bu. Apoptosisde hücrenin basitçe parçalanıp çürümesi yerine, kaspaz enzimleri denilen bir protein cellatları ordusunun hücre içinde serbest kaldığına tanık oluruz. Bu proteinler hücrenin dev moleküllerini (DNA, RNA, karbonhidratlar ve proteinler) parçalarına ayırır. Bu parçalar küçük zar cepleriyle, bleblerle çevrelenir ve çevredeki hücrelere gönderilir. Birkaç saat içinde hücrenin daha önceden varolduğuna dair bütün izler ortadan kalkar, Bolşoy'daki bir KGB kumpası kadar etkili bir biçimde tarihten silinir.

Apoptosis, çokhücreli bir organizma bağlamında kulağa çok anlamlı gelir. Embriyonun gelişimi sırasında dokuların şekillendirilmesi, hasar görmüş hücrelerin yerlerinin değiştirilmesi için gereklidir. Asıl şaşırtıcı olan şeyse, mitokondrilerin, özellikle de güvenilir solunum proteini sitokrom c'nin merkezi bir rol oynamasıdır. Sitokrom c'nin mitokondrilerden kaybolması neden bir hücre ölümünün sinyali gibi iş görür? Bu meselenin keşfedildiği tarihten itibaren bu gizem daha da derinleşmiştir. Öyle anlaşılıyor ki, aynı olaylar bileşimi (ATP seviyelerinin gerilemesi, serbest radikal sızıntısı, sitokrom c kaybı ve zar potansiyelinin çöküşü) ökaryotların tamamında korunmuştur. Bitki hücreleri ve maya da, tam olarak aynı sinyale cevaben kendilerini öldürür. Bu hiç kimsenin beklemediği bir şeydi. Ama ilk ilkelerden hareketle, iki genomun seçilmesinin kaçınılmaz sonucu olarak ortaya çıkıyordu; karmaşık yaşamın genel bir özelliği olduğu öngörülebilirdi.

Biz yine, elektronlarımızın kötü bir eşleşmenin olduğu bir solunum zincirinde ilerlediğini düşünelim. Mitokondriyal ve çekirdeksel genler birlikte düzgün bir biçimde çalışmazsa, bunun doğal biyofiziksel sonucu apoptosis olur. Bu, doğal

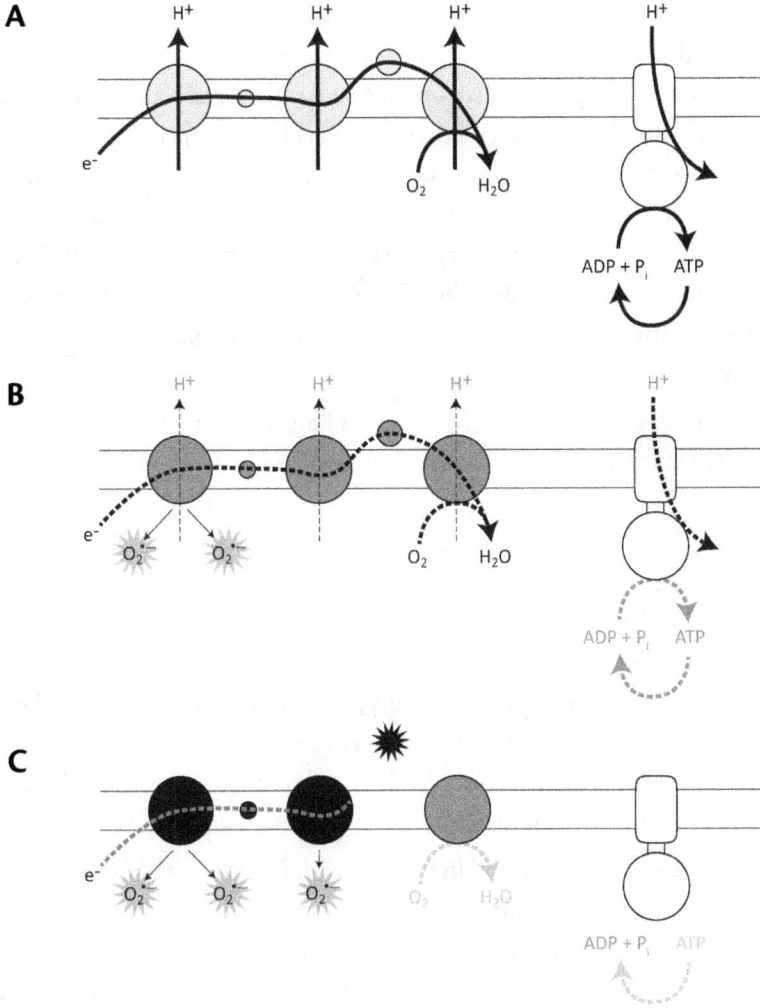

**RESİM 32** Hücre ölümünde mitokondriler

(A)'da solunum zincirinden oksijene normal elektron akışı görülür (dalgalı ok), elektron akımı zardan proton atımına enerji sağlar, ATP sentazı (sağda) sayesinde gerçekleşen proton akışı ATP sentezini yürütür. Zardaki üç solunum proteininin soluk gri rengi bu komplekslerin yüksek düzeyde indirgenmediğini, zira elektronların bu komplekslerde birikmediğini, çabucak oksijene geçirildiğini gösterir. (B)'de mitokondriyal ve çekirdeksel genomlar arasındaki bir uyumsuzluğun sonucu olarak elektron akışının yavaşlamasının uyumlu etkileri görülür. Yavaş elektron akışı daha düşük oksijen tüketimi, sınırlı proton pompalaması, zar potansiyelinin gerilemesi (çünkü daha az sayıda proton pompalanır) ve ATP sentezinin çökmesi anlamına gelir. Elektronların solunum zincirindeki birikmesi, protein komplekslerinin daha koyu renkte gölgelenmesiyle gösterilmiştir. I. kompleksin son derece indirgenmiş hali oksijenle tepkimeye girme hazırlığını artırır, süperoksitler gibi serbest radikaller oluşturur ($O_2^{\bullet-}$). (C) Sitokrom c kaybı oksijene elektron akışını tümüyle engeller, solunum komplekslerinin çok daha fazla indirgenmesine (şimdi siyahla gösterilmiştir), serbest radikal sızıntısının artmasına, zar potansiyeli ve ATP sentezinin çökmesine yol açar. Bu etkenler birlikte hücre ölümü yolunu tetikler, apoptosise yol açar.

seçilimin, olması engellenemeyen bir süreci inceltip şekillendirmesinin güzel bir örneğidir: Seçilimle doğal bir eğilim ayrıntılandırılmış, nihayetinde incelikli bir genetik mekanizma haline getirilmiştir; bu mekanizmanın kökenine dair ipuçları da kalbinde yatar. Büyük karmaşık hücrelerin varolması için iki genoma gerek vardır. Bu genomların birlikte iyi çalışması gerekir, yoksa solunum başarısız olur. Genomlar birlikte düzgün bir biçimde çalışmazlarsa hücre apoptosisle ortadan kalkar. Bu, genomları kötü eşleşmiş hücrelere karşı işlevsel bir seçilim biçimi olarak da görülebilir. Rusya doğumlu genetikçi Theodosius Dobzhansky'nin gözlemini dile getirdiği o meşhur sözü bir kez daha hatırlayalım: Biyolojide evrim dışında başka bir şeyin ışığı altında hiçbir şey anlamlı değildir.

Genomları iyi eşleşmemiş hücrelerin ortadan kaldırılması için bir mekanizma bulunuyor. Tersine, genomları birlikte iyi çalışan hücreler seçilimle ortadan kalkmayacaktır. Evrim boyunca, ortaya çıkan sonuç tam da gördüğümüz şey olmuştur: Mitokondriyal ve çekirdeksel genomlar birbirlerine uyum sağlamıştır, öyle ki bir genomdaki dizilim değişiklikleri diğerindeki dizilim değişiklikleriyle telafi edilmiştir. Önceki bölümde belirttiğimiz üzere, iki cinsiyetin varolması dişi germ hücreleri arasındaki varyasyonu artırır; farklı yumurta hücreleri ağırlıklı olarak klonlanan mitokondri nüfusları içerir, farklı yumurta hücreleri farklı mitokondri klonlarını güçlendirir. Bu klonların bazıları döllenmiş yumurtanın yeni çekirdeksel ortamında daha iyi işleyecektir, diğerleri o kadar da iyi işlemeyecektir. Yeterince iyi işlemeyenler apoptosisle ortadan kalkar, iyi işleyenler ayakta kalır.

Tam olarak neye rağmen ayakta kalır? Çokhücreli organizmalarda, bu sorunun kapsamlı cevabı gelişmedir. Hücreler döllenmiş bir yumurta hücresinden (zigot) bölünerek yeni bir birey oluşturur. Bu süreç incelikli bir biçimde kontrol edilir. Gelişme sürecinde apoptosis nedeniyle beklenmedik bir biçimde ölen hücreler gelişim programının tamamını tehlikeye atar, düşük yapılmasına, embriyonik gelişmenin başarısızlığa uğramasına yol açabilir. Bu, ille de kötü bir şey gibi görülmemelidir. Doğal seçilimin hissiz, yansız bakış açısına göre, gelişimi erken bir evrede, yeni bireye çok fazla kaynak aktarılmadan önce askıya almak, gelişimin tam anlamıyla devam etmesine izin vermekten daha iyidir. Gelişimin devam etmesine izin verilmesi halinde, yavru, çekirdeksel ve mitokondriyal genomlar arasında mitokondriyal bir hastalığa, sağlığın bozulmasına ve erken bir ölüme neden olabilecek uyumsuzluklarla doğacaktır. Öte yandan gelişimi erken bir evrede durdurmak, mitokondriyal ve çekirdeksel genomlar arasında ciddi uyumsuzluklar göstermesi halinde bir embriyoyu feda etmek, besbelli ki doğurganlığı azaltır. Gelişim sürecini tamamlayamayan embriyoların oranı yüksek olursa, bu sürecin sonucu kısırlık olur. Buradaki maliyetler ve yararlar, doğal seçilim açısından kesinlikle merkezi önemdedir: Uygunluğa karşılık doğurganlık. Açıktır ki, hangi uyumsuzlukların apoptosis ve ölüme yol açacağı, hangilerinin tolere edileceği incelikli kontrollere tabi olmalıdır.

Bütün bunlar kulağa biraz kuru ve kuramsal gelebilir. Bütün bu anlattıklarımız gerçekten de önemli midir? Evet! En azından birkaç örnekte önemlidir, bu örnekler bir buzdağının görünen kısmını oluşturuyor olabilir. En iyi örnek, Scripps Deniz Araştırma Enstitüsü'nde on yılı aşkın bir süredir deniz kopepodu *Tigriopus californicus*'un mitokondriyal ve çekirdeksel uyumsuzlukları üzerinde çalışan Ron Burton'dan gelir. Kopepodlar 1-2 mm uzunluğunda olup neredeyse bütün yağışlı ortamlarda bulunan küçük kabuklulardır, bahsettiğimiz örnekte Güney California'da Santa Cruz Adası'nda gelgitler arası dönemlerde oluşan havuzlarda bulunanlar üzerinde çalışılmıştır. Burton adanın iki ucunda bulunan, birbirlerinden birkaç kilometre öteye yaşamalarına rağmen binlerce yıldır üremeleri yalıtılmış olan iki farklı kopepod nüfusu arasına çapraz dölleme yapıyordu. Burton ve meslektaşları iki nüfus arasındaki eşleşmelerde "melezlenme arızası" diye bilinen şeyi katalogluyordu. İlginçtir, iki nüfus arasındaki tek bir çapraz döllenme sonucu ortaya çıkan ilk kuşağın pek az etkilendiği görülmüştü; ama dişi melez yavrular, asıl babanın nüfusundan bir erkekle eşleştirilirlerse, yavruları korkunç derece hastalıklı, Burton'un bir makalesinde kullandığı bir başlığa dayanarak söylersek, "üzücü bir durumda" oluyordu. Melezlenme sonuçları hayli geniş bir yelpazeye yayılsa da, ortalamada melez yavruların uygunluğu ciddi biçimde düşüktü, ATP sentezleri %40 azalıyordu, bu da hayatta kalma, doğurganlık ve gelişme süresinde (bu örnekte, beden büyüklüğüne bağlı olan metamorfoz süresinde, dolayısıyla büyüme hızında) benzer azalmalara yol açıyordu.

Bu problemi bütünüyle, kestirme bir yoldan, erkek melez yavruları asıl anne nüfustan dişilerle eşleştirerek mitokondriyal ve çekirdeksel genler arasındaki uyumsuzluklara bağlamak mümkün oldu. Yavruları artık tam ve normal uygunluklarına kavuşmuştu. Ne var ki tam tersi bir deneyde, dişi yavru melezlerin asıl baba nüfustan erkeklerle eşleştirilmesinde uygunluk üzerinde olumlu bir etki gözlenmedi.

Yavrular hastalıklı hallerini korudular, hatta hiç olmadıkları kadar kötü duruma geldiler. Bu sonuçları anlamak yeterince kolaydır. Mitokondriler her zaman anneden gelir, düzgün işleyebilmek için çekirdekte anneninkilere benzer genlerle etkileşim kurmaları gerekir. Genetik olarak farklı bir nüfustan erkeklerle dölleme yapıldığında, annenin mitkondrileri onunla düzgün işlemeyen çekirdeksel genlerle eşleşir. İlk dölleme kuşağında bu sorun çok ciddi boyutlara ulaşmaz, çünkü çekirdeksel genlerin %50'si yine de anneden gelir ve bunlar annenin mitokondrileriyle iyi bir uyum içinde çalışır. Ama ikinci melez kuşağında, çekirdeksel genlerin %75'i artık mitokondrilerle bozuk bir eşleşme içinde olduğundan, uygunlukta ciddi bir gerilemeye tanık oluruz. Melez erkekleri, asıl anne nüfusundan dişilerle döllemek, çekirdeksel genlerin %62,5'inin artık anne nüfusundan geldiği ve mitokondrilerle *eşleştiği* anlamına gelir. Tamamen sağlıklarına kavuşmuşlardır. Ama ters dölleme ters etki yaratır: Anneden gelen mitokondriler çekirdeksel genlerin %87,5'iyle bozuk bir eşleşme içindedir. Hastalıklı bir grup olmalarına şaşmamak gerekir.

Melezlenme arızası… Çoğumuz melezlenmenin kuvvetli olduğu fikrine aşina-yızdır. Genetik olarak birbirine yakın olmayan hayvan ya da bitkilerin döllenmesi yararlıdır, çünkü ilgisiz bireylerin aynı genlerde aynı mutasyonları paylaşma ih-timali daha azdır, bu nedenle anne ve babadan alınan kopyalar büyük ihtimalle birbirini tamamlayacak, uygunluğu iyileştirecektir. Ama melezlenmenin kuvveti ancak buraya kadar gelebilir. Farklı türler arasındaki döllenmeler, büyük ihtimalle yaşayamayacak ya da kısır yavrular ortaya çıkaracaktır. Bu melezlenme arızasıdır. Yakından ilişkili türler arasındaki cinsel engeller, ders kitaplarının bizi inandır-maya çalıştığından çok daha geçirgendir, yaban ortamda davranışsal gerekçelerle birbirlerini görmezden gelmeyi tercih eden türler, esaret altında genellikle başarıyla eşleşirler. Geleneksel tür tanımı (nüfuslar arası döllenmelerde doğurgan yavrular ortaya çıkaramamak), birbiriyle yakından ilişkili birçok tür için geçerli değildir. Yine de zaman içinde nüfuslar farklılaştığından, aralarında üreme bariyerleri oluşur, nihayetinde bu tür döllemeler gerçekten de doğurgan yavrular üretmeyi başaramaz. Bu bariyerlerin, Ron Burton'ın kopepodlarında olduğu gibi, uzun süreler boyunca üreme açısından yalıtılmış türlerin nüfusları arasındaki döllenmelerde kendilerini göstermeleri gerekir. Benzer uyumsuzluklar daha genel olarak türlerin kökeninde melezlenme arızasına neden olmuş olabilir mi?

Korkarım öyle olmuştur. Bu elbette ki birçok mekanizmadan sadece biridir ama sineklerden tutun eşekarılarına, buğdaydan mayaya hatta farelere kadar, birçok türde "mito-çekirdeksel" arızanın başka örnekleri kayda geçmiştir. Bu mekanizmanın iki genomun düzgünce birlikte çalışması *zorunluluğundan* kay-naklanması, ökaryotlarda bunu kaçınılmaz olarak türleşmenin izlediği anlamına gelir. Böyleyken bile, bu durumun etkileri kimi zaman diğerlerinden daha belir-gindir. Bunun nedeni, açıktır ki mitokondriyal genlerin değişim hızıyla ilgilidir. Kopepodlar örneğinde, mitokondriyal genler çekirdekteki genlerden 50 kat daha hızlı evrilir. Ne var ki, meyve sineği *Drosophila* örneğinde, mitokondriyal genler çok daha yavaş, çekirdekteki genlerin evrilme hızının iki katı bir hızla evrilir. Bu doğrultuda, mitokondriyal arıza kopepodlarda meyve sineklerinde olduğundan çok daha ciddidir. Hızlı değişim hızı, belli bir süre zarfında dizilimde daha fazla farklılık meydana gelmesi anlamına gelir, bu nedenle, farklı nüfuslar arasındaki döllenmelerde genomlar arasında uyumsuzluklar ortaya çıkması ihtimali de artar.

Hayvanların mitokondriyal genlerinin çekirdeksel genlerinden daha hızlı evrilmesinin kesin nedeni bilinmiyor. Mitokondriyal genetiğin ilham verici öncüsü Doug Wallace, mitokondrilerin uyarlanmanın ön cephesinde olduğunu savunur. Mitokondriyal genlerdeki hızlı değişimler, hayvanların beslenme düzeni ve iklimdeki değişimlere hızlı bir biçimde uyum göstermesini sağlar, bunlar daha yavaş ilerleyen morfolojik uyarlanmalardan önce gelen ilk adımlardır. Henüz lehinde ya da aleyhinde pek az iyi kanıt olsa da, ben bu fikri beğeniyorum. Ama eğer Wallace haklıysa, bu durumda mitokondriyal dizilimde, seçilimin etkili olabileceği yeni varyasyonların sürekli ortaya çıkmasıyla uyarlanma iyileşebilir. Yeni doğal ortamlara uyarlanmaları kolaylaştırma açısından bir ilk olan bu değişiklikler, türleşmenin habercileri arasında yer alır. Bu da, ilk olarak evrim biyolojisinin kurucu babalarından biri olan eşsiz J.B.S. Haldane'in ortaya koyduğu, ilginç ve eski bir biyoloji kuralına tekabül eder. Bu kuralın yeni bir yorumu, mito-çekirdeksel eş uyarlanmanın türlerin kökeninde, hatta bizim sağlığımızda gerçekten de önemli bir rol oynamış olduğunu ileri sürer.

## Cinsiyet Kararlılığı ve Haldane Kuralı

J.B.S. Haldane unutulmaz açıklamalarda bulunmaya yatkındı, 1922'de şu dikkat çekici açıklamayı yapmıştı:

> İki farklı hayvan ırkının yavrularında cinsiyetlerden biri eksikse, enderse ya da kısırsa, bu cinsiyet heterozigoz [heterogametik] cinsiyettir.

"Erkek" demiş olsa daha kolay olurdu ama o zaman o kadar kapsayıcı olmazdı. Memelilerde erkek heterozigoz ya da heterogametiktir, bu da erkeğin iki farklı cinsiyet kromozomu olduğu anlamına gelir, bir X ve bir Y kromozomu. Dişi memelilerde iki tane X kromozomu vardır, bu nedenle cinsiyet kromozomları açısından dişiler homozigozdur (homogametiktir). Kuşlar ve bazı böceklerde işler bunun tam tersidir. Bunlarda bir W ve bir Z kromozomuna sahip dişiler heterogametik, iki tane Z kromozomu olan erkekler homogametiktir. Birbiriyle yakından ilişkili iki türden bir erkek ile bir dişi arasında bir döllenme olduğunu, sonuçta yaşayabilir yavrular doğduğunu düşünün. Ama şimdi yavrulara daha dikkatli bakalım: Hepsi de erkektir ya da hepsi de dişidir; ya da iki cinsiyetten de yavrular varsa, bu cinsiyetlerden biri ya kısırdır ya da başka bir biçimde sakatlanmıştır. Haldane kuralı, bu cinsiyetin memelilerde erkek, kuşlarda dişi olacağını söyler. 1922'den beri toplanan örnekler kataloğu etkileyicidir: Biyoloji gibi istisnalarla karışmış bir konuda, şaşırtıcı derecede az birkaç istisna dışında, birçok kolda yüzlerce örnek bu kuralı doğrular.

Haldane kuralına akla yatkın çeşitli açıklamalar getirilmiştir ama bunların hiçbiri bütün örnekleri açıklayamaz, bu nedenle hiçbiri entelektüel açıdan bütünüyle doyurucu değildir. Örneğin cinsel seçilim, dişilerin dikkatini çekmek için kendi aralarında rekabet etmeleri gereken erkeklerde daha güçlüdür (teknik açıdan üreme başarısında erkekler ile dişiler arasında daha büyük bir varyasyon vardır, bu da erkeklerin cinsel özelliklerini seçilim açısından daha görünür kılar). Bu da farklı nüfuslar arasında gerçekleştirilen bir döllenmede erkekleri melezlenme arızasına daha açık hale getirir. Sorun, bu açıklamanın, erkek kuşların melezlenme arızasına neden dişiler kadar açık olmadığını açıklayamamasıdır.

Bir başka zorluk da, Haldane kuralının muhtemelen salt cinsiyet kromozomlarının ötesine geçmesidir, evrim daha geniş kapsamlı düşünüldüğünde, böyle bir bakış darmış gibi görünür. Birçok sürüngen ve amfibinin cinsiyet kromozomu yoktur, cinsiyetler ısıya dayanarak belirlenir, daha yüksek ısıda kuluçkada kalan yumurtalar erkek olur ya da zaman zaman bunun tersi bir durumla karşılaşılır. Aslında görünürde temel önemde olduğu dikkate alınırsa, cinsiyet belirleme mekanizmaları türler arasında kafa karıştırıcı bir değişkenlik gösterir. Cinsiyet asalaklarca, kromozomların sayısıyla ya da hormonlar, çevredeki tetikleyici unsurlar, stres, nüfus yoğunluğu, hatta mitokondrilerle belirlenebilir. Cinsiyet kromozomlarla belirlenmediğinde bile, iki cinsiyetten birinin nüfuslar arasındaki döllenmelerde daha kötü etkilenme eğiliminde olması, daha derin bir mekanizmanın iş başında olabileceğini düşündürür. Aslına bakılırsa, ayrıntılı cinsiyet belirleme mekanizmalarının bu kadar değişken ama iki cinsiyetin gelişiminin bu kadar tutarlı olması, cinsiyet belirlemenin (erkek ya da kadın gelişimini yürüten sürecin) korunmuş bir temeli olduğunu, farklı genlerin bu süreci sadece süslediğini düşündürür.

Olası temellerden biri metabolik hızdır. Antik Yunanlar bile, erkeklerin aslında kadınlardan daha ateşli olduğunu takdir ediyorlardı, "ateşli erkek" varsayımıdır bu. İnsanlar ve fareler gibi memelilerde iki cinsiyet arasındaki ilk ayrım, büyüme hızıdır: Erkek embriyolar dişilere göre biraz daha hızlı büyür, ana rahmine düştükten sonra birkaç saat içinde bir cetvelle ölçülebilecek bir farktır bu (ama kesinlikle evde denememeniz gerekir). İnsanlarda Y kromozomunda erkeklerin gelişimini belirleyen gen, *SRY* geni, birkaç büyüme etkenini harekete geçirerek büyüme hızını artırır. Bu büyüme etkenleriyle ilgili olarak cinsiyete özel hiçbir şey yoktur: Bu etkenler hem erkeklerde hem dişilerde normalde etkindir, sadece, erkeklerde dişilerde olduğundan daha yüksek bir düzeyde faaliyet gösterirler. Bu büyüme etkenlerinin faaliyetini artıran, büyüme hızını artıran mutasyonlar bir cinsiyet değişimi başlatabilir, bir Y kromozomundan (ya da *SRY* geninden) yoksun dişi embriyolarda erkeklerin gelişimini zorlayabilir. Büyüme etkenlerinin faaliyetini azaltan mutasyonlar aksine tam tersi bir etki gösterebilir, mükemmel işleyen bir Y kromozomuna sahip erkekleri dişilere çevirebilir. Bütün bunlar, en azından memelilerde, büyüme hızının cinsel gelişimin ardındaki gerçek güç olduğunu düşündürür. Genler sadece dizginleri ellerinde tutar, evrim sürecinde yerleri kolayca değişebilir; büyüme hızını belirleyen bir genin yerini aynı büyüme hızını belirleyen farklı bir gen alır.

Erkeklerin daha yüksek bir büyüme hızı gösterdiği fikri, ilginç bir biçimde, timsahlar gibi amfibi ve sürüngenlerde hangi cinsiyetin gelişeceğini sıcaklığın belirlemesine tekabül eder. Bu konumuzla ilgilidir çünkü metabolik hız da kısmen sıcaklığa dayanır. Sınırlar dahilinde bir sürüngenin vücut sıcaklığını (örneğin güneşlenerek) 10 derece artırması metabolik hızını kabaca iki katına çıkarır, bu da daha yüksek bir büyüme hızını korur. Erkeklerin daha yüksek sıcaklıkta gelişmesi (çeşitli ince nedenler yüzünden) her zaman söz konusu olmasa da, cinsiyet ile büyüme hızı arasında ya genlerle ya sıcaklıkla belirlenen bağ, belli bir mekanizmadan daha derin bir biçimde korunur. Öyle görünüyor ki, çeşitli fırsatçı genler ara sıra gelişim denetiminin dizginlerini ele almış, erkekler ya da dişilerin gelişimini başlatan bir gelişim hızı belirlemişlerdir. Tesadüf eseri, erkeklerin Y kromozomunun kaybından korkmalarına gerek olmamasının bir nedeni budur; muhtemelen bu kromozomun işlevini başka bir etken, belki de farklı bir kromozom üzerinde bulunan bir gen üstlenecek, erkeklerin gelişimi için gerekli olan daha yüksek metabolik hızı belirleyecektir. Bu, memelilerde dışarıda bulunan testislerin tuhaf hassasiyetini de açıklayabilir; sıcaklığın doğru ayarlanması, biyolojimizde testis torbalarından daha derine işlemiştir.

Bu fikirlerin benim için çok aydınlatıcı olduğunu söylemeliyim. Cinsiyetin nihayetinde metabolik hızla belirlendiği varsayımı, otuz-kırk yıl önce UCL'de görevli bir meslektaşım olan, hâlâ dikkat çekici derecede faal, 90 yaşında bile önemli makaleler yayımlayan Ursula Mittwoch tarafından ileri sürülmüştü. Mittwoch'un makaleleri gerektiği kadar iyi tanınmaz, bunun nedeni muhtemelen büyüme hızı, embriyo büyüklüğü, gonadal DNA ve protein içeriği gibi "basit" parametrelerin ölçümünün, moleküler biyoloji ve gen dizilimi çağında eski moda görünmesidir. Artık yeni bir epigenetik (gen ifadelerini hangi etkenler kontrol eder?) çağına girdiğimizden Mittwoch'un fikirleri daha fazla yankı bulmaktadır, umarım biyoloji tarihinde hak ettikleri yeri alacaklardır.[3]

Peki bütün bunların Haldane kuralıyla ne ilgisi var? Kısırlık ya da hayatta kalabilir olmamak bir işlev kaybını ifade eder. Organ ya da organizma bir eşiğin ötesinde başarısızlığa uğrar. İşlev sınırları iki basit ölçüte dayanır: işi tamamlamak için gereken metabolik talepler (sperm ya da her ne gerekliyse ondan üretmek) ve mevcut metabolik güç... Mevcut güç gerekenden daha azsa, organ ya da organizma ölür. Gen ağlarının incelikli dünyasında, bunlar saçma denecek kadar körelmiş kriterlermiş gibi görünebilir ama yine de bu nedenle önemlidirler. Kafanıza naylon bir torba geçirirseniz, ihtiyaçlarınızla ilişkili olarak metabolik gücünüzü kesersiniz. Bir dakikadan kısa bir süre içinde, en azından beyinde işlevler durur. Beyniniz ve kalbinizin metabolik gereksinimleri yüksektir, ilk bunlar ölecektir. Deriniz ya da bağırsaklarınızdaki hücreler daha uzun süre dayanabilir, onların gereksinimleri daha azdır. Geri kalan oksijen onların düşük metabolik ihtiyaçlarını saatlerce, hatta belki de günlerce karşılamaya yeterli olacaktır. Bizi oluşturan hücrelerin penceresinden bakıldığında, ölüm ya hep ya hiç gibi bir şey değildir, bir süreklilıktir. Bir hücreler topluluğuyuz ve bu hücrelerin hepsi de bir anda ölüp gitmez. Genellikle, talepleri en fazla olanlar, bunları karşılamakta ilk başarısızlığa uğrayanlar olur.

Sorun, mitokondriyal hastalıklarda da tam anlamıyla budur. Bu hastalıkların çoğu nöromüsküler bozulmayı içerir; beyin ve iskelet kasları, özellikle de metabolik hızı en yüksek dokular etkilenir. Görme duyusu özellikle hassastır: Retina ve optik sinirlerdeki hücreler, vücudun en yüksek metabolik hıza sahip hücreleridir; Leber kalıtsal optik nöropatisi gibi mitokondriyal hastalıklar optik sinirleri etkiler, körlüğe neden olur. Mitokondriyal hastalıklar hakkında genellemeler yapmak zordur, bu hastalıkların ağırlığı birçok etkene (mutasyon tipi, mutantların sayısı ve dokular arasında ayrılmaları) dayanır. Ama bunları bir kenara bırakırsak gerçek şudur ki, mitokondriyal hastalıklar çoğunlukla metabolik talepleri en yüksek olan dokuları etkiler.

İki hücrede mitokondrilerin aynı sayıda ve aynı tipte olduğunu düşünelim, ATP üretecek eşleşme kapasitesine sahip olacaklardır. Bu iki hücreye dayatılan metabolik talepler farklıysa, sonuç farklı olacaktır (RESİM 33). Diyelim ki, birinci hücrenin metabolik talepleri azdır: Hücre bunları rahatça karşılamakta, yeterli miktardan daha fazla ATP üretmekte ve bunu görevi her neyse ona harcamaktadır. Şimdi bir de ikinci hücre üzerindeki taleplerin daha fazla olduğunu, azami düzeyde ATP üretme kapasitesini aştığını düşünelim. Bu hücre talepleri karşılamakta sıkıntı çeker, bütün fizyolojisi bu yüksek üretimi gerçekleştirmeye ayarlanır. Elektronlar solunum zincirlerine akar ama kapasiteleri düşüktür: Elektronlar ayrılabileceklerinden çok daha hızlı bir biçimde solunum zincirine girer. Redoks merkezleri son derece indirgenmiştir, oksijenle tepkimeye girerek serbest radikaller üretir. Bu serbest radikaller çevredeki zar lipidlerini oksitler, sitokrom c salar. Zar potansiyeli düşer. Hücre apoptosisle ölür. Bir doku ortamında gerçekleşse bile, bu yine de bir

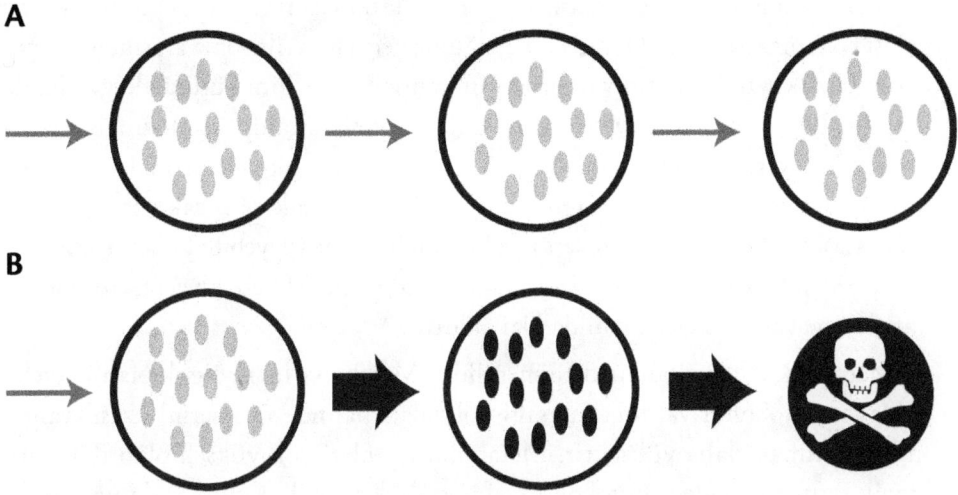

**RESİM 33** Kader, talebi karşılama yetisine dayanır

Farklı talepleri karşılayan, eşdeğer mitokondriyal kapasiteye sahip iki hücre. (A)'da talep orta düzeydedir (oklarla gösterilmiştir); mitokondriler son derece indirgenmiş bir hal almaksızın bu talebi rahatça karşılayabilir (açık gri renklendirmeyle gösterilmiştir). (B)'de baştaki talep orta hallidir ama sonra çok daha yüksek bir düzeye tırmanır. Mitokondrilere elektron girdisi gerektiği kadar artar ama kapasiteleri yetersizdir ve solunum kompleksleri son derece indirgenmiş bir hal alır (koyu renkli gölgeleme). Kapasite hızla artırılmazsa, sonuç apoptosisle hücrenin ölmesi olur (**RESİM 32**'de gösterildiği üzere).

tür işlevsel seçilimdir, zira metabolik taleplerini karşılayamayan hücreler bertaraf edilir, geriye bu talepleri karşılayabilenler kalır.

Elbette ki, iyi çalışmayan hücrelerin ortadan kaldırılması, genel doku işlevini, ancak yerlerini kök hücre nüfusundan yeni hücreler alıyorsa iyileştirir. Nöronlar ve kas hücreleriyle ilgili başlıca sorunlardan biri, yerlerini yeni hücrelerin almamasıdır. Bir nöronun yerini nasıl yeni bir nöron alabilir? Yaşam deneyimimiz sinaptik ağlara yazılıdır, her nöron 10.000 farklı sinaps oluşturur. Nöron apoptosisle ölürse bu sinaptik bağlantılar ebediyen kaybolur, onlarla birlikte onlara yazılı bütün deneyim ve kişilik de gider. Bu nöronun yerine yenisi konulamaz. Aslında, açıkça o kadar zorunlu olmasa da, ölümcül biçimde farklılaşmış hiçbir dokunun yerine yenisi konamaz; önceki bölümde tartıştığımız germ hattı ile soma arasındaki derin ayrım olmaksızın bunların varoluşları imkansızdır. Seçilim bütünüyle yavrularla ilgilidir. Büyük ve yerine yenisi konulamaz beyinlere sahip organizmalar yavru bırakırlarsa, yerine yenisi konulabilir küçük beyinlere sahip organizmalardan daha fazla yaşayabilir nüfusları artabilir, çoğalabilirler. Ancak ve ancak germ hattı ile soma arasında böyle bir ayrım varsa seçilim bu biçimde işleyebilir ama böyle işlediğinde beden harcanabilir bir hal alır. Ömür sonlu olur. Metabolik gereksinimlerini karşılayamayan hücreler sonunda bizi öldürür.

Metabolik hız işte bu yüzden önemlidir. Metabolik hızı yüksek olan hücrelerin, aynı mitokondriyal üretime sahip olmaları halinde taleplerini karşılayamamaları ihtimali daha yüksektir. Metabolik talepleri çok yüksek olan dokuları, büyük ihtimalle, sadece mitokondriyal hastalıklar değil, normal yaşlanma süreci ve yaşla ilgili hastalıklar da etkileyecektir. Dönüp dolaşıp aynı konuya geliyoruz: Metabolik talepleri en yüksek olan cinsiyet. Erkeklerin metabolik hızı dişilerden daha yüksektir (en azından memelilerde). Mitokondrilerde genetik bir kusur varsa, bu kusur metabolik hızın daha yüksek olduğu cinsiyette, erkekte büyük ölçüde maskelenecektir. Aynı mitokondriyal hastalıklar erkeklerde kadınlarda olduğundan daha yaygındır aslında; örneğin Leber kalıtsal optik nöropatisi erkeklerde beş kat daha yaygındır, güçlü bir mitokondriyal bileşeni olan Parkinson hastalığı iki kat daha sık görülür. Erkekler mito-çekirdeksel uyumsuzluklardan daha ciddi biçimde etkileniyor olsa gerek. Bu gibi uyumsuzluklar üreme açısından yalıtılmış nüfuslar arasında gerçekleştirilen döllemelerle ortaya çıkıyorsa, sonucun melezlenme arızası olması gerekir. Dolayısıyla, melezlenme arızası en fazla, metabolik hızı en yüksek cinsiyette belirgindir ve o cinsiyette de metabolik hızı en yüksek dokular arasında yaygındır. Yine, bütün bunlar karmaşık yaşamın tamamında iki genom gerekliliğinin öngörülebilir bir sonucudur.

Bu değerlendirmeler Haldane kuralının basit ve güzel bir açıklamasını sunar: Metabolik hızı en yüksek cinsiyet büyük ihtimalle kısır ya da yaşayamaz olacaktır. Ama bu doğru mudur, hatta önemli midir? Bir fikir doğru ama önemsiz olabilir, bunların hiçbiri de Haldane kuralının diğer nedenleriyle uyumlu değildir. Metabolik hızın tek gerekçe olduğunu söylememizi gerektirecek bir şey yoktur, peki ama katkıda bulunan önemli bir etken midir? Öyle olduğu kanısındayım. Örneğin, sıcaklığın melezlenme arızasını ağırlaştırdığı gayet iyi bilinir. Un böceği *Tribolum castaneum* kendisiyle yakından ilişkili bir tür olan *Tribolum freeman* ile eşleştirildiğinde, melez yavrular normal büyüme sıcaklıkları olan 29 derecede sağlıklıdırlar ama 34 derecede büyütülürlerse (bu örnekte) dişilerin bacakları ve antenlerinde kusurlar ortaya çıkar. Sıcaklığa bu tür bir duyarlılık yaygındır, sıklıkla cinsiyete özgü kısırlığa yol açar, en kolay biçimde anlamanın yolu da metabolik hız açısından değerlendirmektir. Belli bir talep eşiğinin üstünde, belli dokular bozulmaya başlayacaktır.

Bu belli dokular, özellikle erkeklerde, sperm üretiminin ömür boyunca sürdüğü cinsiyet organlarını içerir. Çarpıcı bir örneğe bitkilerde rastlanır, sitoplazmik eril kısırlığı diye bilinir. Çiçek açan çoğu bitki hermafrodittir ama bunların büyük bir bölümünde eril kısırlığı gözlenir, bu nedenle bu bitkilerin iki "cinsiyeti" vardır: hermafroditler ve (eril-kısırlaştırılmış) dişiler. Bu bozukluk mitokondrilerden kaynaklanır, genellikle de bencil çatışmayla açıklanır.[4] Ama moleküler veriler, eril kısırlığının basitçe metabolik hızı yansıtabileceğini düşündürür. Oxford'da çalışan bitki bilimci Chris Leaver, ayçiçeklerinde gözlenen sitoplazmik eril kısırlığının mitokondrilerde ATP sentaz enziminin tek bir altbirimini şifreleyen bir genden kaynaklandığını göstermiştir. Bu örnekte sorunun ardında bir yeniden birleştirme hatası vardır, bu hata ATP sentaz enzimlerinin nispeten küçük bir bölümünü (önemlidir, hepsini değil) etkiler. Bu da ATP sentezinin azami hızını düşürür. Çoğu dokuda bu mutasyonun etkileri fark edilemez düzeydedir; sadece erkek cinsiyet organları, anterler bozulur. Bozulurlar çünkü onları oluşturan hücreler apoptosisle ölür, tıpkı bizde olduğu gibi mitokondrilerinden sitokrom c salınır. Görünüşe bakılırsa, ayçiçeklerinde anterler metabolik hızı bozulmayı tetikleyecek kadar yüksek yegane dokudur: Ancak hatalı mitokondriler metabolik taleplerini karşılamayı burada başaramaz. Sonuç erkeklere özgü kısırlık olur.

Meyve sineği *Drosophila*'da da benzer bulgulara rastlanmıştır. Bir hücreden başka bir hücreye çekirdek aktararak, çekirdeksel genomun aşağı yukarı aynı olduğu ama mitokondriyal genlerin farklılaştığı melez hücreler yapmak mümkündür.[5] Bu işin yumurta hücreleriyle yapılması halinde, çekirdek özellikleri itibarıyla genetik olarak aynı ama ilgili türlerin mitokondriyal genlerine sahip embriyonik sinekler ortaya çıkar. Sonuçlar mitokondriyal genlere bağlı olarak çarpıcı bir farklılık gösterir. En iyi örneklerde, yeni doğmuş sineklerde hatalı bir şey yoktur. En kötü döllemelerde, *Drosophila*'da heterogametik tür olan erkekler kısırdır. En ilginç vakalar, sineklerin iyi durumdaymış gibi göründüğü ara vakalardır. Gelgelelim, çeşitli organlardaki genlerin faaliyetleri yakından incelendiğinde, testislerinin sorunlu olduğu görülür. Testisler ve onlara eşlik eden cinsel organlarda bulunan 1.000'den fazla gen, erkek sineklerde yukarı doğru regüle edilmiştir. Tam olarak neler döndüğü pek iyi anlaşılmamıştır ama benim gözümde en basit açıklama, bu organların onlara dayatılan metabolik taleplere aslında ayak uyduramadığıdır. Mitokondrileri çekirdekteki genlerle tam bir uyum içinde değildir. Testislerdeki hücreler yüksek metabolik talepleri nedeniyle fizyolojik olarak baskı altındadır, bu baskı genomun ciddi bir bölümünün işin içine dahil olmasını gerektiren bir cevap ortaya çıkarır. Bitkilerde sitoplazmik eril kısırlığında gözlendiği üzere, sadece erkekler ve sadece metabolik açıdan zor durumdaki cinsiyet organları bu durumdan etkilenir.[6]

Mesele bundan ibaretse kuşlarda neden dişiler etkilenir? Kabaca aynı akıl yürütme geçerlidir ama arada bazı ilginç farklar söz konusudur. Pek az sayıda kuşta, en başta da av kuşlarında dişiler erkeklerden daha büyüktür, bu nedenle de muhtemelen daha hızlı büyür. Ama bu durum genel değildir. Ursula Mittwoch'un ilk çalışmalarında, tavuklarda ilk bir-iki hafta içinde yavaş bir başlangıç yaptıktan sonra yumurtalıkların testislerden daha büyük hale geldiği görülür. Bu örneklerde tahminler, dişi kuşların yaşayamaz olmak yerine kısırlıktan mustarip olacağı çünkü sadece cinsel organlarının hızlı büyüyeceği yönündedir. Ama bu doğru değildir. Haldane kuralının kuşlardaki çoğu örneği, aslında kısırlıktan çok yaşayabilir durumda olmamaya denk düşüyormuş gibi görünmektedir. Bu durum geçen yıla kadar kafamı karıştırıyordu; ama geçen yıl, kuşlarda cinsel seçilim uzmanı Geoff Hill, Haldane kuralının kuşlardaki örnekleriyle ilgili makalesini gönderdi. Hill, kuşlarda solunum proteinlerini şifreleyen az sayıda çekirdeksel genin Z kromozomunda bulunduğunu işaret eder (kuşlarda erkeklerin iki Z kromozomu, dişilerinse sadece bir tane Z, bir tane de W kromozomu bulunduğunu, bu nedenle heterogametik cinsiyet olduklarını hatırlayalım). Peki ama bu neden önemlidir? Z kromozomunun sadece bir kopyasını kalıtımla alan dişi kuşlar, birkaç kritik mitokondriyal genin de sadece bir kopyasını alır ve bunları da babalarından gelir. Anne babayı özenle seçmezse, ondan gelen mitokondri genleri, babadan gelen çekirdek genlerinin tek kopyasıyla uyuşmayabilir. Arıza aniden ve ciddi bir biçimde başgösterebilir.

Hill bu düzenlemenin dişinin omuzlarına, eşini aşırı özen göstererek seçme, aksi takdirde ağır bir ceza ödeme (dişi yavrularını kaybetme) yükü bindirdiğini savunur. Bu durum, erkek kuşların parlak tüylerini ve renklerini açıklayabilir. Hill haklıysa, ayrıntılı tüy desenleri mitokondriyal tipi haber verir: Varsayımlara göre, desendeki keskin sınırlar mitokondriyal DNA tipindeki keskin sınırları yansıtmaktadır. Böylece dişi bu deseni bir uyumluluk kılavuzu olarak kullanabilir. Ama doğru tipteki bir erkek yine de zayıf bir numune olabilir. Hill renklerin canlılığının mitokondriyal işlevi yansıttığını savunur, çünkü çoğu pigment mitokondrilerde sentezlenir. Parlak renkli bir erkek yüksek kalite mitokondriyal genlere sahip olsa gerektir. Şimdilik bu varsayımı destekleyecek kanıt sayısı azdır ama bu varsayım, mito-çekirdeksel eş uyarlanma zorunluluğunun ne kadar derinlere işleyebileceğini hissettirir. Karmaşık yaşamda iki genom olması zorunluluğunun türlerin kökeni, cinsiyetlerin gelişimi ve erkek kuşların canlı renkleri kadar birbirinden ayrı evrimsel muammaları açıklayabilecek olması, insanın aklını başına getiren bir düşüncedir.

İşler daha derine de uzanabilir. Mito-çekirdeksel uyumdaki hataların cezaları olduğu gibi, başarıların, iyi bir uyum sağlamanın da maliyetleri vardır. Aerobik zorunluluklara bağlı olarak, maliyet ve yarar dengesi türler arasında farklılık gösterebilir. Birazdan göreceğimiz üzere, uygunluk ile doğurganlık arasında bir alışveriş söz konusudur.

## Ölüm Eşiği

Uçabildiğinizi düşünün. Gram gram, tam uçuş halindeki bir çitanın, o dikkat çekici güç, aerobik kapasite ve hafiflik bileşiminin sahip olduğu gücün iki katından fazlasına sahipsiniz. Mitokondrileriniz pratikte mükemmel olmasaydı, uçabilme umudunuz asla olmazdı. Uçuş kaslarınızdaki yer rekabetini bir düşünün. Kasların kasılmasını sağlayan şu kayan liflere, miyofibrillere ihtiyacınız olurdu tabii. Bunların ne kadar fazlasını barındırırsanız o kadar güçlü olurdunuz çünkü bir kasın gücü tıpkı bir halat gibi kesit alanına dayanır. Ama bir halatın tersine, kasların kasılması enerjisini ATP'den almalıdır. Kasların bir dakikadan fazla kasılması ATP sentezinin yerinde yapılmasını gerektirir, bu da orada, kaslarınızda mitokondrilere ihtiyacınız olduğu anlamına gelir. Mitokondriler daha fazla miyofibrilin kapsayabileceği yeri kapsar. Mitokondrilerin oksijene de ihtiyacı vardır. Bu da oksijen dağıtmak ve atıkları çıkarmak için kılcal damarlara ihtiyaç olduğu anlamına gelir. Aerobik kastaki uygun yer dağılımı üçte bir miyofibril, üçte bir mitokondri, üçte bir kılcal damar şeklindedir. Bizde, çitalarda ve bütün omurgalılarda, açık arayla en hızlı metabolik hıza sahip olan sinekkuşlarında bu durum geçerlidir. Alt sınır, daha fazla mitokondriye sahip olarak daha fazla güç sahibi olamayacağımız noktadır.

Bütün bunlar, kuşların uzun süre havada kalmaya yetecek kadar enerji üretebilmelerinin yegane yolunun, bir saniyede birim yüzey alanı başına "normal" mitokondrilerden çok daha fazla ATP üretme becerisine sahip "süper yüklü" mitokondrilere sahip olmasından geçtiği anlamına gelir. Besinlerden oksijene elektron akışı hızlı olmalıdır. Bu da yüksek metabolik hızı korumak için hızlı proton pompalamanın ve hızlı ATP sentezinin gerekli olduğu anlamına gelir. Seçilim her adımda işlemeli, her solunum proteinin azami işleyiş hızını artırmalıdır. Bu hızları ölçebiliriz, kuşların mitokondrilerindeki enzimlerin gerçekten de memelilerdekilerden daha hızlı işlediğini biliyoruz. Ama daha önce görmüş olduğumuz gibi, solunum proteinleri, iki farklı genomun şifrelediği altbirimlerden oluşan mozaiklerdir. Hızlı elektron akışı iki genomun birlikte iyi işlemesi, mito-çekirdeksel eş uyarlanma için gerekli güçlü seçilimi sağlar. Aerobik zorunluluklar ne kadar fazla olursa, eş uyarlanmadan yana bu seçilimin de o kadar güçlü olması gerekir. Genomları birlikte iyi işlemeyen hücreler apoptosisle ortadan kaldırılır. Böyle bir seçilimin gerçekleşebileceği en akla yatkın yer, daha önce görmüş olduğumuz üzere, embriyonik gelişim evresidir. Hissiz, kuramsal bir bakış açısına göre, embriyonun genomları uyumsuzsa, uçuşu sürdürebilecek kadar uyumlu bir çalışma içinde değillerse, embriyonik gelişimi çok erken bir evrede durdurmak daha anlamlıdır.

Peki uyumsuz ne kadar uyumsuzdur, kötü ne kadar kötüdür? Muhtemelen bir tür eşik, apoptosisin tetiklendiği bir nokta olması gerekir. Bu eşiğin üstünde, mozaik solunum zincirinden elektron akışının hızı yeterince iyi değildir, işi yapmak için yeterli değildir. Tek tek hücreler, ve buna bağlı olarak embriyonun tamamı, apoptosis nedeniyle ölür. Tersine, eşiğin altında, elektron akışı yeteri kadar hızlıdır. Eğer böyleyse, iki genom birlikte iyi çalışmalıdır. Tek tek hücreler, ve buna bağlı olarak embriyonun tamamı, kendilerini öldürmez. Onun yerine gelişim devam eder, hepsi de iyi olunca sağlıklı bir yavru kuş doğar, mitokondrileri "önceden sınanmış," amaca uygun damgası almıştır.[7] Önemli olan nokta, bu "amaca uygunluk"un amaçla birlikte farklılık göstermesi gerektiğidir. Amaç uçmaksa, bu durumda genomların aşağı yukarı mükemmel bir biçimde birbirine uyum sağlaması gerekir. Yüksek aerobik kapasitenin bedeli, düşük doğurganlıktır. Daha düşük bir amaçla hayatta kalmış olabilecek daha fazla sayıda embriyonun mükemmellik altarında kurban edilmesi gerekir. Bunun sonuçlarını mitokondriyal gen dizilimlerinde dahi görebiliriz. Mitokondriyal gen dizilimlerinin kuşlardaki değişim hızı (kuşlarınkiyle aynı sorunla karşı karşıya olan yarasalar hariç), çoğu memelide olduğundan daha düşüktür. Aynı kısıtlamalarla karşı karşıya kalmayan uçamayan kuşlarda değişim hızı daha yüksektir. Çoğu kuşta değişim hızının düşük olmasının nedeni, uçuş amaçlı mitokondriyal dizilimlerini çoktan mükemmelleştirmiş olmalarıdır. Bu ideal dizilimde meydana gelecek değişiklikler kolayca tolere edilmez, bu nedenle genellikle seçilimle bertaraf edilir. Değişikliklerin çoğu bertaraf edilirse, geride kalan nispeten değişmez olur.

Peki ya daha düşük bir amacı benimsersek? Diyelim ki ben bir fareyim (oğlumun okulda öğrendiği şarkıda dediği gibi, "bundan kaçış yok") ve uçmaya hiç de ilgi duymuyorum. Doğacak yavrularımın çoğunu mükemmellik altarında feda etmem aptallık olurdu. Apoptosisi (işlevsel seçilimi) tetikleyen şeyin serbest radikal sızıntısı olduğunu görmüştük. Solunumda ağırkanlı bir elektron akışı, mitokondriyal ve çekirdeksel genomlar arasında zayıf bir uyumsuzluğun işaretidir. Solunum zincirleri son derece indirgenmiş bir hal alır ve serbest radikaller sızdırır. Sitokrom c salınır ve zar potansiyeli düşer. Bir kuş olsaydım, bu bileşim apoptosisi tetiklerdi. Yavrularım embriyo halindeyken tekrar tekrar ölüp giderdi. Ama ben bir fareyim ve bunu da istemiyorum. Peki ya yavrularımın öleceğini haber veren serbest radikal sızıntısını biyokimyasal bir el sürçmesiyle "görmezden gelirsem" ne olur? Ölüm eşiğini yükseltmiş olurum, yani apoptosisi tetiklemeksizin daha fazla serbest radikal sızıntısını tolere edebilirim. Ölçülemez bir yarar kazanmış olurum: Yavrularımın çoğu embriyonik gelişim evresinden sağ çıkar. Ben daha doğurgan olurum. Peki doğurganlığımın artmasına karşılık nasıl bir bedel öderim?

Şurası kesin ki hiç uçamam. Daha genel olarak bakıldığında da aerobik kapasitem sınırlı olur. Yavrularımın mitokondriyal ve çekirdeksel genler arasında en iyi uyumu yakalama şansı çok uzak olur. Bu da bizi doğruca bir başka maliyet-yarar eşleşmesine getirir: uyarlanmaya karşılık hastalık… Doug Wallace'ın, hayvanlardaki mitokondriyal genlerin hızlı evriminin farklı beslenme biçimleri ve iklimlere uyarlanmayı kolaylaştırdığı yönündeki varsayımını hatırlayalım. Bunun gerçekte nasıl işlediğini ya da işleyip işlemediğini aslında bilmiyoruz. İlk uyarlanma hattı beslenme biçimi ve vücut sıcaklığıyla ilgilidir (temel meseleler doğru oturmazsa fazla uzun süre hayatta kalamayız) ve mitokondriler de her ikisi açısından kesinlikle merkezi önemdedir. Mitokondrilerin performansı büyük ölçüde DNA'larına bağlıdır. Farklı DNA dizilimleri, farklı performans düzeylerini destekler. Bazı dizilimler, daha serin ortamlarda, daha sıcak ya da daha nemli ortamlara ya da yağlı bir öğünün yakılması koşullarına nazaran daha iyi işleyecektir vs.

İnsan nüfuslarında farklı mitokondriyal DNA tiplerinin rastgele olmayan coğrafi dağılımının belli ortamlarda seçilimin gerçekten varolabileceğini gösterdiği yönünde ipuçları mevcuttur ama bunlar ipucu olmaktan pek de öteye geçemez. Ne var ki, biraz önce belirtmiş olduğumuz üzere, kuşların mitokondriyal DNA'sında hiç kuşkusuz daha az varyasyon gözlenir. Uçuş için gerekli en uygun dizilimdeki çoğu değişikliğin seçilimle elenmiş olması, daha az çeşitlilik gösteren mitokondriyal DNA'nın geride kaldığı anlamına gelir; bu nedenle seçilimin, soğuk ortamlarda ya da yağlı bir beslenme biçimiyle özellikle iyi olacak mitokondriyal bir varyasyonu seçme olanağı daha azdır. Bu açıdan, kuşların doğa koşullarındaki mevsimlik değişikliklere maruz kalmak yerine sıklıkla göç etmeleri ilginçtir. Mitokondrileri, oldukları yerde kalsalar karşı karşıya kalacakları daha sert doğa koşullarında işlemek yerine, göç etmeyi desteklemeye daha yatkın olabilir mi? Oysa tersine farelerde daha büyük bir çeşitlilik gözlenir, ilk ilkelerden hareketle, bu durum onlara daha iyi uyum sağlamaları için gerekli hammaddeyi kazandırıyor olsa gerektir. Gerçekten de böyle midir? Doğrusunu söylemek gerekirse, bilmiyorum; ama fareler şartlara gayet uyumlu hayvanlardır. Bundan kaçış yoktur.

Ama, elbette ki, mitokondriyal varyasyonun bir bedeli vardır, o da hastalıktır. Bir noktaya dek, germ hattında seçilimle hastalıklardan kaçınılabilir; mitokondriyal mutasyonların gözlendiği yumurta hücreleri, olgunlaşmaya fırsat bulamadan bertaraf edilir. Bu tür bir seçilim olduğuna ilişkin bazı kanıtlar mevcuttur; ağır mitokondriyal mutasyonlar birkaç kuşak içinde bertaraf edilme eğilimi gösterir, o kadar ciddi olmayan mutasyonlarsa, fareler ve sıçanlarda neredeyse sonsuza dek varlığını sürdürür. Ama bu sözümü bir daha düşünün: Birkaç kuşak! Seçilim burada epeyce zayıftır. Ciddi bir mitokondriyal hastalıkla doğmuşsanız, sahip olacak kadar şanslıysanız eğer, torunlarınızın hastalıklarla uğraşmayacağını düşünmek pek küçük bir teselli olabilir. Seçilim germ hattındaki mitokondriyal mutasyonlar aleyhine işlese de, bu durum mitokondriyal hastalıklara karşı bir garanti değildir. Olgunlaşmamış yumurta hücrelerinin yerleşik bir çekirdeksel ortamı yoktur. Yıllarca arafta, mayoz sırasında yarı yolda kalmalarının yanı sıra, babanın genlerinin de ortama eklenmesi gerekir. Mito-çekirdeksel eş uyarlanma yönündeki seçilim, ancak olgun yumurta hücresinin sperm tarafından döllenmesi, yeni, genetik olarak eşsiz bir çekirdeğin ortaya çıkması sonrasında gerçekleşebilir. Melezlenme arızasına mitokondriyal mutasyonlar değil, çekirdeksel ve mitokondriyal genler arasında başgösteren, başka bir bağlamda hepsi de son derece işlevsel olan uyumsuzluklar neden olur. Mito-çekirdeksel uyumsuzluklar aleyhine işleyen güçlü seçilimin kısırlık olasılığını mutlaka artırdığını görmüştük. Kısır olmak istemiyorsak bedelini, daha büyük bir hastalık riskini kabul etmemiz gerekir. Kısırlık ile hastalık arasındaki bu denklem, yine iki genom gerekliliğinin öngörülebilir bir sonucudur.

Bu nedenle varsayımsal bir ölüm eşiği söz konusudur (RESİM 34). Bu eşiğin üstünde hücre ve bu nedenle organizmanın tamamı apoptosis nedeniyle ölür. Eşiğin altında hücre ve organizma hayatta kalır. Bu eşiğin, yüksek aerobik gerekliliklere sahip yarasalar, kuşlar ve başka yaratıklar açısından düşük tutulması gerekir, (mitokondriyal ve çekirdeksel genomlar arasında hafif uyumsuzlukların gözlendiği) ılımlı düzeyde işlevsiz mitokondrilerden orta düzeyde serbest radikal sızıntısı bile *apoptosis*i ve embriyonun ölümünü haber verir. Aerobik gereksinimleri düşük olan fareler, tembel hayvanlar ve oturduğu yerden kalkmak bilmeyenlerde eşik yüksektir:

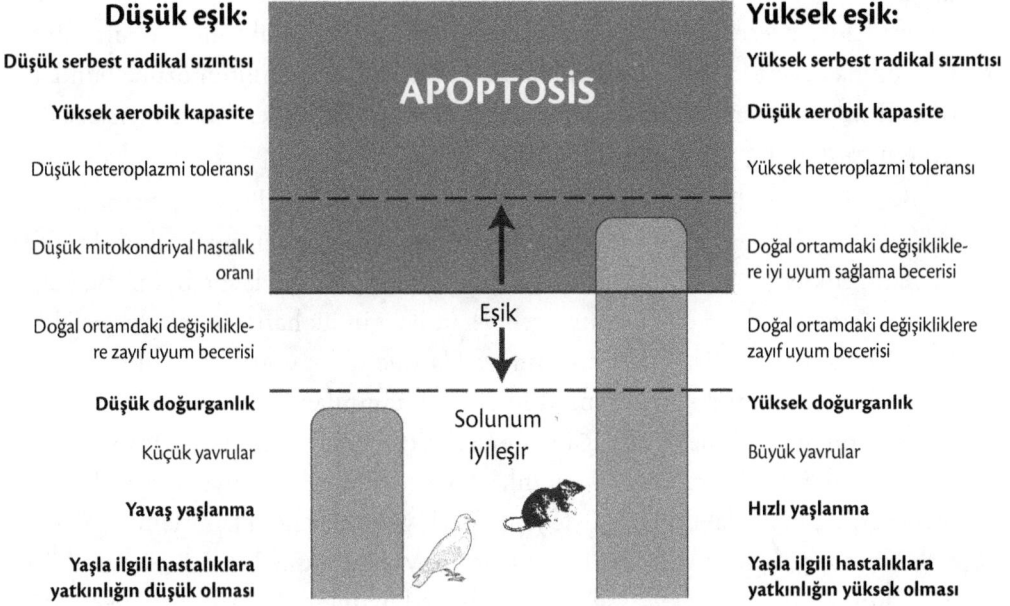

**Düşük eşik:**

Düşük serbest radikal sızıntısı

Yüksek aerobik kapasite

Düşük heteroplazmi toleransı

Düşük mitokondriyal hastalık oranı

Doğal ortamdaki değişikliklere zayıf uyum becerisi

**Düşük doğurganlık**

Küçük yavrular

**Yavaş yaşlanma**

**Yaşla ilgili hastalıklara yatkınlığın düşük olması**

APOPTOSİS

Eşik

Solunum iyileşir

**Yüksek eşik:**

Yüksek serbest radikal sızıntısı

Düşük aerobik kapasite

Yüksek heteroplazmi toleransı

Doğal ortamdaki değişikliklere iyi uyum sağlama becerisi

Doğal ortamdaki değişikliklere zayıf uyum becerisi

**Yüksek doğurganlık**

Büyük yavrular

**Hızlı yaşlanma**

**Yaşla ilgili hastalıklara yatkınlığın yüksek olması**

**RESİM 34** Ölüm eşiği

Serbest radikal sızıntısının hücre ölümünü (*apoptosis*) tetiklediği eşik, aerobik kapasiteye bağlı olarak türler arasında farklılık göstermelidir. Aerobik talepleri yüksek olan organizmaların, mitokondriyal ve çekirdeksel genomları arasında çok iyi bir eşleşmeye gereksinimleri vardır. İşlevi bozuk solunum zincirinden yüksek oranda serbest radikal sızıntısı zayıf bir eşleşmeyi ele verir (bkz. **RESİM 32**). Çok iyi bir eşleşmeye gerek varsa, düşük oranlı sızıntı eşleşmenin yeterince iyi olmadığını haber verse, (düşük bir eşikte) hücre ölümünü tetiklese bile, hücrelerin serbest radikal sızıntısına daha duyarlı olmaları gerekir. Tersine aerobik talepler azsa, hücrenin ölümünün kazandıracağı bir şey olmayacaktır. Bu tür organizmalar *apoptosis*i tetiklemeksizin (yüksek eşik), yüksek düzeylerde serbest radikal sızıntısını tolere eder. Yüksek ve düşük ölüm eşikleri için tahminler yandaki panellerde gösterilmiştir. Varsayımlara göre güvercinlerin ölüm eşikleri düşüktür, farelerde durum tam tersidir. Her ikisi de aynı beden büyüklüğüne ve temel metabolik hıza sahiptir ama güvercinlerde serbest radikal sızıntısı çok daha düşük orandadır. Bu tahminlerin doğruluğu bilinmiyor olsa da, farelerin sadece 3-4 yıl yaşayıp güvercinlerin 30 yıl yaşayabilmesi çarpıcı bir olgudur.

Orta düzeyde bir serbest radikal sızıntısı tolere edilir, işlevsiz mitokondriler yeterince iyidir, embriyo gelişir. Her iki açıdan da bedeller ve yararlar vardır. Düşük bir eşik yüksek bir aerobik uygunluk ve düşük bir hastalık riski getirir ama bunun bedeli yüksek bir kısırlık ve kötü uyarlanma oranıdır. Yüksek bir eşik düşük bir aerobik kapasite ve daha yüksek bir hastalık riski getirir ama daha fazla doğurganlık ve daha iyi uyarlanma becerisi gibi yararlar sağlar. Bunlar önemli sözcüklerdir: doğurganlık, uyarlanma becerisi, aerobik uygunluk, hastalık… Doğal seçilimin özüne bundan daha fazla yaklaşamayız. Tekrarlıyorum: Bütün bu alışverişler, merhametsizce iki genom zorunluluğundan doğar.

Biraz önce buna varsayımsal bir ölüm eşiği dedim, öyledir. Gerçekten de var mıdır peki? Varsa gerçekten de önemli midir? Kendimizi düşünelim bir: Açıktır ki, hamileliklerin %40'ı "erken okült düşük" diye bilinen şeyle son bulur. Bu bağlamda, "erken" çok erken anlamına gelir; hamileliğin ilk haftaları içinde, genelde hamileliğin ilk açık işaretleri öncesinde. Hamile olduğunuzu hiç bilmezsiniz. "Okült" gizli anlamına gelir, yani klinik olarak tanımlanmamış. Genelde bunun neden olduğunu bilmeyiz. Olağan şüphelilerin hiçbiri, ayrılmayı başaramayan kromozomlar, bir "trimozom" yaratanlar vb. nedenler arasında yer almaz. Sorun biyoenerjiyle ilgili olabilir mi? Şöyle ya da böyle gerçekleştiğini kanıtlamak güçtür ama bu yeni hızlı genom dizilimi belirleme dünyasında bunu belirlemek mümkün olmalıdır. Kısırlığın duygusal sıkıntısı, embriyo büyümesini teşvik eden etkenlerle ilgili biraz sağlıksız araştırmalara onay vermiştir. Hayret verecek kadar hantal bir çare olarak, zor durumdaki bir embriyoya ATP enjekte etmek hayatta kalma süresini uzatabilir. Açıktır ki, biyoenerjiyle ilgili meseleler önemlidir. Aynı nedenle, herhalde bu başarısızlıklar "en iyi içindir." Herhalde *apoptosis*i tetikleyen mito-çekirdeksel uyumsuzlukları olmuştur. Evrimden hareketle herhangi bir ahlaki yargıda bulunmamak en iyisidir. Ben sadece, bu ıstırabı paylaştığım yılları unutmayacağımı (şükürler olsun ki artık son buldu) söyleyebilirim, çoğu insan gibi ben de bunun nedenini bilmek istiyorum. Korkarım erken okült düşüklerin çok sayıda olması mito-çekirdeksel uyumsuzlukları yansıtmaktadır.

Fakat ölüm eşiğinin gerçek ve önemli olduğunu düşünmemizi gerektirecek başka bir gerekçe daha vardır. Ölüm eşiğinin yüksek olmasının son ve dolaylı bir maliyeti daha vardır, o da yaşla ilgili hastalıklara yakalanma yatkınlığının ve yaşlanma hızının artmasıdır. Bu ifade bazı çevreleri küplere bindirecektir. Yüksek bir eşik, *apoptosis*in tetiklenmesi öncesinde serbest radikal sızıntısına yüksek bir tolerans göstermek anlamına gelir. Bu da fareler gibi aerobik kapasitesi düşük olan türlerin daha fazla serbest radikal sızdıracağını ifade eder. Tersine, güvercinler gibi aerobik kapasitesi yüksek türler daha az serbest radikal sızdıracaktır. Bu türleri dikkatle seçtim. Beden kütleleleri ve taban metabolik hızları hemen hemen aynıdır. Sadece buna dayanarak, çoğu biyolog bunların ömür süresinin benzer uzunlukta olması gerektiği tahmininde bulunacaktır. Ne var ki, Madrid'de Gustavo Barja'nın incelikli çalışmasına göre, güvencinler mitokondrilerinden farelere göre daha az serbest radikal sızdırır.[8] Yaşlanmayla ilgili serbest radikal kuramı, yaşlanmaya serbest radikal sızıntısının neden olduğunu savunur: Serbest radikal sızıntısı ne kadar hızlıysa, o kadar hızlı yaşlanırız. Bu kuram kötü bir on yıl geçirmiştir ama bu örnekte açık bir öngörüde bulunur; güvercinlerin farelerden daha uzun yaşaması gerekir. Yaşarlar. Bir farenin ömrü 3-4 yıldır, bir güvercinse yaklaşık 30 yıl yaşar. Bir güvercinin uçan bir fare olmadığı kesindir. Peki o zaman yaşlanmayla ilgili serbest radikal kuramı doğru mudur? Kuramın özgün formülasyonu itibarıyla bu sorunun cevabı kolaydır: Hayır. Ama ben hâlâ kuramın ustaca bir biçiminin doğru olduğu kanısındayım.

## Yaşlanmayla İlgili Serbest Radikal Kuramı

Serbest radikal kuramının kökleri 1950'lerdeki radyasyon biyolojisine uzanır. İyonlaştırıcı radyasyon, suyu ayırarak eşleşmemiş tek elektronlardan oluşan tepkimeye hazır "parçalar" yaratır: Oksijen serbest radikalleridir bunlar. Bazıları, örneğin adı kötüye çıkmış hidroksil radikal ($OH^{\bullet}$) gerçekten de tepkimeye çok hazırdır; diğerleri, örneğin süperoksit radikali ($O_2^{\bullet-}$) onunla karşılaştırıldığında çok usludur. Serbest radikal biyolojisinin öncüleri (Rebeca Gerschman, Denham Harman ve diğerleri) aynı serbest radikallerin, mitokondrilerin derininde, radyasyona hiç gerek kalmaksızın doğrudan oksijenden oluşturulabileceğini fark etmiştir. Serbest radikalleri temelde yıkıcı, proteinlere hasar verme ve DNA'yı mutasyona uğratma becerisine sahip görüyorlardı. Bunların hepsi de doğrudur, serbest radikaller bunu yapabilir. Daha da beteri, bir molekülün ardından diğerinin (genelde zar lipidlerinin) bir elektron yakaladığı uzun bir tepkimeler zinciri başlatabilir, bir hücrenin hassas yapılarını yıkıma uğratabilirler. Kurama göre, serbest radikaller nihayetinde hasarın yükselmesine neden olur. Gözünüzde canlandırın bir: Mitokondriler serbest radikal sızdırır, bunlar yakındaki mitokondriyal DNA da dahil her tür komşu molekülle tepkimeye girer, mitokondriyal DNA'da mutasyonlar birikir; bunların bazıları mitokondriyal DNA'nın işlevini baltalar, çok daha fazla radikal sızdıran solunum proteinleri üretir, daha fazla proteine ve DNA'ya hasar verir ve çok geçmeden bu çürüme çekirdeğe yayılarak bir "hata felaketi"yle zirveye tırmanır. Demografik bir hastalık ve ölüm grafiğine bakarsanız, 60 ile 100 arasındaki on yıllarda ölüm ve hastalıkların görülme sıklığının katlanarak arttığını görürsünüz. Bir hata felaketi fikri (kendi kendisinden beslenen hasar), öyle görünüyor ki, bu grafiğe uygun düşer.

Bütün bu yaşlanma sürecinin ardında oksijenin, yaşamak için ihtiyaç duyduğumuz gazın, olduğu fikri güzel bir katilin ürkütücü büyüleyiciliğini yansıtır.

Serbest radikaller kötüyse antioksidanlar iyidir. Antioksidanlar serbest radikallerin tehlikeli etkilerine müdahale eder, zincirleme tepkimeleri durdurur, böylece hasarın yayılmasını engeller. Serbest radikaller yaşlanmaya neden oluyorsa, antioksidanların yaşlanmayı durdurması, hastalıkların başlamasını ertelemesi, muhtemelen ömrümüzü uzatması gerekir. Linus Pauling başta olmak üzere bazı ünlü bilim insanları, antioksidan mitine yakayı kaptırmış, her gün birkaç kaşık C vitamini almaya başlamıştır. Pauling 92 yaşına kadar yaşadı ama bu, hayatları boyunca içki ve sigara içen insanlar da dahil olmak üzere, normal yaşam süresine denk düşer. Açıktır ki, işler o kadar basit değildir.

Serbest radikaller ve antioksidanlara ilişkin bu siyah-beyaz bakış açısı, kuşe kâğıda basılmış birçok dergide ve sağlıklı besin satan dükkanlarda geçerliliğini hâlâ korur, gerçi alandaki çoğu araştırmacı, bu bakışın yanlış olduğunu uzunca bir süre önce anlamıştır. Benim en sevdiğim alıntı, *Free Radicals in Biology and Medicine* adlı klasik ders kitabının yazarları Barry Halliwell ile John Gutteridge'e aittir: "1990'lara gelindiğinde, antioksidanların yaşlanmaya ve hastalıklara deva olmadığı anlaşılmıştı, bu fikrin işportacılığını sadece marjinal tıp yapar."

Yaşlanmayla ilgili serbest radikal kuramı, çirkin gerçeklerin öldürdüğü şu güzel fikirlerden biridir. Doğrusunu söylemek gerekir ya, gerçekler çirkindir. Orijinal haliyle formüle edildiği biçimiyle kuramın tek bir sütunu bile, deneysel sınamanın incelemesi karşısında ayakta kalamamıştır. Yaşlandıkça mitokondrilerimizden serbest radikal sızıntısında bir artış olacağını gösteren sistematik bir ölçüm yoktur. Mitokondriyal mutasyonların sayısında küçük bir artış gözlenir ama sınırlı doku bölgeleri istisna olmak üzere, bu mutasyonlar genellikle şaşırtıcı derecede düşük seviyede, mitokondriyal hastalıklara neden olduğu bilinen seviyelerin epeyce altında bulunur. Bazı dokularda hasarın biriktiğine ilişkin kanıtlara rastlanır ama bir hata felaketine benzer bir şey görülmez, nedensellik zinciri de sorgulanabilir. Antioksidanların ömrü uzatmadığı ya da hastalıkları önlemediği kesindir. Tam tersine, bu fikir o kadar yaygınlaşmıştır ki, geçen elli-altmış yıl içinde yüzbinlerce hasta klinik denemelere katılmıştır ve bulgular açıktır: Antioksidan besinlerin yüksek dozda alımı ılımlı düzeyde ama sürekli bir risk taşır. Antioksidan ek besinler alırsanız erken ölmeniz ihtimali daha yükselir. Uzun yaşayan hayvanların birçoğunun dokularında antioksidan enzimlerinin düşük düzeyde olduğu, kısa yaşayan hayvanların dokularında bu enzimlerin daha yüksek düzeyde gözlendiği görülmüştür. Tuhaftır, pro-oksidanlar aslında hayvanların ömürlerini uzatabilir. Birlikte düşünülürse, gerontoloji alanının büyük bölümünün bu fikri geride bırakmış olması şaşırtıcı değildir. Bunları önceki kitaplarımda uzun uzadıya tartıştım. Antioksidanların yaşlanmayı yavaşlattığı fikrini, çok önce, 2002'de, *Oxygen* adlı kitabımda bir kenara bırakırken öngörülü olduğumu düşünmek isterdim ama doğrusunu söylemek gerekirse değilmişim. Tehlike belirtileri daha o zamandan mevcuttu. Bu mit iyi niyetli düşünce, para tutkusu ve alternatif eksikliğinin bir bileşimi sayesinde yayıldı.

Peki o zaman neden hâlâ serbest radikal kuramının daha incelikli bir versiyonunun doğru olduğu kanısındayım diye merak edebilirsiniz pekâlâ. Bunun birkaç nedeni var. Orijinal kuramda iki kritik etken eksikti: Sinyal verme ve *apoptosis*. Daha önce belirttiğimiz gibi, serbest radikal sinyalleri *apoptosis* dahil olmak üzere hücre fizyolojisinin merkezinde yer alır. Antonio Enriques ve Madrid'deki meslektaşlarının göstermiş olduğu üzere, serbest radikal sinyallerini antioksidanlarla bloke etmek tehlikelidir ve hücre kültüründe ATP sentezini bastırabilir. Öyle görünüyor ki, serbest radikal sinyalleri, büyük ihtimalle, tek tek mitokondrilerde solunum komplekslerinin sayısını artırarak, böylece solunum kapasitesini artırarak solunumu iyileştirir. Mitokondriler zamanlarının büyük bölümünü birbirleriyle birleşip sonra yeniden birbirlerinden ayrılmakla geçirdiklerinden, daha fazla solunum kompleksi (daha fazla mitokondriyal DNA kopyası) yapmak daha fazla mitokondri yapmak anlamına gelir, bu da mitokondriyal biyojenez diye bilinir.[9] Dolayısıyla, serbest radikal sızıntısı, mitokondrilerin sayısını artırabilir, onlar da kendi aralarında daha fazla ATP yapabilir! Oysa tersine, serbest radikalleri antioksidanlarla bloke etmek mitokondriyal biyojenezi engeller, böylece ATP sentezi Enriquez'in göstermiş olduğu üzere geriler (**RESİM 35**). Antioksidanlar enerji elverişliliğini baltalayabilir.

Ama serbest radikal sızıntısının daha hızlı olmasının, ölüm eşiğinin üzerinde kalmasının *apoptosis*i tetiklediğini görmüştük. Peki bu durumda serbest radikaller solunumu iyileştirirler mi, yoksa hücreleri *apoptosis*le bertaraf mı ederler? Aslında bu durum, kulağa geldiği kadar çelişkili değildir. Serbest radikaller talebe göre solunum kapasitesinin düşük olduğu problemini haber verir. Eğer bu sorun daha fazla solunum kompleksi yaparak, solunum kapasitesini artırarak halledilebilirse o zaman her şey yolunda gider. Eğer bunlar sorunu halletmezse hücre kendisini öldürür, muhtemelen kusurlu olan DNA'sını karışımdan çıkarır. Hasar görmüş hücrenin yerine, (bir kök hücreden) yeni güzel bir hücre alırsa o zaman sorun hallolur, daha doğrusu silinir.

Serbest radikal sinyallerinin solunumu iyileştirmekte oynadığı bu merkezi rol, antioksidanların neden ömrü uzatmadığını açıklar. Antioksidanlar hücre ekiminde solunumu bastırır çünkü bedenin dayattığı normal koruyucular hücre ekiminde bulunmaz. Vücutta, C vitamini gibi antioksidanlar yüksek dozlarda pek özümsenemez,

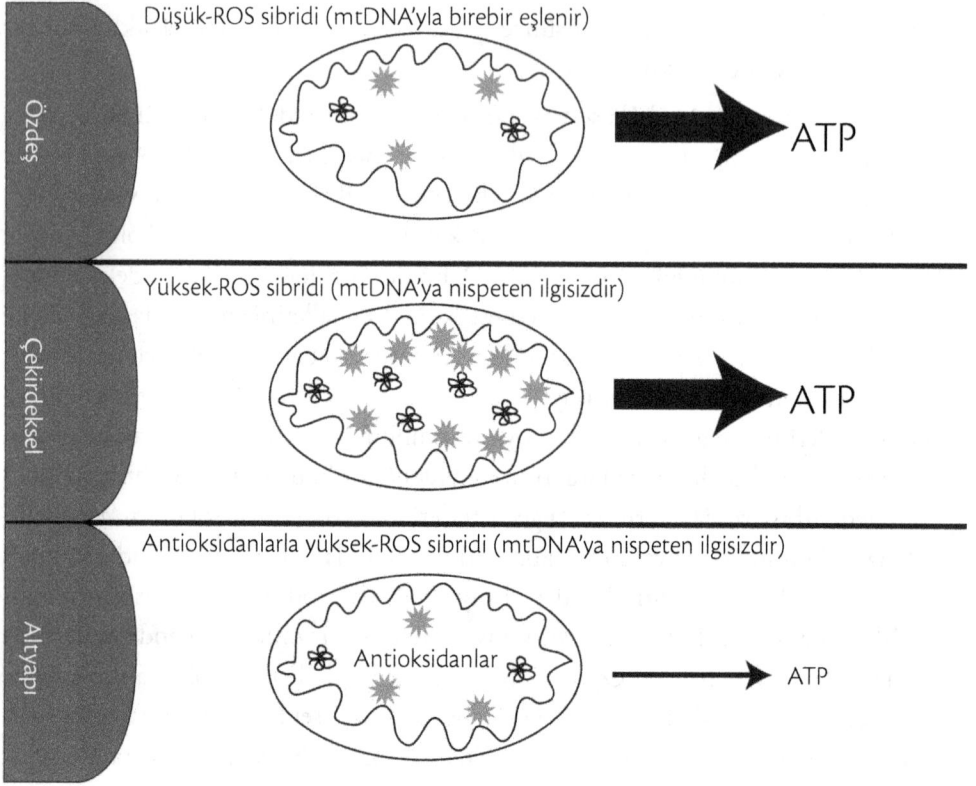

**RESİM 35** Antioksidanlar tehlikeli olabilir

Melez hücrelerin, yani sibridlerin kullanıldığı bir deneyin sonuçları. Her örnekte çekirdekteki genler hemen hemen birbirinin aynısıdır; temel farklılık mitokondriyal DNA'da bulunur. İki tür mitokondriyal DNA vardır: Biri çekirdeksel genler gibi farelerle aynı koldan gelir (yukarıda, "düşük ROS"), diğeri mitokondriyal DNA'sında birkaç farklılık bulunan ilişkili bir koldan (ortada, "yüksek ROS"). ROS, tepkimeye hazır oksijen türlerini (*reactive oxygen species*) ifade eder ve mitokondrilerdeki serbest radikal sızıntısı oranını belirtir. ATP sentezinin hızı büyük oklarla resmedilmiştir, düşük ROS ve yüksek ROS sibridlerde eşdeğerdir. Ne var ki, düşük ROS sibridi bu ATP'yi rahatça üretir, serbest radikal sızıntısı düşük olur (mitokondrilerde küçük "patlamalar"la ifade edilir) ve mitokondriyal DNA az sayıda kopyalanır (kısa ve eğri çizgiler). Oysa tersine, yüksek ROS sibridinde serbest radikallerin sızıntı oranı iki katın üstüne çıkar, mitokondriyal DNA'nın kopya sayısı da ikiye katlanır. Öyle görünüyor ki, serbest radikal sızıntısı solunumun enerjisini temin eder. Alttaki panel de bu yorumu destekler: Antioksidanlar serbest radikal sızıntısının oranını düşürür ama mitokondriyal DNA'nın kopyalanma sayısını azaltır, kritiktir, ATP sentezini de yavaşlatır. Bu nedenle, antioksidanlar solunumu iyileştiren serbest radikal sinyalini kesintiye uğratır.

ishale yol açma eğilimi gösterirler. Kanda oluşan herhangi bir aşırılık, üre olarak hızla atılır. Kan seviyeleri istikrarlıdır. Ama bu beslenmenizde antioksidanlardan, özellikle de sebze ve meyvelerden kaçınmanız gerektiği anlamına gelmiyor, hayır, onlara ihtiyacınız var. Kötü besleniyorsanız ya da vitamin eksikliği çekiyorsanız ek antioksidanlar almanın yararını da görebilirsiniz. Ama (antioksidanların yanı sıra pro-oksidanları da içeren) dengeli bir beslenmenin üstüne ek antioksidanlar almak yarardan çok zarar getirir. Vücut hücrelerde yüksek düzeyde antioksidan bulunmasına izin verseydi, antioksidanlar bir felakete neden olur, enerji yetersizliği nedeniyle ölmemize yol açarlardı. Bu nedenle vücut antioksidanlara izin vermez. Antioksidan düzeyleri hücrelerin hem içinde hem dışında titizlikle ayarlanır.

*Apoptosis* hasar görmüş hücreleri silerek hasar kanıtlarını ortadan kaldırır. Serbest radikal sinyalleri ile *apoptosis*in birleşimi, yaşlanmayla ilgili serbest radikal kuramının, bu süreçlerin ikisi de bilinmeden çok önce formüle edilmiş çoğu tahminini bozar. Tüm bu nedenlerle serbest radikal sızıntısında sürekli bir artış, çok sayıda mitokondriyal mutasyon, bir oksidatif hasar birikimi, antioksidanlar açısından bir yarar ya da bir hata felaketi görmeyiz. Bu durum son derece akla yatkındır, yaşlanmayla ilgili serbest radikal kuramının tahminlerinin neden çoğunlukla yanlış olduğunu açıklar. Ama serbest radikal kuramının neden hâlâ doğru olabileceğine ilişkin bir işaret vermez. Serbest radikaller bu kadar iyi düzenlenmişlerse, bu kadar yararlıysa neden yaşlanmayla bir ilgileri olmasın ki?

Eh, serbest radikaller türler arasında ömür uzunluğunda görülen farklılıkları açıklayabilir. Ömür uzunluğunun metabolik hıza göre farklılık gösterme eğiliminde olduğunu 1920'lerden beri biliyoruz. Eksantrik biyometrisyen Raymond Pearl, bu konu hakkında kaleme aldığı erken tarihli makalelerinden birine, "Tembel insanlar neden uzun yaşar" başlığını atmıştı. Yaşamazlar, tam tersidir. Ama bu makale, Pearl'ün biraz hakikat payı taşıyan meşhur "yaşama hızı kuramı"na giriş niteliği taşıyordu. Metabolik hızı düşük hayvanlar (sıklıkla da filler gibi büyük türler), genellikle, fareler ve sıçanlar gibi metabolik hızı yüksek hayvanlardan daha uzun ömürlüdür.[10] Bu kural sürüngenler, memeliler ve kuşlar gibi büyük gruplar içinde geçerlidir ama bu gruplar arasında yapılan karşılaştırmalarda pek de geçerli olduğu söylenemez; bu nedenle, bu fikir biraz itibarını yitirmiş, en azından görmezden gelinmiştir. Ama aslında, biraz önce belirttiğim üzere, basit bir açıklama mevcuttur: Serbest radikal sızıntısı.

İlk başta düşünüldüğü üzere, yaşlanmaya ilişkin serbest radikal kuramı serbest radikalleri solunumun kaçınılmaz bir yan ürünü olarak görmüştü; oksijenin yaklaşık %1-5'inin kaçınılmaz olarak serbest radikallere çevrildiği düşünülüyordu. Ama bu iki açıdan yanlıştır. Birincisi, klasik ölçümlerin hepsi, vücuttaki hücrelerin maruz kaldığından çok çok yüksek düzeyde, atmosferik düzeyde oksijene maruz kalan hücreler ya da dokular üzerinde yapılmıştı. Fiili sızıntı hızı, binlerce, onbinlerce kat düşük olabilir. Bunun, anlamlı sonuçlar açısından ne kadar büyük bir fark yaratabileceğini bilmiyoruz. İkincisi, serbest radikal sızıntısı solunumun kaçınılmaz bir yan ürünü değildir, bilinçli bir sinyaldir, sızıntı hızı da türlere, dokulara, günün çeşitli vakitlerine, hormonal duruma, kalori alımına ve egzersiz yapıp yapmamaya bağlı olarak muazzam farklılıklar gösterir. Egzersiz yaptığınızda daha fazla oksijen tüketirsiniz, bu nedenle serbest radikal sızıntınız artar, öyle değil mi? Değil. Aynı seviyede kalır hatta geriler çünkü sızan radikallerin tüketilen oksijene oranı hatırı sayılır derecede düşer. Böyle olur çünkü, solunum zincirlerindeki elektron akışı hızlanır, bu da solunum komplekslerinin daha az indirgendiği, bu nedenle oksijenle doğrudan tepkimeye girme ihtimallerinin gerilediği anlamına gelir (RESİM 36). Bu noktada ayrıntılar önemli değildir. Önemli olan yaşama hızı ile serbest radikal sızıntısı arasında basit bir ilişki olmadığıdır. Kuşların aslında, metabolik hızlarına göre yaşamaları "gereken"den çok daha uzun süre yaşadıklarını belirtmiştik. Kuşların metabolizmaları hızlıdır ama nispeten pek az sayıda serbest radikal sızdırırlar ve uzun süre yaşarlar. Temel korelasyon serbest radikal sızıntısı ile ömür uzunluğu arasındadır. Neden-sonuç ilişkisinin kılavuzları olarak korelasyonların adı kötüye çıkmıştır ama bu etkileyici bir korelasyondur. Neden-sonuç ilişkisine dayanıyor olabilir mi?

Mitokondrilerdeki serbest radikal sinyallerinin sonuçlarını bir değerlendirelim: Solunumun iyileştirilmesi ve işlevsiz mitokondrilerin bertaraf edilmesi. En fazla serbest radikal sızdıran mitokondriler, kendilerinin en fazla kopyasını çıkaracaktır, bunun nedeni tam da serbest radikal sinyallerinin kapasiteyi artırarak solunum kusurlarını düzeltmesidir. Peki ya solunum kusurları arz ve talepte bir değişikliği değil de, çekirdekle bir uyumsuzluğu yansıtıyorsa? Yaşlanmayla birlikte bazı mitokondriyal mutasyonlar ortaya çıkar, farklı mitokondriyal tipler doğar, bunların bazıları çekirdekteki genlerle diğerlerine göre daha uyumlu çalışır. Buradaki sorunu bir düşünelim. En *uyumsuz* mitokondriler en fazla serbest radikal sızdırma eğiliminde olacak, bu nedenle kendilerinin daha fazla kopyasını çıkaracaktır. Bunun sonucunda iki etkiden biri ortaya çıkar. Ya hücre *apoptosis*le ölür, mitokondriyal mutasyon yükünü ortadan kaldırır ya da ölmez. Önce, hücre ölürse neler olacağını değerlendirelim. Ya yerini yeni bir hücre alır ya da almaz. Yeni bir hücre alırsa, her şey yolunda gider. Ama yeni bir hücre gelmezse, söz gelimi bu hücre beyinde ya da kalp kasındaysa, doku yavaş yavaş kütlesini kaybedecektir. Aynı işi yapmak için geride daha az sayıda hücre kalacaktır, bu nedenle hücreler daha büyük bir baskı altına girecektir. Mito-çekirdeksel uyumsuzluklara sahip şu bizim meyve sinekle-

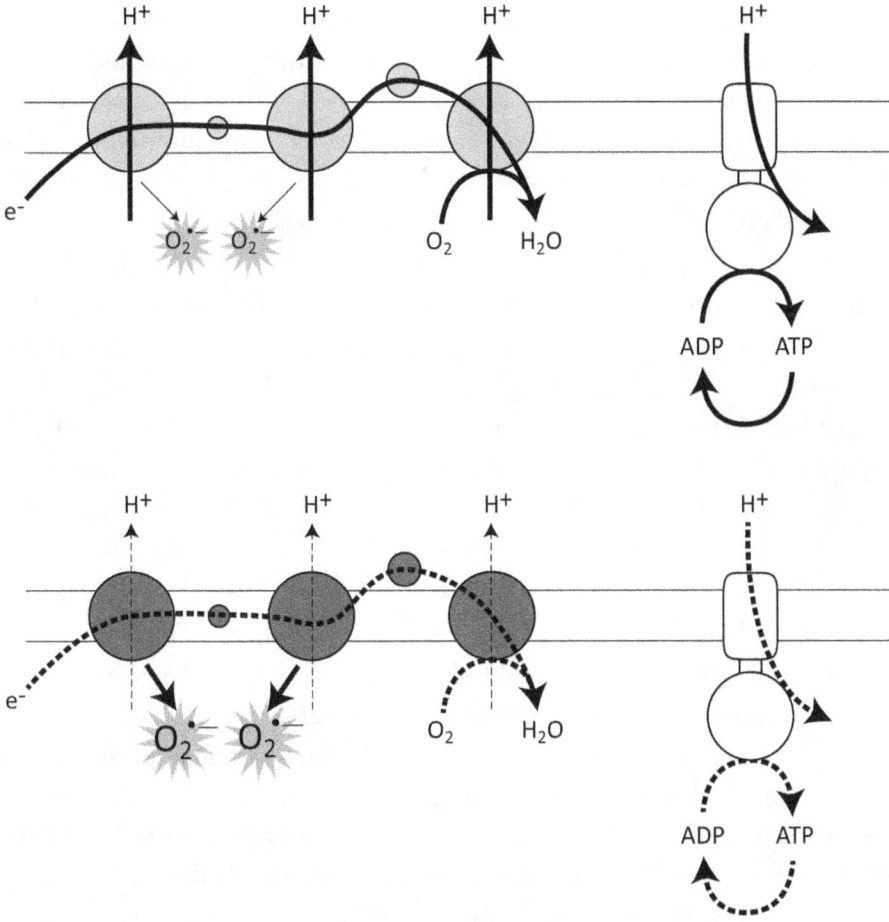

**RESİM 36** Dinlenmek neden kötüdür?

Yaşlanmayla ilgili serbest radikal kurama ilişkin geleneksel görüş, solunum sırasında solunum zincirinden küçük bir bölüm elektronun "sızarak" doğrudan oksijenle tepkimeye girdiğini ve süperoksit radikal ($O_2^{\bullet-}$) gibi serbest radikaller oluşturduğunu ileri sürer. Faal bir egzersiz sırasında elektronlar daha hızlı aktığından, daha fazla oksijen tükettiğimizden, sızan elektronların oranı sabit kalsa dahi egzersiz sırasında serbest radikal sızıntısının arttığı varsayılır. Durum böyle değildir. Yukarıdaki panel egzersiz sırasındaki fiili durumu gösterir: Solunum zincirinden elektron akışı hızlıdır çünkü ATP hızla tüketilir. Bu da protonların ATP sentazı sayesinde akmasını mümkün kılar, bu da zar potansiyelini azaltır, bunun üzerine solunum zincirinin daha fazla proton pompalaması mümkün olur, bu da elektronları solunum zincirinden hızla oksijene doğru sürükler, solunum komplekslerinde elektronların birikmesine neden olur ve indirgenme halini düşürür (burada açık gri gölgelemeyle gösterilmiştir). Bu da, serbest radikal sızıntısının egzersiz sırasında orta düzeyde olduğu anlamına gelir. Bunun tam tersi dinlenme hali için geçerlidir (alttaki panel), bu da hareketsizlik sırasında serbest radikal sızıntı oranının daha yüksek olabileceği anlamına gelir. Düşük ATP tüketimi, zar potansiyelinin yüksek olduğunu, proton pompalamanın zorlaştığını, solunum komplekslerinin yavaş yavaş elektronlarla dolduğunu (koyu gri gölgeler) ve daha fazla serbest radikal sızdırdığını ifade eder. En iyisi koşun.

rinin testislerinde olduğu gibi, binlerce gen değişim faaliyeti içindeyken hücreler fizyolojik açıdan baskı altında olacaktır. Bu sürecin hiçbir aşamasında, serbest radikal sızıntısının proteinlere mutlaka hasar vermesi ya da bir hata felaketine yol açması söz konusu olmaz. Her şeyi mitokondrilerin içindeki ince serbest radikal sinyalleri yürütür ama sonuç doku kaybı, fizyolojik baskı ve gen düzenlenmesinde değişiklik olur; bunların hepsi de yaşlanmayla ilgili değişikliklerdir.

Hücre *apoptosis* yoluyla ölmezse ne olur? Hücrenin enerji ihtiyaçları düşükse, kusurlu mitokondrilerle ya da laktik asit üreten fermentasyonla sağlanabilir (buna sıklıkla hatalı olarak anaerobik solunum denir). "Yaşlanan" hücrelerde mitokondriyal mutasyonların birikmesiyle karşılaşabiliriz bu noktada. Bu hücreler artık büyümez ama kendileri de stres altında olduğundan dokularda öfkeli bir varlık gösterebilirler, sıklıkla kronik iltihaba ve büyüme etkenlerinde düzensizliğe neden olurlar. Bu da, her koşulda büyümek isteyen hücreleri, kök hücreleri, damar hücrelerini vs. harekete geçirir, aslında büyümekle hiç iyi etmeseler de onları büyümeye yöneltir. Şansınız yoksa bu hücreler kansere dönüşür, kanser çoğu örnekte yaşla ilişkili bir hastalıktır.

Bu sürecin bütünüyle, nihayetinde mitokondriler içindeki serbest radikal sinyallerinden kaynaklanan enerji eksiklikleriyle yürütüldüğünü yine vurgulayalım. Yaşla birlikte biriken uyumsuzluklar mitokondriyal performansı baltalar. Bu durum bildik serbest radikal kuramından tümüyle farklıdır, zira mitokondrilerde ya da başka yerlerde oksidatif hasara yol açmaz (gerçi tabii ki bu ihtimal ortadan kalkmaz, sadece gerekli değildir). Daha önce de belirttiğimiz üzere, serbest radikaller ATP sentezini artıran sinyaller gibi davrandıklarından, antioksidanların işe yaramayacağı öngörülür; ömrü uzatmayacaklardır, hastalıklara karşı korumayacaklardır da, çünkü mitokondrilere erişim kazanırlarsa enerji elverişliliğini baltalayacaklardır. Bu bakış açısı, hastalık ve ölüm oranlarının yaşla birlikte katlanarak artmasını da açıklayabilir: Yıllar içinde doku işlevleri hafifçe gerileyip, nihayetinde normal işlevler için gerekli eşiğin altına düşebilir. Güç harcayacak işlerle uğraşma becerimizi giderek yitiririz, nihayetinde edilgin bir varlık bile gösteremeyiz. Bu süreç ölmekte olduğumuz yıllar boyunca, cenazecilerin grafiklerinde artan bir düşüşe yol açarak, herkeste tekrarlanır.

Peki yaşlanmayla ilgili olarak ne yapabiliriz? Raymond Pearl'ün yanıldığını söylemiştim: Tembel insanlar daha uzun ömürlü değildir, egzersiz yararlıdır. Sınırlar dahilinde kalori kısıtlaması ve düşük karbonhidratlı beslenme biçimi de yararlıdır. Bunların hepsi de (pro-oksidanlar gibi) kusurlu hücreleri ve mitokondrileri temizleme eğilimi gösteren, genellikle doğurganlığın azalması pahasına kısa vadede hayatta kalmayı teşvik eden, fizyolojik baskı altında verilmiş bir karşılığı teşvik eder.[11] Burada yine aerobik kapasite, doğurganlık ve ömür uzunluğu arasında bir bağ olduğunu görüyoruz. Ama fizyolojimizi değiştirmekle ulaşılabilecek olanların kaçınılmaz olarak bir sınırı vardır. Azami ömrümüz, nihayetinde beyinlerimizde sinaptik bağlantıların karmaşıklığına ve başka dokularda kök hücre nüfuslarının büyüklüğüne dayanan evrim tarihimizle belirlenir. Henry Ford'un eski Fordların hangi parçalarının hâlâ işlevsel olduğunu görmek için bir hurda mezarlığını ziyaret ettiği, daha sonra yeni modellerde bu anlamsızca uzun ömürlü parçaların yerini daha ucuz versiyonlarının alması, böylece tasarruf edilmesi için ısrar ettiği anlatılır. Benzer şekilde, evrimde de eğer hiç kullanılmayacaklarsa mide zarında büyük ve dinamik bir kök hücre popülasyonu tutmanın bir anlamı yoktur çünkü önce beyinlerimiz eskir. Sonunda evrim bizi, beklenen yaşam süremizde yaşayacağımız kadar iyi ve uygun bir hale getirir. Sırf fizyolojimize ince ayar çekerek, 120 yaşın ötesini görmenin bir yolunu bulabileceğimizden yana şüphelerim var.

Ama evrim farklı bir meseledir. Değişkenlik gösteren ölüm eşiğini bir düşünelim. Yarasalar ve kuşlar gibi aerobik gereksinimleri yüksek olan türlerin ölüm eşikleri düşüktür: Orta düzeyde bir serbest radikal sızıntısı bile embriyonik gelişim sırasında *apoptosi*i tetikleyecek, sadece ve sadece sızıntının düşük seviyede olduğu yavrular tam anlamıyla gelişecektir. Bu düşük oranlı serbest radikal sızıntısı, biraz önce tartıştığımız nedenlerle, uzun bir ömre tekabül eder. Oysa aerobik gereksinimleri düşük olan hayvanların (fareler, sıçanlar vs.) ölüm eşikleri tersine yüksektir, yüksek düzeyde serbest radikal sızıntısını tolere edebilirler, nihayetinde de ömürleri daha kısa olur. Burada dümdüz ilerleyen bir tahmin vardır: Kuşaklar boyunca seçilimin daha büyük aerobik kapasiteden yana işlemesi, ömrü uzatmalıdır. Uzatır da. Örneğin fareler, pedal milinde koşma kapasiteleri nedeniyle seçilebilir. Her kuşakta en yüksek kapasiteye sahip koşucular kendi aralarında eşleştirilirlerse, aynı şey en düşük kapasiteye sahip koşucular arasında da yapılırsa, yüksek kapasiteli grubun ömrü uzar, düşük kapasiteli grubun ömrü azalır. On kuşak içinde yüksek kapasiteli koşucuların aerobik kapasiteleri, düşük kapasiteli koşuculara göre %350 artar, yaklaşık bir yıl daha uzun yaşarlar (farelerin normalde yaklaşık üç yıl yaşadıkları düşünülürse büyük bir farktır bu). Yarasalar ve kuşların, hatta daha genel olarak endotermlerin (sıcakkanlı hayvanlar) evriminde de benzer bir seçilimin gerçekleştiğini, ömürlerinin bir büyüklük düzeni kadar arttığını savunurdum.[12]

Kendimizi böyle bir temele dayanarak seçmek istemeyiz; fazla öjenik kokan bir tarz. Bu tür bir toplum mühendisliği işe yarasa bile, çözdüğünden fazla sorun yaratır. Ama aslında çoktan böyle yapmış olabiliriz. Diğer büyük insansı maymunlara göre yüksek bir aerobik kapasiteye sahibiz. Onlardan çok daha uzun yaşıyoruz, metabolik hızları bizimkine benzer şempanzeler ve gorillerden iki kat daha uzun yaşıyoruz. Herhalde bunu bir tür olarak geçirdiğimiz, Afrika savanlarında ceylan peşinde koşturduğumuz o oluşum yıllarına borçluyuz. Dayanıklılık koşusundan muazzam bir zevk almazsınız ama bir tür olarak bizi şekillendirmiştir. Acı çekmeden kazanılmaz. İki genom gerekliliği şöyle bir değerlendirildiğinde, atalarımızın aerobik kapasitelerini artırdığı, serbest radikal sızıntısını azalttığı, onları doğurganlık sorunuyla karşı karşıya bıraktığı ve ömürlerini uzattığı öngörüsünde bulunabiliriz. Bunların hepsinde ne derece hakikat payı vardır? Bu, yanlışlığı kanıtlanabilecek sınanabilir bir varsayımdır. Ama mitokondriler mozaiği zorunluluğu, yaklaşık 2 milyar yıl önce bakterilerin bakteri olarak kalmasına neden olan enerji kısıtlamalarını tek bir kere aşan ökaryot hücrenin kökenine dayanan bir öngörünün tartışmasız doğurduğu bir varyasımdır. Afrika ovalarının üzerinde batan güneşin bu kadar güçlü bir duygusal yankı uyandırmasına şaşmamak gerek. O manzara bizi, gezegenimizde yaşamın kökenlerine uzanan, eğri büğrü olsa da muhteşem nedensellik zincirine bağlar.

SONSÖZ

# Derinliklerden

Japonya'nın Pasifik Okyanusu sahilinin açıklarında 1.200 metreyi aşkın bir derinlikte, Myojin Knoll adlı bir sualtı yanardağı vardır. Japon bir biyolog ekibi on yılı aşkın bir süredir bu suları tarıyor ve ilginç yaşam biçimleri arıyor. Kendi anlatımlarına göre, Mayıs 2010'a, hidrotermal bir menfeze tutunmuş su kurtlarıyla karşılaşıncaya dek aşırı derecede şaşırtıcı bir şeyle karşılaşmamışlardır. İlginç olan kurtçuklar değil, onlara ilişmiş mikroplardı. Daha doğrusu, bu mikroplardan biriydi; bir ökaryota benzer bir hücreydi bu, daha yakından bakıncaya dek böyle olduğunu düşünmüşlerdi (ŞEKİL 37). Sonra çok tedirgin eden bir muamma olup çıktı.

Ökaryot "gerçek çekirdek" anlamına gelir. Bu hücre de ilk bakışta normal bir çekirdekmiş gibi görünen bir yapıya sahipti. Başka kıvrımlı iç zarları, mitokondrilerden türemiş hidrogenozomlar olabilecek bazı endosembiyoz ortakları da vardı. Ökaryot mantarlar ve algler gibi bir hücre duvarına sahipti, okyanusun karanlık derinliklerinden çıkarılmış bir numune olarak hiç şaşırtıcı olmayacak şekilde kloroplastlardan yoksundu. Orta büyüklükte bir hücreydi, uzunluğu 10 mikrometre, çapı 3 mikrometreydi, hacmi *E.coli* gibi tipik bir bakterinin hacminden 100 kat fazlaydı. Hücre çekirdeği büyüktü, hücrenin hacminin yaklaşık yarısını kaplıyordu. O halde şöyle hızlıca bir baktığınızda, bu hücreyi bilinen bir grupta sınıflandırmanın kolay olmadığını ama ökaryot olduğunun açık olduğunu söyleyebilirsiniz. Yaşam ağacında kendisine ait olan yere güvenle yerleştirilmesi, ancak bir zaman ve gen dizilimini çıkarma meselesi diye düşünebilirsiniz.

Ah, durun ama bir daha bakın! Bütün ökaryotlarda bir hücre çekirdeği vardır, doğru, ama bilinen bütün örneklerde bu hücre çekirdeğinin benzer bir yapı gösterdiği gözlenir. Çift zarlıdır, bu zarlar diğer hücre zarlarıyla süreklilik gösterir; ribozomal RNA'nın sentezlendiği bir nükleolusu, incelikli çekirdeksel gözenek kompleksleri ve elastik bir laminası vardır; DNA proteinlerde titizlikle paketlenir, nispeten kalın, çapları 30 nanometre olan kromatin liflerinden oluşan kromozomları oluşturur. Altıncı Bölüm'de gördüğümüz üzere, protein sentezi her zaman çekirdeğin dışında olan ribozomlarda gerçekleşir. Çekirdek ile sitoplazma arasındaki

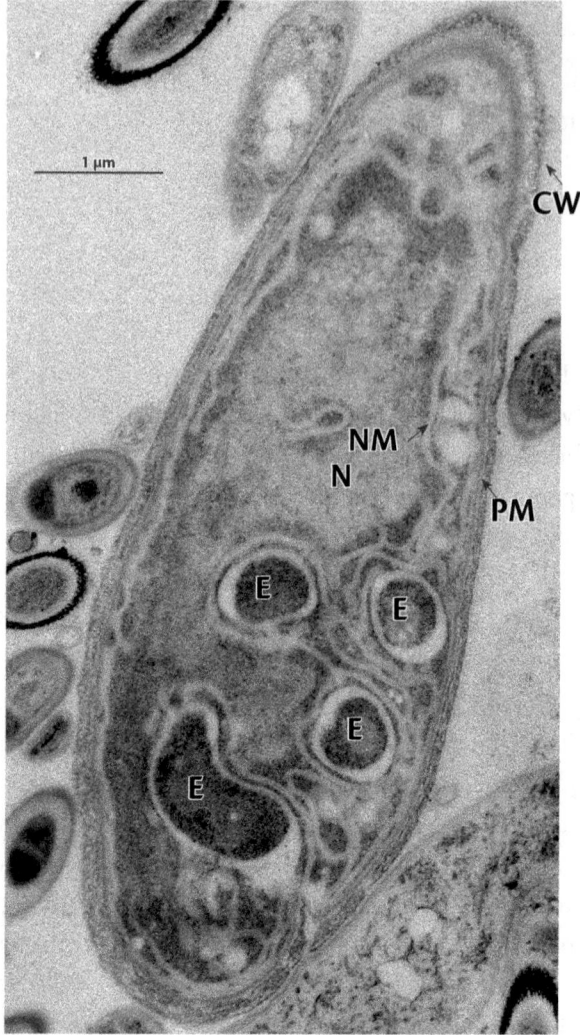

**RESİM 37** Derin denizlerden benzersiz bir mikroorganizma

Bu bir prokaryot mu, yoksa bir ökaryot mudur? Bir hücre duvarı (CW), plazma zarı (PM) ve bir çekirdek zarıyla (NM) çevrili bir çekirdeği (N) vardır. Biraz hidrogenozomları andıran birkaç endosembiyoz ortağına da sahiptir. Epeyce büyüktür, uzunluğu yaklaşık 10 mikrometredir, çekirdeği büyüktür, hücre hacminin yaklaşık %40'ını kaplar. O halde açıktır ki bu bir ökaryottur. Ama hayır! Çekirdek zarı iki katlıdır, çift katlı bir zar değildir. Çekirdeksel gözenek kompleksleri yoktur, sadece yer yer boşluklar vardır. Çekirdekte (alacalı gri bölgeler) ve çekirdeğin dışında ribozomlar bulunur. Çekirdek zarı diğer zarlarla, hatta plazma zarıyla süreklilik gösterir. DNA ince lifler halindedir, bakterilerde olduğu gibi çapı 2 nanometredir, ökaryot kromozomlardaki gibi değildir. Bu durumda bir ökaryot değildir bu hücre. Ben, karşımızdaki bu muammanın aslında bakteriyel endosembiyoz ortakları edinmiş bir prokaryot olduğundan, şimdi de yeniden bir ökaryot evrim geçirdiğinden, büyüdüğünden, genomunu genişlettiğinden, kendisini daha karmaşık hale getirecek hammaddeler topladığından kuşkulanıyorum. Ama bu sadece bir numunedir, bir genom dizilimi olmaksızın bu muammanın cevabını asla bilemeyiz.

temel ayrım budur. Peki ya Myojin Knoll'da bulunan hücrenin nesi vardır? Az sayıda açıklığın bulunduğu tek bir çekirdek zarı vardır. Hiç çekirdeksel gözeneği yoktur. DNA'sı kalın ökaryot kromozomlarından değil, bakterilerde olduğu gibi çapı yaklaşık 2 nanometre olan ince liflerden oluşur. Ribozomlar çekirdektedir. Ribozomlar çekirdektedir! Ribozomlar çekirdeğin dışında da bulunur. Çekirdek zarı birkaç yerde hücre zarıyla süreklilik gösterir. Endosembiyoz ortakları hidrogenozomlar olabilir ama bazıları üç boyutlu yeniden kurguda bakteriyel sarmal morfolojisi gösterir. Daha çok, nispeten yakın dönemdeki bakteriyel kazanımlara benzerler. İç zarları olsa da, endoplazmik retikuluma, golgi cisimciğine bir hücre iskeletine benzer hiçbir şey yoktur; bunların hepsi de ökaryot özelliklerdir. Başka bir deyişle, bu hücre aslında modern bir ökaryota hiç de benzemez. Sadece yüzeysel bir benzerlik gösterir.

Peki o halde nedir? Araştırmanın yazarları bunu bilmiyorlardı. Bu canlıya *Parakaryon myojinensis* adını verdiler, yeni "parakoryat" terimi bu hücrenin ara morfolojisini ifade eder. Yazarların *Journal of Electron Microscopy*'de yayımlanan makalesi, şimdiye kadar gördüğüm en kışkırtıcı başlıklardan birini taşıyordu: "Prokaryot mu ökaryot mu? Denizin derinlerinden benzersiz bir mikroorganizma." Soruyu güzel bir biçimde kuran makale, cevaplama konusunda bir arpa boyu yol alamıyordu. Bir genom dizilimi hatta ribozomal bir RNA imzası bu hücrenin gerçek kimliğine ilişkin bir fikir verebilir, büyük ölçüde görmezden gelinmiş bu bilimsel dipnotu çok etkili bir *Nature* makalesine çevirebilirdi. Ama yegane numunelerinin kesitini almışlardı. Kesin olarak söyleyebilecekleri yegane şey, 15 yılda, 10.000 mikroskop kesitinde buna uzaktan yakından benzer bir şey hiç görmedikleriydi. O zamandan beri de görmemişlerdi. Başka kimse de görmemişti.

Peki o halde bu hücre nedir? Bu olağanüstü özellikler preparatın bir eseri de olabilir, elektron mikroskopisinin sıkıntılı tarihi dikkate alınırsa, yabana atılmayacak bir olasılıktır bu. Öte yandan, eğer bu özellikler suniyse, bu numune neden benzersiz bir tuhaflık gösterir? Yapılar neden kendi içlerinde bu kadar akla yatkındır? Ben suni olmadığını söyleme cesaretini gösterirdim. Böylece geride akla yatkın üç alternatif kalır. Olağanüstü bir yaşam biçimi, hidrotermal bir menfezde bir derin deniz kurtçuğunun arkasına tutunmaya uyum sağlarken, normal yapılarını değiştirmiş, son derece türemiş bir ökaryot olabilir ama bu pek muhtemel görünmüyor. Birçok başka hücre benzer koşullarda yaşar ancak böyle bir gelişim göstermemişlerdir. Genelde, son derece fazla türemiş ökaryotlar arketip ökaryot özelliklerini yitirir ama geri kalan özelliklerinin ökaryot özellikleri oldukları anlaşılabilir. Örneğin bu durum arkezoalar, bir zamanlar ilkel ara biçimler oldukları düşünülen ama nihayetinde tam anlamıyla gelişmiş ökaryotlardan türedikleri anlaşılan canlı fosiller için geçerlidir. *Parakaryon myojinensis* gerçekten de son derece türemiş bir ökaryotsa, temel planı itibarıyla daha önce gördüğümüz her şeyden temelde farklıdır. Ben öyle olduğunu sanmıyorum.

Başka bir bakış açısına göre, bu hücre gerçek bir canlı fosil, bir şekilde varoluşa tutunmuş, derin okyanusun değişmeyen ortamında modern ökaryot özelliklerini geliştirememiş "gerçek bir arkezoavari" olabilir. Makalenin yazarları bu fikri destekler ama bu ihtimale de inanmıyorum. Bu hücre değişmeyen bir ortamda yaşamıyordu: Bir su kurdunun, ilk evrilen ökaryotlar arasında yer almadığı gayet açık olan karmaşık bir çokhücreli ökaryotun sırtına tutunmuştu. Nüfus yoğunluğunun düşüklüğü de (yıllar süren taramalar sonrasında sadece tek bir hücrenin bulunması), yaklaşık 2 milyar yıl boyunca değişmeden hayatta kalmış olabileceğinden kuşkulanmama neden oluyor. Küçük nüfuslar tükenmeye son derece açıktır. Nüfus genişlerse iyi ama genişlemezse, rastgele istatistiksel ihtimallerin onu unutuluşa sürüklemesi sadece zaman meselesidir. 2 milyar yıl çok uzun bir süredir, kolekantların derin denizlerde canlı fosiller olarak hayatta kaldığı sanılan süreden 30 kat daha uzundur. Gerçekten ökaryotların ilk günlerinden kalanların en azından, o kadar uzun bir süre boyunca hayatta kalmış gerçek arkezoa kadar fazla bir nüfusa sahip olması gerekir.

Böylece geriye son ihtimal kalır. Sherlock Holmes'un dediği gibi, "İmkansız olan her şeyi elediğinizde, geriye kalanın, ne kadar ihtimal dışı olsa da gerçek olması gerekir." Diğer iki seçenek hiçbir biçimde imkansız olmasa da, bu üçüncü seçenek en ilginç olandır: Bu hücre endosembiyoz ortakları edinmiş bir prokaryottur ve bir tür evrimsel tekrarla, bir ökaryota benzer bir hücreye dönüşmektedir. Benim bakış açıma göre, bu daha akla yatkındır. Nüfus yoğunluğunun neden düşük olduğunu hemen açıklar; biraz önce gördüğümüz üzere, prokaryotlar arasında endosembiyozlar enderdir ve lojistik zorluklarla kuşatılmıştır.[13] Prokaryotlar arasında "bakir" bir endosembiyozda, evsahibi hücre düzeyinde etkili olan seçilim ile endosembiyoz ortağı düzeyindeki seçilimi bağdaştırmak o kadar kolay değildir. Bu hücrenin olası kaderi neslinin tükenmesidir. Prokaryotlar arasındaki bir endosembiyoz, bu hücrenin neden ökaryot gibi görünen ama yakından bakılınca öyle olmadığı anlaşılan çeşitli özelliklere sahip olduğunu da açıklar. Bu hücre nispeten büyüktür, başka bir prokaryottan ciddi derecede büyük görünen, iç zarlarla süreklilik içinde vs. bir "çekirdeğe" yerleşmiş bir genoma sahiptir. Bunların hepsi de, ilk ilkelerden hareketle endosembiyoz ortaklarına sahip prokaryotlarda evrileceğini öngördüğümüz özelliklerdir.

Bu endosembiyoz ortaklarının, genomlarının büyük bir bölümünü zaten kaybetmiş oldukları yolunda küçük bir bahse girerim. Daha önce, evsahibi hücrenin genomunun genişleyip ökaryot hücre genomu boyutlarına çıkmasını sadece endosembiyoz ortaklarının gen kaybının destekleyebileceğini savunmuştum. Öyle görünüyor ki, burada olan şey budur: Benzer bir aşırı genomik asimetri, kökeni bağımsız bir morfolojik karmaşıklığı desteklemektedir. Hiç kuşkusuz evsahibi hücre genomu büyüktür, *E. coli*'den zaten 100 kat daha büyük bir hücrenin üçte birinden fazlasını işgal etmektedir. Bu genom yüzeysel olarak bir hücre çekirdeğine çok benzer bir yapının içine yerleşmiştir. Bu, intron varsayımının yanlış olduğu anlamına mı gelir? Bu konuda bir şey diyebilmek zordur zira burada evsahibi hücre bir arke değil bir bakteri olabilir, bu nedenle bakteriyel hareketli intronların transferine o kadar hassas olmayabilir. Çekirdeksel bir bölümün bağımsız olarak gelişmiş olması, burada da benzer kuvvetlerin işbaşında olduğunu, endosembiyoz ortağına sahip büyük hücrelerde aynı şekilde benzer kuvvetlerin işleyeceğini düşündürebilir. Peki ya eşeyli üreme ve eşleşme tipleri gibi diğer ökaryot özellikler hakkında neler söyleyebiliriz? Bir genom dizilimi olmaksızın bir şey söyleyemeyiz. Daha önce de belirttiğim üzere, bu gerçekten de en uğraştırıcı ikilemdir. Bekleyip görmemiz gerekiyor, bu ikilem bilimin sonu gelmez belirsizliğinin bir parçasıdır.

Bu kitabın tamamı, yaşamın neden olduğu gibi olduğunu öngörmeye yönelik bir girişim oldu. Bir ilk yaklaşıklık olarak, *Parakaryon myojinensis* bakteriyel atalardan gelip karmaşık yaşama doğru paralel bir yolu tekrarlıyor olabilirmiş gibi görünüyor. Aynı yolun evrenin başka yerlerinde de izlenip izlenmediği başlangıç noktasına, yaşamın kökenine bağlıdır. Bu başlangıç noktasının da pekâlâ tekrarlanmış olabileceğini savundum.

Yeryüzü'ndeki yaşamın tamamı kemiozmotiktir, karbon ve enerji metabolizmasını yürütmek için zarlar üzerindeki proton basamaklarına dayanır. Bu tuhaf yolun olası kökenlerini ve sonuçlarını inceledik. Yaşamının sürekli bir itici güç, ATP gibi moleküller de dahil olmak üzere, tepkimeye girmeye hazır ara biçimleri yan ürünler olarak ortaya çıkaran kesintisiz bir kimyasal tepkime gerektirdiğini gördük. Bu gibi moleküller hücreleri oluşturan enerji isteyen tepkimeleri yürütür. Bu karbon ve enerji akışı yaşamın kökeninde, metabolizmanın akışını dar kanallar içine yerleştiren biyolojik katalizörlerin evrimi öncesinde çok daha büyük miktarda olsa gerektir. Yaşamın gereklerini çok az sayıda doğal ortam karşılar. Yaşamın koşulu ürünleri yoğunlaştırma ve atıkları çıkarma becerisine sahip, doğal olarak mikro bölümlere ayrılmış bir sistem içinde kısıtlanmış mineral katalizörlerden geçen sürekli ve yüksek miktarda bir karbon ve kullanılabilir enerji akışı olmasıdır. Bu koşulları karşılayabilecek başka doğal ortamların bulunması mümkünse de, alkalin hidrotermal menfezler kesinlikle karşılar. Bu gibi menfezlere evrendeki sulak kayalık gezegenlerde sık rastlanması muhtemeldir. Bu menfezlerde yaşamın alışveriş listesi sadece kaya (olivin), su ve $CO_2$'dir, evrende her yerde en sık rastlanan maddelerden üçüdür. Yaşamın kökeni için uygun koşullar şu anda, sadece Samanyolu'nda 40 milyar gezegende varolabilir.[14]

Alkalin hidrotermal menfezler, hem bir sorun hem bir çözüm getirir: $H_2$ açısından zengindirler ama bu gaz $CO_2$ ile kolayca tepkimeye girmez. İnce, yarı iletken mineral bariyerler üzerindeki doğal proton basamaklarının, kuramsal olarak organik maddelerin oluşumunu, nihayetinde menfezlerin gözeneklerinde hücrelerin doğuşunu yürütebileceğini gördük. Eğer böyleyse, yaşam başından beri $H_2$ ile $CO_2$ tepkimesi arasındaki kinetik engelleri yıkmak için proton basamaklarına (ve demir sülfür minerallerine) bağlı olmuştur. Bu ilk hücreler doğal proton basamaklarıyla gelişebilmek için, kendilerini enerji veren proton akışından koparmadan yaşam için gerekli olan molekülleri tutabilecek geçirgen zarlara gereksinim duyuyorlardı. Bu da menfezlerden kaçmalarını engellemişti. Kaçmaları ancak ve ancak etkin iyon pompaları ile modern fosfolipid zarların eş evrimini sağlayan, (bir antiporter gerektiren) kesin bir olaylar dizisinin ortaya çıkardığı dar kapılardan geçebilmişleriyle mümkün olmuştu. Hücreler ancak bundan sonra menfezlerden ayrılabilmiş, Yeryüzü'nün ilk evrelerindeki okyanuslar ve kayalarda koloniler kurabilmişlerdi. Bu kesin olaylar dizisinin, bakteriler ile arkeler arasındaki derin farklılığın yanı sıra, LUCA'nın, yaşamın son ortak atasının paradoksal özelliklerini de açıklayabileceğini gördük. En önemlisi de, bu kesin zorunluluklar Yeryüzü'nde neden bütün yaşamın kemiozmotik olduğunu, bu tuhaf özelliğin neden genetik şifre kadar genel olduğunu açıklayabilir.

Bu senaryo —kozmik açıdan sık rastlanan ama sonuçları yönlendiren kesin bir kısıtlamalar dizisinin gözlendiği bir doğal ortam— evrenin başka yerlerinde de yaşamın kemiozmotik olmasını muhtemel kılar; bu nedenle paralel fırsatlar ve kısıtlamalarla karşı karşıya kalacaktır. Kemiozmotik eşleşme yaşama sınırsız bir metabolik değişkenlik kazandırır, hücrelerin pratikte her şeyi "yeme"sini ve "soluma"sını sağlar. Genetik şifre evrensel olduğu için genlerin yanal gen aktarımıyla geçirilebilmesi gibi, çok farklı doğal ortamlara metabolik olarak uyum sağlamaya yönelik alet çantası da geçirilebilir; zira bütün hücreler ortak bir işletim sistemi kullanır. Kendi güneş sistemimiz de dahil evrenin başka yerlerinde, hepsi de büyük ölçüde benzer şekilde, enerjilerini redoks kimyasından ve zar üzerindeki proton basamaklarından alarak çalışan bakterilere rastlamamamız benim için hayret verici olur. İlk ilkelerden hareket ederek öngörülebilecek bir şeydir bu.

Ama eğer bu doğruysa, evrenin başka yerlerinde karmaşık yaşam, Yeryüzü'nde ökaryotların karşı karşıya kaldığı kısıtlamaların kesinlikle aynısıyla karşılaşacaktır. Bütün ökaryotların, prokaryotlar arasında ender olarak gerçekleşen bir endosembiyozla, sadece bir kere doğmuş ortak bir atası olduğunu görmüştük. Bakteriler arasında gerçekleşen bu tür iki sembiyoz olduğunu biliyoruz (**Şekil 25**), *Parakaryon myojinensis*'i de dahil edersek bu sayı üçtür, bu nedenle fagositoz olmaksızın bakterilerin bakterilerin içine girmesinin mümkün olduğunu biliyoruz. 4 milyar yıllık evrim tarihi boyunca böyle binlerce, belki de milyonlarca vaka yaşanmış olsa gerektir. Dar bir geçittir ama çetin değildir. Her örnekte endosembiyoz ortaklarının gen kaybına uğramasını, evsahibi hücrenin büyüklüğü ve genom karmaşıklığının artması yönünde bir eğilim gözlenmesini bekleyebiliriz, *Parakaryon myojinensis*'te gördüğümüz şey de budur işte. Ama ev sahibi hücre ile endosembiyoz ortağı arasında yakın bir çatışma yaşanmasını da bekleyebiliriz, bu da dar geçidin ikinci kısmıdır, karmaşık yaşamın evrimini gerçekten zorlaştıran çifte bir sorundur. İlk ökaryotların büyük ihtimalle küçük nüfuslar halinde çabucak evrildiklerini görmüştük; ökaryotların ortak atalarıyla, hiçbirine bakterilerde rastlanmayan bu kadar fazla özellik paylaşması eşeyli üreyen, küçük ve kararsız bir nüfusun varlığını düşündürür. *Parakaryon myojinensis*, kuşkulandığım üzere, ökaryot evrimini tekrarlıyorsa, son derece düşük bir nüfus yoğunluğuna sahip olması (15 yıl süren taramalar boyunca sadece bir numuneye rastlanmış olması) öngörülebilir bir şeydir. Akıbeti büyük ihtimalle tükenmektir. Muhtemelen, çekirdeksel bölümünden ribozomlarının tamamını başarılı bir biçimde dışlamadığı için ya da henüz eşeyli üremeyi "icat etmediği" için ölecektir. Belki de milyonda bir ihtimalle bunu başaracak, Yeryüzü'nde ökaryotların ikinci gelişinin tohumunu ekecektir.

Sanırım akla yatkın bir çıkarımla, karmaşık yaşama evrende ender rastlanacağı sonucuna varabiliriz, doğal seçilimin insanları ya da başka bir karmaşık yaşam biçimini ortaya çıkarmak gibi için bir eğilimi yoktur. Bakteriyel karmaşıklık düzeyinde takılıp kalması daha büyük bir ihtimaldir. Bunu istatistiksel bir olasılığa bağlayamıyorum. *Parakaryon myojinensis*'in varlığı bazıları için cesaret verici olabilir, Yeryüzü'nde karmaşıklığın çok sayıda kökeni olması, karmaşık yaşamın evrenin başka bir yerinde daha yaygın olabileceği anlamına gelir. Belki de... Daha büyük bir kesinlikle savunacağım şey, enerjiye bağlı gerekçelerle, karmaşık yaşamın evriminin iki prokaryot arasında bir endosembiyoz gerektirdiği ve bunun, hücreler arasında devam eden yakın çatışmayı daha bir zorlaştırdığı, tuhaf bir kaza olmaya rahatsız edici derecede yakın, ender rastlanan rastgele bir olay olduğudur. Bunun ardından yine standart doğal seçilim gelir. Hücre çekirdeğinden tutun eşeyli üremeye varıncaya dek, ökaryotlarda ortak olan birçok özelliğin, ilk ilkelerden hareketle öngörülebilir olduğunu görmüştük. Daha da ileri gidebiliriz. İki cinsiyetin evrilmesi, germ hattı-soma ayrımı, programlanmış hücre ölümü, mitokondriler mozaiği ve aerobik uygunluk ile doğurganlık, uyarlanabilirlik ile hastalık, yaşlanma ile ölüm arasındaki alışverişler, bütün bu özellikler öngörülebilir bir biçimde, bir hücrenin içine yerleşmiş bir başka hücre olan başlangıç noktasından hareketle öngörülebilir özelliklerdir. Peki hepsi yeniden tekrarlanır mı? Sanırım bu kadarı tekrarlanır. Evrime enerjiyi dahil etmek uzun zamandır gecikmiş bir işti; doğal seçilim için öngörüye daha yatkın bir temel atmaya başlamıştır.

Enerji genlerden çok daha az affedicidir. Etrafınıza bir bakın. Bu muhteşem dünya, mutasyonlar ve yeniden birleşmenin, genetik değişimin, doğal seçilimin temelinin gücünü yansıtıyor. Pencerenizden gördüğünüz ağaçla bazı genleriniz ortak ama siz ve o ağaç, ökaryotların evriminin çok erken bir evresinde, 1,5 milyar yıl önce yollarınızı ayırdınız; her biriniz mutasyonlar, yeniden birleştirmeler ve doğal seçilimin ürünü olan farklı genlerin izin verdiği farklı bir yol izlediniz. Siz etrafta koşarsınız ve umarım zaman zaman hâlâ ağaçlara tırmanırsınız; onlarsa rüzgârda hafifçe eğilir, havayı daha fazla çevirir, hepsini bitirecek büyülü numaradır bu. Bütün bu farklılıklar genlerde yazılıdır, ortak atanızdan gelen ama artık tanınamayacak kadar değişmiş genlerde. Uzun evrim sürecinde bütün bu değişimlere izin verilmiş, hepsi seçilmiştir. Genler izin vermeye neredeyse sonsuz bir yatkınlığa sahiptir: Olabilecek her şey olur.

Ama o ağacın da büyük ölçüde kloroplastları gibi çalışan, trilyonlarca solunum zincirine sonsuzca elektron aktaran, her zaman olduğu gibi zarlardan proton pompalayan mitokondrileri vardır;sizin de her zaman yaptığınız gibi… Mekik dokuyan bu elektronlar ve protonlar, ana rahminden beri sizi ayakta tutmuştur: Saniyede $10^{21}$ proton pompalarsınız, her saniye, durmaksızın. Mitokondrileriniz annenizden, onun yumurta hücresinden, en değerli armağanından gelir; kesintisiz, aralıksız, nesilden nesile, 4 milyar yıl öncesinde hidrotermal menfezlerde ilk yaşam kıpırtılarına uzanan yaşam armağanıdır bu. Bu tepkimeye bulaşırsanız riske girersiniz. Siyanür elektron ve proton akışını keser, yaşamınızı aniden sonlandırır. Yaşlanmak da aynısını yapar ama yavaşça, nazikçe. Ölüm elektron ve proton akışının kesilmesi, zar potansiyelinin çökmesi, sönmeyen alevin son bulmasıdır. Yaşam dinlenecek bir yer arayan bir elektrondan başka bir şey değilse, ölüm o elektronun dinlenmeye çekilmesinden başka bir şey değildir.

Bu enerji akışı, hayret verici ve amansızdır. Saniyeler ve dakikalar içinde yaşanan bir değişiklik, deneyi tamamıyla sona erdirebilir. Sporlar, sonunda çıktıkları için kendilerini şanslı hissetmeleri gereken metabolik bir uykuya dalarak bundan kurtulabilirler. Ama geri kalanlarımız... ilk canlı hücrelerin enerjisini sağlayan aynı süreçlerle ayakta kalırız. Bu süreçler temelde hiç değişmemiştir, nasıl değişebilirlerdi? Yaşam canlılar içindir. Yaşamın kesintisiz bir enerji akışına gereksinimi vardır. Enerji akışının, mümkün olanları tanımlayarak evrimin yoluna büyük engeller çıkarmış olması pek şaşırtıcı değildir. Bakterilerinyaptıkları şeyi sürdürmeleri, büyümelerini, bölünmelerini, fethetmelerini sağlayan aleve ciddi bir biçimde çomak sokamamaları şaşırtıcı değildir. İşe yaramış tek kazanın, prokaryotlar arasındaki tek bir endosembiyozun bu alevi üflemiş, onu her bir ökaryot hücrede birçok kopyasını çıkararak canlandırmış, sonunda karmaşık yaşamı doğurmuş olması şaşırtıcı değildir. Bu alevi canlı tutmanın fizyolojimiz ve evrimimiz açısından yaşamsal önemde olması, geçmişimizin ve bugünkü yaşamlarımızın birçok garip noktasını açıklaması şaşırtıcı değildir. Ne şanslıyız ki zihinlerimiz, evrendeki en beklenmedik biyolojik makineler, bugün, bu durmak bilmez enerji akışının yolu haline gelmiş; yaşamın neden olduğu gibi olduğunu düşünebiliyoruz. Proton-yönlendirme gücü sizi korusun!

# Sözlük

**aerobik solunum:** Bizim solunum biçimimiz; bu solunum biçiminde besin ile oksijen arasındaki tepkimeden elde edilen enerji iş enerjisi olarak kullanılır; bakteriler de mineralleri ya da gazları oksijenle "yakabilir." Ayrıca bkz. *anaerobik solunum* ve *solunum.*

**ADP** (adenosin difosfat) ATP "harcandığında" oluşan bir çöküntü üründür; solunum enerjisi bir fosfatı ($PO_4^{-3}$) yeniden ADP'yle birleştirip ATP'yi yenilemek için kullanılır. **Asetil fosfat** biraz ATP'ye benzer biçimde çalışan, Dünya'nın ilk zamanlarındaki jeolojik süreçlerle

**alel:** Bir popülasyonda belli bir gen biçimi.

**alkalin hidrotermal menfez:** Genellikle deniz tabanında bulunan, hidrojen gazı bakımından zengin sıcak alkalin sıvılar salan bir tür menfez; yaşamın doğuşunda muhtemelen önemli bir rol oynamıştır.

**aminoasit:** Bir zincir halinde bağlanarak (sıklıkla yüzlerce aminoasit içeren) bir protein oluşturan 20 farklı moleküler yapıtaşından biri.

**anaerobik solunum:** Bakterilerde yaygın olan, oksijen dışında başka moleküllerin (örneğin nitrat ya da sülfatın) besinler, mineraller ya da gazları "yakmak" (oksitlemek) için kullanıldığı birçok alternatif solunum biçiminden biri. Anaerobik solunum yapan organizmalar oksijensiz yaşar. Ayrıca bkz. *Aerobik solunum* ve *solunum.*

**angström (A):** Kabaca bir atom ölçeğinde, teknik olarak bir metrenin on milyarda birine denk ($10^{-10}$ m) bir uzunluk birimi; bir nanometre bir angströmden 10 kat daha uzundur, bir metrenin milyarda birine eşittir ($10^{-9}$).

**antiporter:** Yüklü bir atomu (iyon) bir zardan bir başka yüklü atoma, örneğin bir protona ($H^+$) karşılık bir sodyum iyonu (Na+) geçiren bir protein "turnikesi."

**apoptosis:** "Programlanmış" hücre ölümü, genlerin şifrelediği, bir hücrenin kendi kendisini ortadan kaldırdığı, enerji tüketen bir süreç.

**arke:** Yaşamın üç büyük âleminden biri, diğer ikisi bakteriler ve ökaryotlardır (bizim gibi); arkeler prokaryottur, DNA'larını depolayan bir çekirdekten ve karmaşık ökaryotlarda bulunan diğer incelikli yapıların çoğundan yoksundurlar.

**arkezoa:** Bunları arkelerle karıştırmayın! Arkezoa bir zamanlar, bakteriler ile daha karmaşık ökaryot hücreler arasında evrim sürecindeki "kayıp halka" olduğu sanılan basit, tek hücreli ökaryotlardır.

**ATP:** Adenosin trifosfat; bilinen bütün hücrelerin kullandığı biyolojik enerji "para birimi." oluşmuş olması mümkün basit (iki karbonlu) bir biyolojik enerji "para birimi"dir.

**ATP sentazı:** Dikkat çekici döner bir motor protein, hücre zarında yerleşik olup proton akışını kullanarak ATP sentezinin enerjisini sağlayan bir nanotürbin.

**bakteri:** Yaşamın üç büyük âleminden biri, diğer ikisi arkeler ve (bizim gibi) ökaryotlardır; arkelerin yanı sıra bakteriler de prokaryottur, DNA'larının depolandığı bir çekirdekten ve karmaşık ökaryotlarda bulunan diğer incelikli yapıların çoğundan yoksundurlar.

**bencil çatışma:** İki farklı oluşumun çıkarları arasında, örneğin endosembiyoz ortakları ya da plazmidler ile evsahibi hücre arasında metaforik bir çatışma.

**cinsiyet belirlenmesi:** Erkeklerin ya da kadınların gelişimini kontrol eden süreçler.

**çekirdek:** Karmaşık (ökaryot) hücrelerde "kontrol merkezi," hücrenin genlerinin çoğunu içerir (bu genlerin bazıları mitokondrilerde bulunur).

**çevrim** (*translation*): Aminoasitlerin kesin diziliminin bir RNA şifre yazımıyla (haberci RNA) belirlendiği yeni bir proteinin (bir ribozom üzerinde) fiziksel olarak toparlanması.

**çözüm** (*transcription*): Yeni bir protein yapılmasının ilk adımı olarak DNA'dan kısa bir RNA şifre yazımı (haberci RNA denir) oluşturulması.

**dağıtıcı yapı:** Bir girdap, fırtına ya da yüksek hıza sahip hava akımında olduğu gibi, sürekli bir enerji akımıyla ayakta tutulan, karakteristik bir biçim alan kararlı bir fiziksel yapı.

**dengesizlik:** Birbirleriyle tepkimeye girmek "isteyen" moleküllerin henüz bunu yapmamış oldukları, potansiyel olarak tepkimeye hazır durum. Organik madde ve oksijen dengesizlik halindedir, fırsat tanınırsa (bir eşleşme halinde) organik madde yanar.

**DNA:** Deoksiribonükleik asit, çifte bir sarmal biçimini almış kalıtsal malzeme; **parazit DNA** bireysel organizmanın zararına kendisini bencilce kopyalayan DNA'dır.

**egzergonik:** İşe enerji sağlayabilecek serbest enerji salan bir tepkime. Egzotermik bir tepkime ısı verir.

**elektron:** Negatif bir elektrik yükü taşıyan atomaltı bir parçacık. **Elektron alıcısı** bir ya da daha fazla elektron kazanan bir atom ya da moleküldür; **elektron vericisi** elektron kaybeder.

**endergonik:** Gerçekleşmek için bir serbest enerji girdisi (ısı değil, "iş") gerektiren tepkime. Endotermik bir tepkime gerçekleşmek için bir ısı girdisi gerektirir.

**endosembiyoz:** İki hücre arasında kurulan, birinin fiziksel olarak diğerinin içinde yaşadığı karşılıklı ilişki (genellikle bir metabolik madde alışverişi).

**entropi:** Kaosa doğru meyleden bir moleküler düzensizlik hali.

**enzim:** Bir kimyasal tepkimeyi hızlandıran, sıklıkla hızını milyonlarca kat artıran bir protein.

**eşeyli üreme:** Hücrelerin mayozla bölünerek, her biri normal kromozom kotasının yarısına sahip gametlerin oluşmasını, sonra bu gametlerin birleşmesiyle döllenmiş bir yumurtanın oluşmasını içeren bir üreme döngüsü.

**fagositoz:** Bir hücrenin bir başka hücre tarafından fiziksel olarak yutulması, hücre içinde hazmedilmek üzere bir "besin" kofuluna çevrilmesi. **Ozmotrofi** besinin dışarda hazmedilmesi, mantarların yaptığı gibi, daha sonra küçük bileşikler halinde özümsenmesidir.

**fermantasyon:** Bu anaerobik solunum değildir! Fermantasyon zarlar üzerinde proton basamakları ya da ATP sentazı içermeyen, ATP üretimine yönelik tümüyle kimyasal bir süreçtir. Farklı organizmalarda farklı yollar bulunur; biz atık ürün olarak laktik asit üretiriz, mayalar alkol oluşturur.

**FeS topluluğu:** Solunumda kullanılan bazı proteinler de dahil olmak üzere birçok önemli proteinin kalbinde bulunan bir demir ve sülfür atomları (genellikle $Fe_2S_2$ ya da $Fe_4S_4$ bileşiği) kafesinden oluşan mineral benzeri küçük bir kristal, demir-sülfür topluluğu.

**fotosentez:** Güneş enerjisinin sudan elektron (ya da başka maddeler) çıkarmakta, nihayetinde bunları karbondioksite bağlamakta kullanılmasıyla karbondioksitin organik maddeye çevrilmesi.

**gen:** Bir proteini (ya da düzenleyici RNA gibi başka bir ürünü) şifreleyen bir DNA parçası. Genom bir organizmadaki genler topluluğudur.

**germ hattı:** Hayvanlardaki uzmanlaşmış cinsiyet hücreleri (sperm ve yumurta hücreleri gibi); her kuşakta yeni bireyler ortaya çıkaran genleri sadece bu hücreler geçirir.

**indirgeme:** Bir maddeye bir ya da daha fazla elektronun eklenmesi onu indirgenmiş yapar.

**intron:** Bir gen içinde, bir proteini şifrelemeyen, genellikle protein yapılmadan önce şifre yazımından çıkarılan "boşluk" dizilimi. **Hareketli intronlar** bir genom içinde kendi kendilerini kopyalayabilen genetik parazitlerdir; ökaryot intronlar, açıktır ki, ökaryot evriminin ilk evrelerinde hareketli bakteriyel intronların yayılmasından türemiş, bunu mutasyonal bir bozulma izlemiştir.

**Kartopu Dünya:** Ekvator'da buzdağlarının deniz seviyesinin üstüne çıktığı küresel bir donma; Dünya'nın tarihinde birkaç kez yaşandığı sanılmaktadır.

**kemiozmotik eşleşme:** Solunumdan gelen enerjinin bir zardan proton pompalamak için kullanılma biçimi; zardaki protein türbinlerinden (ATP sentazı) geri proton akışı ATP'nin oluşumunu yürütür. Böylece solunum, bir proton basamağı sayesinde ATP senteziyle "eşleşir."

**kloroplast:** Bitki hücreleri ve alglerde fotosentezin gerçekleştiği uzmanlaşmış bir bölüm; aslen siyanobakteri denilen fotosentez yapan bakterilerden türemiştir.

**kopyalama:** Bir hücre ya da molekülün (genelde DNA) kopyalanmasıyla iki yavru kopyanın ortaya çıkması.

**kromozom:** Hücre bölünmesi sırasında görünür olan, proteinlere sıkıca sarmalanmış DNA'dan oluşan boru biçimli bir yapı; insanlarda genlerimizin iki kopyasını içeren 23 çift ayrı kromozom bulunur. **Akışkan bir kromozom**, farklı gen (alel) bileşimleri oluşturan bir yeniden birleştirme geçirir.

**LUCA:** Bugün yaşayan bütün hücrelerin son evrensel ortak atası; varsayımsal özellikleri, modern hücrelerin özellikleri karşılaştırılarak yeniden kurulabilir.

**mayoz:** Eşeyli üreme sırasındaki indirgeyici hücre bölünmesi süreci. Ebeveyn hücrelerde bulunan iki kümenin yerine (diploid) tek bir kromozom kümesi bulunan (haploid olan) gametler oluşur bu süreçte. Mitoz ökaryotlardaki normal hücre bölünmesi biçimidir. Burada kromozomlar iki katına çıkar, daha sonra mikrotübüler bir eksen üzerinde iki yavru hücreye bölünür.

**metabolizma:** Canlı hücreler içinde yaşamı ayakta tutan kimyasal tepkimeler kümesi.

**mitokondriler:** Ökaryot hücrelerde, alfa-proteobakterilerden türeyen, kendilerine ait küçük ama son derece önemli bir genoma sahip ayrı "enerji reaktörleri." **Mitokondriyal genler** fiziksel olarak mitokondriler içinde yerleşik genlerdir. **Mitokondriyal biyojenez** yeni mitokondrilerin kopyalanması ya da büyümesidir; bu da çekirdekte genler bulunmasını gerektirir.

**monofiletik yayılma:** Merkezi bir göbekten çok sayıda tekerlek parmağının çıkmasında olduğu gibi, tek bir ortak atadan (yani tek bir filumdan) çok sayıda türün ayrılması.

**mutasyon:** Genellikle, bir genin diziliminde meydana gelen bir değişikliği ifade eder ama rastgele silmeler ya da DNA kopyalamaları gibi başka genetik değişiklikleri de içerir.

**nükleotid:** Bir zincir halinde birleşerek DNA ve RNA'yı oluşturan yapıtaşlarından biri; enzimlerde eş etken olarak hareket eden, belli tepkimeleri hızlandıran birbiriyle ilişkili çok sayıda nükleotid vardır.

**ortolog:** Farklı türlerde bulunan aynı işleve sahip aynı gen; bu türlerin hepsi de bu geni ortak bir atadan almıştır.

**oksitlenme:** Bir maddeden bir ya da daha fazla elektronun çıkarılması, o maddeyi oksitler.

**ökaryot:** Bir çekirdek ve mitokondriler gibi başka uzman yapılar içeren bir ya da daha fazla hücreden oluşan bir organizma; amipler gibi protistler, bitkiler, hayvanlar, mantarlar ve algler dahil bütün karmaşık yaşam biçimleri ökaryot hücrelerden oluşmuştur. Ökaryotlar yaşamın üç büyük âleminden biridir; diğer ikisi basit prokaryot âlemleri bakteriler ve arkelerdir.

**paralog:** Aynı genom içinde gen kopyalamalarıyla oluşan bir gen ailesinin mensubu; farklı türlerde ortak bir atadan miras alınmış benzer gen aileleri de bulunabilir.

**pH:** Proton yoğunluğunu belirten bir asitlik ölçüsü; asitlerde proton yoğunluğu yüksektir (pH değeri düşük, 7'nin altındadır); alkalilerde proton yoğunluğu düşük, bu nedenle pH değeri yüksektir (7-14); saf suyun pH değeri nötrdür (7).

**plazmid:** Bencilce bir hücreden diğerine geçen küçük bir parazit DNA halkası; plazmidler ev sahibi hücreleri için de yararlı genler (örneğin antibiyotik direnci gösteren genler) sağlayabilirler.

**polifiletik ışınım:** Çok sayıda merkezden çok sayıda tekerlek parmağının çıkmasında olduğu gibi, evrimsel olarak farklı atalardan (farklı filumlar) çok sayıda türün ayrılması.

**prokaryot:** Yaşamın üç âleminden ikisini, hem bakterileri hem arkeleri içeren, bir hücre çekirdeğinden yoksun olan basit hücreleri ifade eden (tam anlamı "çekirdek öncesi" olan) genel bir terim.

**protein:** Bir gendeki DNA harfleri diziliminin belirttiği kesin bir düzenle birbirine bağlanmış bir aminoasitler zinciri; bir **polipeptid** düzeninin belirtilmesi gerekmeyen daha kısa bir aminoasit zinciridir.

**protist:** Tek hücreli bir ökaryot. Bazıları çok karmaşık olup 40.000 kadar gene ve bakterilerden en az 15.000 kat daha büyük ortalama boyutlarla sahip olabilir; **protozoa** hayvanlar gibi davranan amipler benzeri protistleri ifade eden ("ilk hayvanlar" anlamına gelen) canlı ama kusurlu bir terimdir.

**proton:** Pozitif yüklü atomaltı bir parçacık; bir hidrojen atomu tek bir protonla tek bir elektrondan oluşur; elektronun kaybı sonrasında geride hidrojen çekirdeği kalır, pozitif yüklü protonun bulunduğu bu çekirdeğe $H^+$ denir.

**proton basamağı** (*proton gradient*)**:** Bir zarın iki tarafında proton yoğunluklarında gözlenen farklılık; **proton yönlendirme gücü** bir zar üzerinde elektrik yükü ve $H^+$ yoğunluğunda gözlenen bileşik farklılıklardan kaynaklanan elektrokimyasal kuvvettir.

**redoks:** Birleşik indirgeme ve oksitleme süreci. Bir vericiden bir alıcıya elektron aktarımı anlamına gelir. Bir **redoks eşleşmesi** belli bir elektron vericisi ile belli bir alıcıdır; bir **redoks merkezi** bir elektron aldıktan sonra onu aktarır, böylece hem alıcı hem verici olur.

**ribozom:** Bütün hücrelerde bulunan, RNA şifre yazılımını (DNA'dan kopyalanan) yapıtaşı aminoasitlerin doğru dizilimine sahip bir proteine çeviren protein yapım "fabrikaları."

**RNA:** Ribonükleik asit; DNA'nın yakın bir kuzeni ama iki kimyasal değişiklik yapısını ve özelliklerini değiştirmiştir. RNA üç temel biçimde bulunur: Haberci RNA (DNA'dan kopyalanan bir şifre yazımı); aktarım RNA'sı (genetik şifreye göre aminoasitleri taşır); ribozomal RNA (ribozomlarda "makine parçası" olarak davranır).

**RNA dünyası:** RNA'nın hem kendi kopyalamasının modeli (DNA yerine) hem tepkimeleri hızlandıran bir katalizör olarak davrandığı varsayımsal erken bir evrim aşaması.

**sabitlenme:** Bir genin belli bir biçiminin (alel) bir popülasyonun bütün bireylerinde bulunması.

**seçici tarama:** Belli bir genetik varyasyonun (alel) güçlü seçilimiyle, nihayetinde bir popülasyondaki diğer bütün varyasyonların yerini alması.

**serbest enerji:** İş enerjisi olmakta serbest olan enerji (ısı değil).

**serbest radikal:** Eşi olmayan bir elektronun bulunduğu bir atom ya da molekül (elektronun eşinin olmaması bu molekülü kararsız ve tepkimeye hazır hale getirir); solunumdan kaçan oksijen serbest radikalleri yaşlanma ve hastalıklarda rol oynayabilir.

**serpantinleşme:** Bazı kayalar (olivin gibi magnezyum ve demir bakımından zengin mineraller) ile su arasındaki kimyasal bir tepkime; bu tepkime sonucu, hidrojen gazına doymuş güçlü bir biçimde alkalin sıvılar ortaya çıkar.

**sitoplazma:** Hücrelerin çekirdek dışındaki jel benzeri malzemesi; mitokondri gibi hücrenin iç bölümlerini çevreleyen sulu çözeltiye sitozol denir. Hücre iskeleti hücrelerin içinde bulunan dinamik protein yapıdır, hücreler şekil değiştirirken o da yeni şekiller alabilir.

**solunum:** Besinlerin "yakılmasıyla" (oksitlenme) ATP biçiminde enerji üretilen süreç. Besinlerden ya da başka elektron vericilerinden (örneğin hidrojen) elektronlar alınır ve **solunum zinciri** denilen bir dizi adımla oksijene ya da başka oksidanlara (örneğin nitrat) aktarılır. Salınan enerji bir zarın ötesine proton pompalamakta kullanılır, böylece ATP sentezini yürüten bir proton yönlendirme gücü ortaya çıkar. Ayrıca bkz. *anaerobik solunum* ve *aerobik solunum*.

**substrat:** Hücrelerin büyümesi için gerekli olan, enzimlerin biyolojik moleküllere çevirdiği maddeler.

**tekebeveynli kalıtım:** Mitokondrilerin sistematik bir biçimde kalıtımla, iki ebeveynin sadece birinden, genellikle spermden değil de yumurtadan alınması; **iki ebeveynli kalıtım** mitokondrilerin iki ebeveynden de alınması anlamına gelir.

**termodinamik:** Isı, enerji ve işle uğraşan bir fizik dalı; termodinamik bir dizi koşulda gerçekleşen tepkimelere hükmeder; **kinetik** bu gibi tepkimelerin fiilen gerçekleşme hızını belirler.

**termoforez:** Organik maddelerin termal basamaklar ya da konveksiyon akımlarıyla yoğunlaşması.

**varyasyon:** Bir sayı kümesiyle belirtilen yayılma ölçüsü; varyasyon sıfırsa, bütün değerler birbirinin aynıdır; varyasyon küçükse değerlerin hepsi de ortalamaya yakındır; yüksek varyasyon geniş bir değerler yelpazesi anlamına gelir.

**yağ asidi:** Genelde birbirine bağlı 15-20 karbon atomundan oluşan, bakteriler ve ökaryotların yağlı (lipid) zarlarında kullanılan uzun bir hidrokarbon zinciri.

**yanal gen aktarımı:** Bir hücreden diğerine (genellikle) az sayıda gen aktarımı ya da doğal ortamdan çıplak DNA alımı. Yanal gen aktarımı aynı kuşak içinde gen alışverişidir; **dikey kalıtım**da genomun tamamı kopyalanır ve hücre bölünmesinde yavru hücrelere geçirilir.

**yeniden birleştirme:** Bir DNA parçasının, başka bir kaynaktan benzer bir parçanın değişmesi sonucu, "akışkan" kromozomlarda farklı gen bileşimlerinin (özellikle de alellerin) ortaya çıkması.

**zar:** Hücreleri çevreleyen çok ince yağlı bir katman (hücrelerin içinde de bulunur); hidrofobik (suyu sevmeyen) bir iç kısmı ile her iki tarafta hidrofilik (suyu seven) baş grupları olan "lipid bir ikili katman"dan oluşur. Zar potansiyeli zarın karşıt tarafları arasındaki elektrik yüküdür (potansiyel farklılıktır).

# Notlar

## BİRİNCİ BÖLÜM Yaşam Nedir?

1   Şifreleme yapmayan bu DNA'nın yararlı bir amaca hizmet edip etmediğiyle ilgili gürültülü bir tartışma vardır. Bazıları yararlı olduğunu ileri sürerek, "hurda DNA" teriminin bir kenara bırakılması gerektiğini belirtir. Bazılarıysa "soğan testi"nden dem vurur: Şifreleme yapmayan DNA'nın büyük bölümü yararlı bir amaca hizmet ediyorsa, neden bir soğanın bir insandan beş kat daha fazla bu tür DNA'ya ihtiyacı vardır? Kanımca bu terimi bir kenara bırakmak için vakit henüz erkendir. Hurda, çöple aynı şey değildir. Çöp hemen atılır, hurda belki bir gün bir işe yarar diye garajda tutulur.

2   Radyoaktif olup yarı ömrü 5.570 yıl olan kararsız, üçüncü bir izotop daha vardır: Karbon-14. Bu izotop genellikle insanlardan kalan eserlerin tarihlerini tespit etmekte kullanılır ama jeolojik dönemlerin belirlenmesi açısından bir yararı yoktur, bu nedenle de burada anlattığımız hikâyeyle ilgili değildir.

3   Bu metanı metanojenik bakteriler, daha doğrusu arke üretir; karbon izotop imzalarına inanırsak, arke 3-4 milyar yıl önce boldu. Daha önce de belirttiğimiz üzere, metan, Yeryüzü'nün ilksel atmosferinin önemli bir bileşeni değildi.

4   Bu bölümde, basitlik adına büyük ölçüde sadece bakterilerden bahsedeceğim ama aslında Giriş bölümünde tartıştığımız üzere, hem bakterileri hem arkeyi kapsayan prokaryotları kast ediyorum. Arkenin önemine bu bölümün sonuna doğru yeniden döneceğiz.

5   Bu kesinkes doğru değildir. Aerobik solunum fermentasyona nazaran yaklaşık bir büyüklük düzeni daha fazla kullanılabilir enerji üretir ama fermentasyon teknik olarak bir solunum biçimi değildir. Gerçek anaerobik solunumda nitrat gibi, oksijen dışında başka maddeler elektron alıcısı olarak kullanılır ve bu maddeler neredeyse oksijenin kendisi kadar fazla enerji sağlar. Ama bu oksidanlar ancak aerobik dünyada solunuma uygun düzeylerde birikebilir, çünkü oluşumları oksijene dayalıdır. Bu nedenle suda yaşayan hayvanlar oksijen yerine nitrat kullanarak solunum yapabilseler bile, bunu ancak oksijenli bir dünyada yapabilirler.

6   Bitkilerde endotermi fikri şaşırtıcı gelebilir ama birçok farklı çiçekte gerçekleştiği, muhtemelen çekici kimyasalların salımına yardımcı olarak polenleyicilerin çekilmesini sağladığı bilinmektedir; polenleyici böcekler için bir "sıcaklık ödülü" sağlayabilir, çiçeklerin gelişimini teşvik edip bitkileri düşük ısıya karşı koruyor da olabilir. Kutsal

lotus (*Nelumbo nucifera*) gibi bazı bitkiler termoregülasyon becerisine bile sahiptir, ısıdaki değişiklikleri hissedip doku ısısını dar bir aralıkta koruyacak şekilde hücresel ısı üretimini düzenleyebilirler.

7 Bu sözcüklerin hepsinde de yıllar içinde birikmiş ağır entelektüel ve duygusal anlamlar yüklüdür. Arkebakteri ve arke terimleri, bu alem bakterilerden eski olmadığı için teknik olarak yanlıştır. Ben arke ve bakteri terimlerini kullanmayı tercih ediyorum, bunun nedeni kısmen bu sözcüklerin iki alem arasındaki şaşırtıcı derecede temel farklılıkları vurgulaması, kısmen de daha basit olmasıdır.

## İKİNCİ BÖLÜM Yaşamak Nedir?

1 Elbette ki nitrat ve fosfat gibi minerallere de ihtiyaçları vardır. Birçok siyanobakteri (bitkilerin fotosentez yapan organelleri olan kloroplastların bakteriyel öncüleri) azotu sabitler; bu demektir ki, havadaki nispeten atıl azot gazını ($N_2$) daha faal ve kullanılabilir amonyak biçimine çevirebilirler. Bitkiler bu beceriyi kaybetmiştir, kimi zaman etkin azotlarını sağlayan baklagillerin kök nodüllerindeki sembiyotik bakteriler biçiminde doğal ortamlarının genişliğine güvenirler. Bu yabancı biyokimyasal mekanizma olmaksızın, bitkiler de virüsler gibi büyüyemez ya da üreyemez. Asalaklar!

2 Bir yıldız oluştuğunda da benzer bir şey olur: Burada maddeler arasında faaliyet gösteren kütleçekimin fiziksel kuvveti yerel düzensizlik kaybını siler ama nükleer füzyonun yarattığı muazzam boyutlardaki ısı salımı güneş sisteminin ve evrenin başka yerlerinde düzensizliği artırır.

3 Daha insani bir örnek 1628'deki ilk yolculuğu sırasında Stockholm'ün dışındaki körfezde batan, 1961'de kurtarılan 17. yüzyıla ait sağlam savaş gemisi *Vasa*'dır. *Vasa*, büyümekte olan Stockholm kenti, kanalizasyonunu deniz havzasına döktüğü için mükemmel bir biçimde korunmuştur. Kelimenin tam anlamıyla bok içinde korunmuştur; kanalizasyon gazı hidrojen sülfat, oksijenin geminin incelikli ahşap oymalarına saldırmasını önlemiştir. Geminin çıkarılmasından beri bu oymaların korunması için mücadele edilmektedir.

4 Endoterminin yani sıcakkanlılığın evrimi açısından bu ilginç bir noktadır. Sıcakkanlıların daha fazla ısı kaybetmesi ile daha fazla karmaşık olması arasında mutlaka bir bağlantı olmasa bile, daha büyük karmaşıklığın bedelinin nihayetinde daha büyük ısı kaybı olması gerektiği doğrudur. Bu nedenle sıcakkanlılar prensip itibarıyla (aslında öyle olmasa bile) soğukkanlılardan daha büyük bir karmaşıklığa sahiptir. Muhtemelen bazı kuşlar ve memelilerin incelikli beyinleri vurgulanması gereken bir noktadır.

5 1 angström (A) $10^{-10}$ metredir, yani bir metrenin on milyarda birine eşittir. Bugün teknik olarak modası geçmiş bir terimdir, genel olarak yerini $10^{-9}$ metreye eşit olan nanometreye bırakmıştır ama proteinler arasındaki mesafelerin değerlendirilmesinde hâlâ çok yararlıdır. 14 angström 1,4 nanometredir. Solunum zincirindeki redoks merkezlerinin çoğu arasındaki mesafe 7 ile 14 angström arasında değişir, birkaçı arasındaki mesafe 18 angströmü bulur. Redoks merkezleri arasında 0,7 ila 1,4 na-

nometre mesafe olduğunu söylemek aynı şeydir ama bir şekilde bu mesafeye ilişkin duyumumuzu sıkıştırır. İç mitokondriyal zar 60 angström uzunluğundadır, incecik 6 nanometreyle karşılaştırıldığında derin bir lipid okyanusudur bu! Birimler mesafe duygumuzu koşullandırır.

6   Sadece ATP değil. Proton basamağı (arkesel değil) bakteriyel kamçının dönüşüne ve moleküllerin hücrenin içine ve dışına taşınmasına enerji sağlamak için kullanılan ve ısı yaratmak için dağıtılan, çok amaçlı bir kuvvet alanıdır. Programlanan hücre ölümüyle (*apoptosis*) hücrelerin ölümü ve yaşamı açısından da merkezi önemdedir. Bu meseleye yeniden döneceğiz.

7   Ofisim Peter Rich'in odasının bulunduğu koridorda olduğu için ayrıcalıklıyım; Rich, Peter Mitchell'ın emekliye ayrılması sonrasında Glynn Enstitüsü'nün başına geçmiş, sonunda bu enstitüyü Glynn Biyoenerji Laboratuvarı olarak UCL'ye taşımıştır. O ve grubu, protonları IV. komplekste (sitokrom oksidazda), oksijenin suya indirgendiği son solunum kompleksinde yöneten dinamik su kanalları üzerinde faal olarak çalışıyordu.

8   Bu, oksijensiz fotosentezin dezavantajlarından biridir; hücreler nihayetinde kendilerini kendi atıklarıyla çevreler. Bazı gruplaşmış demir oluşumlarında, muhtemelen bu durumu yansıtan, bakteri büyüklüğünde küçük delikler oluşmuştur. Oysa tersine oksijen, potansiyel olarak zehirli olsa da basitçe yayılıveren bir gaz olduğu için çok daha iyi bir atık üründür.

9   Solunumun fotosentezden türemesi yerine, işlerin tam ters yönde işlediğinden nasıl bu kadar emin olabiliriz? Çünkü solunum yaşamın tamamında geneldir ama fotosentez sadece birkaç bakteri grubuyla sınırlıdır. Son evrensel ortak ata fotosentetik olsaydı, bu değerli özelliği çoğu bakteri grubu ve *bütün* arkelerin kaybetmiş olması gerekirdi. En hafif tabirle bu tutumluluk değildir.

10  Lipidler iki kısımdan oluşur: Hidrofilik bir baş grubu ile iki ya da üç hidrofobik "kuyruk" (bakteriler ve ökaryotlarda yağ asitleri, arkelerde izoprenler). Bu iki kısım, lipidlerin yağ damlacıkları yerine ikili katmanlar oluşturmasını sağlar. Arkeler ve bakterilerde baş grubu aynı molekül, gliseroldür ama bunların her biri tam tersi ayna imgesi biçimini kullanır. Bu, bütün yaşamın DNA'da solak aminoasitlerle, sağlak şekerleri kullandığı yönünde sıklıkla dile getirilen olguyla ilginç bir teğet oluşturur. Bu kiralite sıklıkla, biyolojik enzimler düzeyinde seçilim yerine bir izomer yerine bir diğerinden yana bir tür abiyotik önyargıyla açıklanır. Arkeler ve bakterilerin zıt gliserol stereoizomerleri kullanması, şans ve seçilimin muhtemelen büyük bir rol oynadığını gösterir.

## ÜÇÜNCÜ BÖLÜM Yaşamın Kökeninde Enerji

1   Zirkon kristalleri ve ilk kayaların kimyasına dayanarak, ilk zamanlarda Dünya'nın artık, volkanik zehirli gazlardan arınmayı yansıtan, büyük ölçüde karbondioksit, azot ve su buharından oluşan nispeten nötr bir atmosferi olduğuna inanılmaktadır.

2   Şu zararsız "akla yatkın ilksel koşullar" deyişi aslında çok sayıda günahı gizler. Yüzeysel olarak bakınca, kullanılan bileşikler ve koşulların Dünya'nın ilk evrelerinde makul

bir biçimde bulunabileceğini ifade eder sadece. Hadean okyanuslarında bir miktar siyanür bulunması gerçekten de akla yatkındır, ayrıca Dünya'nın ilk zamanlarında sıcaklığın (hidrotermal menfezlerde) birkaç yüz derece ile dondurucu soğuklar arasında değişmesi de mümkündü. Sorun şudur ki, bir çorbada gerçekçi düzeyde organik madde yoğunlaşması, laboratuvarda kullanılma eğilimi gösterilenden çok daha düşüktür; aynı doğal ortamda hem ısıtma hem dondurmanın varolması pek mümkün değildir. Bu nedenle evet: Bütün bu koşullar gezegenin bir yerlerinde varolmuş olabilirdi ama gezegenin tamamı sentetik bir kimya laboratuvarı gibi bütünlüklü bir dizi deneyle uğraşan tek bir birimmiş gibi alındığında, bu koşullar ancak prebiyotik kimyayı yürütebilirdi. Bu akla yatkın olmaktan son derece uzaktır.

3   Çorbayı, sanki yıldırımlar ya da UV ışınlarıyla "Dünya'da yapılmış" gibi tartıştım. Alternatif bir organik madde kaynağı da, uzaydan kimyasal panspermiyle gelmiş olmasıdır. Organik moleküllerin uzayda ve göktaşlarında bol miktarda bulunduğuna kuşku yoktur; bu organik maddeler Dünya'ya göktaşlarıyla hiç kuşkusuz hızla geliyordu. Ama buraya geldiklerinde bu organik maddelerin okyanuslarda çözünmesi, en iyi ihtimalle ilksel bir çorbaya eklenmesi gerekiyordu. Bu da kimyasal pansperminin yaşamın kökenine verilecek bir cevap olmadığı anlamına gelir: Çorba gibi, o da aynı izi sürülemez problemlerle karşı karşıya kalır. Fred Hoyle, Francis Crick ve başkalarının ileri sürdüğü üzere, hücrelerin uzaydan gelmiş olması da bir çözüm değildir: Problemi bir başka yöne iter sadece. Yeryüzü'nde yaşamın tam olarak nasıl başladığını hiç söyleyemeyebiliriz ama burada ya da başka yerlerde canlı hücrelerin doğuşuna hükmetmiş olması gereken ilkeleri inceleyebiliriz. Panspermi bu ilkeleri ele almayı beceremez, bu nedenle de konuyla ilgisizdir.

4   Bu Occam'ın kılıcına, bütün bilimin felsefi temeline bir göndermedir: En basit doğal nedeni varsayalım. Bu cevabın doğru olmadığı anlaşılabilir ama gerekli olduğu gösterilmedikçe daha karmaşık bir akıl yürütmeye başvurmamamız gerekir. Nihayetinde, diğer bütün olasılıkların aksi ispat edildiğinde (ki bundan yana kuşkularım var) kopyalamanın kökenini açıklamak için göksel mekanizmalara başvurmamız gerekebilir; ama o zamana dek nedenleri çoğaltmaktan kaçınmalıyız. Bu sadece soruna yaklaşmanın bir yoludur ama bilimin dikkat çekici başarısı bunun çok etkili bir yaklaşım olduğunu göstermiştir.

5   Tanıdık bir örnek şarabın alkol içeriğidir, bu içerik tek başına alkolik fermentasyonla %15'in üzerine çıkamaz. Alkol arttıkça daha başka tepkimeleri (fermentasyon) engeller, daha fazla alkol oluşumunu önler. Alkol çıkarılmazsa fermentasyon durma noktasına gelir: Şarap termodinamik dengeye ulaşmıştır (çorbalaşmıştır). Brendi gibi içkiler şarabın damıtılması, böylece alkolün yoğunlaştırılmasıyla üretilir; damıtmayı mükemmelleştirmiş yegane yaşam biçimi olduğumuza inanıyorum.

6   Aslında proteinleri değil, polipeptidleri kast ediyorum. Bir proteindeki aminoasit dizilimi DNA'daki bir genle belirlenir. Bir polipeptid aynı tipte bir bağla bir araya gelmiş ama genellikle daha kısa olan (muhtemelen sadece birkaç aminoasitten oluşan) bir aminoasit dizisidir; diziliminin de mutlaka bir genle belirtilmesi gerekmez. Kısa polipeptidler, pirofosfat ya da asetil fosfat gibi, ATP'nin akla yatkın abiyotik öncüsü

olan kimyasal bir "dehidrasyon" amilinin varolması halinde aminoasitlerden kendiliğinden oluşacaktır.

7    Wachtershauser yaşamın kökeniyle ilgili algıları değiştirmiştir. İlksel çorbayı hiç de belirsiz sayılmayacak bir biçimde bir kenara bırakmış, dergilerde Stanley Miller'la uzun ve acı bir tartışmaya girmiştir. Bilimin bir ölçüde tutkusuz olduğunu düşünenler için Wachtershauser'den bir alıntı:(deyiş yerine alıntı mı desek?)"Prebiyotik çorba kuramı mantıksal olarak paradoksal olduğu, termodinamiğe uymadığı, kimyasal ve jeokimyasal olarak akla yatkın olmadığı, biyoloji ve biyokimyayla süreklilik göstermediği ve deneysel olarak çürütüldüğü gerekçesiyle yıkıcı eleştirilere maruz kalmıştır."

8    Bunun artık, Mike Russell'ın da değerlendirdiği bir görüş olduğunu söylemekten üzüntü duyuyorum. Russell $CO_2$'yi $H_2$ ile tepkimeye girip formaldehid ve metanol üretmeye zorlamış, başaramamıştır, artık bunun mümkün olduğuna inancını yitirmiştir. Wolfgang Nitschke'yle birlikte artık başka molekülleri, en başta da (menfezlerde üretilen) metanın ve (muhtemelen ilk okyanuslarda varolan) nitrik oksidin modern metanotrofik bakterilere benzer bir süreçle yaşamın kökenini yürüttüğünü gösterme çabasındadır. Bill Martin ve ben, burada tartışmak istemediğim gerekçelerle onlara katılmıyoruz ama konuyla gerçekten ilgileniyorsanız, bu tartışmayı kaynakça bölümünde verilen Sousa vd.'nin çalışmasında bulabilirsiniz. Bu önemsiz bir mesele değildir, çünkü ilk okyanusların oksitlenme durumuna dayanır ve deneysel sınamalara da açıktır. Geçen yıllarda kaydedilmiş büyük bir ilerleme sonucu, alkalin menfez kuramı, benzer bir genel çerçeve içinde özel ve farklı sınanabilir varsayımlar formüle edip bunları sınamaya koyulan, giderek genişleyen bir bilim insanları grubunca çok ciddi bir biçimde değerlendirilmektedir. Bilimin işte böyle çalışması gerekir. Hepimizin genel çerçevenin sapasağlam ayakta durduğunu (doğal olarak) umut etmekle birlikte, ayrıntılarda yanılmaktan memnuniyet duyacağımıza kuşkum yok.

9    Tamam, kaygılanıyorsunuz… İndirgenme potansiyeli milivoltlarla ölçülüyor. Bir magnezyum sülfat çözeltisinin bulunduğu bir kaba magnezyumdan yapılmış bir elektrot sokulduğunu düşünelim. Magnezyum iyonlaşma yönünde güçlü bir eğilim gösterir, çözeltiye daha fazla $Mg^{2+}$ elektronu salar, geride elektrot üzerinde elektronlar bırakır. Bu da niceliği standart bir "hidrojen elektrotu"na göre belirlenebilecek negatif bir yük yaratır. Hidrojen elektrotu, bir hidrojen atmosferinde pH değeri 0 (litre başına 1 gram), sıcaklığı 25 derece olan bir proton çözeltisine sokulmuş atıl bir platin elektrottur. Magnezyum ve standart hidrojen elektrotları bir kabloyla bağlanırsa, negatif magnezyum elektrotundan nispeten pozitif (aslında sadece daha az negatif) hidrojen elektrotuna elektronlar akacak, asitten protonlar çekilecek ve hidrojen gazı oluşacaktır. Magnezyumun aslında standart hidrojen elektrotuna kıyasla çok negatif bir indirgenme potansiyeli (kesin bir dille söylemek gerekirse -2,37 volt) vardır. Bütün bu değerlerin, pH değerinin 0 olduğu ortamlar için geçerli olduğuna dikkat edelim bu arada. Ana metinde hidrojenin indirgenme potansiyelinin pH değerinin 7 olması halinde -414 milivolt olduğunu belirtmiştim. Bunun nedeni indirgenme potansiyelinin pH değerinde her birim artışta yaklaşık -59 milivolt daha negatifleşmesidir (ana metne bakınız).

## DÖRDÜNCÜ BÖLÜM Hücrelerin Ortaya Çıkışı

1    Giriş bölümüne bakınız. Ribozomlar bütün hücrelerde bulunan protein yapım fabrikalarıdır. Bu büyük moleküler komplekslerin bir protein ve RNA karışımından oluşan iki büyük altbirimi (büyük ve küçük) vardır. Woese'nin dizilimini çıkardığı şey, "küçük altbirimi ribozomal RNA"dır; bunun dizilimini çıkarmış olmasının nedeni, kısmen elde etmenin epeyce kolay olmasıdır (herhangi bir hücrede binlerce ribozom bulunur), kısmen de protein sentezinin yaşam açısından temel önem taşıması, bu nedenle insanlar ve hidrotermal bakteriler arasında gözlenen, önemsiz olmaktan öteye geçmeyen farklılıklarla yaşamın genelinde korunmuş olmasıdır. Herhangi bir bina ya da disiplinin temel taşlarını değiştirmek hiç kolay değildir, büyük ölçüde aynı gerekçelerle hücreler arasında nadiren ribozom aktarımı olur.

2    Bakteriler ve arkelerin, prokaryotların iki büyük âlemi olduğunu, morfolojik görünümleri açısından birbirlerine çok benzediklerini ama biyokimyaları ve genetikleri açısından temel farklılıklar gösterdiklerini unutmayalım.

3    Aynı inorganik elementler organik kimyaya hâlâ yaşam verir. Bizim mitokondrilerimizde de az çok birbirinin aynı demir-sülfür toplulukları bulunur, her solunum zincirinde bir düzineden fazla topluluk vardır (sırf I. kompleks için **RESİM 8**'e bakınız), bu da her mitokondride onbinlercesinin bulunduğu anlamına gelir. Bunlar olmazsa solunum gerçekleşemez, bizler de birkaç dakika içinde ölüp gideriz.

4    pH ölçeği logaritmik olduğundan 1 pH birimi proton yoğunlaşmasından 10 katlık bir farkı ifade eder. Böyle küçük bir alanda bu büyüklükte farklılıklar imkansızmış gibi görünebilir ama aslında çapı mikrometrelerle ölçülen gözeneklerden sıvı akışının niteliği nedeniyle mümkündür. Bu koşullarda akış pek çalkantı ve karışma olmaksızın "tabakalı" olabilir. Alkalin hidrotermal menfezlerdeki gözenek boyutları, hem tabakalı hem çalkantılı akışı birleştirme eğilimi gösterir.

5    Rus biyoenerji araştırmacısı Armen Mulkidjanian'a göre kadim enzimlerin düşük $Na^+$ / yüksek $K^+$ içeriğiyle iyileştirilmiş olması, ilk zarların bu iyonları sızdırdığı düşünülürse, ancak hücrelerin çevreleyici ortamın iyonik dengesine göre iyileştirildiği anlamına gelir. Mulkidjanian ilk okyanuslarda $Na^+$ yoğunluğu yüksek, $K^+$ yoğunluğu düşük olduğundan yaşamın okyanuslarda başlamış olabileceğine inanmaz. O haklıysa ben yanılıyorum demektir. Mulkidjanian $K^+$ yoğunluğunun yüksek, $Na^+$ yoğunluğunun düşük olduğu karasal jeotermal sistemlerin varlığına dikkat çeker, gerçi bunların da kendilerine özgü sorunları vardır. (Mulkidjanian organik sentezin gerçek hayatta bilinmeyen çinko sülfat fotosenteziyle yürütüldüğünü ileri sürmüştür. Peki, doğal seçilimin 4 milyar yılda proteinleri iyileştirmesi gerçekten imkansız mıdır, yoksa ilksel iyon dengesinin her enzim için mükemmel olduğuna mı inanmamız gerekir? Enzim işlevlerini iyileştirmek mümkünse, ilk zarların geçirgen olduğu dikkate alınırsa bu nasıl yapılabilir? Doğal proton basamaklarında antiporterlerin kullanılması tatmin edici bir çözüm sunar.)

6    Okur hücrelerin neden $Na^+$ pompalamadığını merak ediyor olabilir. Geçirgen bir zardan $Na^+$ pompalamak $H^+$ pompalamaktan daha iyidir ama zar daha az geçirgen hale

gelirken bu avantaj kaybolur. Bunun gerekçesi ezoteriktir. Bir zarın sahip olabileceği enerji, iyonların mutlak yoğunluklarına değil, zarın iki yanındaki yoğunluk farkına dayanır. Okyanuslarda $Na^+$ yoğunluğu çok yüksek olduğundan, hücrenin içi ile dışı arasında 1000 katlık bir farkı koruyabilmek $H^+$'den çok daha fazla $Na^+$ pompalamayı gerektirir, bu da zar iki iyona karşı da nispeten geçirgen değilse $Na^+$ pompalamanın avantajını ortadan kaldırır. İlginçtir, metanojenler ve asetojenler gibi menfezlerde yaşayan hücreler, sıklıkla $Na^+$ pompalar. Bunun olası nedenlerinden biri, asetik asit gibi organik asitlerin yoğunluğunun yüksek olması, zarın $H^+$ geçirgenliğini artırması, $Na^+$ pompalamasını daha kârlı hale getirmesidir.

7   Elektron çatallanması denilen bu ilginç süreç hakkında daha fazlasını öğrenmek isteyenler için şunları söyleyeyim: İki ayrı tepkime bir araya gelir, böylece zor (endergonik) adım daha elverişli bir (egzergonik) tepkimeyle yürütülür. $H_2$'deki iki elektrondan biri "kolay" bir hedefle hemen tepki verir, diğerini daha zor adımı, $CO_2$'nin organik moleküllere indirgenmesini başarmaya zorlar. Elektron çatallanmasını gerçekleştiren proton mekanizması birçok demir-nikel-sülfür topluluğu içerir. Metanojenlerde esasen mineral olan bu yapılar $H_2$'den elektron çiftlerini ayırır, nihayetinde bunların yarısıyla $CO_2$'yi besleyerek organik madde oluşturur, diğer yarısını da sülfür atomlarına, sürecin tamamını yürüten "daha kolay" hedefe aktarır. Elektronlar nihayetinde dünyaya atık olarak salınan ve metanojenlere isimlerini veren metanda ($CH_4$) yeniden birleşir. Başka bir deyişle elektron çatallanması süreci gayet çarpıcı derecede döngüseldir. $H_2$'den gelen elektronlar bir süreliğine ayrılır ama sonunda hepsi de $CO_2$'ye aktarılır, onu metana indirger, metan da hızla atılır. Korunan tek şey egzergonik $CO_2$ indirgenmesi adımlarında salınan enerjinin bir bölümüdür, o da bir zar üzerinde bir $H^+$ basamağı olarak korunur (aslında metanojenlerde bu basamak genelde $Na^+$ basamağıdır ama $H^+$ ve $Na^+$ antiporter sayesinde kolayca yer değiştirebilir). Özetlersek, elektron çatallanması proton pompalar, menfezlerin bedava sağladığı şeyi yeniden üretir.

## BEŞİNCİ BÖLÜM Karmaşık Hücrelerin Kökeni

1   Aslında teknik olarak olabilir zira tek bir gen farklı tarihleri olan iki ayrı parçadan dilimlenerek bir araya getirilebilir ama genelde böyle olmaz, tek tek genlerden yola çıkarak tarihin izini sürmeye çalışan filogenetikçiler genellikle çatışan tarihleri yeniden kurmaya soyunmaz.

2   Fermentasyonun nihai ürünlerini ortadan kaldırmanın en hızlı ve en güvenilir yolu, solunum yoluyla onları yakmaktır. Nihai ürün, $CO_2$, havaya karışarak ya da karbonat kayalar halinde çökerek kaybolur. Bu nedenle fermentasyon büyük ölçüde solunuma dayanır.

3   Bu karşılaştırmaları yapabilmek için bu hücrelerin her birinin metabolik hızını, ayrıca hücre hacmini ve genom büyüklüğünü bilmemiz gerekir. 50 bakteri ve 20 ökaryotun bu tür bir karşılaştırma için çok fazla olmadığını düşünüyorsanız, bütün bu bilgilerin her hücre tipine uygulanmasının içerdiği zorlukları bir düşünün. Genom büyüklüğü ya da hücre hacminin değil metabolik hızın ölçüldüğü ya da tam tersinin söz konusu olduğu birçok örnek vardır. Böyle bile olsa, öyle görünüyor ki literatürden aldığımız

rakamlar makul düzeyde sağlamdır. Ayrıntılı hesaplamalarla ilgileniyorsanız bkz. Lane ve Martin (2010).

4  Bir kürenin hacmi, yarıçapının küpüne göre değişir, kürenin yüzey hacmiyse yarıçapının karesine bağlıdır. Dolayısıyla kürenin yarıçapı büyüdüğünde hacmi yüzey alanından daha hızlı artar, bu da hücrelerin yüzey alanlarının hacimlerine oranla daha küçük olması gibi bir soruna neden olur. Şekil değişikliği yarar sağlar: Örneğin birçok bakteri çubuk şeklindedir, bu onlara hacimlerine nazaran daha geniş bir yüzey alanı kazandırır ama büyüklükleri 10.000-100.000 kattan fazla artırıldığında bu şekil değişiklikleri, sorunu ancak bir ölçüde hafifletir.

5  Prokaryotların fagositozla başka hücreleri yutamamaları kimi zaman, ev sahibi hücrenin bir prokaryot değil, bir tür "ilkel" fagosit olması "zorunluluğu"nun bir gerekçesi olarak dile getirilir. Bu akıl yürütmede iki sorun vardır. Birincisi doğru değildir, prokaryotların içinde endosembiyoz ortaklarının yaşadığı ender örnekler biliyoruz. İkinci sorun, ökaryotlarda yaygın olan ama rutin biçimde mitokondri gibi organeller ortaya çıkarmayan endosembiyoz ortaklarıdır. Aslına bakılırsa, (hiç kuşkusuz) binlerce ya da milyonlarca fırsata rağmen bilinen yegane örnekler mitokondriler ve kloroplastlardır. Ökaryot hücrenin kökeni tekil bir olaydı. Birinci bölümde belirttiğimiz üzere, bu olayın neden bir kez gerçekleştiğine uygun bir açıklama getirilmesi gerekir: Bu açıklamanın inandırıcı olacak kadar ikna edici olması gerekir ama çok da ikna edici olmamalıdır ki, neden birçok kez gerçekleşmediğini merak edelim. Prokaryotlar arasında endosembiyoz enderdir ama ökaryot kökenlerin tekilliğini açıklayacak kadar da ender değildir. Ne var ki, prokaryotlar arasında endosembiyozun enerji açısından ödülleri, (sonraki bölümde tartışacağımız üzere) yaşam döngülerinin uzlaştırılmasındaki büyük zorluklarla birleştiğinde evrim sürecindeki bu tekilliği açıklayabilir.

6  Bu rakamları bir perspektife yerleştirelim: Hayvan hücreleri genellikle dakikada 1-15 mikrometre hızında aktin lifi üretir ama bazı foraminifera saniyede 12 mikrometre hızına ulaşabilir. Ama bu, yeniden aktin sentezlenmesinin değil, önceden oluşmuş aktin monomerlerinin toplanma hızıdır.

7  Bu terimle eski savunma bakanlarından John Reid sayesinde tanıştım, beni *Yaşamın Yükselişi*'ni okuduktan sonra Lordlar Kamarası'nda çaya davet etmişti. Entelektüel olarak doymak bilmez ev sahibime mitokondrilerin merkezsiz düzenlenmesini açıklama girişimlerim, askeri terimlerle çok anlamlı bulunmuştu.

8  ATP yakmak için, ATP ya da enerji "sızıntısı" diye bilinen öğretici bir bakteriyel öncül mevcuttur. Terim doğrudur: Bazı bakteriler, toplam ATP bütçelerinin üçte ikisini hücre zarında verimsiz iyon döngüsüne ve bir o kadar amaçsız işlere harcar. Neden? Bunun olası cevaplarından biri, ATP ile ADP arasında sağlıklı bir denge tutturması, bunun da zar potansiyeli ve serbest radikal sızıntısını kontrol altında tutmasıdır. Yine de, bakterilerin saçıp savuracak çok fazla ATP'si olduğunu gösterir; bakteriler enerji açısından hiçbir biçimde zor durumda değildir, sadece bakterilerin ökaryot boyutlarına çıkarılması gen başına enerji sorununu açığa çıkarır.

## ALTINCI BÖLÜM Eşeyli Üreme ve Ölümün Kökenleri

1   Oksijen yoğunluğundaki artışın (birinci bölümde tartıştığımız üzere) hayvanların evrimini yürüttüğünü ileri sürmüyorum ama büyük hayvanlarda daha faal davranışları mümkün kıldığını savunuyorum. Enerji sınırlamalarının ortadan kalkması birçok hayvan grubunda polifiletik yayılmayı mümkün kılmıştır ama hayvanlar Kambriyen patlaması öncesinde, Prekambriyenin sonlarına doğru oksijen yoğunluğunda büyük bir artış olması öncesinde evrilmişti.

2   Tamam, tamam, çoğunlukla hiçbir şey yapmayan… Bazı intronlar çözüm etkenlerini bağlamak gibi işlevler edinmiştir, kimi zaman RNA'lar kadar etkindirler, protein sentezine ve başka genlerin çözümüne müdahale ederler. Şifrelemeyen DNA'nın işlevine ilişkin çağı tanımlayıcı bir argümanın ortasındayız. Bu tip DNA'nın bir bölümü kesinlikle işlevseldir ama ben (insan) genomunun büyük bölümünün fiilen dizilimleriyle sınırlı olmadığını, bu nedenle dizilimin tanımladığı bir amaca hizmet etmediğini savunan kuşkuculardan yana saf tutuyorum. Neresinden bakılırsa bakılsın, bu bir işlevi olmadığı anlamına gelir. Bir tahminde bulunmam için bastırılsa, insan genomunun %20'sinin işlevsel, geri kalanının hurda olduğunu söylerdim. Ama bu, yer doldurmak gibi başka bir amaçla yararlı olmadığı anlamına gelmiyor. Ne de olsa doğa boşluktan nefret eder.

3   Aynı genin varyasyonlarına "alel" denir. Bazı genler bir kromozom üzerinde aynı konumda kalır, bir "yerleri" vardır ama belli bir genin fiili dizilimi bireyler arasında farklılık gösterebilir. Bir nüfusta belli varyasyonlar yaygınsa bunlar alel diye bilinir. Aleller aynı yerde bulunan aynı genin polimorfik varyasyonlarıdır. Sıklıkları açısından mutantlardan farklıdırlar. Bir nüfusta yeni mutasyonlar düşük bir sıklıkla varlık gösterir. Bir avantaj sunuyorlarsa, bu avantaj bir dezavantajla dengeleninceye dek nüfusun tamamına yayılabilirler. Alel olmuşlardır artık.

4   Etkili nüfus büyüklüğü, bir nüfusta genetik varyasyonun miktarını yansıtır. Parazitlerin bulaşması açısından, klonlanan bir nüfus tek bir birey de olabilir; zira parazit bir uyarlanma, bu bireyin belli bir gen bileşimini hedeflemesini mümkün kılabilir. Bu durumda enfeksiyon bütün nüfusa bulaşır. Tersine, eşeyli büyük nüfuslar alellerinde büyük bir genetik çeşitlilik gösterme eğilimindedir (aynı genleri paylaşmakla birlikte). Bu çeşitlilik aynı organizmaların bu parazitik enfeksiyona dirençli olmasının muhtemel olduğu anlamına gelir. Bireylerin sayısı aynı olsa bile etkili nüfus daha büyüktür.

5   Blackstone mitokondrilerin biyofiziğinden türeyen olası bir mekanizma bile ileri sürmüştür. Mutasyonlar nedeniyle büyümeleri örselenen evsahibi hücrelerin ATP talepleri düşük olur, böylece az miktarda ATP'yi bozup ADP'ye çevirebilirler. Solunumda elektron akışı ATP yoğunluğuna dayandığından, solunum zinciri elektronlarla dolmaya, tepkimeye girmeye, oksijen serbest radikalleri oluşturmaya daha hazır hale gelir (bu meseleden gelecek bölümde daha fazla bahsedeceğiz). Bugün bazı alglerde mitokondrilerden serbest radikal sızıntısı, gametler ve eşeyli üremenin oluşumunu başlatır; bu karşılık onlara antioksidanlar verilerek engellenebilir. Serbest radikaller zar füzyonunu doğrudan tetiklemiş olabilir mi? Mümkündür. Radyasyon hasarının

bir serbest radikal mekanizmasıyla zar füzyonuna neden olduğu bilinmektedir. Eğer böyleyse doğal bir biyofiziksel süreç, sonraki tarihlerdeki doğal seçilimin dayanağı olarak iş görmüş olabilir.

6    Matematiksel bir bakış açısına göre, öyle anlaşılıyor ki, üç kuramın hepsi de birbirinin versiyonudur: Her biri mutasyon hızına dayanır. Basit bir mutasyon modelinde, mutantların birikme hızı açıktır ki mutasyon hızına dayanır. Aynı şekilde, benzer bir mutant doğduğunda yabani tipten biraz daha hızlı bir biçimde kopyalanır, bu da yeni mutantın nüfusa yayıldığı anlamına gelir. Matematiksel olarak bu durum mutasyon hızının artmasıyla birdir, bu da demektir ki, belli bir sürede daha fazla mutant mevcuttur. Eş uyarlanma modeli tam tersi bir etki yaratır. Asıl mutasyon hızı geriler çünkü çekirdeksel genler mitokondriyal mutantlara uyum sağlayabilir, bu da artık yıkıcı olmadıkları anlamına gelir; bu nedenle verdiğimiz tanım gereği artık mutant değillerdir.

7    Dışarıdan eşleşmenin sağlanmasından tutun, sinyaller vermeye ve feromonlara uzanan birçok başka olasılık mevcuttur. İki hücrenin eşeyli üremede birleştiği dikkate alınırsa, öncelikle birbirlerini bulmaları, doğru hücreyle, aynı türden başka bir hücreyle bütünleştiklerinden emin olmaları gerekir. Hücreler genellikle birbirlerini "kemotaksis"le bulur, yani bir feromon, yani bir "koku" üretir, sonra bu kokunun kaynağına yönelir, bir yoğunluk basamağına tırmanırlar. İki gamet aynı feromonu üretiyorsa birbirlerini karıştırabilirler. Muhtemelen kendi feromonlarını koklayarak küçük daireler çizerek yüzme eğilimi gösterirler. Genelde tek bir gametin bir feromon üretmesi, diğerinin ona doğru yüzmesi daha iyidir, böylece eşleşme tipleri arasındaki fark, bir eş bulma problemiyle ilgili olabilir.

7    Örneğin gelişim biyoloğu Leo Buss, hayvan hücrelerinin, hareketli oldukları için, kendilerini yaymak gibi bencilce bir girişimle germ hattını işgal etme ihtimallerinin bitki hücrelerine göre daha yüksek olduğunu savunmuştur; bitki hücrelerinin hantal hücre duvarı onları neredeyse hareketsiz kılar. Peki aynı şey, mükemmel derecede hareketli hayvan hücrelerinden oluşan mercanlar ve süngerler için de geçerli midir? Bundan kuşkuluyum. Gerçi bunlar bitkilerden fazla bir germ hattına sahip değildir.

## YEDİNCİ BÖLÜM Güç ve Şan

1    Kefalu Katedrali'nin inşasına, Normanların Sicilya fetihlerini 1091'de tamamlamalarından 40 yıl sonra, 1131'de başlandı (bu fetih 1061'de, Normanların İngiltere'yi fetihlerinden önce başlamış, 30 yıla yayılmış bir seferberlikti). Katedral Kral II. Roger'ın sahilin açıklarında gemi kazasından kurtulması sonrasında şükran sunmak için yapıldı. Norman Sicilya'dan kalma muhteşem kiliseler ve saraylar Norman mimarisini Bizans mozaikleri ve Arap kubbeleriyle birleştirir. Kefalu'daki Pantokrator Bizanslı zanaatkârlarca yapılmıştır, bazıları o zamanlar Konstantinopolis'te Ayasofya'da bulunan meşhur Pantokrator'dan daha incelikli olduğunu söyler. Ne olursa olsun ziyaret etmeye değer.

2   Serbest radikal sızıntısının çok büyük bir bölümü I. kompleksten kaynaklanır. I. komplekste redoks merkezleri arasındaki mesafe bunun kasıtlı olduğunu düşündürür. Kuantum tünelleme ilkesini hatırlayalım: Elektronlar bir merkezden diğerine mesafeye, doluluğa ve oksijenin "çekimi"ne (indirgeme potansiyeline) dayalı bir olasılıkla "zıplar." I. komplekste elektron akışının yolunda erken bir dal bulunur. Ana yolda, çoğu merkezler birbirlerinden yaklaşık 11 angströmlük bir mesafeyle ayrılmıştır, bu nedenle elektronlar genellikle çabucak bir merkezden diğerine atlar. Alternatif yol bir çıkmaz sokaktır, elektronlar buraya girebilir ama buradan öyle kolayca çıkamaz. Dallanma noktasında elektronların bir "tercihi" vardır: Dallanma noktası anayoldaki bir sonraki redoks merkezine yaklaşık 8 angström, alternatif merkeze 12 angström uzaktadır (**RESİM 8**). Normal koşullarda, elektronlar anayoldan akacaktır. Ama bu yol elektronlarla dolarsa (son derece indirgenmiş bir hal alırsa) elektronlar bu kez alternatif merkezde birikir. Bu alternatif merkez çevreseldir ve oksijenle kolayca tepkimeye girerek süperoksit radikaller üretir. Ölçümler bu FeS topluluğunun, solunum zincirinden serbest radikal sızıntısının ana kaynağı olduğunu gösterir. Ben bunu, elektron akışının talebi karşılayamayacak kadar yavaş olması halinde bir "duman işareti" olarak serbest radikal sızıntısını *teşvik edecek* bir mekanizma olarak görüyorum.

3   Mittwoch gerçek hermafroditlerle, her iki tip cinsel organla, örneğin sağ tarafta bir testis, solda bir yumurtalıkla (over) doğmuş insanlarla ilgili paralel bir sorunu işaret eder. İşin bu biçimde olması daha büyük bir ihtimaldir. Gerçek hermafrodit insanların ancak üçte birinin sol tarafında testis, sağında over vardır. Bu farkın genetik olması zordur. Mittwoch kritik dönemlerde, sağ tarafın sola nazaran biraz daha hızlı büyüdüğünü, bu nedenle erillik geliştirmesinin daha büyük ihtimal olduğunu göstermiştir. İlginçtir, farelerde tam tersi bir durum söz konusudur, sol taraf biraz daha hızlı büyür, bu nedenle daha büyük ihtimalle testis geliştirir.

4   Mitokondriler dişi hattından, spermle değil, yumurta hücreleriyle aktarılır. Hermafroditler kuramsal olarak mitokondrilerle cinsiyet bozulmasına özellikle hassastır. Mitokondrilerin bakış açısına göre erkek genetik bir çıkmaz sokaktır, mitokondrilerin gitmek isteyeceği son yer anterlerdir. Bu nedenle, dişi bir bitkide bir sonraki kuşağa aktarımlarını sağlamak için erkek cinsiyet organlarını kısırlaştırmak mitokondrilerin çıkarınadır. *Buchnera* ve *Wolbachia* başta olmak üzere, böceklerde birçok bakteriyel parazit de benzer bir oyun oynar; böceklerdeki cinsiyet oranlarını erkekleri seçici bir biçimde öldürerek tümüyle bozabilirler. Mitokondrilerin evsahibi organizma açısından merkezi önemi, bu tür bencil çatışmalarla erkekleri öldürme konusunda bakteriyel parazitler kadar fazla imkan sahibi olmadıkları anlamına gelir; gerçi yine de erkeklerde kısırlığa ya da seçici hasara yol açabilirler. Ne var ki, ben çatışmanın Haldane kuralında daha önemsiz bir rol oynadığını düşünmeye meyilliyim, çünkü kuşlarda (ve un böceklerinde) dişilerin neden en kötü biçimde etkilendiğini açıklayamıyor.

5   Bu tür sibridler hücre ekini deneylerinde sıklıkla kullanılır çünkü başta solunum olmak üzere, hücre işlevine dayalı kesin ölçümler yapılmasını mümkün kılarlar. Türler arasında mitokondriyal ve çekirdeksel genlerin uyuşmazlığı solunum hızını

düşürür ve daha önce belirttiğimiz üzere, serbest radikal sızıntısını artırır. İşlevsel kusurun büyüklüğü genetik mesafeye bağlıdır. Şempanze mitokondriyal DNA'sı ile insan çekirdeksel genlerinden yapılmış sibridlerde (evet bu yapılmıştır ama sadece hücre ekininde) ATP sentezi hızının normal hücrelerin yarısı kadar olduğu gözlenir. Fareler ve sıçanlar arasındaki sibridlerin işlevsel bir solunumu yoktur.

6   Bu durum biraz tuhaf görünebilir: Testisler gerçekten de kalp, beyin ya da uçuş kası gibi başka dokulardan daha yüksek bir metabolik hıza mı sahiptir? Mutlaka böyle bir durum söz konusu değildir. Mesele kapasitenin talebi karşılamasında yatar. Zirveye çıkmış talebin testislerde gerçekten de daha fazla olması ya da talebi karşılamakta kullanılan mitokondri sayısının daha düşük olması, bu nedenle tek bir mitokondriye düşen talebin daha fazla olması gibi bir durum söz konusu olabilir. Sınanabilir, basit bir tahmindir bu ama benim bildiğim kadarıyla sınanmamıştır.

7   Korkarım serbest radikal sinyali embriyonik gelişmenin bir noktasında kasten güçlenmiştir. Örneğin nitrik oksit gazı (NO) solunum zincirindeki son komplekse, sitokrom oksidaza bağlanarak serbest radikal sızıntısını ve apoptosis olasılığını artırabilir. NO gelişimin bir noktasında büyük miktarda üretilmiş olsaydı, etkisi sinyali bir eşiğin üzerine çıkarıp güçlendirmek, uyumsuz genomlara sahip embriyolara son vermek olurdu, bir tür kontrol noktası gibi.

8   Gustavo Barja, tüketilen oksijene oranla serbest radikal sızıntısının güvercinler ve muhabbetkuşu gibi kuşlarda fareler ve sıçanlara nazaran 10 kat daha düşük olduğunu bulmuştu. Fiili oranlar dokular arasında farklılık gösterir. Barja, kuşlardaki lipid zarların oksidatif hasara, uçamayan memelilerde bulunanlardan daha dirençli olduğunu, bu direncin DNA ve proteinlere verilen daha az oksidatif hasara yansıdığını da bulmuştu. Hep birlikte ele alındığında Barja'nın çalışmasını başka bir biçimde yorumlamak zordur.

9   Ben buna "tepkimeye hazır biyojenez" diyorum.Tek tek mitokondriler solunum kapasitesinin talebi karşılayamayacak kadar düşük olduğunu gösteren yerel bir serbest radikal sinyaline tepki verir. Solunum zinciri son derece indirgenmiş bir hal alır (elektronlarla dolar). Elektronlar kaçıp doğrudan oksijenle tepkimeye girerek süperoksit radikalleri üretebilir. Bunlar mitokondrilerde, çözüm etkenleri denilen mitokondriyal genlerin kopyalanması ve çoğaltılmasını denetleyen proteinlerle etkileşime girer. Bazı çözüm etkenleri "redoksa duyarlıdır," yani elektron kaybedebilecek ya da kazanabilecek, oksitlenebilecek ya da indirgenebilecek (sistein) gibi aminoasitler içerirler. Bunlara iyi bir örnek mitokondriyal proteinlerin mitokondriyal DNA'ya erişimini denetleyen mitokondriyal topoizomeraz-1'dir. Bu proteinde kritik bir sisteinin oksitlenmesi mitokondriyal biyojenezi artırır. Böylece (mitokondriden hiç ayrılmayan) yerel bir serbest radikal sinyali mitokondriyal kapasiteyi artırır, talebe göre ATP üretimini yükseltir. Talepteki ani değişikliklere cevaben bu tür bir yerel sinyal, mitokondrilerin neden küçük bir genom koruduklarını açıklayabilir (beşinci bölüme bakınız).

10  Bu bir çelişki gibi görünüyor, daha büyük türlerin metabolik hızı genellikle daha düşüktür, ne var ki, erkek memelilerin tam tersine daha büyük olup daha yüksek bir metabolik hıza sahip olduklarından bahsetmiştim. Bir tür içinde kütlede gözlenen

farklılıklar, türler arasında gözlenen, büyüklük düzenleriyle ölçülen farklılıklara kıyasla önemsizdir; bu ölçekte bir türün yetişkinlerinin metabolik hızları pratikte aynıdır (gerçi çocukların metabolik hızları yetişkinlerinkinden fazladır). Daha önce bahsetmiş olduğum üzere, metabolik hızda gözlenen cinsiyet farklılıkları gelişimin belli aşamalarında mutlak büyüme oranlarında gözlenen farklılıklarla ilgilidir. Ursula Mittwoch haklıysa, bu farklılıklar o kadar incedir ki, bedenin sol tarafına karşılık sağ tarafında gözlenen gelişimsel farklılıkları açıklayabilirler; bkz. dipnot 3.

11  Daha da beteri. Kötü mitokondrileri temizlemenin en iyi yolu, bedeni onları kullanmaya zorlamak, üretim oranlarını artırmaktır. Örneğin yağ oranının yüksek olduğu bir beslenme biçimi mitokondrileri kullanma eğilimi gösterir, oysa karbonhidrat oranı yüksek bir beslenme biçimi fermantasyon yoluyla, mitokondrileri fazla kullanmaksızın daha fazla enerji üretmemizi mümkün kılar. Ama mitokondriyal bir hastalığınız varsa (yaşla birlikte hepimizde hatalı mitokondriler ortaya çıkar) bu değişim çok fazla gelebilir. Mitokondriyal hastalıklardan mustarip olup "ketojenik bir diyeti" benimsemiş bazı hastalar, hasar görmüş mitokondrileri fermantasyon yardımı olmaksızın normal hayatı sürdürmek için gerekli enerjiyi sağlayamadığından komaya girmiştir.

12  Aerobik kapasite ile endoterminin evrimi arasındaki ilişkiyi *Power, Sex, Suicide* ve *Yaşamın Yükselişi*'nde biraz ayrıntılı olarak tartıştım. Bu konuda daha fazla bilgi edinmek istiyorsanız utanmazca bu kitapları önermekle yetinebilirim ancak.

13  *Parakaryon myojinensis*'teki endosembiyoz ortakları, yazarların sağlam bir hücre duvarının varlığına rağmen fagozom (hücre içindeki kofullar) diye tanımladığı şeyin içinde bulunur. Yazarlar ev sahibi hücrenin bir zamanlar bir fagosit olması gerektiği ama sonra bu yeteneğini kaybettiği sonucuna varmışlardır. Ama durumun ille de böyle olması gerekmez. RESİM 25'e bir kez daha bakın. Hücreler arası bu bakteriler çok benzer "kofullarla" çevrelenmiştir ama bu örnekte, ev sahibi hücre tanınabilir bir biçimde bir siyanobakteridir, bu nedenle fagosit özellikler göstermez. Dan Wujek endosembiyoz ortaklarını çevreleyen bu kofulların varlığını elektron mikroskobisine hazırlık sırasında meydana gelen küçülmeye bağlamıştır, ben de *Parakaryon myojinensis*'teki "fagozomlar"ın küçülmenin eseri olduğu, fagositozla bir ilgisi bulunmadığı tahmininde bulunurdum. Böyleyse, ata bir evsahibi hücrenin daha karmaşık bir fagosit olduğunu düşünmemize neden olacak bir şey yoktur.

14  Uzay teleskopu Kepler'den elde edilen veriler, galaksimizde Güneş'e benzer beş yıldızdan birinin yaşanabilir bölgesinde "Dünya büyüklüğünde" bir gezegen bulunduğunu düşündürür, buna göre Samanyolu'nda bu özelliklere sahip toplam 40 milyar gezegen bulunmaktadır.

# Kaynakça

Bu seçki eksiksiz bir kaynakça olmaktan çok uzak, daha çok literatüre bir giriş niteliği taşıyor, bunlar son on yıl içinde düşünme biçimimi özellikle etkilemiş olan kitaplar ve makaleler. Bunlarla her zaman aynı fikirde değilim ama her zaman harekete geçirici ve okunmaya değer eserlerdir. Her bölüme kendi yazdığım, kitapta daha geniş kapsamlı bir biçimde gözler önüne serilen argümanlar için meslektaşların değerlendirmesinden geçen ayrıntılı bir temel sunan birkaç makaleyi de dahil ettim. Bu makalelerde kapsamlı başvuru listeleri vardır, daha ayrıntılı kaynaklarıma ulaşmak istiyorsanız buralara bakmanız gerek. Diğer okurlar için burada sayılan kitaplar ve makalelerde bulunacak çok şey olsa gerek. Başvuruları her bölümde temalara göre, her bölüm içinde alfabetik olarak sıraladım. Önemli birkaç makalenin adını, birden fazla bölümle ilgili oldukları için birden fazla kez andım.

## Giriş

### Leeuwenhoek ve mikrobiyolojinin gelişmesi öncesi

Dobell, C., *Antony van Leeuwenhoek and his Little Animals*, Russell and Russell, New York, 1958.

Kluyver, A.J., "Three decades of progress in microbiology", *Antonie van Leeuwenhoek* 13: 1-20, 1947.

Lane, N., "Concerning little animals: Reflections on Leeuwenhoek's 1677 paper", *Philosophical Transactions Royal Society B*, basım aşamasında, 2015.

Leewenhoeck, A., "Observation, communicated to the publisher by Mr. Antony van Leewenhoeck, in a Dutch letter of the 9 Octob. 1676 here English'd: concerning little animals by him observed in rain-well-sea and snow water; as also in water wherein pepper had lain infused", *Philosophical Transactions Royal Society B* 12: 821-31, 1677.

Stanier, R.Y., van Niel, C.B., "The concept of a bacterium" *Archiv fur Microbiologie* 42: 17-35 1961.

### Lynn Margulis ve seri endosembiyoz kuramı

Archibald, J., *One Plus One Equals One*, Oxford University Press, Oxford, 2014.

Margulis, L., Chapman, M., Guerrero, R., Hall, J., "The last eukaryotic common ancestor

(LECA): Acquisition of cytoskeletal motility from aerotolerant spirochetes in the Proterozoic Eon", *Proceedings National Academy Sciences USA* 103, 13080-85, 2006.

Sagan, L., "On the origin of mitosing cells", *Journal of Theoretical Biology* 14: 225-74, 1967.

Sapp, J., *Evolution by Association: A History of Symbiosis*, Oxford University Press, New York, 1994.

## Carl Woese ve yaşamın üç âlemi

Crick, F.,H.,C., "The biological replication of macromolecules", *Symposia of the Society of Experimental Biology.* 12, 138-63, 1958.

Morell, V., "Microbiology's scarred revolutionary", *Science* 276: 699–702, 1997.

Woese, C., Kandler, O., Wheelis, M.L., "Towards a natural system of organisms: Proposal for the domains Archaea, Bacteria, and Eucarya", *Proceedings National Academy Sciences USA* 87: 4576-79, 1990.

Woese, C.R., Fox, G.E., "Phylogenetic structure of the prokaryotic domain: The primary kingdoms", *Proceedings National Academy Sciences USA* 74: 5088-90, 1977.

Woese, C.R., "A new biology for a new century", *Microbiology and Molecular Biology Reviews* 68: 173-86, 2004.

## Bill Martin ve ökaryotların kimerik kökeni

Martin, W., Müller, M., "The hydrogen hypothesis for the first eukaryote", *Nature* 392: 37-41, 1998.

Martin, W., "Mosaic bacterial chromosomes: a challenge en route to a tree of genomes", *BioEssays* 21: 99-104, 1999.

Pisani, D., Cotton, J.A., McInerney J.O., "Supertrees disentangle the chimeric origin of eukaryotic genomes", *Molecular Biology and Evolution* 24: 1752-60, 2007.

Rivera, M.C., Lake J.A., "The ring of life provides evidence for a genome fusion origin of eukaryotes", *Nature* 431: 152-55, 2004.

Williams, T.A., Foster, P.G., Cox, C.J., Embley, T.M., "An archaeal origin of eukaryotes supports only two primary domains of life", *Nature* 504: 231-36, 2013.

## Peter Mitchell ve kemiozmotik eşleşme

Lane, N., "Why are cells powered by proton gradients?" *Nature Education* 3: 18, 2010.

Mitchell, P., "Coupling of phosphorylation to electron and hydrogen transfer by a chemi-osmotic type of mechanism", *Nature* 191: 144-48, 1961.

Orgell. L.E., "Are you serious, Dr Mitchell?", *Nature* 402: 17, 1999.

# BİRİNCİ BÖLÜM Yaşam Nedir?

## Yaşam olasılığı ve yaşamın özellikleri

Conway-Morris, S.J., *Life's Solution: Inevitable Humans in a Lonely Universe*, Cambridge University Press, Cambridge, 2003.

de Duve, C., *Life Evolving: Molecules, Mind, and Meaning*, Oxford University Press, Oxford, 2002.

de Duve, *Singularities: Landmarks on the Pathways of Life*, Cambridge University Press, Cambridge, 2005.

Gould, S.J., *Wonderful Life. The Burgess Shale and the Nature of History*, WW Norton, New York, 1989.

Maynard Smith, J., Szathmary, E., *The Major Transitions in Evolution*, Oxford University Press, Oxford, 1995.

Monod, J., *Chance and Necessity*, Alfred A. Knopf, New York, 1971. [*Rastlantı ve Zorunluluk*, Fransızcadan çev. Elodie Moreau, İstanbul: Alfa Yayınları, 2012.]

## Moleküler biyolojinin başlangıcı

Cobb, M., "1953: When genes became information", *Cell* 153: 503-06, 2013.

_____., *Life's Greatest Secret: The Story of the Race to Crack the Genetic Code*. Profile, Londra, 2015.

Schrödinger, E., *What is Life?*, Cambridge University Press, Cambridge, 1944. [*Yaşam Nedir?* Çev. Celal Kapkın, İstanbul: Evrim Yayınevi.]

Watson, J.D., Crick, F.H.C., "Genetical implications of the structure of deoxyribonucleic acid", *Nature* 171: 964-67, 1953.

## Genom büyüklüğü ve yapısı

Doolittle, W.F., "Is junk DNA bunk? A critique of ENCODE", *Proceedings National Academy Sciences USA* 110: 5294-5300, 2013.

Grauer, D., Zheng, Y., Price, N., Azevedo, R.B.R., Zufall, R.A., Elhaik, E., "On the immortality of television sets: 'functions' in the human genome according to the evolution-free gospel of ENCODE" *Genome Biology and Evolution* 5: 578-90, 2013.

Gregory, T.R., "Synergy between sequence and size in large-scale genomics", *Nature Reviews Genetics* 6: 699-708, 2005.

## Yeryüzü'nde yaşamın ilk 2 milyar yılı

Arndt, N., Nisbet, E., "Processes on the young earth and the habitats of early life", *Annual Reviews Earth and Planetary Sciences* 40: 521-49, 2012.

Hazen, R., *The Story of Earth: The First 4.5 Billion Years, from Stardust to Living Planet*, Viking, New York, 2014.

Knoll, A., *Life on a Young Planet: The First Three Billion Years of Evolution on Earth*, Princeton University Press, Princeton, 2003.

Rutherford, A., *Creation: The Origin of Life/The Future of Life*, Viking Press, Londra, 2013.

Zahnle, K., Arndt, N., Cockell, C., Halliday, A., Nisbet, E., Selsis, F., Sleep, N.H., "Emergence of a habitable planet", *Space Science Reviews* 129: 35-78, 2007.

## Oksijen artışı

Butterfield, N.J., "Oxygen, animals and oceanic ventilation: an alternative view", *Geobiology* 7: 1-7, 2009.

Canfield, D.E., *Oxygen: A Four Billion Year History*, Princeton University Press, Princeton, 2014.

Catling, D.C., Glein C.R., Zahnle, K.J., Mckay C.P., "Why O2 is required by complex life on habitable planets and the concept of planetary 'oxygenation time '", *Astrobiology* 5: 415-38, 2005.

Holland, H.D., "The oxygenation of the atmosphere and oceans", *Philosophical Transactions Royal Society B* 361: 903-15, 2006.

Lane, N., "Life 's a gas", *New Scientist* 2746: 36-39, 2010.

_____., *Oxygen: The Molecule that Made the World*, Oxford University Press, Oxford, 2002.

Shields-Zhou, G., Och, L., "The case for a Neoproterozoic oxygenation event: Geochemical evidence and biological consequences", *GSA Today* 21: 4-11, 2011.

## Seri endosembiyoz varsayımının öngörüleri

Archibald, J.M., "Origin of eukaryotic cells: 40 years on", *Symbiosis* 54: 69-86, 2011.

Margulis, L., "Genetic and evolutionary consequences of symbiosis", *Experimental Parasitology* 39: 277-349, 1976.

O'Malley, M., "The first eukaryote cell: an unfinished history of contestation", *Studies in History and Philosophy of Biological and Biomedical Sciences* 41: 212-24, 2010.

## Arkezoanın yükselişi ve düşüşü

Cavalier-Smith, T., "Archaebacteria and archezoa", *Nature* 339: 100–101, 1989.

_____., "Predation and eukaryotic origins: A coevolutionary perspective", *International Journal of Biochemistry and Cell Biology* 41: 307-32, 2009.

Henze, K., Martin, W., "Essence of mitochondria", *Nature* 426: 127-28, 2003.

Martin, W.F., Müller, M., *Origin of Mitochondria and Hydrogenosomes*, Springer, Heidelberg, 2007.

Tielens, A.G.M., Rotte, C., Hellemond, J.J., Martin, W., "Mitochondria as we don't know them", *Trends in Biochemical Sciences* 27: 564-72, 2002.

van der Giezen, M., "Hydrogenosomes and mitosomes: Conservation and evolution of functions", *J Eukaryotic Microbiology* 56: 221-31, 2009.

Yong, E., "The unique merger that made you (and ewe and yew)", *Nautilus* 17: Eylül 4, 2014.

## Ökaryot süpergruplar

Baldauf, S.L., Roger, A.J., Wenk-Siefert, I., Doolittle, W.F., "A kingdom-level phylogeny of eukaryotes based on combined protein data", *Science* 290: *972-77,* 2000.

Hampl, V., Huga, L., Leigh, J.W., Dacks, J.B., Lang, B.F., Simpson, A.G.B., Roger, A.J., "Phylogenomic analyses support the monophyly of Excavata and resolve relationships among eukaryotic 'supergroups'", *Proceedings National Academy Sciences USA* 106: 3859-64, 2009.

Keeling, P.J., Burger, G., Durnford, D.G., Lang, B. F., Lee, R.W., Pearlman, R.E., Roger, A.J.,

Grey, M.W., "The Tree of eukaryotes", *Trends in Ecology and Evolution* 20: 670-76, 2005.

## Son ökaryot ortak ata

Embley, T.M., Martin, W., "Eukaryotic evolution, changes and challenges", *Nature* 440: 623-30, 2006.

Harold, F., *In Search of Cell History: The Evolution of Life's Building Blocks*, Chicago University Press, Chicago, 2014.

Koonin, E.V., "The origin and early evolution of eukaryotes in the light of phylogenomics", *Genome Biology* 11: 209, 2010.

McInerney, J.O., Martin, W.F., Koonin, E.V., Allen, J.F., Galperin, M.Y., Lane, N., Archibald

J.M., Embley T.M., "Planctomycetes and eukaryotes: a case of analogy not homology", *BioEssays* 33: 810-17, 2011.

## Karmaşıklığa doğru küçük adımlarla ilerleme paradoksu

Darwin, C., *On the Origin of Species by Means of Natural Selection, or the Preservation of Favoured Races in the Struggle for Life,* (birinci basım), John Murray, Londra, 1859.

Land, M.F., Nilsson, D-E., *Animal Eyes*, Oxford University Press, Oxford, 2002.

Lane, N., "Bioenergetic constraints on the evolution of complex life", *Cold Spring Harbor Perspectives in Biology*, doi: 10.1101/cshperspect.a015982, 2014.

_____., "Energetics and genetics across the prokaryote-eukaryote divide", *Biology Direct* 6: 35, 2011.

Müller, M., Mentel, M., van Hellemond, J.J., Henze, K., Woehle, C., Gould, S.B., Yu, R.Y., van der Giezen M., Tielens, A.G., Martin, W.F., "Biochemistry and evolution of anaerobic energy metabolism in eukaryotes", *Microbiology and Molecular Biology Reviews* 76: 444-95, 2012.

## İKİNCİ BÖLÜM Yaşamak Nedir?

### Enerji, entropi ve yapı

Amend, J.P., LaRowe, D.E., McCollom, T.M., Shock, E.L., "The energetics of organic synthesis inside and outside the cell", *Philosophical Transactions Royal Society B.* 368: 20120255, 2013.

Battley, E.H., *Energetics of Microbial Growth*, Wiley Interscience, New York, 1987.

Hansen, L.D., Criddle, R.S., Battley, E.H., "Biological calorimetry and the thermodynamics of the origination and evolution of life", *Pure and Applied Chemistry* 81: 1843-55, 2009.

McCollom, T., Amend, J.P., "A thermodynamic assessment of energy requirements for biomass synthesis by chemolithoautotrophic micro-organisms in oxic and microoxic environments", *Geobiology* 3: 135-44, 2005.

Minsky, A., Shimoni, E., Frenkiel-Krispin, D., "Stress, order and survival, *Nature Reviews in Molecular Cell Biology* 3: 50-60, 2002.

### ATP sentezi hızı

Fenchel, T., Finlay, B.J., "Respiration rates in heterotrophic, free-living protozoa", *Microbial Ecology* 9: 99-122, 1983.

Makarieva, A.M., Gorshkov, V.G., Li B.L., "Energetics of the smallest: do bacteria breathe at the same rate as whales?", *Proceedings Royal Society B* 272: 2219-24, 2005.

Phillips, R., Kondev, J., Theriot, J., Garcia, H., *Physical Biology of the Cell*, Garland Science, New York, 2012.

Rich, P.R., "The cost of living", *Nature* 421: 583, 2003.

Schatz, G., "The tragic matter", *FEBS Letters* 536: 1-2, 2003.

### Solunum mekanizması ve ATP sentezi

Abrahams, J.P., Leslie, A.G., Lutter, R., Walker, J.E., "Structure at 2.8 A resolution of F1-ATPase from bovine heart mitochondria", *Nature* 370: 621-28, 1994.

Baradaran, R., Berrisford, J.M., Minhas, S.G., Sazanov, L.A., "Crystal structure of the entire respiratory complex I", *Nature* 494: 443-48, 2013.

Hayashi, T., Stuchebrukhov, A.A., "Quantum electron tunneling in respiratory complex I", *Journal of Physical Chemistry B* 115: 5354-64, 2011.

Moser, C.C., Page, C.C., Dutton, P.L., "Darwin at the molecular scale: selection and variance in electron tunnelling proteins including cytochrome c oxidase", *Philosophical Transactions Royal Society B* 361: 1295-1305, 2006.

Murata, T., Yamato, I., Kakinuma, Y., Leslie, A. G. W., Walker, J. E., "Structure of the rotor of the V-type Na+-ATPase from *Enterococcus hirae*", *Science* 308: 654-59, 2005.

Nicholls, D.G., Ferguson, S.J., *Bioenergetics,* dördüncü basım, Academic Press, Londra, 2013.

Stewart, A.G., Sobti, M., Harvey, R.P., Stock, D., "Rotary ATPases: Models, machine elements and technical specifications", *BioArchitecture* 3: 2-12, 2013.

Vinothkumar, K.R., Zhu, J., Hirst, J., "Architecture of the mammalian respiratory complex I",*Nature* 515: 80-84, 2014.

## Peter Mitchell ve kemiozmotik eşleşme

Harold, F.M., *The Way of the Cell: Molecules, Organisms, and the Order of Life*, Oxford University Press, New York, 2003.

Lane N., *Power, Sex, Suicide: Mitochondria and the Meaning of Life.* Oxford University Press, Oxford, 2005.

Mitchell, P., "Coupling of phosphorylation to electron and hydrogen transfer by a chemi-osmotic type of mechanism", *Nature* 191: 144-48, 1961.

_____., "Keilin's respiratory chain concept and its chemiosmotic consequences, *Science* 206: 1148-59, 1979.

_____., "The origin of life and the formation and organising functions of natural memb-ranes", *Proceedings of the first international symposium on the origin of life on the Earth* içinde, (der. A.I. Oparin, A.G. Pasynski, A.E. Braunstein, T.E. Pavlovskaya), Moskova Bilimler Akademisi, SSCB, 1957.

Prebble, J., Weber, B., *Wandering in the Gardens of the Mind*, Oxford University Press, New York, 2003.

## Karbon ve redoks kimyası ihtiyacı

Falkowski, P., *Life's Engines: How Microbes made Earth Habitable*, Princeton University Press, Princeton, 2015.

Kim, J.D., Senn, S., Harel, A., Jelen, B.I., Falkowski, P.G., "Discovering the electronic circuit diagram of life: structural relationships among transition metal binding sites in oxidoreductases", *Philosophical Transactions Royal Society B* 368: 20120257, 2013.

Morton, O., *Eating the Sun: How Plants Power the Planet*, Fourth Estate, Londra, 2007. Pace, N., "The universal nature of biochemistry", *Proceedings National Academy Sciences USA* 98: 805-808, 2001.

Schoepp-Cothenet, B., van Lis, R., Atteia, A., Baymann, F., Capowiez, L., Ducluzeau, A-L.,

Duval, S., ten Brink, F., Russell, M.J., Nitschke, W., "On the universal core of bioener-getics", *Biochimica Biophysica Acta Bioenergetics* 1827: 79-93, 2013.

## Bakteriler ve arke arasındaki temel farklar

Edgell, D.R., Doolittle, W.F., "Archaea and the origin(s) of DNA replication proteins", *Cell* 89: 995-98, 1997.

Koga, Y., Kyuragi, T., Nishihara, M., Sone, N., "Did archaeal and bacterial cells arise independently from noncellular precursors? A hypothesis stating that the advent of membrane phospholipid with enantiomeric glycerophosphate backbones caused the separation of the two lines of descent", *Journal of Molecular Evolution* 46: 54-63, 1998.

Leipe, D.D., Aravind, L., Koonin, E.V., "Did DNA replication evolve twice independently?", *Nucleic Acids Research* 27: 3389-3401, 1999.

Lombard, J., López-García, P., Moreira, D., "The early evolution of lipid membranes and the three domains of life", *Nature Reviews Microbiology* 10: 507-15, 2012.

Martin, W., Russell, M.J., "On the origins of cells: a hypothesis for the evolutionary transitions from abiotic geochemistry to chemoautotrophic prokaryotes, and from prokaryotes to nucleated cells", *Philosophical Transactions Royal Society B* 358: 59-83, 2003.

Sousa, F.L., Thiergart, T., Landan, G., Nelson-Sathi, S., Pereira, I. A. C., Allen, J.F., Lane, N., Martin, W.F., "Early bioenergetic evolution", *Philosophical Transactions Royal Society B* 368: 20130088, 2013.

## ÜÇÜNCÜ BÖLÜM Yaşamın Kökeninde Enerji

### Yaşamın kökenindeki enerji zorunlulukları

Lane, N., Allen, J.F., Martin, W., "How did LUCA make a living? Chemiosmosis in the origin of life", *BioEssays* 32: 271-80, 2010.

Lane, N., Martin, W., "The origin of membrane bioenergetics", *Cell* 151: 1406-16, 2012.

Martin, W., Sousa, F.L., Lane, N., "Energy at life 's origin", *Science* 344: 1092-93, 2014.

Martin, W.F., "Hydrogen, metals, bifurcating electrons, and proton gradients: The early evolution of biological energy conservation", *FEBS Letters* 586: 485-93, 2012.

Russell, M. (der.), *Origins: Abiogenesis and the Search for Life.* Cosmology Science Publishers, Cambridge, Massachusetts, 2011.

### Miller-Urey deneyi ve RNA dünyası

Joyce, G.F., "RNA evolution and the origins of life", *Nature* 33: 217-24, 1989.

Miller, S.L., "A production of amino acids under possible primitive earth conditions", *Science* 117: 528-29, 1953.

Orgel, L.E., "Prebiotic chemistry and the origin of the RNA world", *Critical Reviews in Biochemistry and Molecular Biology* 39: 99-123, 2004.

Powner, M.W., Gerland, B., Sutherland, J.D., "Synthesis of activated pyrimidine ribonucleotides in prebiotically plausible conditions", *Nature* 459: 239-42, 2009.

### Dengeden çok uzak olmanın termodinamiği

Morowitz, H., *Energy Flow in Biology: Biological Organization as a Problem in Thermal Physics,* Academic Press, New York, 1968.

Prigogine, I., *The End of Certainty: Time, Chaos and the New Laws of Nature.* Free Press, New York, 1997.

Russell, M.J., Nitschke, W., Branscomb, E., "The inevitable journey to being", *Philosophical Transactions Royal Society B* 368: 20120254, 2013.

## Katalizin kökenleri

Cody, G., "Transition metal sulfides and the origins of metabolism", *Annual Review Earth and Planetary Sciences* 32: 569-99, 2004.

Russell, M.J., Allen, J.F., Milner-White, E.J., "Inorganic complexes enabled the onset of life and oxygenic photosynthesis", Allen, J.F., Gantt, E., Golbeck, J.H., Osmond, B., *Energy from the Sun: 14th International Congress on Photosynthesis* içinde, Springer, Heidelberg, 2008.

Russell, M.J., Martin, W., "The rocky roots of the acetyl-CoA pathway", *Trends in Biochemical Sciences* 29: 358-63, 2004.

## Suda dehidrasyon tepkimeleri

Benner, S.A., Kim, H-J., Carrigan, M.A., "Asphalt, water, and the prebiotic synthesis of ribose, ribonucleosides, and RNA", *Accounts of Chemical Research* 45: 2025-34, 2012.

de Zwart I.I., Meade, S.J., Pratt, A.J., "Biomimetic phosphoryl transfer catalysed by iron(II)- mineral precipitates", *Geochimica et Cosmochimica Acta* 68: 4093-98, 2004.

Pratt, A.J., "Prebiological evolution and the metabolic origins of life", *Artificial Life* 17: 203-17, 2011.

## Proto-hücrelerin oluşumu

Budin, I., Bruckner, R.J., Szostak, J.W., "Formation of protocell-like vesicles in a thermal diffusion column", *Journal of the American Chemical Society* 131: 9628-29, 2009.

Errington, J., "L-form bacteria, cell walls and the origins of life", *Open Biology* 3: 120143, 2013.

Hanczyc, M., Fujikawa, S., Szostak, J., "Experimental models of primitive cellular compartments: encapsulation, growth, and division", *Science* 302: 618-22, 2003.

Mauer, S.E., Monndard, P.A., "Primitive membrane formation, characteristics and roles in the emergent properties of a protocell", *Entropy* 13: 466-84, 2011.

Szathmáry, E., Santos, M., Fernando, C., "Evolutionary potential and requirements for minimal protocells", *Topics in Current Chemistry* 259: 167-211, 2005.

## Kopyalamanın kökenleri

Cairns-Smith, G., *Seven Clues to the Origin of Life*, Cambridge University Press, Cambridge, 1990.

Costanzo, G., Pino, S., Ciciriello, F., Di Mauro, E., "Generation of long RNA chains in water", *Journal of Biological Chemistry* 284: 33206-16, 2009.

Koonin, E.V., Martin, W., "On the origin of genomes and cells within inorganic compartments", *Trends in Genetics* 21: 647-54, 2005.

Mast, C.B., Schink, S., Gerland, U. ve Braun, D., "Escalation of polymerization in a thermal gradient", *Proceedings of the National Academy of Sciences USA* 110: 8030-35, 2013.

Mills, D.R., Peterson, R.L., Spiegelman, S., "An extracellular Darwinian experiment with a self-duplicating nucleic acid molecule", *Proceedings National Academy Sciences USA* 58: 217-24, 1967.

Denizin derinindeki hidrotermal menfezlerin keşfedilmesi

Baross, J.A., Hoffman, S.E., "Submarine hydrothermal vents and associated gradient environments as sites for the origin and evolution of life", *Origins Life Evolution of the Biosphere* 15: 327-45, 1985.

Kelley, D.S., Karson, J.A., Blackman, D.K. vd., "An off-axis hydrothermal vent field near the Mid-Atlantic Ridge at 30 degrees N.", *Nature* 412: 145-49, 2001.

Kelley, D.S., Karson, J.A., Früh-Green, G.L. vd., "A serpentinite-hosted submarine ecosystem: the Lost City Hydrothermal Field", *Science* 307: 1428-34, 2005.

Pirit çekimi ve demir-sülfür dünyası

de Duve, C., Miller, S., "Two-dimensional life?", *Proceedings National Academy Sciences USA* 88: 10014-17, 1991.

Huber, C., Wäctershäuser, G., "Activated acetic acid by carbon fixation on (Fe,Ni)S under primordial conditions", *Science* 276: 245-47, 1997.

Miller, S.L., Bada, J.L., "Submarine hot springs and the origin of life", *Nature* 334: 609-611, 1988.

Wächtershäuser, G., "Evolution of the first metabolic cycles", *Proceedings National Academy Sciences USA* 87: 200-204, 1990.

_____., "From volcanic origins of chemoautotrophic life to Bacteria, Archaea and Eukarya", *Philosophical Transactions Royal Society B* 361: 1787-1806, 2006.

Alkalin hidrotermal menfezler

Martin, W., Baross, J., Kelley, D., Russell, M.J., "Hydrothermal vents and the origin of life", *Nature Reviews Microbiology* 6: 805-14, 2008.

Martin, W., Russell, M.J., "On the origins of cells: a hypothesis for the evolutionary transitions from abiotic geochemistry to chemoautotrophic prokaryotes, and from prokaryotes to nucleated cells", *Philosophical Transactions Royal Society B* 358: 59-83, 2003.

Russell, M.J., Daniel, R.M., Hall, A.J., Sherringham, J., "A hydrothermally precipitated catalytic iron sulphide membrane as a first step toward life", *Journal of Molecular Evolution* 39: 231-43, 1994.

Russell, M.J., Hall, A.J., Cairns-Smith, A.G., Braterman, P.S., "Submarine hot springs and the origin of life", *Nature* 336: 117, 1988.

Russell, M.J., Hall, A.J., "The emergence of life from iron monosulphide bubbles at a submarine hydrothermal redox and pH front", *Journal Geological Society London* 154: 377-402, 1997.

Serpantinleşme

Fyfe, W.S., "The water inventory of the Earth: fluids and tectonics", *Geological Society of London Special Publications* 78: 1-7, 1994.

Russell, M.J., Hall, A.J., Martin, W., "Serpentinization as a source of energy at the origin of life", *Geobiology* 8: 355-71, 2010.

Sleep, N.H., Bird, D.K., Pope, E.C., "Serpentinite and the dawn of life", *Philosophical Transactions Royal Society B* 366: 2857-69, 2011.

Hades diyarında okyanus kimyası

Arndt, N., Nisbet, E., "Processes on the young earth and the habitats of early life", *AnnualReviews Earth Planetary Sciences* 40: 521-49, 2012.

Pinti, D., "The origin and evolution of the oceans", *Lectures Astrobiology* 1: 83-112, 2005.

Russell, M.J., Arndt, N.T., "Geodynamic and metabolic cycles in the Hadean", *Biogeosciences* 2: 97-111, 2005.

Zahnle, K., Arndt, N., Cockell, C., Halliday, A., Nisbet, E., Selsis, F., Sleep, N.H., "Emergence of a habitable planet", *Space Science Reviews* 129: 35-78, 2007.

Termoforez

Baaske, P., Weinert, F.M., Duhr, S. vd., "Extreme accumulation of nucleotides in simulated hydrothermal pore systems", *Proceedings National Academy Sciences USA* 104: 9346-51, 2007.

Mast, C.B., Schink, S., Gerland, U., Braun, D., "Escalation of polymerization in a thermal gradient", *Proceedings National Academy Sciences USA* 110: 8030-35, 2013.

Alkalin menfezlerinde organik sentezin termodinamiği

Amend, J.P., McCollom, T.M., "Energetics of biomolecule synthesis on early Earth",

Zaikowski, L. vd., yay. haz., *Chemical Evolution II: From the Origins of Life to Modern Society*, American Chemical Society, 2009.

Ducluzeau, A-L., Schoepp-Cothenet, B., Baymann, F., Russell, M.J., Nitschke, W., "Free energy conversion in the LUCA: Quo vadis?", *Biochimica et Biophysica Acta Bioenergetics* 1837: 982-988, 2014.

Martin, W., Russell, M.J., "On the origin of biochemistry at an alkaline hydrothermal vent", *Philosophical Transactions Royal Society B* 367: 1887-1925, 2007.

Shock, E., Canovas, P., "The potential for abiotic organic synthesis and biosynthesis at seafloor hydrothermal systems", *Geofluids* 10: 161-92, 2010.

Sousa, F.L., Thiergart, T., Landan, G., Nelson-Sathi, S., Pereira, I.A.C., Allen, J.F., Lane, N.,

Martin, W.F., "Early bioenergetic evolution", *Philosophical Transactions Royal Society B* 368: 20130088, 2013.

İndirgenme potansiyeli ve CO2 indirgenmesinin önündeki kinetik engeller

Lane, N., Martin, W., "The origin of membrane bioenergetics", *Cell* 151: 1406-16, 2012.

Maden, B.E.H., "Tetrahydrofolate and tetrahydromethanopterin compared: functionally distinct carriers in C1 metabolism", *Biochemical Journal* 350: 609-29, 2000.

Wächtershäuser, G., "Pyrite formation, the first energy source for life: a hypothesis", *Systematic and Applied Microbiology* 10: 207-10, 1988.

Doğal proton basamakları CO$_2$ indirgenmesini yürütebilir mi?

Herschy, B., Whicher, A., Camprubi, E., Watson, C., Dartnell, L., Ward, J., Evans, J.R.G.,

Lane N., "An origin-of-life reactor to simulate alkaline hydrothermal vents", *Journal of Molecular Evolution* 79: 213-27, 2014.

Herschy, B., "Nature 's electrochemical flow reactors: Alkaline hydrothermal vents and the origins of life", *Biochemist* 36: 4-8, 2014.

Lane, N., "Bioenergetic constraints on the evolution of complex life", *Cold Spring Harbor Perspectives in Biology* doi: 10.1101/cshperspect.a015982, 2014.

Nitschke, W., Russell, M.J., "Hydrothermal focusing of chemical and chemiosmotic energy, supported by delivery of catalytic Fe, Ni, Mo, Co, S and Se forced life to emerge", *Journal of Molecular Evolution* 69: 481-96, 2009.

Yamaguchi, A., Yamamoto, M., Takai, K., Ishii, T., Hashimoto, K., Nakamura, R., "Electrochemical CO2 reduction by Nicontaining iron sulfides: how is C02 electrochemically reduced at bisulfide-bearing deep sea hydrothermal precipitates?", *Electrochimica Acta* 141: 311-18, 2014.

Samanyolu'nda serpantinleşme olasılığı

de Leeuw, N.H., Catlow, C.R., King, H.E., Putnis, A., Muralidharan, K., Deymier, P., Stimpfl,

M., Drake, M.J., "Where on Earth has our water come from?" *Chemical Communications* 46: 8923-25, 2010.

Petigura, E.A., Howard, A.W., Marcy, G.W., "Prevalence of Earth-sized planets orbiting Sunlike stars", *Proceedings National Academy Sciences USA* 110: 19273-78, 2013.

## DÖRDÜNCÜ BÖLÜM Hücrelerin Ortaya Çıkışı

Yanal gen aktarımı ve türleşme problemi

Doolittle, W.F., "Phylogenetic classification and the universal tree", *Science* 284: 2124-28, 1999.

Lawton, G., "Why Darwin was wrong about the tree of life", *New Scientist* 2692: 34-39, 2009.

Mallet, J., "Why was Darwin's view of species rejected by twentieth century biologists?", *Biology and Philosophy* 25: 497-527, 2010.

Martin, W.F., "Early evolution without a tree of life", *Biology Direct* 6: 36, 2011.

Nelson-Sathi, S. vd., "Origins of major archaeal clades correspond to gene acquisitions from bacteria", *Nature* doi: 10.1038/nature13805, 2014.

Genlerin %1'inden azına dayalı "evrensel yaşam ağacı"

Ciccarelli, F.D., Doerks, T., von Mering, C., Creevey, C.J., Snel, B. vd., "Toward automatic reconstruction of a highly resolved tree of life", *Science* 311: 1283-87, 2006.

Dagan, T., Martin, W., "The tree of one percent", *Genome Biology* 7: 118, 2006.

Arke ve bakterilerde korunan genler

Charlebois, R.L., Doolittle, W.F., "Computing prokaryotic gene ubiquity: Rescuing the core from extinction", *Genome Research* 14: 2469-77, 2004.

Koonin, E.V., "Comparative genomics, minimal gene-sets and the last universal common ancestor", *Nature Reviews Microbiology* 1: 127-36, 2003.

Sousa, F.L., Thiergart, T., Landan, G., Nelson-Sathi, S., Pereira, I.A.C., Allen, J.F., Lane, N.,

Martin, W.F., "Early bioenergetic evolution", *Philosophical Transactions of the Royal Society B* 368: 20130088, 2013.

LUCA'nın paradoksal özellikleri

Dagan, T., Martin, W., "Ancestral genome sizes specify the minimum rate of lateral gene transfer during prokaryote evolution. *Proceedings National Academy Sciences USA* 104: 870-75, 2007.

Edgell, D.R., Doolittle, W.F., "Archaea and the origin(s) of DNA replication proteins", *Cell* 89: 995-98, 1997.

Koga, Y., Kyuragi, T., Nishihara, M., Sone, N., "Did archaeal and bacterial cells arise independently from noncellular precursors? A hypothesis stating that the advent of membrane phospholipid with enantiomeric glycerophosphate backbones caused the separation of the two lines of descent", *Journal of Molecular Evolution* 46: 54-63, 1998.

Leipe, D.D., Aravind, L., Koonin, E.V., "Did DNA replication evolve twice independently?", *Nucleic Acids Research* 27: 3389-3401, 1999.

Martin, W., Russell, M.J., "On the origins of cells: a hypothesis for the evolutionary transitions from abiotic geochemistry to chemoautotrophic prokaryotes, and from prokaryotes to nucleated cells", *Philosophical Transactions Royal Society B* 358: 59-83, 2003.

Zar lipidleri problemi

Lane, N., Martin, W., "The origin of membrane bioenergetics", *Cell* 151: 1406-16, 2012.

Lombard, J., López-García, P., Moreira, D., "The early evolution of lipid membranes and the three domains of life", *Nature Reviews in Microbiology* 10: 507-15, 2012.

Shimada, H., Yamagishi, A., "Stability of heterochiral hybrid membrane made of bacterial sn-G3P lipids and archaeal sn-G1P lipids", *Biochemistry* 50: 4114-20, 2011.

Valentine, D., "Adaptations to energy stress dictate the ecology and evolution of the Archaea", *Nature Reviews Microbiology* 5: 1070-77, 2007.

## Asetil CoA yolu

Fuchs, G., "Alternative pathways of carbon dioxide fixation: Insights into the early evolution of life?", *Annual Review Microbiology* 65: 631-58, 2011.

Ljungdahl, L.G., "A life with acetogens, thermophiles, and cellulolytic anaerobes ", *Annual Review Microbiology* 63: 1-25, 2009.

Maden, B.E.H., "No soup for starters? Autotrophy and the origins of metabolism", *Trends in Biochemical Sciences* 20: 337-41, 1995.

Ragsdale, S.W., Pierce, E., "Acetogenesis and the Wood-Ljungdahl pathway of CO2 fixation", *Biochimica Biophysica Acta* 1784: 1873-98, 2008.

## Asetil CoA yolunun kayalık kökenleri

Nitschke, W., McGlynn, S.E., Milner-White, J., Russell, M.J., "On the antiquity of metalloenzymes and their substrates in bioenergetics", *Biochimica Biophysica Acta* 1827: 871-81, 2013.

Russell, M.J., Martin, W., "The rocky roots of the acetyl-CoA pathway", *Trends in Biochemical Sciences* 29: 358-63, 2004.

## Abiyotik asetil thioester ve asetil fosfat sentezi

de Duve, C., "Did God make RNA?", *Nature* 336: 209-10, 1988.

Heinen, W., Lauwers, A.M., "Sulfur compounds resulting from the interaction of iron sulfide, hydrogen sulfide and carbon dioxide in an anaerobic aqueous environment", *Origins Life Evolution Biosphere* 26: 131-50, 1996.

Huber, C., Wäctershäuser, G., "Activated acetic acid by carbon fixation on (Fe,Ni)S under primordial conditions", *Science* 276: 245-47, 1997.

Martin, W., Russell, M.J., "On the origin of biochemistry at an alkaline hydrothermal vent", *Philosophical Transactions of the Royal Society B* 367: 1887-1925, 2007.

## Genetik şifrenin olası kökenleri

Copley, S.D., Smith, E., Morowitz, H.J., "A mechanism for the association of amino acids with their codons and the origin of the genetic code", *Proceedings National Academy Sciences USA* 102: 4442-47, 2005.

Lane, N., *Life Ascending: The Ten Great Inventions of Evolution*, WW Norton/Profile, Londra, 2009. [*Yaşamın Yükselişi, Evrimin On Büyük İcadı*. İngilizceden çev. Ebru Kılıç, İstanbul: Aylak Kitap, 2014.]

Taylor, F.J., Coates, D., "The code within the codons", *Biosystems* 22: 177-87, 1989.

## Alkalin hidrotermal menfezler ve asetil CoA yolu arasında yakınlaşma

Herschy, B., Whicher, A., Camprubi, E., Watson, C., Dartnell, L., Ward, J., Evans, J.R.G., Lane, N., "An origin-of-life reactor to simulate alkaline hydrothermal vents", *Journal of Molecular Evolution* 79: 213-27, 2014.

Lane, N., "Bioenergetic constraints on the evolution of complex life", *Cold Spring Harbor Perspectives in Biology* doi: 10.1101/cshperspect.a015982, 2014.

Martin, W., Sousa, F.L., Lane, N., "Energy at life's origin", *Science* 344: 1092-93, 2014.

Martin, W.F., "Early bioenergetic evolution", *Philosophical Transactions of the Royal Society B* 368: 20130088, 2013.

Sousa, F.L., Thiergart, T., Landan, G., Nelson-Sathi, S., Pereira, I.A. C., Allen, J.F., Lane, N.,

## Zar geçirgenliği problemi

Lane, N., Martin, W., "The origin of membrane bioenergetics", *Cell* 151: 1406-16, 2012.

Le Page, M., "Meet your maker", *New Scientist* 2982: 30-33, 2014.

Mulkidjanian, A.Y., Bychkov, A.Y., Dibrova, D.V., Galperin, M.Y., Koonin, E.V., "Origin of first cells at terrestrial, anoxic geothermal fields", *Proceedings National Academy Sciences USA* 109: E821–E830, 2012.

Sojo, V., Pomiankowski, A., Lane, N.A., "Bioenergetic basis for membrane divergence in archaea and bacteria." *PLoS Biology* 12(8): e1001926 (2014).

Yong E., "How life emerged from deep-sea rocks." *Nature* doi: 10.1038/nature.2012.12109 (2012).

## Zar proteinlerinin H+ ve Na+ açısından rastgeleliği

Buckel W., Thauer, R.K., "Energy conservation via electron bifurcating ferredoxin reduction and proton/Na(+) translocating ferredoxin oxidation", *Biochimica Biophysica Acta* 1827: 94-113, 2013.

Lane, N., Allen, J.F., Martin, W., "How did LUCA make a living? Chemiosmosis in the origin of life", *BioEssays* 32: 271-80, 2010.

Schlegel, K., Leone, V., Faraldo-Gómez, J.D., Müller, V., "Promiscuous archaeal ATP synthase concurrently coupled to Na+ and H+ translocation", *Proceedings National Academy Sciences USA* 109: 947-52, 2012.

## Elektron çatallanması

Buckel, W., Thauer, R.K., "Energy conservation via electron bifurcating ferredoxin reduction and proton/Na(+) translocating ferredoxin oxidation", *Biochimica Biophysica Acta* 1827: 94-113, 2013.

Kaster, A-K., Moll, J., Parey, K., Thauer, R.K., "Coupling of ferredoxin and heterodisulfide reduction via electron bifurcation in hydrogenotrophic methanogenic Archaea", *Proceedings National Academy Sciences USA* 108: 2981-86, 2011.

Thauer, R.K., "A novel mechanism of energetic coupling in anaerobes", *Environmental Microbiology Reports* 3: 24-25, 2011.

## BEŞİNCİ BÖLÜM Karmaşık Hücrelerin Kökeni

### Genom büyüklükleri

Cavalier-Smith, T., "Economy, speed and size matter: evolutionary forces driving nuclear genome miniaturization and expansion", *Annals of Botany* 95: 147-75, 2005.

_____., "Skeletal DNA and the evolution of genome size", *Annual Review of Biophysics and Bioengineering* 11: 273-301, 1982.

Gregory, T.R., "Synergy between sequence and size in large-scale genomics", *Nature Reviews in Genetics* 6: 699-708, 2005.

Lynch, M., *The Origins of Genome Architecture.* Sinauer Associates, Sunderland, Massachusetts, 2007.

### Ökaryotların genom büyüklüğünü sınırlamasının olası etkenleri

Cavalier-Smith, T., "Predation and eukaryote cell origins: A coevolutionary perspective", *International Journal Biochemistry Cell Biology* 41: 307-22, 2009.

de Duve, C., "The origin of eukaryotes: a reappraisal", *Nature Reviews in Genetics* 8: 395-403, 2007.

Koonin, E.V., "Evolution of genome architecture", *International Journal Biochemistry Cell Biology* 41: 298-306, 2009.

Lynch, M., Conery, J.S., "The origins of genome complexity", *Science* 302: 1401–04, 2003.

Maynard Smith, J., Szathmary, E., *The Major Transitions in Evolution*, Oxford University Press, Oxford, 1995.

### Ökaryotların kimerik kökeni

Cotton, J.A., McInerney, J.O., "Eukaryotic genes of archaebacterial origin are more important than the more numerous eubacterial genes, irrespective of function", *Proceedings National Academy Sciences USA* 107: 17252-55, 2010.

Esser, C., Ahmadinejad, N., Wiegand, C., vd., "A genome phylogeny for mitochondria among alpha-proteobacteria and a predominantly eubacterial ancestry of yeast nuclear genes", *Molecular Biology Evolution* 21: 1643-60, 2004.

Koonin, E.V., "Darwinian evolution in the light of genomics", *Nucleic Acids Research* 37: 1011-34, 2009.

Pisani, D., Cotton, J.A., McInerney, J.O., "Supertrees disentangle the chimeric origin of eukaryotic genomes", *Molecular Biology Evolution* 24: 1752-60, 2007.

Rivera, M.C., Lake, J.A., "The ring of life provides evidence for a genome fusion origin of eukaryotes", *Nature* 431: 152-55, 2004.

Thiergart, T., Landan, G., Schrenk, M., Dagan, T., Martin, W.F., "An evolutionary network of genes present in the eukaryote common ancestor polls genomes on eukaryotic and mitochondrial origin", *Genome Biology and Evolution* 4: 466-85, 2012.

Williams, T.A., Foster, P.G., Cox, C.J., Embley, T.M., "An archaeal origin of eukaryotes supports only two primary domains of life", *Nature* 504: 231-36, 2013.

### Fermantasyonun geç kökeni

Say, R.F., Fuchs, G., "Fructose 1,6-bisphosphate aldolase/phosphatase may be an ancestral gluconeogenic enzyme", *Nature* 464: 1077-81, 2010.

### Alt-stokiyometrik enerji korunumu

Hoehler, T.M., Jørgensen, B.B., "Microbial life under extreme energy limitation", *Nature Reviews in Microbiology* 11: 83-94, 2013.

Lane, N., "Why are cells powered by proton gradients?", *Nature Education* 3: 18, 2010.

Martin, W., Russell, M.J., "On the origin of biochemistry at an alkaline hydrothermal vent", *Philosophical Transactions of the Royal Society B* 367: 1887-1925, 2007.

Thauer, R.K., Kaster, A-K., Seedorf, H., Buckel, W., Hedderich, R., "Methanogenic archaea: ecologically relevant differences in energy conservation", *Nature Reviews Microbiology* 6: 579-91, 2007.

### Viral enfeksiyon ve hücre ölümü

Bidle, K.D., Falkowski, P.G., "Cell death in planktonic, photosynthetic microorganisms, *Nature Reviews Microbiology* 2: 643-55, 2004.

Lane, N., "Origins of death", *Nature* 453: 583-85, 2008.

Refardt, D., Bergmiller, T., Kümmerli, R., "Altruism can evolve when relatedness is low: evidence from bacteria committing suicide upon phage infection", *Proceedings Royal Society B* 280: 20123035, 2013.

Vardi, A., Formiggini, F., Casotti, R., De Martino, A., Ribalet, F., Miralto, A., Bowler, C., "A stress surveillance system based on calcium and nitroc oxide in marine diatoms", *PloS Biology* 4(3): e60, 2006.

### Bakteriyel yüzey alanı ve hacminin büyütülmesi

Fenchel, T., Finlay, B. J., "Respiration rates in heterotrophic, free-living protozoa", *Microbial Ecology* 9: 99-122, 1983.

Harold, F., *The Vital Force: a Study of Bioenergetics*,W. H. Freeman, New York, 1986.

Lane, N., Martin, W., "The energetics of genome complexity", *Nature* 467: 929-34, 2010.

_____., "Energetics and genetics across the prokaryote-eukaryote divide", *Biology Direct* 6: 35, 2011.

Makarieva, A.M., Gorshkov, V.G., Li, B.L., "Energetics of the smallest: do bacteria breathe at the same rate as whales?", *Proceedings Royal Society B* 272: 2219-24, 2005.

Vellai, T., Vida, G., "The origin of eukaryotes: the difference between prokaryotic and eukaryotic cells", *Proceedings Royal Society B* 266: 1571-77, 1999.

## Dev bakteriler

Angert, E.R., "DNA replication and genomic architecture of very large bacteria", *Annual Review Microbiology* 66: 197-212, 2012.

Mendell, J.E., Clements, K.D., Choat, J.H., Angert, E.R., "Extreme polyploidy in a large bacterium", *Proceedings National Academy Sciences USA* 105: 6730-34, 2008.

Schulz, H.N., Jorgensen, B. B., "Big bacteria", *Annual Review Microbiology* 55: 105-37, 2001.

_____., "The genus *Thiomargarita*", *Prokaryotes* 6: 1156-63, 2006.

## Endosembiyoz ortağı küçük genomlar ve enerji açısından bunların durumları

Gregory, T.R., DeSalle, R., "Comparative genomics in prokaryotes", *The Evolution of the Genome* içinde, yay.haz., Gregory, T. R., Elsevier, San Diego, s. 585–75, 2005.

Lane, N., Martin, W., "The energetics of genome complexity", *Nature* 467: 929-34, 2010.

_____., "Bioenergetic constraints on the evolution of complex life", *Cold Spring Harbor Perspectives in Biology,* doi: 10.1101/cshperspect.a015982, 2014.

## Bakterilerde endosembiyoz ortakları

von Dohlen, C.D., Kohler, S., Alsop, S.T., McManus, W.R., "Mealybug beta-proteobacterial symbionts contain gamma-proteobacterial symbionts", *Nature* 412: 433-36, 2001.

Wujek, D.E., "Intracellular bacteria in the blue-green-alga *Pleurocapsa minor"*, *Transactions American Microscopical Society* 98: 143-45, 1979.

## Mitokondrilerde neden genler bulunur?

Alberts, A., Johnson, A., Lewis, J., Raff, M., Roberts, K., Walter, P., *Molecular Biology of the Cell*, beşinci basım, Garland Science, New York, 2008.

Allen, J.F., "Control of gene expression by redox potential and the requirement for chloroplast and mitochondrial genomes", *Journal of Theoretical Biology* 165: 609-31, 1993.

_____., "The function of genomes in bioenergetic organelles", *Philosophical Transactions Royal Society B* 358: 19-37, 2003.

de Grey, A.D., "Forces maintaining organellar genomes: is any as strong as genetic code disparity or hydrophobicity?", *BioEssays* 27: 436-46, 2005.

Gray, M.W., Burger, G., Lang, B.F., "Mitochondrial evolution", *Science* 283: 1476-81, 1999.

## Siyanobakterilerde poliploidlik

Griese, M., Lange, C., Soppa, J., "Ploidy in cyanobacteria", *FEMS Microbiology Letters* 323: 124-31, 2011.

Plastidler bakterilerin enerji sınırlamalarını neden aşamaz?

Lane, N., "Bioenergetic constraints on the evolution of complex life", *Cold Spring Harbor Perspectives in Biology,* doi: 10.1101/cshperspect.a015982, 2014.

_____., "Energetics and genetics across the prokaryote-eukaryote divide", *Biology Direct* 6: 35, 2011.

Endosembiyozlarda seçilim çatışması ve çözümü düzeyleri

Blackstone, N.W., "Why did eukaryotes evolve only once? Genetic and energetic aspects of conflict and conflict mediation", *Philosophical Transactions Royal Society B* 368: 20120266, 2013.

Martin, W., Müller, M., "The hydrogen hypothesis for the first eukaryote", *Nature* 392: 37-41, 1998.

Bakterilerde enerji akıntısı

Russell, J.B., "The energy spilling reactions of bacteria and other organisms", *Journal of Molecular Microbiology and Biotechnology* 13: 1-11, 2007.

## ALTINCI BÖLÜM Eşeyli Üreme ve Ölümün Kökenleri

Evrimin hızı

Conway-Morris, S., "The Cambrian 'explosion': Slow-fuse or megatonnage?", *Proceedings National Academy Sciences USA* 97: 4426-29, 2000.

Gould, S.J., Eldredge, N., "Punctuated equilibria: the tempo and mode of evolution reconsidered", *Paleobiology* 3: 115-51, 1977.

Nilsson, D-E., Pelger, S., "A pessimistic estimate of the time required for an eye to evolve", *Proceedings Royal Society B* 256: 53-58, 1994.

Eşeyli üreme ve nüfus yapısı

Lahr, D.J., Parfrey, L.W., Mitchell, E.A., Katz, L.A., Lara, E., "The chastity of amoeba: re-evaluating evidence for sex in amoeboid organisms", *Proceedings Royal Society B* 278: 2081-90, 2011.

Maynard-Smith, J., *The Evolution of Sex.* Cambridge University Press, Cambridge, 1978.

Ramesh, M.A., Malik, S.B., Logsdon, J.M., "A phylogenomic inventory of meiotic genes: evidence for sex in *Giardia* and an early eukaryotic origin of meiosis", *Current Biology* 15: 185-91, 2005.

Takeuchi, N., Kaneko, K., Koonin, E.V., "Horizontal gene transfer can rescue prokaryotes from Muller's ratchet: benefit of DNA from dead cells and population subdivision", *Genes Genomes Genetics* 4: 325-39, 2014.

İntronların kökeni

Cavalier-Smith, T., "Intron phylogeny: A new hypothesis", *Trends in Genetics* 7: 145-48, 1991.

Doolittle, W.F., "Genes in pieces: were they ever together?", *Nature* 272: 581-82, 1978.

Koonin, E.V., "The origin of introns and their role in eukaryogenesis: a compromise solution to the introns-early versus introns-late debate?", *Biology Direct* 1: 22, 2006.

Lambowitz, A.M., Zimmerly, S., "Group II introns: mobile ribozymes that invade DNA", *Cold Spring Harbor Perspectives in Biology* 3: a003616, 2011.

## Hücre çekirdeğinin kökeni ve intronlar

Koonin, E., "Intron-dominated genomes of early ancestors of eukaryotes", *Journal of Heredity* 100: 618-23, 2009.

Martin, W., Koonin, E.V., "Introns and the origin of nucleus–cytosol compartmentalization", *Nature* 440: 41-45, 2006.

Rogozin, I.B., Wokf, Y.I., Sorokin, A.V., Mirkin, B.G., Koonin, E.V., "Remarkable interkingdom conservation of intron positions and massive, lineage-specific intron loss and gain in eukaryotic evolution". *Current Biology* 13: 1512-17, 2003.

Sverdlov, A. V., Csuros, M., Rogozin, I. B., Koonin, E. V., "A glimpse of a putative preintron phase of eukaryotic evolution", *Trends in Genetics* 23: 105-08, 2007.

## Nümts

Hazkani-Covo, E., Zeller, R. M., Martin, W., "Molecular poltergeists: mitochondrial DNA copies (numts) in sequenced nuclear genomes", *PLoS Genetics* 6: e1000834, 2010.

Lane, N., "Plastids, genomes and the probability of gene transfer", *Genome Biology and Evolution* 3: 372-74, 2011.

## İntronlara karşı seçilimin gücü

Lane, N., "Energetics and genetics across the prokaryote-eukaryote divide", *Biology Direct* 6: 35, 2011.

Lynch, M., Richardson, A.O., "The evolution of spliceosomal introns", *Current Opinion in Genetics and Development* 12: 701-10, 2002.

## Çevrime karşı dilimlemenin hızı

Cavalier-Smith, T., "Intron phylogeny: A new hypothesis", *Trends in Genetics* 7: 145-48, 1991.

Martin, W., Koonin, E.V., "Introns and the origin of nucleus–cytosol compartmentalization", *Nature* 440: 41-45, 2006.

## Hücre zarı, gözenek kompleksleri ve nükleolusun kökeni

Mans, B.J., Anantharaman, V., Aravind, L., Koonin, E.V., "Comparative genomics, evolution and origins of the nuclear envelope and nuclear pore complex", *Cell Cycle* 3: 1612-37, 2004.

Martin, W., "A briefly argued case that mitochondria and plastids are descendants of endosymbionts, but that the nuclear compartment is not", *Proceedings of the Royal Society B* 266: 1387-95, 1999.

_____., "Archaebacteria (Archaea) and the origin of the eukaryotic nucleus", *Current Opinion in microbiology* 8: 630-37, 2005.

McInerney, J.O., Martin, W.F., Koonin, E.V., Allen, J.F., Galperin, M.Y., Lane, N., Archibald, J.M., Embley, T. M., "Planctomycetes and eukaryotes: A case of analogy not homology", *BioEssays* 33: 810-17, 2011.

Mercier, R., Kawai, Y., Errington, J., "Excess membrane synthesis drives a primitive mode of cell proliferation", *Cell* 152: 997-1007, 2013.

Staub, E., Fiziev, P., Rosenthal, A., Hinzmann, B., "Insights into the evolution of the nucleolus by an analysis of its protein domain repertoire", *BioEssays* 26: 567-81, 2004.

## Eşeyli üremenin evrimi

Bell, G.. *The Masterpiece of Nature: The Evolution and Genetics of Sexuality*, University of California Press, Berkeley, 1982.

Felsenstein, J., "The evolutionary advantage of recombination", *Genetics* 78: 737-56, 1974.

Hamilton, W.D., "Sex versus non-sex versus parasite", *Oikos* 35: 282-90, 1980.

Lane, N., "Why sex is worth losing your head for", *New Scientist* 2712: 40-43, 2009.

Otto, S.P., Barton, N., "Selection for recombination in small populations", *Evolution* 55: 1921–31, 2001.

Partridge, L., Hurst, L.D., "Sex and conflict", *Science* 281: 2003-08, 1998.

Ridley, M., *Mendel's Demon: Gene Justice and the Complexity of Life*, Weidenfeld and Nicholson, Londra, 2000.

_____., *The Red Queen: Sex and the Evolution of Human Nature*, Penguin, Londra, 1994.

## Hücre birleşmesinin ve kromozomların ayrılmasının olası kökenleri

Blackstone, N.W., Green, D.R., "The evolution of a mechanism of cell suicide", *BioEssays* 21: 84-88, 1999.

Ebersbach, G., Gerdes, K., "Plasmid segregation mechanisms", *Annual Review Genetics* 39: 453-79, 2005.

Errington, J., "L-form bacteria, cell walls and the origins of life", *Open Biology* 3: 120143, 2013.

## İki cinsiyet

Fisher, R.A., *The Genetical Theory of Natural Selection*, Clarendon Press, Oxford, 1930.

Hoekstra, R.F., "On the asymmetry of sex – evolution of mating types in isogamous populations", *Journal of Theoretical Biology* 98: 427-51, 1982.

Hurst, L.D., Hamilton, W. D., "Cytoplasmic fusion and the nature of sexes" *Proceedings of the Royal Society B* 247: 189-94, 1992.

Hutson, V., Law, R., "Four steps to two sexes", *Proceedings Royal Society B* 253: 43-51, 1993.

Parker, G.A., Smith, V.G.F., Baker, R.R., "The origin and evolution of gamete dimorphism and the male-female phenomenon", *Journal of Theoretical Biology* 36: 529-53, 1972.

Mitokondrilerin tekebeveynli kalıtımı

Birky, C.W., "Uniparental inheritance of mitochondrial and chloroplast genes –mechanisms and evolution", *Proceedings National Academy Sciences USA* 92: 11331-38, 1995.

Cosmides, L.M., Tooby, J., "Cytoplasmic inheritance and intragenomic conflict", *Journal of Theoretical Biology* 89: 83-129, 1981.

Hadjivasiliou, Z., Lane, N., Seymour, R., Pomiankowski, A., "Dynamics of mitochondrial inheritance in the evolution of binary mating types and two sexes", *Proceedings Royal Society B* 280: 20131920, 2013.

Hadjivasiliou, Z., Pomiankowski, A., Seymour, R., Lane, N., "Selection for mitonuclear co-adaptation could favour the evolution of two sexes", *Proceedings Royal Society B* 279: 1865-72, 2012.

Lane, N., *Power, Sex, Suicide: Mitochondria and the Meaning of Life*, Oxford University Press, Oxford, 2005.

Hayvanlar, bitkiler ve bazal metazoalarda mitokondriyal mutasyon hızları

Galtier, N., "The intriguing evolutionary dynamics of plant mitochondrial DNA", *BMC Biology* 9: 61, 2011.

Huang, D., Meier, R., Todd, P.A., Chou, L.M., "Slow mitochondrial *COI* sequence evolution at the base of the metazoan tree and its implications for DNA barcoding", *Journal of Molecular Evolution* 66: 167-74, 2008.

Lane, N., "On the origin of barcodes", *Nature* 462: 272–74, 2009.

Linnane, A. W., Ozawa, T., Marzuki, S., Tanaka, M., *Lancet* 333: 642-45, 1989.

Pesole, G., Gissi, C., De Chirico, A., Saccone, C., "Nucleotide substitution rate of mammalian mitochondrial genomes", *Journal of Molecular Evolution* 48: 427-34, 1999.

Germ hattı – soma ayrımının kökeni

Allen, J.F., de Paula, W.B.M., "Mitochondrial genome function and maternal inheritance", *Biochemical Society Transactions* 41: 1298-1304, 2013.

Allen, J. F., "Separate sexes and the mitochondrial theory of ageing", *Journal of Theoretical Biology* 180: 135-40, 1996.

Buss, L., *The Evolution of Individuality*, Princeton University Press, Princeton, 1987.

Clark, W.R., *Sex and the Origins of Death*, Oxford University Press, New York, 1997. Radzvilavicius, A.L., Hadjivasiliou, Z., Pomiankowski, A., Lane, N., "Mitochondrial variation drives the evolution of sexes and the germline-soma distinction", hazırlık aşamasında, 2015.

## YEDİNCİ BÖLÜM Güç ve Şan

Mozaik solunum zinciri

Allen, J.F., "The function of genomes in bioenergetic organelles", *Philosophical Transactions Royal Society B* 358: 19-37, 2003.

Lane, N., "The costs of breathing", *Science* 334: 184-85, 2011.

Moser, C.C., Page, C.C., Dutton, P.L., "Darwin at the molecular scale: selection and variance in electron tunnelling proteins including cytochrome c oxidase", *Philosophical Transactions Royal Society B* 361: 1295-1305, 2006.

Schatz, G., Mason, T.L., "The biosynthesis of mitochondrial proteins", *Annual Review Biochemistry* 43: 51-87, 1974.

Vinothkumar, K.R., Zhu, J., Hirst, J., "Architecture of the mammalian respiratory complex I", *Nature* 515: 80-84, 2014.

Melezlenme arızası, sibridler ve türlerin kökeni

Barrientos, A., Kenyon, L., Moraes, C.T., "Human xenomitochondrial cybrids. Cellular models of mitochondrial complex I deficiency", *Journal of Biological Chemistry* 273: 14210-17, 1998.

Blier, P.U., Dufresne, F., Burton, R.S., "Natural selection and the evolution of mtDNA-encoded peptides: evidence for intergenomic co-adaptation", *Trends in Genetics* 17: 400-406, 2001.

Burton, R.S., Barreto, F.S., "A disproportionate role for mtDNA in Dobzhansky-Muller incompatibilities?", *Molecular Ecology* 21: 4942-57, 2012.

Burton, R.S., Ellison, C.K., Harrison, J.S., "The sorry state of F2 hybrids: consequences of rapid mitochondrial DNA evolution in allopatric populations", *American Naturalist* 168 Supplement 6: S14-24, 2006.

Gershoni, M., Templeton, A.R., Mishmar, D., "Mitochondrial biogenesis as a major motive force of speciation", *Bioessays* 31: 642-50, 2009.

Lane, N., "On the origin of barcodes", *Nature* 462: 272-74, 2009.

Mitokondrial apoptosis kontrolü

Hengartner, M.O., "Death cycle and Swiss army knives", *Nature* 391: 441-42, 1998.

Koonin, E.V., Aravind, L., "Origin and evolution of eukaryotic apoptosis: the bacterial connection", *Cell Death and Differentiation* 9: 394-404, 2002.

Lane, N., "Origins of death", *Nature* 453: 583-85, 2008.

Zamzami, N., Kroemer, G., "The mitochondrion in apoptosis: how pandora's box opens", *Nature Reviews Molecular Cell Biology* 2: 67-71, 2001.

Hayvanlardaki mitokondriyal genlerin hızlı evrimi ve çevreye uyum sağlama

Bazin, E., Glémin, S., Galtier, N., "Population size dies not influence mitochondrial genetic diversity in animals", *Science* 312: 570-72, 2006.

Lane, N., "On the origin of barcodes", *Nature* 462: 272-74, 2009.

Nabholz, B., Glémin, S., Galtier, N., "The erratic mitochondrial clock: variations of mutation rate, not population size, affect mtDNA diversity across birds and mammals", *BMC Evolutionary Biology* 9: 54, 2009.

Wallace, D.C., "Bioenergetics in human evolution and disease: implications for the origins of biological compolexity and the missing genetic variation of common diseases", *Philosophical Transactions Royal Society B* 368: 20120267, 2013.

Mitokondriyal DNA'da germ hattı seçilimi

Fan, W., Waymire, K.G., Narula, N., vd., "A mouse model of mitochondrial disease reveals germline selection against severe mtDNA mutations", *Science* 319: 958-62, 2008.

Stewart, J. B., Freyer, C., Elson, J.L., Wredenberg, A., Cansu, Z., Trifunovic, A., Larsson, N-G., "Strong purifying selection in transmission of mammalian mitochondrial DNA", *PloS Biology* 6: e10, 2008.

Haldane kuralı

Coyne, J.A., Orr, H.A., "Speciation", Sinauer Associates, Sunderland Massachusetts, 2004.

Haldane, J.B.S., "Sex ratio and unisexual sterility in hybrid animals", *Journal of Genetics* 12: 101-109, 1922.

Johnson, N.A., "Haldane's rule: the heterogametic sex", *Nature Education* 1: 58, 2008.

Cinsiyetin belirlenmesinde mitokondriler ve metabolik hız

Bogani, D., Siggers, P., Brixet, R vd., "Loss of mitogen-activated protein kinase kinase kinase 4 (MAP3K4) reveals a requirement for MAPK signalling in mouse sex determination", *PLoS Biology* 7: e1000196, 2009.

Mittwoch, U., "Sex determination", *EMBO Reports* 14: 588-92, 2013.

_____. "The elusive action of sex-determining genes: mitochondria to the rescue?", *Journal of Theoretical Biology* 228: 359-65, 2004.

Isı ve metabolik hız

Clarke, A., Pörtner, H-A., "Termperature, metabolic power and the evolution of endothermy", *Biological Reviews* 85: 703-27, 2010.

Mitokondriyal hastalıklar

Lane, N., "Powerhouse of disease", *Nature* 440: 600-602, 2006.

Schon, E.A., DiMauro, S., Hirano, M., "Human mitochondrial DNA: roles of inherited and somatic mutations", *Nature Reviews Genetics* 13: 878-90, 2012.

Wallace, D.C., "A mitochondrial bioenergetic etiology of disease", *Journal of Clinical Investigation* 123: 1405-12, 2013.

Zeviani, M., Carelli, V., "Mitochondrial disorders", *Current Opinion in Neurology* 20: 564-71, 2007.

Sitoplazmik eril kısırlığı

Chen, L., Liu, Y.G., "Male sterility and fertility restoration in crops", *Annual Review Plant Biology* 65: 579-606, 2014.

Innocenti, P., Morrow, E.H., Dowling, D.K., "Experimental evidence supports a sex-specific selective sieve in mitochondrial genome evolution", *Science* 332: 845-48, 2011.

Sabar, M., Gagliardi, D., Balk, J., Leaver, C.J., "ORFB is a subunit of F1FO-ATP synthase: insight into the basis of cytoplasmic male sterility in sunflower", *EMBO Reports* 4: 381-86, 2003.

Kuşlarda Haldane kuralı

Hill, G.E., Johnson, J.D., "The mitonuclear compatibility hypothesis of sexual selection", *Proceedings Royal Society B* 280: 20131314, 2013.

Mittwoch, U., "Phenotypic manifestations during the development of the dominant and default gonads in mammals and birds", *Journal of Experimental Zoology* 281: 466–71, 1998.

Uçuş koşulları

Suarez, R.K., "Oxygen and the upper limits to animal design and performance", *Journal of Experimental Biology* 201: 1065-72, 1998.

Apoptotik ölüm eşiği

Lane, N., "Bioenergetic constraints on the evolution of complex life", *Cold Spring Harbor Perspectives in Biology*, doi: 10.1101/cshperspect.a015982, 2014.

_____., "The costs of breathing", *Science* 334: 184-85, 2011.

İnsanlarda erken okült düşük vakaları

Van Blerkom, J., Davis, P.W., Lee, J., "ATP content of human oocytes and developmental potential and outcome after in-vitro fertilization and embryo transfer", *Human Reproduction* 10: 415-24, 1995.

Zinaman, M.J., O'Connor, J., Clegg, E.D., Selevan, S.G., Brown, C.C., "Estimates of human fertility and pregnancy loss", *Fertility and Sterility* 65: 503-509, 1996.

Yaşlanmayla ilgili serbest radikal kuramı

Barja, G., "Updating the mitochondrial free-radical theory of aging: an integrated view, key aspects, and confounding concepts", *Antioxidants and Redox Signalling* 19: 1420-45, 2013.

Gerschman, R., Gilbert, D.L., Nye, S.W., Dwyer, P., Fenn, W.O., "Oxygen poisoning and X irradiation: a mechanism in common", *Science* 119: 623-26, 1954.

Harmann, D., "Aging – a theory based on free-radical and radiation chemistry", *Journal of Gerontology* 11: 298-300, 1956.

Murphy, M.P., "How mitochondria produce reactive oxygen species", *Biochemical Journal* 417: 1-13, 2009.

Yaşlanmayla ilgili serbest radikal kuramının sorunları

Bjelakovic, G., Nikolova, D., Gluud, L. L., Simonetti, R. G., Gluud, C., "Antioxidant supplements for prevention of mortality in healthy participants and patients with various diseases", *Cochrane Database of Systematic Reviews,* doi: 10.1002/14651858. CD007176, 2008.

Gutteridge, J.M.C., Halliwell, B., "Antioxidants: Molecules, medicines, and myths", *Biochemical Biophysical Research Communications* 393: 561-64, 2010.

Gnaiger, E., Mendez, G., Hand, S.C., "High phosphorylation efficiency and depression of uncoupled respiration in mitochondria under hypoxia", *Proceedings National Academy Sciences* 97: 11080-85, 2000.

Moyer, M.W., "The myth of antioxidants", *Scientific American* 308: 62-67, 2013.

Yaşlanmada serbest radikal sinyalleri

Lane, N., "Mitonuclear match: optimizing fitness and fertility over generations drives ageing within generations", *BioEssays* 33: 860-69, 2011.

Moreno-Loshuertos, R., Acin-Perez, R., Fernandez-Silva, P., Movilla, N., Perez-Martos, A., de

Cordoba, S.R., Gallardo, M.E., Enriquez, J.A., "Differences in reactive oxygen species production explain the phenotypes associated with common mouse mitochondrial DNA variants", *Nature Genetics* 38: 1261-68, 2006.

Sobek, S., Rosa, I.D., Pommier, Y., vd., "Negative regulation of mitochondrial transcriotion by mitochondrial topoisomerase I", *Nucleic Acids Research* 41: 9848-57, 2013.

Yaşam hızı kuramıyla ilgili olarak serbest radikaller

Barja, G., "Mitochondrial oxygen consumption and reactive oxygen species production are independently modulated: implications for aging studies", *Rejuvenation Research* 10: 215-24, 2007.

Boveris, A., Chance, B., "Mitochondrial generation of hydrogen peroxide – general properties and effect of hyperbaric oxygen", *Biochemical Journal* 134: 707-16, 1973.

Pearl, R., *The Rate of Living. Being an Account of some Experimental Studies on the Biology of Life Duration*, University of London Press, Londra, 1928.

Serbest radikaller ve yaşlanmaktan ileri gelen hastalıklar

Desler, C., Marcker, M. L., Singh, K.K., Rasmussen, L.J., "The importance of mitochondrial DNA in aging and cancer", *Journal of Aging Research* 2011: 407536, 2011.

Halliwell, B., Gutteridge, J.M.C., *Free Radicals in Biology and Medicine*, dördüncü basım, Oxford University Press, Oxford, 2007.

He, Y., Wu, J., Dressman, D.C. vd., "Heteroplasmic mitochondrial DNA mutations in normal and tumour cells", *Nature* 464: 610-14, 2010.

Lagouge, M., Larsson, N-G., "The role of mitochondrial DNA mutations and free radicals in disease and ageing", *Journal of Internal Medicine* 273: 529-43, 2013.

Lane, N., "A unifying view of aging and disease: the double agent theory", *Journal of Theoretical Biology* 225: 531-40, 2003.

Moncada, S., Higgs, A.E., Colombo, S.L., "Fulfilling the metabolic requirements for cell proliferation", *Biochemical Journal* 446: 1-7, 2012.

## Aerobik kapasite ve ömür uzunluğu

Bennett, A. F., Ruben, J.A., "Endothermy and activity in vertebrates", *Science* 206: 649–654, 1979.

Bramble, D. M., Lieberman, D.E., "Endurance running and the evolution of Homo", *Nature* 432: 345-52, 2004.

Koch, L.G., Kemi, O.J., Qi, N., *vd.*, "Intrinsic aerobic capacity sets a divide for aging and longevity", *Circulation Research* 109: 1162-72, 2011.

Wisløff, U., Najjar, S. M., Ellingsen, O., vd., "Cardiovascular risk factors emerge after artificial selection for low aerobic capacity", *Science* 307: 418-420, 2005.

## Sonsöz Derinliklerden

### Prokaryot mu yoksa ökaryot mu?

Wujek, D.E., "Intracellular bacteria in the blue-green-alga *Pleurocapsa minor*", *Transactions American Microscopical Society* 98: 143-45, 1979.

Yamaguchi, M., Mori, Y., Kozuka, Y. vd., "Prokaryote or eukaryote? A unique organism from the deep sea", *Journal of Electron Microscopy* 61: 423-31, 2012.

# Dizin

# I

Isua 36

# İ

indirgenme 113, 115, 116, 271, 291;
    indirgenme potansiyeli 112-115, 271
intronlar 9, 51, 186-193, 200, 263, 274,
    300; erken intronlar 186; hareketli
    intronlar 187
izoprenler 269
izotop 36, 38, 267
izotopik parçalanma 36, 39

# J

Jacob, François 204
Jakobidler 50
jeokimya 38
*Journal of Electron Microscopy* 10, 253, 307

# K

Kambriyen dönem 32, 41; Kambriyen
    patlaması 37, 41-43, 274
kamçılılar 42
*Kaos* (biçimsiz) 20
karbon-12 36
karbon-13 36
karbon-14 267
karbon akışı 125
karbonat 36, 110, 273
karbondioksit 36, 57, 61, 62, 67, 99, 126,
    269
karmaşık yaşam 17, 58, 256, 257, 264
kataliz 125
kayıp halka 7, 18, 46-48, 56, 261
kemiozmotik 79, 80, 81, 85, 146, 157, 159,
    160, 173, 174, 175, 256, 263, 282,
    287; kemiozmotik eşleşme 159, 256
kimera 120

kimerik köken 154
kinetoplastidler 47, 50
kitrit mantarı zoosporu 45
kloroplast 26, 27, 126, 263
Kluvyer, Albert 20
koenzim A 127, 128
koenzim Q 73
Koonin, Eugene 7, 14, 50, 188, 191, 193,
    285, 288, 289, 293, 295, 296, 299,
    300, 301, 303
kopepod 225
kopyalama 62, 63, 95-97, 125, 126, 140,
    167, 193, 202, 263
Krebs döngüsü 125
kriptomonadlar 50
kromozom 52, 151, 195, 196, 197, 201, 229,
    262, 263, 264, 275
kuantum tünelleme 218
Kuhn, Thomas 80

# L

laminer akış 133
Leaver, Chris 14, 233, 305
LECA 50, 182, 282
Leeuwenhoek, Antony van 19, 20, 21, 281
liken 41
Linnaeus, Carl 20
lipidler 61, 64, 75, 82, 98, 137, 194; arke
    lipid 86, 87, 193; bakteri lipid 194;
    lipid torbaları 194
lizozomlar 51

# M

mantarlar 17, 23, 34, 40, 41, 43, 49, 61, 83,
    150, 190, 203, 251, 264
Margulis, Lynn 20-22, 24, 40, 43, 44, 46,
    48, 281, 284

www.ingramcontent.com/pod-product-compliance
Lightning Source LLC
Chambersburg PA
CBHW061803210326
41599CB00034B/6857